深入理解计算机视觉

关键算法解析与深度神经网络设计

张晨然◎著

電子工業出版社
Publishing House of Electronics Industry
北京•BEIJING

内 容 简 介

本书对二维、三维目标检测技术涉及的骨干网络及入门必备的计算机视觉算法进行全面的介绍。本书由浅入深地介绍了 MNIST、ImageNet、CIFAR、波士顿房产、ModelNet 等经典二维、三维数据集和相关国际赛事，还介绍了 TensorFlow 中的二维卷积层、全连接层、激活层、池化层、批次归一化层、随机失活层的算法和梯度下降原理，AlexNet、VGG、ResNet、DarkNet、CSP-DarkNet 等经典骨干网络的设计原理，以及 PointNet、GCN 等三维计算机视觉神经网络。此外，本书通过设计巧妙且具体的案例，让读者稳步建立扎实的编程能力，包括数据集的制作和解析、神经网络模型设计和开销估算、损失函数的设计、神经网络的动态模式和静态模式的训练方法和过程控制、神经网络的边缘计算模型量化、神经网络的云计算部署。完成本书的学习，读者可以继续阅读与本书紧密衔接的《深入理解计算机视觉：在边缘端构建高效的目标检测应用》，将所学的计算机视觉基础知识运用到目标检测的神经网络设计中，对边缘计算环境下的神经网络进行游刃有余的调整。

本书适合具备一定计算机、通信、电子等理工科专业基础的本科学生、研究生及软件工程师阅读，读者需具备高等数学、线性代数、概率论、Python 编程、图像处理等基础知识。

图书在版编目（CIP）数据

深入理解计算机视觉：关键算法解析与深度神经网络设计 / 张晨然著. —北京：电子工业出版社，2023.5

ISBN 978-7-121-45258-1

Ⅰ. ①深… Ⅱ. ①张… Ⅲ. ①计算机视觉 Ⅳ. ①TP302.7

中国国家版本馆 CIP 数据核字（2023）第 049402 号

责任编辑：孙学瑛　　　　特约编辑：田学清

印　　刷：三河市双峰印刷装订有限公司

装　　订：三河市双峰印刷装订有限公司

出版发行：电子工业出版社

北京市海淀区万寿路 173 信箱　　　邮编：100036

开　　本：787×980　1/16　印张：26.75　字数：616 千字

版　　次：2023 年 5 月第 1 版

印　　次：2023 年 8 月第 2 次印刷

定　　价：139.00 元

凡所购买电子工业出版社图书有缺损问题，请向购买书店调换。若书店售缺，请与本社发行部联系，联系及邮购电话：（010）88254888，88258888。

质量投诉请发邮件至 zlts@phei.com.cn，盗版侵权举报请发邮件至 dbqq@phei.com.cn。

本书咨询联系方式：（010）51260888-819，faq@phei.com.cn。

推荐序一

在人工智能 70 余年的发展历程中，机器学习的重要性不容忽视。随着神经联结主义方法论的不断发展，近 10 年来，建立在深度神经网络模型之上的深度学习技术异军突起，已经成为人工智能的中坚力量。与此同时，计算机视觉技术也达到了前所未有的高度。

本书介绍的计算机视觉相关技术是深度学习在计算机视觉领域的具体应用，不仅介绍了当下最为流行的图像分类和目标检测技术的算法框架，还介绍了它们的数据集处理、云计算、边缘计算的运用技巧，过程详实、简单实用。推广一个技术的最好方式就是“运用它”，如果越来越多的企业和工程人员能够运用机器学习乃至机器意识的相关技术为用户和社会创造价值，那么人工智能的未来之路就一定会越走越宽！

“人无远虑，必有近忧。”为了能够参与全球性的人工智能竞争和合作，我们现在就应该前瞻性地开展前沿关键技术的基础性研究。本书在介绍工程应用的同时，还对深度学习的算法原理、神经网络设计意图等较为基础和抽象的概念进行了介绍，逻辑清晰、形象直观。特别是近些年兴起的三维计算机视觉和图卷积神经网络技术，它们与二维计算机视觉有着千丝万缕的联系。唯有夯实计算机视觉的技术基础，我们才能参与自动驾驶、感知计算等前沿领域的全球竞争和合作。

最后，希望读者能够将书中的深度学习技术运用到具体问题的解决之中，通过扎实的研究建立深厚的人工智能理论基础，通过技术应用积累计算机视觉实战经验，共同参与到让计算机更加“灵活”地服务于人类社会的实践之中，为智能社会的发展贡献一份力量。

周昌乐

北京大学博士，厦门大学教授，心智科学家

中国人工智能学会理事，福建省人工智能学会理事长

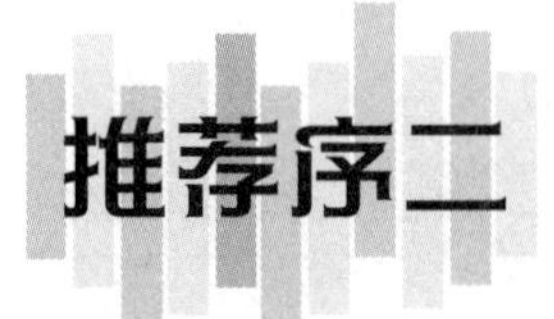

推荐序二

I am happy to hear that Eric Zhang wrote a book covering object detection using TensorFlow. He knows how to quickly develop a solution based on the Neural Network using the high level frameworks like TensorFlow which otherwise would have required many more lines of code. The book also covers an end to end development cycle of a Deep Learning neural network and it will be very useful for the readers who are interested in this topic. Writing a book requires an extensive amount of effort and he finally completed it. Congratulations to Eric and all the readers who will gain a lot of useful knowledge from this book as well!

Soonson Kwon

Google Global ML Developer Programs Lead

我听闻 Eric Zhang 撰写了这本介绍如何使用 TensorFlow 进行目标检测的书。Eric 深知如何使用以 TensorFlow 为代表的机器学习高级框架来提高神经网络的代码编写效率，以及如何使用深度神经网络来快速开发人工智能解决方案。这本书涵盖了深度学习神经网络“端到端”的全研发周期，对于读者大有裨益。这本书倾注了 Eric 的大量心力，祝贺他如愿完成了此书的编写，相信读者将从这本书中获得大量有用的知识。

Soonson Kwon

谷歌全球机器学习生态系统项目负责人

前 言

数字化时代的核心是智能化。随着人工智能技术的逐步成熟，智能化应用不断涌现，因此信息行业从业人员需要具备一定的人工智能知识和技术储备。人工智能最突出的两个技术应用领域是计算机视觉和自然语言。计算机视觉处理的是图像，自然语言处理的是语音和语言。由于计算机视觉采用的 CNN 神经元结构较早被提出，技术方案也较为成熟，因此本书着重介绍计算机视觉技术。

在整个计算机视觉领域中，本书选择重点讲述二维、三维目标检测技术，主要基于两方面的考虑：一方面，目标检测技术是当前计算机视觉中最具有应用价值的技术，大到自动驾驶中的行人和车辆识别，小到智慧食堂的餐盘识别，日常生活中的视频监控、专业领域中的路面铺装质量监控都是目标检测技术的具体应用场景；另一方面，目标检测神经网络一般包含骨干网络、中段网络（特征融合网络）、头网络（预测网络）、解码网络、数据重组网络、NMS 算法模块等，知识点覆盖较为全面。

从计算机视觉的新手到目标检测专家的进阶过程不仅要求开发者具备数据集制作和骨干网络设计的基本技能，也要求开发者具备中段网络、头网络设计的技能，更需要具备根据边缘端部署和服务器端部署的要求调整网络的能力。可以说，学会了目标检测技术，就拥有了计算机视觉的完整技术栈，就具备了较为全面的技能去应对其他计算机视觉项目。

本书采用的编程计算框架 TensorFlow 是深度学习领域中应用最广泛的编程框架，最早由谷歌公司推出，目前已被广泛用于全球各大人工智能企业的深度学习实验室和工业生产环境。互联网上大部分的人工智能前沿成果都是通过 TensorFlow 实现的。TensorFlow 提供了更齐全的数据集支持和更快的数据管道，支持 GPU 和 TPU 的硬件加速。TensorFlow 支持多种环境部署。开发者可通过 TensorFlow Serving 工具将模型部署在服务器上，还可通过 TensorFlow Lite 工具将模型转化为可在边缘端推理的 TFlite 格式。特别地，TensorFlow 升级至 2.X 版本之后可支持 Eager Mode 的立即执行模式，这使得它的编程更加直观和便于调试。

如果执着于由浅及深地讲授计算机视觉的基础理论，那么对读者而言会较为抽象、枯燥；

如果拼凑、堆砌易于上手的实践案例，那么会落入“常用技术反复讲、关键技术脉络不清”的桎梏。因此，本书通过设计巧妙的案例，将计算机视觉技术“抽丝剥茧”，让读者在探索计算机视觉的每个学习阶段都能找到合适的项目代码并着手尝试，从而在积累基础理论知识的同时，稳步建立实践能力。

最后，为避免混淆，有必要厘清两个概念——人工智能和深度学习。人工智能是指应用计算机达到与人类智慧相当的水平，深度学习是指运用深度神经网络技术达到一定的智能水平。人工智能指向的是“效果”，深度学习指向的是“方法”，二者不可等同。实现人工智能的方法不仅有深度学习，还包含传统的信息化手段和专家逻辑判断。但以目前的技术水平，深度学习所能达到的智能水平是最高的，所以一般用人工智能来指代深度学习，也用深度学习来指代人工智能，因此本书对二者不进行严格的区分。

为何撰写本书

笔者在做以目标检测为主题的讲座报告或技术分享时，发现听众普遍对人工智能技术很感兴趣，但是又不知从何下手。目标检测技术涉及理工科多种基础知识和技能。其一是数学，涉及矩阵计算、概率分布；其二是编程，涉及计算框架 API 和面向对象的 Python 编程技巧；其三是数据处理，涉及数字图像算法和嵌入式系统。每种基础知识和技能都对应着高等教育中的一门课程，多数开发者对此似曾相识，但又理解得不够深刻。高等教育偏向于挖掘垂直领域，并没有刻意将跨领域的知识融会贯通。因此，笔者在详细讲授目标检测原理和应用之前，先详细介绍了目标检测中将会用到的关键算法，并对目标检测中最重要的骨干网络进行了由浅入深的介绍。深入理解本书所涵盖的理论知识便于读者阅读与本书紧密相关的进阶书籍《深入理解计算机视觉：在边缘端构建高效的目标检测应用》，并在目标检测的理论和实践上都达到一定的高度。

为避免读者在阅读公式和代码时感到抽象，笔者在编写过程中有意围绕较为形象的数据流阐释原理，尽量使用数据结构图来展示算法对数据的处理意图和逻辑。相信读者在理解了输入/输出数据流结构图的基础上，面对公式和代码时不会感到晦涩。

笔者发现许多企业在初期涉足人工智能时，由于对人工智能不甚了解，陷入了“模型选型→性能不理想→修改失败→尝试其他模型→再次失败”的怪圈。目前有大量的计算机视觉代码可供下载，简单配置后就能成功运行，但笔者仍建议从基础的数据集处理、特征提取网络入手，建立和解析若干个数据集，深入剖析若干个经典的神经网络，这对读者真正掌握目标检测的原理是很有帮助的。我们在工作中难免会不断更换模型，甚至不断更换框架，如果缺乏对神经网络设计的深入理解，那么对每种模型、每个框架都无法运用自如。不同模型和不同框架在本质上有异曲同工之处，笔者希望人工智能从业人员能扎实掌握某种框架下具有代表性的模型，在计算机视觉领域中自然也能有所创新。

关于本书的作者

作者本科毕业于天津大学通信工程专业，硕士研究生阶段就读于厦门大学，主攻嵌入式系统和数字信号底层算法，具备扎实的理论基础。作者先后就职于中国电信和福建省电子信息集团，目前担任福建省人工智能学会理事和企业工作委员会主任，同时也担任谷歌开发者社区、亚马逊开发者生态的福州区域负责人。作者长期从事计算机视觉和自然语言基础技术的研究，积累了丰富的人工智能项目经验，致力于推动深度学习在交通、工业、民生、建筑等应用领域的落地。作者于 2017 年获得高级工程师职称，拥有多项发明专利。

本书作者 GitHub 账号是 fjzhangcr。

本书的主要内容

本书共 6 篇，第 1 篇至第 4 篇适合开发者和本科生快速入门计算机视觉，第 5 篇涉及目标检测中的特征提取网络设计原理和技巧，第 6 篇涉及三维计算机视觉入门和实战，适合进阶开发者和高等院校高年级学生深入了解人工智能。本书的主要内容如下。

第 1 篇旨在让读者快速搭建 TensorFlow 开发环境，并使用 TensorFlow 快速建立基础的神经网络。在具备开发环境的条件下，即使是第一次接触计算机视觉的新手，利用 TensorFlow 强大的编程能力，预计也能在 10 分钟内完成该篇介绍的图像分类项目。

第 2 篇旨在让读者快速熟悉计算机视觉的开发流程。从数据集的制作入手，延伸至神经网络的构建、编译和训练，以及神经网络静态图的边缘端和服务器端的部署，掌握该篇内容就可以应对大多数企业计算机视觉项目的研发、生产和运维。

第 3 篇旨在让读者深入理解深度学习的原理和 TensorFlow 的类继承关系。神经网络的本质是函数，该篇给出了神经网络推理和训练的数学定义，帮助开发者在神经网络的基础理论领域有所创新。该篇还介绍了 TensorFlow 的自动微分机制和基础类的继承关系，有助于开发者灵活地使用层和模型定义工具，将基础理论创新转化为代码编程实践。

第 4 篇旨在让读者熟练使用 TensorFlow 的重要层组件组装模型。该篇并非枯燥地介绍层组件的属性，而是通过计算机视觉神经网络的经典案例，让读者快速了解和掌握这些层组件的属性和资源开销。虽然这些神经网络只能用于图像分类，但在目标检测的计算机视觉应用中承担着特征提取的重要职责。该篇还介绍了神经网络计算加速硬件、TensorFlow 的训练方法和训练过程监控，方便开发者灵活调用。

第 5 篇由浅及深地介绍了目标检测中的特征提取网络。该篇介绍的若干神经网络非常经典，“小核卷积”和“残差连接”是目前神经网络广泛使用的设计思路。该篇还介绍了目标检测神经网络中性能较强的特征提取骨干网络和知名计算机视觉数据集，以及如何使用预训练权重进行迁移学习。

第 6 篇旨在让读者了解三维机器学习领域，三维计算机视觉使用的数据表达方式与二维计算机视觉有着巨大的差别，对神经网络也有着特殊的要求。该篇在三维数据格式的基础上介绍了从二维数据重建三维物体的若干神经网络，并借助实际的编程案例展示了三维物体的识别。因为三维视觉数据在本质上是一个图，所以该篇还介绍了图计算的相关基础理论，展示了基于图卷积神经网络的具体应用。

附录中说明了本书的官方代码引用、运行环境搭建，以及 TensorFlow 矩阵的基本操作。读者若对基本操作有疑问，则可以根据附录说明登录相关网站进行查阅和提问。

如何阅读本书

本书适合具备一定计算机、通信、电子等理工科专业基础的本科生、研究生及具有转型意愿的软件工程师阅读。读者应当具备高等数学、线性代数、概率论、Python 编程、图像处理等基础知识。上述知识有所遗忘也无大碍，本书会帮助读者进行适当的温习和回顾。

如果希望快速了解计算机视觉的整体概念，那么建议阅读本书的第 1 篇、第 2 篇。第 1 篇、第 2 篇以花卉识别的案例，介绍了计算机视觉项目从数据集到训练，再到云计算部署和边缘部署的全部流程。读者阅读这部分内容后，只需要稍微调整数据集，就可以实现个性化的计算机视觉项目。

如果希望深入掌握计算机视觉的基础原理，那么建议仔细阅读本书的第 3 篇、第 4 篇，这部分内容将介绍目标检测网络中骨干网络的结构及搭建网络必需的各种层组件，帮助读者形成触类旁通的知识沉淀。

如果希望掌握计算机视觉神经网络的设计原理，那么建议仔细阅读本书的第 5 篇。第 5 篇介绍了若干经典的骨干网络，骨干网络负责提取特征，是所有计算机视觉神经网络拥有的结构单元。掌握骨干网络的设计原理能够培养领悟计算机视觉相关文献和代码的能力，从而具备神经网络定制和开发的能力。

如果读者对二维计算机视觉已经有了较为深刻的认识，那么可以通过第 6 篇快速入门三维计算机视觉。虽然三维计算机视觉在数据结构和算法实现上与二维计算机视觉不同，但三维计算机视觉神经网络仍大量借鉴了二维计算机视觉的设计逻辑和层组件。

读完本书，相信读者能够掌握层组件的原理，具备多种神经网络的知识，理解二维、三维计算机视觉的异同点，熟练使用 TensorFlow 开发框架，从而应对复杂多变的应用场景。

本书遵循理论和实践相融合的编写原则，读者可以直接通过代码示例加深理论理解。数学是工科的基础，理论永远走在技术的前面。建议读者务必按照本书的篇章顺序，动手实践书中介绍的计算机视觉项目，从零开始打好计算机视觉基础，从而更快上手其他计算机视觉技术（如目标检测、图像分割、图像注意力机制、图像扩散模型等）。另外，需要声明的是，由于本书涉及实际工程知识较多，所以在书中习惯性地将计算机视觉称为机器视觉，机器视觉是计算机视觉在实际工程中的应用。

致谢

感谢我的家人，特别是我的儿子，是你平时提出的一些问题，推动我不断地思考人工智能的哲学和原理，这门充斥着公式和代码的学科背后其实也有着浅显和直白的因果逻辑。

感谢求学路上福州格致中学的王恩奇老师，福州第一中学的林立灿老师，天津大学的李慧湘老师，厦门大学的黄联芬老师、郑灵翔老师，是你们当年的督促和鼓励让我有能力和勇气用知识去求索技术的极限。

感谢福建省人工智能学会的周昌乐理事长，谷歌全球机器学习开发者生态的负责人Soonson Kwon，谷歌 Coral 产品线负责人栾跃，谷歌中国的魏巍、李双峰，北京算能科技有限公司的范砚池、金佳萍、张晋、侯雨、吴楠、檀庭梁、刘晨曦，福州十方网络科技有限公司，福建米多多网络科技有限公司，福州乐凡唯悦网络科技有限公司及那些无法一一罗列的默默支持我的专家。感谢你们一直以来对人工智能产业的关注，感谢你们对本书的关怀和支持。

感谢电子工业出版社计算机专业图书分社社长孙学瑛女士，珠海金山数字网络科技有限公司（西山居）人工智能技术专家、高级算法工程师黄鸿波的热情推动，最终促成了我将内部培训文档出版成图书，让更多的人看到。你们具有敏锐的市场眼光，你们将倾听到的致力于人工智能领域的广大开发者的心声与我分享，坚定了我将技术积淀整理成书稿进行分享的决心。在本书的整理写作过程中，你们多次邀请专家提出有益意见，对于本书的修改和完善起到了重要作用。

由于作者水平有限，书中难免存在不足之处，敬请专家和读者批评指正。

张晨然

2023 年 2 月

目　录

第 1 篇 计算机视觉开发环境的搭建

本篇将介绍深度学习相关的 Python 编程语言和 Anaconda 虚拟环境，建立基于 TensorFlow 的 Python 编程环境，并进行神经网络训练和推理。虽然这是一个通过 CPU 即可完成训练的最简单的神经网络，但如果你可以正常运行本篇所提供的实验案例，那么恭喜你，已经成功入门基于 TensorFlow 2.X 版本的计算机视觉了。

第 1 章
Python 编程环境

任何机器学习的工程实践都分为训练（Training）和推理（Inferencing）两个阶段。将训练阶段交付给推理阶段的都是标准格式的静态图神经网络，静态图神经网络与训练阶段使用的语言设计无关。为了便于研发和调试，机器学习工程师一般使用运行效率低、但更适合科学计算的 Python 作为编程环境的主力语言。而在推理阶段，机器学习工程师可以自由选择 Java、C、C++及 Python 中的任何语言。

1.1 Python 语言简介

Python 语言与科学计算工具 MATLAB 使用的 M 语言一样，都是解释脚本型的编程语言，入门门槛极低，甚至还被用于中、小学生的编程教育。Python 软件及基于 Python 的软件包一般是完全开源的，全球大量使用 Python 语言编写的开源模块被广泛应用于单机、服务器端，以及嵌入式系统的边缘端。

Python 语言的优、缺点如表 1-1 所示。

表 1-1　Python 语言的优、缺点

优点	缺点及其解决方案
无须提前声明变量类型，编程过程可随时更改变量类型；具有自动内存管理的功能，开发者可专注于计算逻辑，无须关注内存溢出；属于解释型脚本，无须编译即可运行	虽然速度比需要编译的 C 语言或者 C++语言慢，但是一方面，深度学习的研发阶段对编程友好性的要求远远高于对速度的要求；另一方面，即便是基于 Python 语言的机器学习框架，它们的底层实际上已经用 C 语言进行预先编译和加速，速度慢的劣势并不明显

如果你使用过 C、C++、Java、MATLAB 中的任何一种语言，那么谨记以下的关键点就可以快速入门 Python 编程语言。Python 使用“回车”和“分号”区分每个语句的边界；使用缩进确定若干语句组成的上下文边界；字典（dict）、列表（list）和元组（tuple）是三种常用的数据类型，这三种常用的数据类型分别使用花括号“{ }”、方括号“[ ]”及圆括号“()”定义变量示例。

1.2　Python 脚本的运行方式

Python 脚本有四种运行方式：命令行直接运行、脚本运行、Jupyter 运行、IDE 集成开发环境运行。

命令行直接运行方式是指首先通过 CMD 命令行输入 Python 命令，然后在 Python 的交互界面逐条或通过分号输入多条命令；脚本运行方式是指首先通过编辑器编辑 Python 代码，然后保存为.py 格式，并通过命令行界面运行；Jupyter 运行方式是指在服务器或本机上安装并开启 Jupyter Notebook 的服务端，通过浏览器新建、编辑、运行 Python 脚本。IDE 集成开发环境运行是最常用的一种方式，因为 IDE 工具能够单步调试与跟踪代码，随时查看内存变量，通过 IDE 集成开发环境运行的代码如图 1-1 所示。

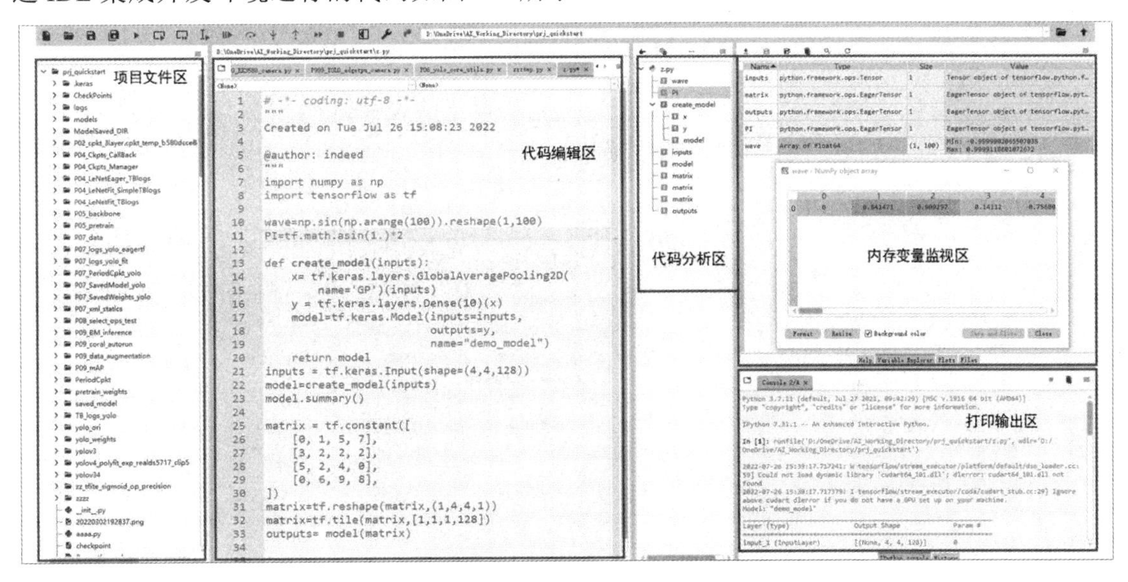

图 1-1　通过 IDE 集成开发环境运行的代码

1.3　Anaconda 虚拟环境管理器

Anaconda 是 Python 的一个开源发行版本，主要面向科学计算。Anaconda 最大的优点是可以为 Python 建立多个相互隔离的虚拟环境。每个虚拟环境内，可以通过"conda install"命令安装新的软件包，不同虚拟环境内的软件包版本可以共存。另外，Anaconda 自带 Python 运行环境，并且预装了很多第三方库，如自带的 Spyder 集成开发环境和 Jupyter Notebook 网页版的 Python 运行环境。换句话说，对于 Anaconda 下的不同虚拟环境，它们内含的软件包和 IDE 工具都是相互独立、互不干扰的。虚拟环境、软件包、IDE 工具的相互关系如图 1-2 所示。

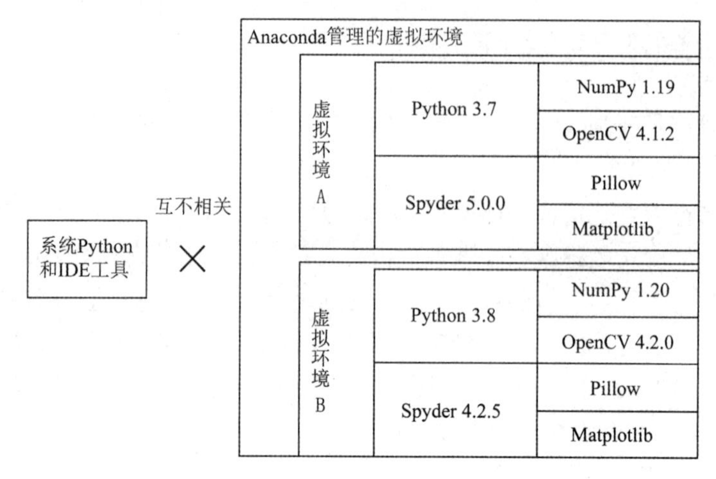

图 1-2　虚拟环境、软件包、IDE 工具的相互关系

不同的虚拟环境包含了不同版本的软件包，它们存储在 Anaconda 安装目录中的“envs”文件夹内，Anaconda 安装目录结构如图 1-3 所示。

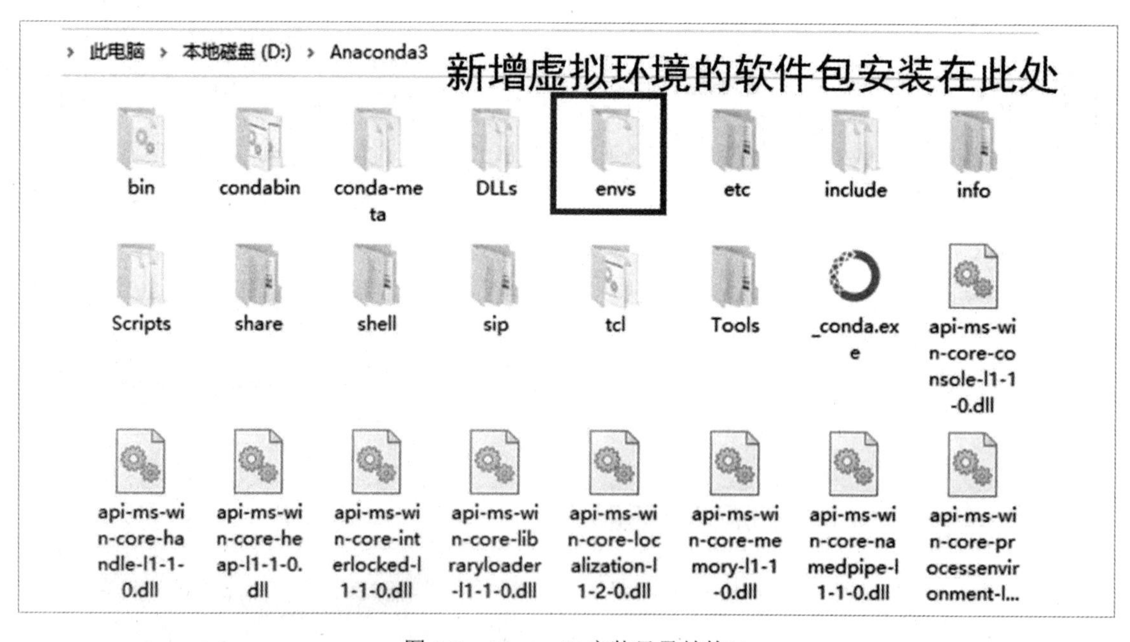

图 1-3　Anaconda 安装目录结构

Anaconda 可以通过官方网站下载和安装，一般安装 Python 3.7 或 3.8 版本。Anaconda 的默认安装目录一般是“C:\ProgramData\Anaconda3”。由于 Anaconda 是用于维护虚拟环境的，因此为避免随着虚拟环境的新增，“envs”文件夹占用的空间增大，通常将 Anaconda 安装在磁盘空间充足的 D 盘下的“anaconda3”文件夹内。

1.4　使用 Anaconda 建立虚拟环境

首先，运行 Anaconda 虚拟环境软件，并单击主界面上的“Create”按钮，在交互界面上将拟新建的虚拟环境命名为“CV_TF23_py37”，其中，TF23 表示即将安装的是 TensorFlow 2.3 版本，py37 表示新建的虚拟环境是基于 Python 3.7 版本的，新建虚拟环境的交互界面如图 1-4 所示。

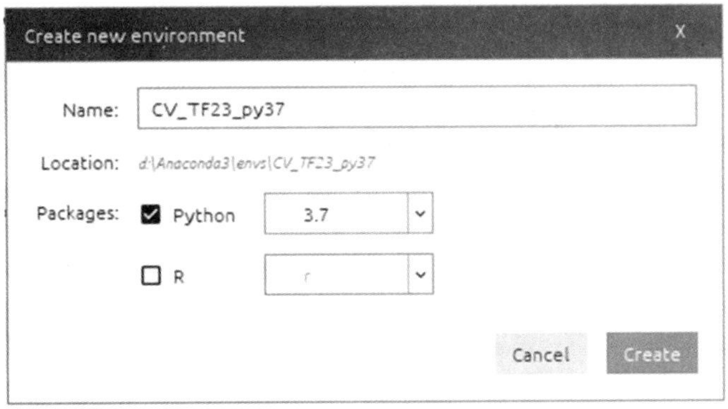

图 1-4　新建虚拟环境的交互界面

然后，在 Anaconda 的“Home”选项内选择新建的名为“CV_TF23_py37”的虚拟环境，安装名为“spyder”的集成开发工具。选择 Anaconda 的“Environments”选项，单击新建的虚拟环境旁边的三角按钮，选择“Open Terminal”选项，将看到含虚拟环境名称的 CMD 交互界面。在该界面上，可以在虚拟环境内安装任意版本的软件包，不用担心你的操作会对系统的 Python 环境产生任何影响，进入虚拟环境的命令行交互界面如图 1-5 所示。

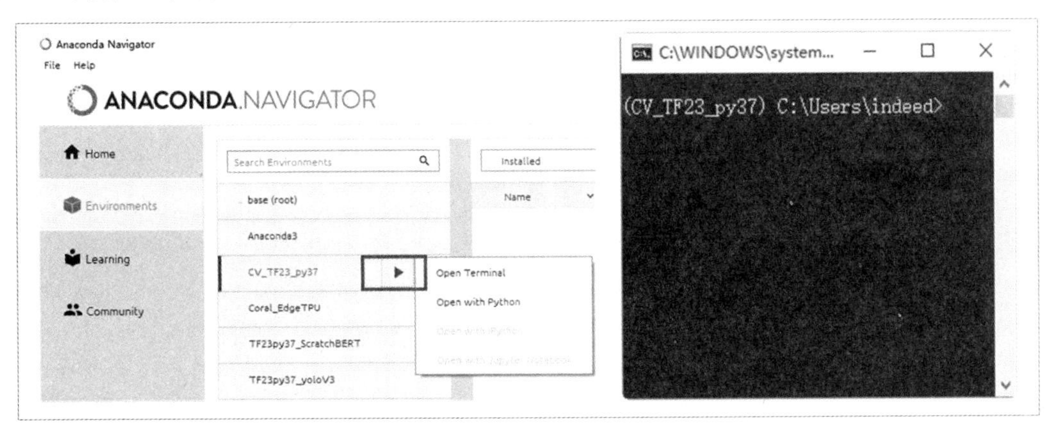

图 1-5　进入虚拟环境的命令行交互界面

在命令行界面，安装软件包 TensorFlow 和 Matplotlib，Matplotlib 是使用最普遍的 Python 下的绘图可视化工具。为加快速度，此处使用“-i”参数临时指定的国内源，代码如下。

```
pip install tensorflow==2.3 -i 国内源
pip install matplotlib -i 国内源
```

在命令行界面，将看到TensorFlow和Matplotlib这两个软件包安装成功的日志。

```
Successfully installed absl-py-1.0.0 astunparse-1.6.3 cachetools-5.0.0 charset-normalizer-2.0.11 gast-0.3.3 google-auth-2.6.0 google-auth-oauthlib-0.4.6 google-pasta-0.2.0 grpcio-1.43.0 h5py-2.10.0 idna-3.3 importlib-metadata-4.10.1 keras-preprocessing-1.1.2 markdown-3.3.6 numpy-1.18.5 oauthlib-3.2.0 opt-einsum-3.3.0 protobuf-3.19.4 pyasn1-0.4.8 pyasn1-modules-0.2.8 requests-2.27.1 requests-oauthlib-1.3.1 rsa-4.8 scipy-1.4.1 six-1.16.0 tensorboard-2.8.0 tensorboard-data-server-0.6.1 tensorboard-plugin-wit-1.8.1 TensorFlow-2.3.0 TensorFlow-estimator-2.3.0 termcolor-1.1.0 typing-extensions-4.0.1 urllib3-1.26.8 werkzeug-2.0.2 wrapt-1.13.3 zipp-3.7.0
Successfully installed cycler-0.11.0 fonttools-4.29.1 kiwisolver-1.3.2 matplotlib-3.5.1 packaging-21.3 pillow-9.0.1 pyparsing-3.0.7 python-dateutil-2.8.2
```

至此，你已经拥有了一个深度学习的开发环境，下面将帮助你使用这个虚拟环境快速处理计算机视觉项目。

第 2 章
搭建三层的图像分类神经网络

打开 Spyder 集成开发环境，新建一个项目并在项目内新建一个 Python 脚本文件，就可以开始神经网络的搭建和训练了。

2.1 下载数据集

首先，导入之前安装的软件包，并查看其版本号，代码如下：

```
import tensorflow as tf
import matplotlib.pyplot as plt
import numpy as np
print(tf.__version__) #2.3.0
print(np.__version__) #1.18.5
```

然后，确认每个软件包安装无误后，可以通过 TensorFlow 提供的数据集工具将数据集下载到本地。此处下载的数据集是 mnist 时尚数据集，代码如下：

```
fashion_mnist = tf.keras.datasets.fashion_mnist
(train_images, train_labels), (test_images, test_labels) = fashion_mnist.load_data()
```

可以在 Spyder 的打印输出界面上查看数据集的下载过程。如果计算机无法连接网络，那么可以进入 fashion 数据集的发布者 zalandoreasearch 的 GitHub 主页进行手动下载，fashion_mnist 数据集的 GitHub 主页如图 2-1 所示。

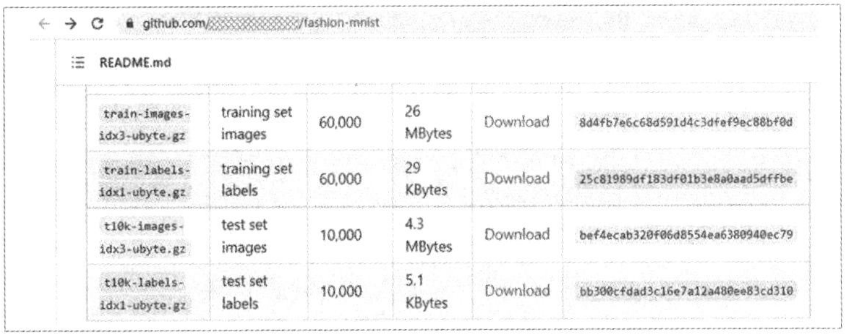

github.com/░░░░░░/fashion-mnist

README.md

train-images-idx3-ubyte.gz	training set images	60,000	26 MBytes	Download	8d4fb7e6c68d591d4c3dfef9ec88bf0d
train-labels-idx1-ubyte.gz	training set labels	60,000	29 KBytes	Download	25c81989df183df01b3e8a0aad5dffbe
t10k-images-idx3-ubyte.gz	test set images	10,000	4.3 MBytes	Download	bef4ecab320f06d8554ea6380940ec79
t10k-labels-idx1-ubyte.gz	test set labels	10,000	5.1 KBytes	Download	bb300cfdad3c16e7a12a480ee83cd310

图 2-1　fashion_mnist 数据集的 GitHub 主页

将数据集复制至“Users”文件夹下的“.keras/datasets/fashion_mnist”文件夹内，如图 2-2 所示。再次运行载入数据集的命令，计算机将优先从本机文件夹内读取缓存数据，避免了从外网下载。

C:\Users\indeed\.keras\datasets\fashion_mnist

名称	修改日期	类型	大小
t10k-images-idx3-ubyte.gz	2022-02-07 15:21	GZ 压缩文件	4,319 KB
t10k-labels-idx1-ubyte.gz	2022-02-07 15:21	GZ 压缩文件	6 KB
train-images-idx3-ubyte.gz	2022-02-07 15:21	GZ 压缩文件	25,803 KB
train-labels-idx1-ubyte.gz	2022-02-07 15:21	GZ 压缩文件	29 KB

图 2-2　手动下载 fashion 数据集

2.2　探索数据集

fashion_mnist 数据集来自一家德国柏林的电子商务公司 Zalando，该数据集拥有共计 7 万幅时尚服饰、鞋帽的图像，都是 28 像素×28 像素的灰度图像，fashion_mnist 数据集概览如图 2-3 所示。fashion_mnist 数据集已经提前按照 6∶1 的比例分割为训练数据集和验证数据集，非常适合计算机视觉的入门项目。

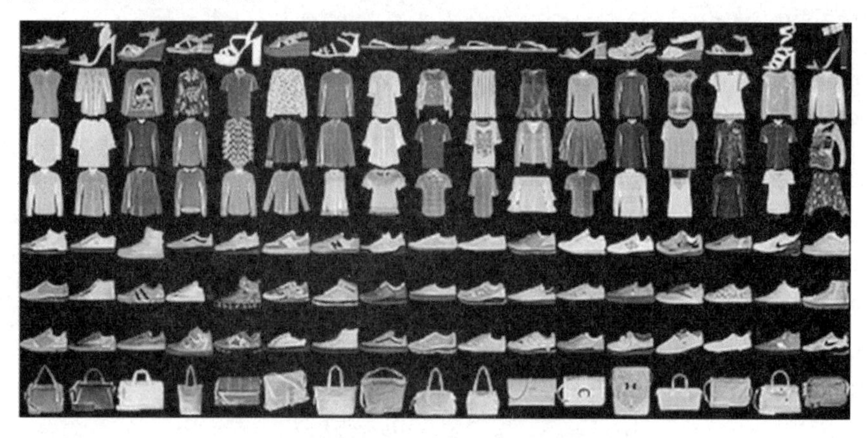

图 2-3　fashion_mnist 数据集概览

加载数据集会返回 4 个 NumPy 数组，其中，train_images 数组和 train_labels 数组是训练数据集，用于训练模型，test_images 数组和 test_labels 数组是测试数据集，用于测试模型。train_images 和 test_images 分别包含了 6 万个和 1 万个 28×28 的 NumPy 数组，元素的数值范围为 0～255。将图像数据进行归一化，让其分布于 0～1，代码如下：

```
#===============数据归一化====================
train_images = train_images / 255.0
test_images = test_images / 255.0
```

利用 Spyder 集成开发工具的内存数据查看功能，查看下载的数据集的数据结构。在 Spyder 的右上方单击“Variable Explorer”按钮就可以看到加载到内存中的训练数据集和验证数据集。训练数据集有 6 万幅 28 像素×28 像素的灰度图像，其形状为(60000,28,28)，第一个维度表示样本数量，第二、三个维度表示图像的分辨率，加载到内存中的数据集如图 2-4 所示。

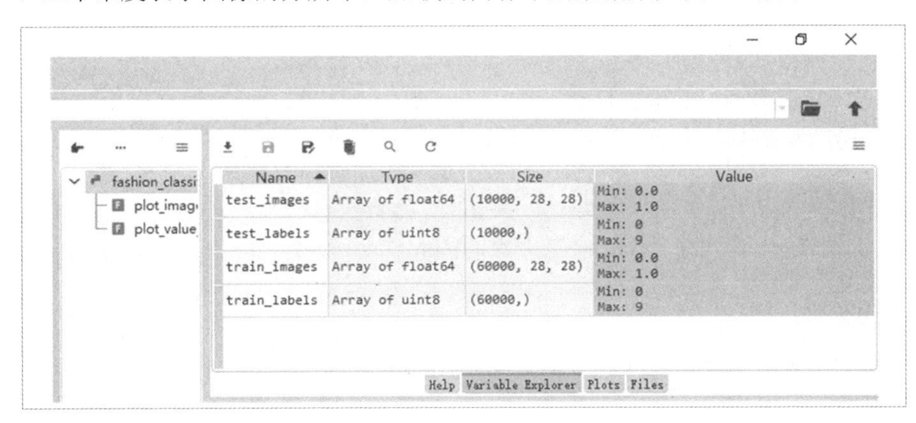

图 2-4　加载到内存中的数据集

train_labels 和 test_labels 分别包含了 6 万个标签和 1 万个标签，元素数值是整数，数值范围为 0～9。这些标签与图像一一对应，数值对应着图像代表的服饰类别，fashion_mnist 数据集的标签含义如表 2-1 所示。

表 2-1　fashion_mnist 数据集的标签含义

标　签	类　别	标　签	类　别
0	T 恤衫/上衣	5	凉鞋
1	裤子	6	衬衫
2	套衫	7	运动鞋
3	裙子	8	包包
4	外套	9	踝靴

每幅图像都映射到一个标签上。由于数据集不包含类别名称，因此将类别名称存储在列表变量 class_names 中，以便在绘制图像表时使用，代码如下：

```
    class_names = ['T-shirt/top', 'Trouser', 'Pullover', 'Dress', 'Coat', 'Sandal',
'Shirt', 'Sneaker', 'Bag', 'Ankle boot']
```

2.3　构建、编译和训练神经网络

本节将构建一个简单的神经网络。神经网络的第一层将 28×28 的图像矩阵拉平为一个有 784 个元素的一维向量；神经网络第二层将该向量的 784 个元素进行线性组合，形成一个有 128

个元素的一维向量，向量通过 ReLU 非线性激活单元后形成第二层的输出；神经网络的第三层将该 128 个元素的一维向量再线性组合为有 10 个元素的一维向量，向量经过一个 softmax 层，该 10 个元素的取值范围为 0～1，并且相加等于 1。代码如下：

```
#===============设置网络层次====================
model = tf.keras.Sequential([
    tf.keras.layers.Flatten(input_shape=(28, 28)),
    tf.keras.layers.Dense(128, activation='relu'),
    tf.keras.layers.Dense(10, activation=tf.nn.softmax)
])
model.summary()
```

可以通过 TensorFlow 为 Keras 模型提供的 summary 方法获得该神经网络的结构，输出结果如下。

```
Model: "sequential"
_________________________________________________________________
Layer (type)                 Output Shape              Param
=================================================================
flatten (Flatten)             (None, 784)               0
_________________________________________________________________
dense (Dense)                (None, 128)               100480
_________________________________________________________________
dense_1 (Dense)               (None, 10)                1290
=================================================================
Total params: 101,770
Trainable params: 101,770
Non-trainable params: 0
```

可见，这是一个三层的神经网络，内部由 101770（784×128+128+128×10+10＝101770）个可训练的变量组成。神经网络构建完成后，需要配置与训练相关的损失函数和优化器。损失函数用于量化神经网络的预测输出值和真实值之间的误差，这里使用交叉熵损失函数来度量真实值与预测输出值之间的误差。优化器则将损失函数计算得到的误差，通过反向传播作用于神经网络内部的可训练参数，这里使用能够自适应调整学习率的 Adam 算法，它也是较为常用的优化器算法。此外，还需要配置评估指标，评估指标与神经网络的迭代过程无关，主要用于监控训练和测试步骤。对于图像分类的应用场景，一般使用准确率作为评估指标，即根据图像被正确分类的比例来评估神经网络的性能。代码如下：

```
#===============编译网络====================
model.compile(optimizer=tf.keras.optimizers.Adam(),
              loss='sparse_categorical_crossentropy',
              metrics=['accuracy'])
```

最后，可以使用 keras 模型的 fit 方法，用训练数据集来训练神经网络。其中，batch_size = 64 表示将训练数据集中的每 64 个样本组合为一个打包，进行单轮的迭代训练，epochs = 3 表示整个数据集进行 3 轮的迭代，代码如下：

```
#===============训练网络====================
hist = model.fit(train_images,
                 train_labels,
                 batch_size = 64,
                 epochs = 3,
                 validation_data=(train_images, train_labels)
                 )
```

通过 spyder 的“打印输出”界面，观察神经网络的迭代过程代码如下：

```
Epoch 1/5
938/938 [==============================] - 10s 11ms/step - loss: 0.5189 - accuracy: 0.8185 - val_loss: 0.4014 - val_accuracy: 0.8584
Epoch 2/5
938/938 [==============================] - 9s 10ms/step - loss: 0.3900 - accuracy: 0.8615 - val_loss: 0.3396 - val_accuracy: 0.8790
Epoch 3/5
938/938 [==============================] - 10s 11ms/step - loss: 0.3497 - accuracy: 0.8728 - val_loss: 0.3252 - val_accuracy: 0.8818
Epoch 4/5
938/938 [==============================] - 9s 10ms/step - loss: 0.3279 - accuracy: 0.8805 - val_loss: 0.3014 - val_accuracy: 0.8901
Epoch 5/5
938/938 [==============================] - 10s 11ms/step - loss: 0.3047 - accuracy: 0.8879 - val_loss: 0.2889 - val_accuracy: 0.8949
```

可见，神经网络的损失值从 0.5189 下降到 0.3047，准确率从 81.85%提高到 88.79%。最后，使用训练后的神经网络，对测试数据集进行全面的测试。由于模型 model 是继承自 TensorFlow 的 keras 的模型类，所以模型 model 自带 evaluate 方法。直接代入测试数据集和测试数据集的真实值即可获得损失值和准确率，代码如下：

```
#===============在测试数据集上评估准确率====================
test_loss, test_acc = model.evaluate(test_images, test_labels)
print('Test accuracy:', test_acc)
```

输出如下。

```
313/313 [==============================] - 0s 1ms/step - loss: 0.3618 - accuracy: 0.8707
Test accuracy: 0.8707000017166138
```

可见平均的损失值为 0.36，准确率为 87.07%。

2.4 使用神经网络进行批量预测

训练后的神经网络具有近 90%的准确率，将测试数据集的全部图像 test_images 输入神经网络进行批量预测，查看正确和错误的预测。具体方法：首先，使用 keras 模型的 predict 方法，提取在测试数据集激励下的网络预测输出 predictions；然后，根据预测概率提取概率最高的类别判断，判断结果存储在 results 中。查看这些预测结果的尺寸，代码如下：

```
#===============使用模型对全部图像进行预测===================
predictions = model.predict(test_images)
results = np.argmax(predictions,axis=1)
print("多图像输入尺寸",test_images.shape)
print("网络预测输出",predictions.shape)
print("预测结果尺寸",results.shape)
```

由于该神经网络对 1 万幅图像中的每幅图像都进行 10 个类别的判断，所以网络预测输出 predictions 是一个(10000,10)的矩阵，其中，第一个维度是样本数量，第二个维度是分类数量。第二个维度的 10 个元素分别代表了 10 个分类中每类的预测概率，取值范围为 0～1，且第二个维度的 10 个元素的和恒等于 1。通过网络预测输出 predictions 计算预测结果 results，需要使用 np.argmax 函数，该函数可以从每行的 10 个元素中寻找概率最高的元素所在的位置，位置序号代表预测的类别序号。从内存变量查看器查看这些变量，神经网络预测结果的数据结构如图 2-5 所示。

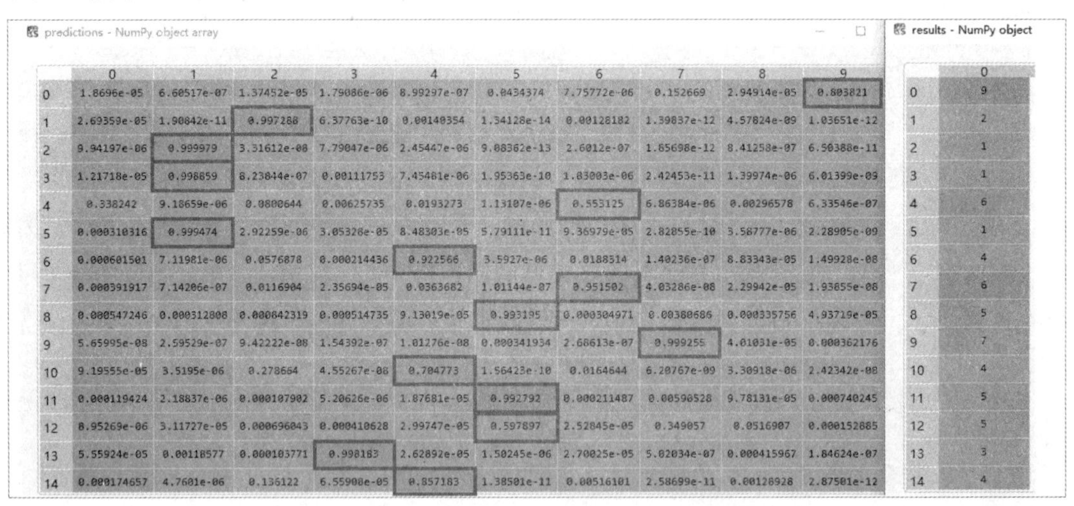
predictions - NumPy object array

	0	1	2	3	4	5	6	7	8	9
0	1.8696e-05	6.60517e-07	1.37452e-05	1.79086e-06	8.99297e-07	0.0434374	7.75772e-06	0.152669	2.94914e-05	0.803821
1	2.69359e-05	1.90842e-11	0.997288	6.37763e-10	0.00140354	1.34128e-14	0.00128182	1.39837e-12	4.57824e-09	1.03651e-12
2	9.94197e-06	0.999979	3.31612e-08	7.79047e-06	2.45447e-06	9.08362e-13	2.6012e-07	1.65698e-12	8.41258e-07	6.50388e-11
3	1.21718e-05	0.998859	8.23844e-07	0.00111753	7.45481e-06	1.95363e-10	1.83003e-06	2.42453e-11	1.39974e-06	6.01399e-09
4	0.338242	9.18659e-06	0.0800644	0.00625735	0.0193273	1.13107e-06	0.553125	6.86384e-06	0.00296578	6.33546e-07
5	0.000310316	0.999474	2.92259e-06	3.05328e-05	8.48303e-05	5.79111e-11	9.36979e-05	2.82855e-10	3.58777e-06	2.28905e-09
6	0.000601501	7.11981e-06	0.0576878	0.000214436	0.922566	3.5927e-06	0.0188514	1.40236e-07	8.83343e-05	1.49928e-08
7	0.000391917	7.14206e-07	0.0116904	2.35694e-05	0.0363682	1.01144e-07	0.951502	4.03286e-08	2.29942e-05	1.93855e-08
8	0.000547246	0.000312808	0.000842319	0.000514735	9.13019e-05	0.993195	0.000304971	0.00380686	0.000335756	4.93719e-05
9	5.65995e-08	2.59529e-07	9.42222e-08	1.54392e-07	1.01276e-08	0.000341934	2.68613e-07	0.999255	4.01031e-05	0.000362176
10	9.19555e-05	3.5195e-06	0.278664	4.55267e-08	0.704773	1.56423e-10	0.0164644	6.20767e-09	3.30918e-06	2.42342e-08
11	0.000119424	2.18837e-06	0.000107902	5.20626e-06	1.87681e-05	0.992792	0.000211487	0.00590528	9.78131e-05	0.000740245
12	8.95269e-06	3.11727e-05	0.000696043	0.000410628	2.99747e-05	0.597897	2.52845e-05	0.349057	0.0516907	0.000152885
13	5.55924e-05	0.00118577	0.000103771	0.998183	2.62892e-05	1.50245e-06	2.70025e-05	5.02034e-07	0.000415967	1.84624e-07
14	0.000174657	4.7601e-06	0.136122	6.55908e-05	0.857183	1.38501e-11	0.00516101	2.58699e-11	0.00128928	2.87501e-12

results - NumPy object

	0
0	9
1	2
2	1
3	1
4	6
5	1
6	4
7	6
8	5
9	7
10	4
11	5
12	5
13	3
14	4

图 2-5　神经网络预测结果的数据结构

输出结果如下：

```
多图像输入尺寸 (10000, 28, 28)
网络预测输出 (10000, 10)
预测结果尺寸 (10000,)
```

2.5 将预测结果可视化

为方便理解，可以设计两个函数，分别绘制输入图像和预测结果柱状图。

绘制输入图像的函数命名为 plot_image，它接收五个输入：axi 表示画布对象，i 表示绘制图像的序号，predictions 表示全部的预测结果，labels 表示全部的真实标签数值，imgs 表示全部的输入图像。首先，该函数提取编号为 i 的图像 img、预测结果 prediction、真实标签 label；然后，使用 argmax 方法确认预测标签 result。显然，如果预测正确，那么预测标签应当等于真实标签。最后，使用画布对象 axi 的方法令结果显示在画布上。画布的 x 坐标将依次显示预测结果、概率、真实标签。如果预测结果和真实标签不一致，那么说明预测错误。相关代码如下：

```
def plot_image(axi,i, predictions, labels, imgs):
    prediction, label, img = predictions[i], labels[i], imgs[i]
    result = np.argmax(prediction)
    axi.grid(False)
    axi.set_xticks([])
    axi.set_yticks([])
    axi.imshow(img, cmap=plt.cm.binary)
    color = "blue" if result == label else 'red'
    axi.set(
        xlabel="{} {:2.0f}% (GT:{})".format(
            class_names[result],
            100*np.max(prediction),
            class_names[label]))
    axi.xaxis.label.set_color(color)
```

绘制预测结果柱状图的函数命名为 plot_prediction，它接收的五个输入与 plot_image 一致。首先，该函数提取编号为 i 的图像 img、预测结果 prediction 和真实标签 label；然后，使用 argmax 方法确认预测标签 result。用红色柱状图绘制预测结果，用蓝色柱状图绘制真实标签。显然，如果预测正确，那么预测结果的红色柱状图将被真实标签的蓝色柱状图覆盖。相关代码如下：

```
def plot_prediction(axi,i, predictions, labels, imgs):
    prediction, label, img = predictions[i], labels[i], imgs[i]
    result = np.argmax(prediction)
    axi.grid(True)
    axi.set_xticks([])
    axi.set_yticks([0,0.5,1])
    bar_plt = axi.bar(range(10), prediction, color="#777777")
    axi.set_ylim([0, 1])
    bar_plt[result].set_color('red')
    bar_plt[label].set_color('blue')
```

最后，提取测试数据集中的 15 幅图像，分别绘制输入图像和预测结果柱状图，排列为 5 行 6 列，代码如下：

```
imgs_per_row = 3
num_row = 5
fig, ax =plt.subplots(nrows=num_row, ncols=2*imgs_per_row)
for i in range(num_row):
    for j in range(imgs_per_row):
        img_index = i*imgs_per_row+j
        plot_image(
            ax[i,j*2],
            img_index,
            predictions,
            test_labels,
            test_images)
        plot_prediction(
            ax[i,j*2+1],
            img_index,
            predictions,
            test_labels,
            test_images)
```

最终获得画布输出：测试数据集中部分图像的预测结果可视化如图 2-6 所示。注意观察柱状图，如果柱状图中出现超过 1 个数据柱，那么说明真实标签和预测结果不一致。柱状图的左侧显示了实际图片、预测结果、置信度、真实标签（用 GT 标识）。

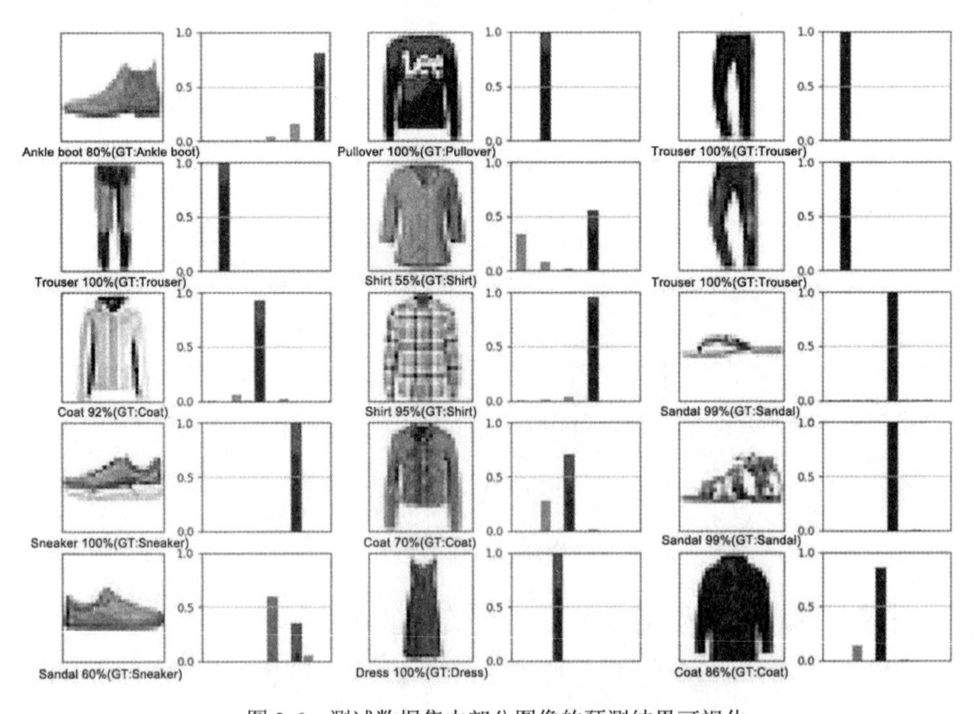

图 2-6　测试数据集中部分图像的预测结果可视化

第 2 篇 计算机视觉模型从实验室到生产环境的部署

本篇将通过训练花卉分类器，介绍深度学习中的数据集原理和神经网络的迁移学习，以及神经网络的保存和加载。

关于数据集原理，本篇将介绍 TensorFlow 的 TFRecord 格式的数据集，该数据集支持高效率的数据操作，在机器学习中应用广泛。若将原始数据输入神经网络进行计算，则任何的数据处理都会降低数据管道的效率，但若转化为 TFRecord 格式的数据集，则可以使用 TensorFlow 提供的数据管道来提高处理效率。关于神经网络的保存和加载，本篇将介绍常用的神经网络保存格式，开发者可以根据神经网络训练过程中和训练后的具体场景选择适合的保存格式。

关于具体案例，本篇选择的是花卉数据集和以 MobileNet 为骨干网络的分类神经网络。花卉数据集是开源数据集，拥有 5 种花卉，共计 3670 张图片，这些图片是以 jpg 为文件名后缀的格式保存在本地磁盘上的，开发者需要将磁盘上的图片转化为 TFRecord 数据集文件。形成了 TFRecord 文件后，可以为后续神经网络的训练提供便利。最后，使用迁移学习工程技术可以快速完成以 MobileNet 为骨干网络的神经网络训练。训练完成的神经网络可以实现超过 80%的分类正确率，训练完成的神经网络和权重将保存于本地磁盘，并被分发、传播或直接部署。

经过本案例的学习，读者将实现数据集的制作、保存、读取、使用的全过程。

第 3 章
图片数据集的处理

本章将对花卉的开放数据集进行处理。将花卉数据集中的 3670 张图片分为'daisy'、'dandelion'、'roses'、'sunflowers'、'tulips'五类。神经网络要做的事情是输入一张图片，判断花卉类别。

3.1 数据集的预处理

本节将介绍如何从磁盘上的文件夹中提取必要的基础数据。

3.1.1 下载和查看数据集

可以通过 TensorFlow Datasets 模块获得或者通过网址直接下载数据集，数据压缩包名为 flower_photos.tgz。TensorFlow 集成了文件下载的 get_file()函数，使用时需要指定若干参数。其中，file_http 用于存储下载地址，fname 用于存储解压的目录名。get_file()函数返回变量 data_root，该变量存储了.tgz 格式文件的存储目录。相关代码如下：

```
#fname 为下载的文件命名，untar=True 表示对下载的文件直接进行解压
file_http = 'http://下载地址/flower_photos.tgz'
file_rename = 'flower_photos'
data_root = tf.keras.utils.get_file(origin=file_http, fname=file_rename, untar=True)
```

下载的文件是.tgz 格式的文件，它存储在本地的用户文件夹下的文件目录.keras/datasets/。

```
data_root = pathlib.Path(data_root_orig)
print(data_root)
#WindowsPath('C:/Users/indeed/.keras/datasets/flower_photos')
```

进入该目录，查看目录结构，花卉数据集目录结构如图 3-1 所示。

随机打开某类花卉的文件夹，可以看到内部文件的命名是随机的。花卉数据集样本如图 3-2 所示。

› indeed › .keras › datasets › flower_photos

名称	修改日期	类型
daisy	2016/2/11 4:52	文件夹
dandelion	2016/2/11 4:52	文件夹
roses	2016/2/11 4:52	文件夹
sunflowers	2016/2/11 4:52	文件夹
tulips	2016/2/11 4:52	文件夹
LICENSE.txt	2016/2/9 10:59	文本文档

图 3-1　花卉数据集目录结构

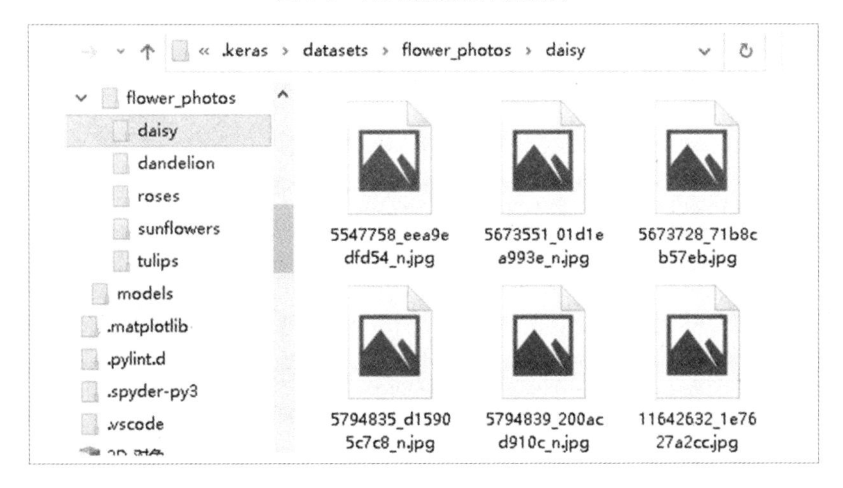

图 3-2　花卉数据集样本

可见，五类花卉的图片以文件夹进行区分。接下来将利用这种数据组织方式建立数据集。可以手动下载，解压至相应目录即可。相关代码修改如下：

```
data_root = "C:/Users/indeed/.keras/datasets/flower_photos"
data_root = pathlib.Path(data_root)
print(data_root)
#WindowsPath('C:/Users/indeed/.keras/datasets/flower_photos')
```

3.1.2　准备花卉类别名称和类别序号的对应关系

使用 pathlib 的 iterdir()函数获得 data_root 目录下的一级目录的全部文件，代码如下：

```
print([item.name for item in data_root.iterdir() ])
# ['daisy', 'dandelion', 'LICENSE.txt', 'roses', 'sunflowers', 'tulips']
```

通过 is_dir()函数提取五个文件夹的名称，组成一个列表，代码如下：

```
class_names = [item.name for item in data_root.iterdir() if item.is_dir()]
```

```
print(class_names)
# ['daisy', 'dandelion', 'roses', 'sunflowers', 'tulips']
```

最后，使用字典将花卉的类别名称映射为正整数，代码如下：

```
class_id_from_name={ name:i for i,name in enumerate(class_names)}
print(class_id_from_name)
```

输出如下：

```
{'daisy': 0,
 'dandelion': 1,
 'roses': 2,
 'sunflowers': 3,
 'tulips': 4}
```

这个字典存储了花卉的类别名称和花卉类别序号的对应关系。

3.1.3 准备花卉图片和类别名称的对应关系

本案例共有 3670 张图片，使用 pathlib 的 glob()函数提取 data_root 目录下的一级目录下的文件名。文件名以列表格式 list 存储在变量 all_images_paths 中，代码如下：

```
all_images_paths = list(data_root.glob('*/*')) #获取所有文件路径
print(len(all_images_paths))  #3670 张图片
print(all_images_paths[:5]) #显示排在前 5 位的数据
```

代码中的*表示获取所有文件，而*/*表示获取文件夹下的所有文件及其子文件。运行代码的输出结果如下：

```
3670
[WindowsPath('C:/Users/indeed/.keras/datasets/flower_photos/tulips/9831362123_5aac525a99_n.jpg'),
WindowsPath('C:/Users/indeed/.keras/datasets/flower_photos/tulips/9870557734_88eb3b9e3b_n.jpg'),
WindowsPath('C:/Users/indeed/.keras/datasets/flower_photos/tulips/9947374414_fdf1d0861c_n.jpg'),
WindowsPath('C:/Users/indeed/.keras/datasets/flower_photos/tulips/9947385346_3a8cacea02_n.jpg'),
WindowsPath('C:/Users/indeed/.keras/datasets/flower_photos/tulips/9976515506_d496c5e72c.jpg')]
```

磁盘上的数据集是根据文件夹中的顺序依次提取图片文件的，具有一定的规律。因此，提取的排在前 5 位的图片地址都是属于百合花（daisy）这一花卉类别的。另外，列表 all_images_paths 中的元素都是 WindowsPath 对象，不是字符串，因此下面将使用 pathlib 的属性来制作花卉图片和类别名称的对应关系。全部花卉的路径列表如图 3-3 所示。

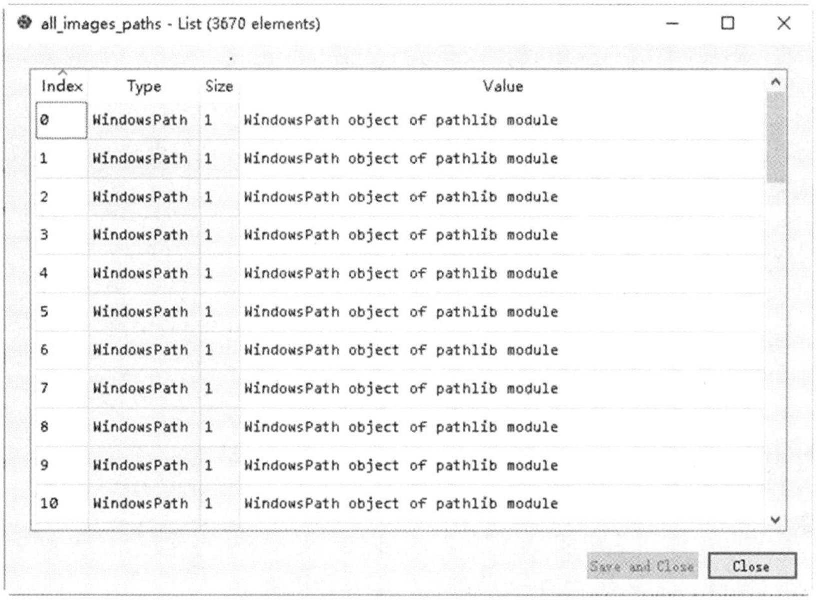

all_images_paths - List (3670 elements)

Index	Type	Size	Value
0	WindowsPath	1	WindowsPath object of pathlib module
1	WindowsPath	1	WindowsPath object of pathlib module
2	WindowsPath	1	WindowsPath object of pathlib module
3	WindowsPath	1	WindowsPath object of pathlib module
4	WindowsPath	1	WindowsPath object of pathlib module
5	WindowsPath	1	WindowsPath object of pathlib module
6	WindowsPath	1	WindowsPath object of pathlib module
7	WindowsPath	1	WindowsPath object of pathlib module
8	WindowsPath	1	WindowsPath object of pathlib module
9	WindowsPath	1	WindowsPath object of pathlib module
10	WindowsPath	1	WindowsPath object of pathlib module

Save and Close　Close

图 3-3　全部花卉图片的路径列表

一般情况下，数据应当具有一定的随机性，因此要先随机打乱 all_images_paths 内存储的元素，这里使用了 Python 内置的 random.shuffle()函数，代码如下：

```
import random
random.shuffle(all_images_paths)
print(all_images_paths[:5]) #显示排在前 5 位的数据
```

输出结果如下：

```
[WindowsPath('C:/Users/indeed/.keras/datasets/flower_photos/roses/2535495431_e6f950443c.jpg'),
WindowsPath('C:/Users/indeed/.keras/datasets/flower_photos/dandelion/144040769_c5b805f868.jpg'),
WindowsPath('C:/Users/indeed/.keras/datasets/flower_photos/daisy/3939135368_0af5c4982a_n.jpg'),
WindowsPath('C:/Users/indeed/.keras/datasets/flower_photos/sunflowers/3596902268_049e33a2cb_n.jpg'),
WindowsPath('C:/Users/indeed/.keras/datasets/flower_photos/daisy/3720632920_93cf1cc7f3_m.jpg')]
```

可见，提取的前 5 位图片地址并非都属于百合花。变量 all_images_paths 的每个元素存储了以.jpg 结尾的图片文件的绝对路径，绝对路径中包含了以花卉类别命名的文件夹名。使用 item.name 提取以.jpg 结尾的文件名，使用 item.parent.name 提取图片所处的以花卉类别命名的文件夹名，二者组合成一个元组，最后放在一个列表中，存储为变量 all_imgs_with_class。代码如下：

```
all_imgs_with_class = [(item.parent.name, item.name) for item in all_images_paths]
print(all_imgs_with_class[:5]) #显示排在前 5 位的数据
```

查看随机打乱后的花卉图片和类别名称的对应关系，输出如下：

```
[('roses', '5628552852_60bbe8d9b0_n.jpg'),
 ('roses', '3742168238_d961937e68_n.jpg'),
 ('daisy', '10993710036_2033222c91.jpg'),
 ('dandelion', '2116997627_30fed84e53_m.jpg'),
 ('dandelion', '18587334446_ef1021909b_n.jpg')]
```

通过变量 all_images_paths 内类别名称和文件名的关系，可以找到图片文件。通过类别名称和类别序号，可以为每张图片赋予神经网络计算的真实值。

3.2 数据集的制作

本节将介绍如何生成训练所需要的 TFRecord 文件。只有将分散在磁盘上的多个数据合并成一个 TFRecord 文件，才能使用 TensorFlow 的高效数据管道。

3.2.1 拟写入数据集的数据

为了演示需要，这里尽量将全部能获得的数据写入 TFRecord 数据集。拟写入数据集的数据名称和存储的变量名为类别名称 class_name、图片文件名 img_name、类别序号 class_id、高度（或者行数）height、宽度（或者列数）width、图片文件字节对象 img_raw、图片矩阵 img_resized。

其中，类别名称 class_name、图片文件名 img_name 从 all_imgs_with_class 中获取，类别序号 class_id 通过查询字典 class_id_from_name 获得。将存储目录 data_root、类别名称 class_name、图片文件名 img_name 组合在一起获得图片文件的地址，进而读取图片文件字节对象 img_raw；使用 TensorFlow 的图片解码函数 tf.image.decode_jpeg()对图片文件字节对象 img_raw 进行解码，进而获得矩阵 img_matrix；从矩阵 img_matrix 中获得原始图像的高度（或者行数）height、宽度（或者列数）width；使用 TensorFlow 的图片重设尺寸函数 tf.image.resize()得到统一尺寸的图片矩阵 img_resized，它的形状是[192,192,3]，代码如下：

```
class_name ,img_name = all_imgs_with_class[0]
class_id = class_id_from_name[class_name]
resize_to=192
img_fname = data_root/class_name/img_name
assert img_fname.exists()
#img_raw = tf.io.read_file(str(img_fname))
#读取原始图片（方法一）
with tf.io.gfile.GFile(str(img_fname),'rb') as f:
    img_raw = f.read() #读取原始图片（方法二）
```

```
img_matrix = tf.image.decode_jpeg(img_raw,channels=3)
#映射为矩阵
height, width, channel = img_matrix.shape #保存原始尺寸
img_resized = tf.image.resize(img_matrix,[resize_to,resize_to])
```

3.2.2　TFRecord 格式的数据集

TFRecord 是谷歌官方推荐的文件格式，它是谷歌官方为 TensorFlow 配置的数据集文件格式，应用广泛。TFRecord 格式的数据集可以通过 TensorFlow 一键读入，并能使用更多 TensorFlow 关于数据集的管道工具。使用 TFRecord 格式的数据集可以规避由于数据管道限制造成的训练速度瓶颈，因为 TFRecord 文件的核心功能是高效存储序列化数据。

TFRecord 格式的最小单元是基础数据类型。TFRecord 仅支持三种基础数据类型：tf.train.BytesList、tf.train.FloatList、tf.train.Int64List。它们具有独特的功能，专门负责转换来自 Python 的不同数据类型，TFRecord 基础数据类型与 Python 数据类型的对应关系如表 3-1 所示。

表 3-1　TFRecord 基础数据类型与 Python 数据类型的对应关系

TFRecord 基础数据类型	Python 数据类型	用　　途
tf.train.BytesList	string byte	图像、音频、文本、向量（或矩阵）
tf.train.FloatList	float （float32） double （float64）	浮点标量
tf.train.Int64List	bool enum int32 uint32 int64 uint64	整型标量

生成这三种类型的基础数据，分别存储在 d0、d1、d2 中，代码如下：

```
d0=tf.train.BytesList(value=["FuzhouGDG".encode('utf8')])
d1=tf.train.Int64List(value=[1,2])
d2=tf.train.FloatList(value=[3.14,2.718])
print(d0,d1,d2)
```

输出如下：

```
value: "FuzhouGDG"
 value: 1
value: 2
 value: 3.140000104904175
value: 2.7179999351501465
```

通过内存变量查看器查看基础数据的类型如图 3-4 所示。

Name	Type
d0	core.example.feature_pb2.BytesList
d1	core.example.feature_pb2.Int64List
d2	core.example.feature_pb2.FloatList

图 3-4　通过内存变量查看器查看基础数据的类型

TFRecord 的基础数据类型不支持向量，所以需要先将向量（或矩阵）编码为字节对象，再用数据类型 tf.train.BytesList 进行处理。TensorFlow 中将向量（或矩阵）编码为字节对象的命令是 tf.io.serialize_tensor，其逆向解码命令是 tf.io.parse_tensor，可将二进制字节对象转换回向量（或矩阵）。逆向解码为向量（或矩阵）时，最好使用 tf.ensure_shape()函数核对解码过程是否获得了正确的矩阵形状。

TFRecord 的基础数据类型的上一级是特征对象 feature。feature 与字典类似，也有 key 和 value 的键值对。其中，key 的取值只能是 bytes_list、int64_list、float_list，而 value 的取值则是具体的存储内容。

生成这三个 feature，分别将三种基础数据类型存储在 f0、f1、f2 中，代码如下：

```
f0=tf.train.Feature(bytes_list=tf.train.BytesList(value=["FuzhouGDG".encode('utf8')]))
f1=tf.train.Feature(int64_list=tf.train.Int64List(value=[1,2]))
f2=tf.train.Feature(float_list=tf.train.FloatList(value=[3.14,2.718]))
print(f0,f1,f2)
```

输出如下：

```
bytes_list {
  value: "FuzhouGDG"
}
 int64_list {
  value: 1
  value: 2
}
 float_list {
  value: 3.140000104904175
  value: 2.7179999351501465
}
```

通过内存变量查看器查看三个 feature 对象实例，如图 3-5 所示。

Name	Type
f0	core.example.feature_pb2.Feature
f1	core.example.feature_pb2.Feature
f2	core.example.feature_pb2.Feature

图 3-5　通过内存变量查看器查看三个 feature 对象实例

TFRecord 格式原理的最外层封装是 example。example 是 protocolbuf 协议下的消息体，protocolbuf 协议与 xml 及 json 类似，理论上可以保存任何格式的信息。example 消息体的对象类型是 features（比 feature 多了一个字母 s），表示一个 example 消息体包含了一系列的 feature 属性。

生成一个 example，命名为 e，它同时存储了三个 feature 对象，这三个 feature 对象对应的键名分别是 k1、k2、k3，键值分别是由 tf.train.Feature 生成的三个特征对象，代码如下：

```
e = tf.train.Features(
    feature={
        "k1": tf.train.Feature(
            bytes_list=tf.train.BytesList(
                value=["FuzhouGDG".encode('utf8')])),
        "k2": tf.train.Feature(
            int64_list=tf.train.Int64List(
                value=[1,2])),
        "k3": tf.train.Feature(
            float_list=tf.train.FloatList(
                value=[3.14,2.718])),
        })
print(e)
```

输出如下：

```
feature {
  key: "k1"
  value {
    bytes_list {
      value: "FuzhouGDG"
    }
  }
}
feature {
  key: "k2"
  value {
    int64_list {
      value: 1
      value: 2
    }
```

```
    }
  }
  feature {
    key: "k3"
    value {
      float_list {
        value: 3.140000104904175
        value: 2.7179999351501465
      }
    }
  }
```

example 在内存中的对象类型如图 3-6 所示。

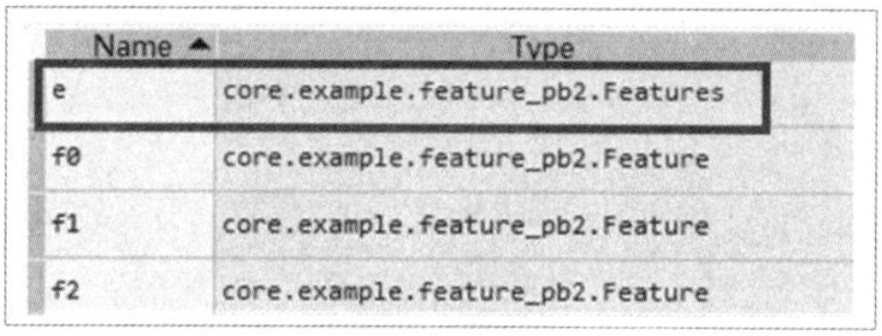

Name ▲	Type
e	core.example.feature_pb2.Features
f0	core.example.feature_pb2.Feature
f1	core.example.feature_pb2.Feature
f2	core.example.feature_pb2.Feature

图 3-6　example 在内存中的对象类型

3.2.3　单个样本的生成函数

每张花卉图片一共需要存储 7 个数据和 1 个图片文件格式，根据数据类型找到与其匹配的 TFRecord 格式的基础数据类型，拟存储数据和 TFRecord 的基础数据类型的匹配关系如表 3-2 所示。其中，使用 tf.io.serialize_tensor()函数将图片矩阵 img_resized 转换为字节对象才能参与数据集存储。

表 3-2　拟存储数据和 TFRecord 的基础数据类型的匹配关系

拟存储数据	TFRecord 的基础数据类型	example 采用的键名
类别名称 class_name	BytesList	'image/class_name'
图片文件名 img_name	BytesList	'image/filename'
图片文件字节对象 img_raw	BytesList	'image/encoded'
图片矩阵 img_resized	Int64List	'image/matrix'
分类序号 class_id	Int64List	'image/class_id'
高度（或者行数）height	Int64List	'image/height'
宽度（或者列数）width	Int64List	'image/width'
图片文件格式（恒等于“jpg”）	BytesList	'image/format'

代码如下：

```
def build_example(
```

```
    data_root,class_name,img_name,class_id,resize_to=192):
img_fname = data_root/class_name/img_name
assert img_fname.exists()
img_raw = tf.io.read_file(str(img_fname),'rb') # 读取原始图片
# with tf.io.gfile.GFile(str(img_fname),'rb') as f:
# img_raw = f.read()
img_matrix = tf.image.decode_jpeg(img_raw,channels=3) #映射为矩阵
height, width, channel = img_matrix.shape #保存原始尺寸
img_resized = tf.image.resize(img_matrix,[resize_to,resize_to]) #修改尺寸
#使用 tf.io.serialize_tensor 将张量转换为字节对象
#使用 tf.io.parse_tensor 可将字节对象转换回张量
example = tf.train.Example(
    features=tf.train.Features(
        feature={
            'image/height': tf.train.Feature(
                int64_list=tf.train.Int64List(
                    value=[height])),
            'image/width': tf.train.Feature(
                int64_list=tf.train.Int64List(
                    value=[width])),
            'image/class_id': tf.train.Feature(
                int64_list=tf.train.Int64List(
                    value=[class_id])),
            'image/filename': tf.train.Feature(
                bytes_list=tf.train.BytesList(
                    value=[img_name.encode('utf8')])),
            'image/class_name': tf.train.Feature(
                bytes_list=tf.train.BytesList(
                    value=[class_name.encode('utf8')])),
            'image/encoded': tf.train.Feature(
                bytes_list=tf.train.BytesList(
                    value=[img_raw.numpy()])),
            'image/format': tf.train.Feature(
                bytes_list=tf.train.BytesList(
                    value=['jpeg'.encode('utf8')])),
            'image/matrix': tf.train.Feature(
                bytes_list=tf.train.BytesList(
                    value=[tf.io.serialize_tensor(
                        img_resized).numpy()])),
            }
        )
    )
return example
```

3.2.4 批量生成样本并写入 TFRecord 文件

下面先利用编写的 build_example()函数，批量生成 example 对象，再使用 example 对象的 SerializeToString()函数，串行化后写入 TFRecord 文件。

首先定义拟生成的 TFRecord 文件名 tfrecord_file，然后遍历全部的文件名列表 all_imgs_with_class。准备拟写入的数据，调用 build_example 生成 tf_example，将 tf_example 写入本地文件，代码如下：

```
tfrecord_file = "flower.tfrecord"
with tf.io.TFRecordWriter(tfrecord_file) as writer:
    for item in tqdm(
            all_imgs_with_class,
            desc="writing tfrecord:"):
        class_name ,img_name =item
        class_id = class_id_from_name[class_name]
        resize_to=192
        tf_example = build_example(
            data_root, class_name, img_name,
            class_id, resize_to=resize_to)
        writer.write(tf_example.SerializeToString())
logging.info("Done")
```

循环结束后，输出如下：

```
writing tfrecord:: 100%|=========| 3670/3670 [00:43<00:00, 84.04it/s]
```

打开电脑硬盘，查看生成的文件 flower.tfrecord，本地存储的 TFRecord 文件如图 3-7 所示。此时可以丢弃原始数据集，围绕制作的文件 flower.tfrecord 开展训练工作。注意，本案例为了教学考虑，存储了大量冗余的重复信息，读者可以根据实际情况存储完备信息。

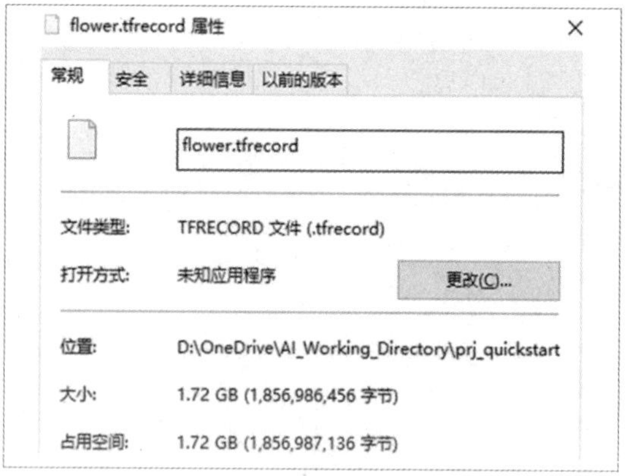

图 3-7　本地存储的 TFRecord 文件

3.3　数据集的读取和验证

数据集的读取和验证是数据集制作和存储的逆过程，主要工作是读取存储在磁盘上的TFRecord 文件，解析该文件，确认解析出的数据与存储的数据一致。机器学习工程师应当养成数据集验证的良好习惯，特别是在完成数据集制作后。

3.3.1　解析单个样本

解析串行后的数据集时，首先需要制作特征描述字典，将字典命名为IMAGE_FEATURE_MAP。这里全部采用 tf.io.FixedLenFeature 对象对固定长度的特征数据进行解析。然而，描述对象内数据类型时，需要根据之前存储数据采用的 TFRecord 的基础数据类型，定义特征描述字典 IMAGE_FEATURE_MAP，代码如下：

```
IMAGE_FEATURE_MAP = {
    'image/width': tf.io.FixedLenFeature([], tf.int64),
    'image/height': tf.io.FixedLenFeature([], tf.int64),
    'image/class_id': tf.io.FixedLenFeature([], tf.int64),
    'image/filename': tf.io.FixedLenFeature([], tf.string),
    'image/class_name': tf.io.FixedLenFeature([], tf.string),
    'image/encoded': tf.io.FixedLenFeature([], tf.string),
    'image/format': tf.io.FixedLenFeature([], tf.string),

    'image/matrix': tf.io.FixedLenFeature([], tf.string),
}
```

矩阵也被描述为 tf.string 类型，因为此处的矩阵是串行化后的字符对象，稍后需要将其解码为真正的矩阵。TensorFlow 的数据集是可迭代的对象，需要设计两个函数来分别统计样本数量和提取样本。统计样本数量的函数命名为 sample_counter，提取样本的函数命名为sample_selector，代码如下：

```
# 该函数用于统计 TFRecord 文件中的样本数量(总数)
def sample_counter(dataset):
    sample_nums = 0
    for record in dataset:
        sample_nums += 1
    return  sample_nums
# 该函数用于提取 TFRecord 文件中的某个样本
def sample_selector(dataset, getN, start_from=0):
    if start_from==1:
        sort_nums = 0
        assert getN >0
    elif start_from==0:
```

```
        sort_nums = -1
        assert getN >=0
    else:
        raise Exception('start_from must be 0 or 1, but got: {}'.format(start_from))
    for record in dataset:
        sort_nums += 1
        if sort_nums == getN:
            return record
        else:
            continue
    return None
```

使用 TensorFlow 提供的 tf.data.TFRecordDataset()函数读取 TFRecord 文件，统计样本是否与之前磁盘存储的图片数量（3670）一致，代码如下：

```
raw_dataset = tf.data.TFRecordDataset(tfrecord_file)
print('total sample amount is ',sample_counter(raw_dataset))
```

输出如下：

```
total sample amount is  3670
```

核对数量无误。提取第一个样本，将其存储为 record，并使用 TensorFlow 的 tf.io.parse_single_example()函数，结合特征描述字典 IMAGE_FEATURE_MAP 进行数据提取，代码如下：

```
record = sample_selector(raw_dataset,0)
x = tf.io.parse_single_example(record, IMAGE_FEATURE_MAP)
```

这里提取的 x 是一个字典，它存储的是通过特征描述字典 IMAGE_FEATURE_MAP 的键值所提取的具体数据内容，不同的数据内容对应着 x 这个字典下的不同键值。从 x 中提取的键值是串行后的矩阵，还需要使用 TensorFlow 提供的 tf.io.parse_tensor()函数进行解码，解码后建议使用 tf.ensure_shape()函数核对矩阵形状。存储 TFRecord 文件之前，图片矩阵的形状是[192,192,4]，读取 TFRecord 文件并解码图片矩阵，恢复的矩阵形状应当保持为[192,192,4]。代码如下：

```
width_1 = x['image/width']
height_1 = x['image/height']
class_id_1 = x['image/class_id']
filename_1 = x['image/filename']
class_name_1 = x['image/class_name']
img_encoded = x['image/encoded']
format_1 = x['image/format']
matrix_serialized = x['image/matrix']
original_img =  tf.image.decode_jpeg(
    img_encoded,channels=3)
matrix_1 = tf.io.parse_tensor(
```

```
    matrix_serialized, out_type=tf.float32)
matrix_1 = tf.ensure_shape(
    matrix_1, [192, 192, 3])
```

最后，直接从磁盘提取第一张图片，重置尺寸后，存储在 img_resized 中，核对 img_resized 和 matrix_1 是否完全一致。这里使用 TensorFlow 提供的 tf.debugging.assert_near()函数，它允许精度范围内的累积误差，不会因为存储精度限制所产生的误差而报错。

```
class_name ,img_name = all_imgs_with_class[0]
class_id = class_id_from_name[class_name]
resize_to=192
img_fname = data_root/class_name/img_name
assert img_fname.exists()
# img_raw = tf.io.read_file(str(img_fname)) #保存原始图片
with tf.io.gfile.GFile(str(img_fname),'rb') as f:
    img_raw = f.read()
img_matrix = tf.image.decode_jpeg(img_raw,channels=3) #映射为矩阵
height, width, channel = img_matrix.shape #保存原始尺寸
img_resized = tf.image.resize(img_matrix,[resize_to,resize_to]) #重置尺寸
tf.debugging.assert_near(img_resized,matrix_1)
```

最后，生成一行、两列的画图窗口，左边窗口显示编码后的图片文件，右边窗口显示数据集提取的重置尺寸为 192 像素×192 像素的图片，确认数据是否一致。代码如下：

```
fig, ax = plt.subplots(nrows=1, ncols=2)
axi = ax[0]
axi.imshow(original_img/255, cmap=plt.cm.binary)
axi.set(
        title="filename=[{}] - format=[{}]".format(
            filename_1.numpy().decode("utf-8"),
            format_1.numpy().decode("utf-8")
            ),
        xlabel="w={} H= {} - id={} name=[{}]".format(
            width_1,height_1,
            class_id_1,class_name_1.numpy().decode("utf-8"))
        )
axi.grid(False)
axi.set_xticks([])
axi.set_yticks([])
axi = ax[1]
axi.imshow(matrix_1/255, cmap=plt.cm.binary)
axi.set(
        title="filename=[{}] - format=[{}]".format(
            filename_1.numpy().decode("utf-8"),
            format_1.numpy().decode("utf-8")
```

```
        ),
        xlabel="w={} H= {} - id={} name=[{}]".format(
            matrix_1.shape[0],matrix_1.shape[1],
            class_id_1,class_name_1.numpy().decode("utf-8"))
        )
axi.grid(False)
axi.set_xticks([])
axi.set_yticks([])
```

输出结果：从数据集提取的图片文件如图 3-8 所示。

图 3-8　从数据集提取的图片文件

3.3.2　制作函数批量解析样本

由于神经网络的训练不需要使用之前存储的全部冗余信息，因此重新定义一个特征描述字典 IMAGE_FEATURE_MAP。这里仅提取类别序号和图片矩阵，代码如下：

```
IMAGE_FEATURE_MAP = {
    'image/class_id': tf.io.FixedLenFeature([], tf.int64),
    'image/matrix': tf.io.FixedLenFeature([], tf.string),
}
```

将之前单个样本的解析工作所对应的代码填进 parse_one_example()函数的函数体，解析结果为图片矩阵 matrix_1 和类别序号 class_id_1 组成的一个元组（tuple）的形态。代码如下：

```
def parse_one_example(raw_example):
    x=tf.io.parse_single_example(raw_example, IMAGE_FEATURE_MAP)
    class_id_1 = x['image/class_id']
    matrix_serialized = x['image/matrix']
    matrix_1=tf.io.parse_tensor(matrix_serialized, out_type=tf.float32)
    matrix_1 = tf.ensure_shape(matrix_1, [192, 192, 3])
    class_id_1 = tf.ensure_shape(class_id_1, [ ])
    return matrix_1, class_id_1
```

使用 TensorFlow 为数据集提供的 map()函数，将每个样本变为一个元组。整个数据遍历后，将被映射为包含 3670 个元组的数据集，数据集命名为 ds，输出该数据集的规格。代码如下：

```
def load_tfrecord_dataset(tfrecoad_filename):
    raw_dataset = tf.data.TFRecordDataset(tfrecord_file)
    print('total sample amount is ',
          sample_counter(raw_dataset))
    return raw_dataset.map(lambda x: parse_one_example(x))
ds = load_tfrecord_dataset(tfrecord_file)
print("dataset spec: ", ds)
```

输出如下：

```
total sample amount is  3670
dataset spec: <MapDataset shapes: ((192, 192, 3), ()), types: (tf.float32, tf.int64)>
```

至此，数据集加载工作已经全部完成，磁盘上的 3670 张图片及其对应的花卉类别已经全部转化至数据集中的 3670 个元组中，每个图片矩阵对应每个元组的第一个元素，每个花卉类别序号对应每个元组的第二个元素，并且图片矩阵已经具有完全一致的形状，即(192,192,3)。

3.4　数据管道的优化处理

在机器学习中，数据管道的作用是对的数据集进行若干预处理后，传递给神经网络。数据管道的各种操作并不是对数据立即生效的，数据只有通过数据管道时才对其进行预处理。

数据管道中常用的操作有映射（map）、打乱（shuffle）、拆分（take、skip）、循环延续（repeat）、打包（batch）、预读取（prefetch）等。本案例中将使用全部管道操作，但实际工程中不一定要全部使用，开发者可以根据实际需要，选择需要的数据管道操作。

映射数据集是指将数据集中的数据进行统一的映射处理。如果神经网络要求输入数据的动态范围为-1～1，那么需要使用数据管道的映射功能批量映射图片像素点。例如，具有 0～255 动态范围的像素数值，可以通过乘法和减法映射为-1 和 1，代码如下：

```
ds_rescale = ds.map(lambda x,y: (x/255*2-1,y) )
```

打乱数据集是指随机交换数据集内样本的顺序，如果读入的数据集是按照一定规律排列的，那么需要打乱数据集，让神经网络的梯度下降过程呈现一定的随机性，避免固定的数据优化带来的潜在风险。打乱数据集需要指定缓冲区大小 buffer_size，该参数的含义是若缓冲区大小（假设为 n）小于数据集大小（假设为 N），则只会依次打乱数据集中尚未被打乱的前 n 个样本。以拥有 9 个样本的数据集为例，缓冲区大小等于 3 和等于 9 的情况下，数据集打乱示意图如图 3-9 所示。

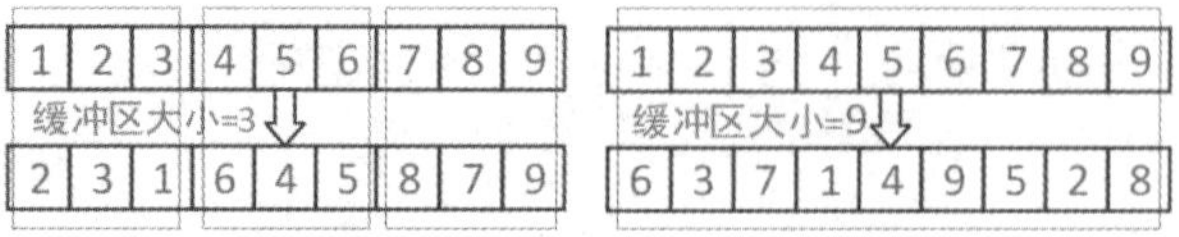

图 3-9　数据集打乱示意图

在 TensorFlow 中，可以使用数据集对象的 shuffle 方法打乱数据集。其中，缓冲区大小一般设置为与数据集大小一致。代码如下：

```
image_count = sample_counter(ds)
ds_shuffle = ds_rescale.shuffle(buffer_size=image_count)
print('ds_shuffle:',ds_shuffle)
```

输出如下：

```
ds_shuffle: <ShuffleDataset shapes: ((192, 192, 3), ()), types: (tf.float32, tf.int64)>
```

数据集一般会拆分为三部分。其中，训练数据集的占比一般为 80%，用于神经网络的训练；验证数据集的占比一般为 10%，用于神经网络训练时的调整；测试数据集的占比一般为 10%，用于神经网络训练完成后的测试。本案例的数据集从简，将前 3200 个样本用于训练，将剩余的 670 个样本用于验证。这里使用了数据集的 take 方法和 skip 方法，分别从数据集中提取一个包含 3200 个样本的子集，并提取该子集的补集，代码如下：

```
ds_train  = ds_shuffle.take(3200)
ds_val    = ds_shuffle.skip(3200)
count_train = sample_counter(ds_train)
count_val = sample_counter(ds_val)
print("ds_train: ",count_train)
print("ds_val: ",count_val)
```

输出如下：

```
ds_train:  3200
ds_val:  470
```

循环延续数据集是指将数据集首尾相接，进行无限拓展，进而确保训练的时候，数据管道可以源源不断地提供数据。以拥有 9 个样本的数据集为例，数据集无限循环延续示意图如图 3-10 所示。

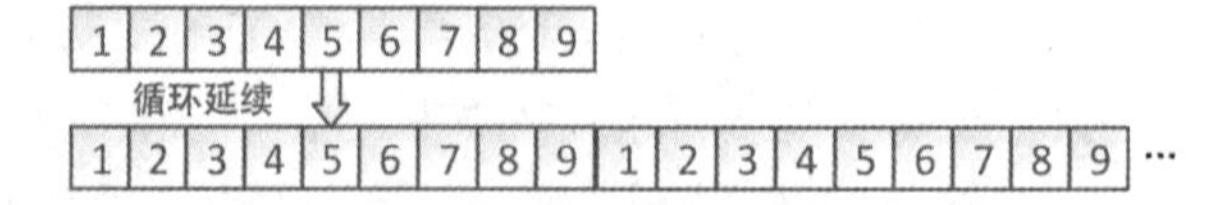

图 3-10　数据集无限循环延续示意图

在 TensorFlow 中，可以使用数据集的 repeat 方法拓展数据集，代码如下：

```
ds_repeat = ds_train.repeat() #数据重复
print('ds_repeat:',ds_repeat)
```

输出如下：

```
ds_repeat: <RepeatDataset shapes: ((192, 192, 3), ()), types: (tf.float32,
tf.int64)>
```

打包数据集对于机器学习非常重要，因为当前机器学习使用的是局部梯度下降方法，无法一次对全部样本进行迭代优化。设计合适的打包大小 batch_size 可以让 CPU 和 GPU 在可以承受的范围内尽可能快速地逼近神经网络损失值的全局最低点。以拥有 9 个样本的数据集为例，将打包大小分别设置为 2 和 3 进行打包，数据集打包示意图如图 3-11 所示。

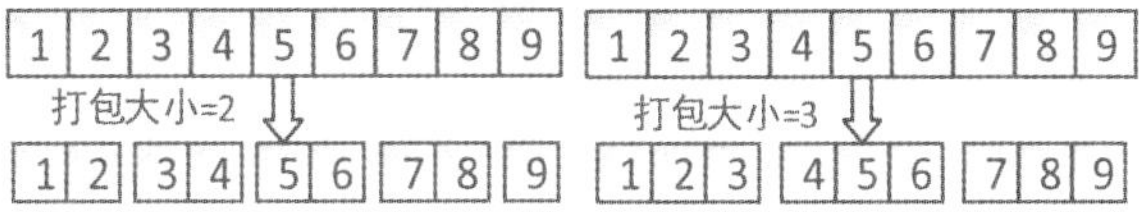

| 1 | 2 | 3 | 4 | 5 | 6 | 7 | 8 | 9 |
打包大小=2
| 1 | 2 | | 3 | 4 | | 5 | 6 | | 7 | 8 | | 9 |

| 1 | 2 | 3 | 4 | 5 | 6 | 7 | 8 | 9 |
打包大小=3
| 1 | 2 | 3 | | 4 | 5 | 6 | | 7 | 8 | 9 |

图 3-11　数据集打包示意图

TensorFlow 的数据集打包可以使用 batch 方法，但需要考虑 GPU 的显存大小。因为对于 GPU 的并行计算而言，处理一个样本的耗时和并行处理多个样本的耗时几乎是一样的（在计算资源没有占满的情况下），只是受制于 GPU 的显存大小。本案例尝试使用 32 个样本打包的策略对数据管道进行操作。代码如下：

```
Batch_size = 32
ds_batch = ds_repeat.batch(batch_size=Batch_size) #分割打包
print('\n','ds_batch:',ds_batch)
```

可以看到，打包后的数据集增加了一个维度，即一个批次内的样本序号。

```
ds_batch: <BatchDataset shapes: ((None, 192, 192, 3), (None,)), types:
(tf.float32, tf.int64)>
```

按照一般流程，首先需要 CPU 负责准备数据，然后由 GPU 进行神经网络的优化计算。准备数据和优化计算的两个流程也可以交替、并行处理，即 CPU 可以在 GPU 计算当前批次的时间内，准备下一批次的数据。这种异步处理方式能大幅降低训练的总时长（大约 30%），并且此功能已经在 TensorFlow 中自动实现。具体使用方法是在准备数据的最后一步增加 prefetch 功能，并设置 AUTOTUNE 参数让软件自动设置后台处理的数据大小。代码如下：

```
AUTOTUNE = tf.data.experimental.AUTOTUNE
ds_prefetch = ds_batch.prefetch(
    buffer_size=AUTOTUNE) #使数据集在后台获取打包
print('ds_prefetch:',ds_prefetch)
```

输出如下：

```
ds_prefetch: <PrefetchDataset shapes: ((None, 192, 192, 3), (None,)), types: (tf.float32, tf.int64)>
```

至此就完成了数据管道的设计，ds_prefetch 中每个样本（元组）的第一个元素可以作为神经网络的输入，第二个元素就是神经网络将要拟合的输出。换句话说，ds_prefetch 可以作为神经网络训练函数的一个重要输入。

此外，对于验证数据集进行同样的打包处理，代码如下：

```
ds_val_BATCH = ds_val.batch(batch_size=BATCH_SIZE)
```

第4章
迁移学习和神经网络的设计

本章的神经网络设计采用迁移学习的方式，即使用谷歌现有的 MobileNet 神经网络作为骨干网络（又名特征提取网络），搭配简单的下游任务网络，以贯序方式生成花卉分类判别的神经网络。

4.1 迁移学习的概念和花卉分类应用

迁移学习是重要的机器学习方法。迁移学习是指将已经训练的模型参数迁移到新的模型来帮助新模型训练。大部分的计算机视觉任务都有一定的相关性，如果把整个计算机视觉世界视为源领域（Source Domain），将某个计算机视觉项目视为目标领域（Target Domain），那么它们一定有着大量的共同知识。因此，可以通过源领域知识的简单推导得到目标领域的知识，该过程为归纳迁移学习（Inductive Transfer Learning）。

根据以上迁移学习的理论，可以将一个足够丰富的数据集（如有 1000 类图片的 ImageNet 数据集）视为源领域，本节使用的 5 种花卉数据集视为目标领域，只需要让神经网络学习这两个领域知识的映射关系，就可以快速完成目标领域的图片分类任务。

假设已有一个神经网络 S，它已经在 ImageNet 数据集上进行了 1000 个分类的训练，将神经网络内部存储源领域知识的、带权重的神经网络称作 P，又名预训练模型（Pretrain Model）。根据迁移学习的理论，只需要设计一个神经网络 T，其前半部分是带权重的神经网络 P，后半部分是拟存储归纳映射知识的神经网络 D。前半部分的神经网络 P 存储了源领域知识，因此无须训练，可以将其冻结；后半部分的神经网络 D 拟存储源领域到目标领域的映射知识，需要进行训练。整个神经网络 T 经过训练后，可以利用源领域知识完成五种花卉的分类判别任务。其中，用于归纳映射知识的神经网络 D 完成的映射任务叫作下游任务（Down Stream Task）。

不同于预训练模型内自带迁移学习模块的神经网络（如自然语言领域的 BERT 模型内部自带 adapter 模块），这里设计的神经网络 T 中被冻结的神经网络 P 是负责提取图片特征的，所以这种迁移学习又名基于特征的迁移学习（Feature-based Transfer Learning）。

本案例使用 MobileNet 卷积神经网络作为预训练模型。MobileNet 使用深度可分卷积（Depth-Wise Separable Convolution）技术，将一般的卷积过程分为深度卷积（Depth-Wise Convolution）和逐点卷积（Point-Wise Convolution），损失精度以换取运算量的大幅下降，且速度更快、模型更小，是一个性能极佳的特征提取网络。TensorFlow 提供了集成度较高的 API，开发者可以通过一行代码快速搭建模型。模型自带的权重是在 ImageNet 的 1000 个物体的分类任务上训练获得的。

在 MobileNet 神经网络后面制定的下游任务神经网络由两层网络构成：GlobalAveragePooling2D 平均池化层和用于分类的 Dense 全连接层，它们负责将 MobileNet 的基础知识映射到花卉分类判别的目标领域，训练运算量很小。特征提取网络和分类判别网络的贯序组合示意图如图 4-1 所示，图中的 batch 表示数据的批次维度，若每 32 张图片组成一个打包输入神经网络，则 batch 等于 32。

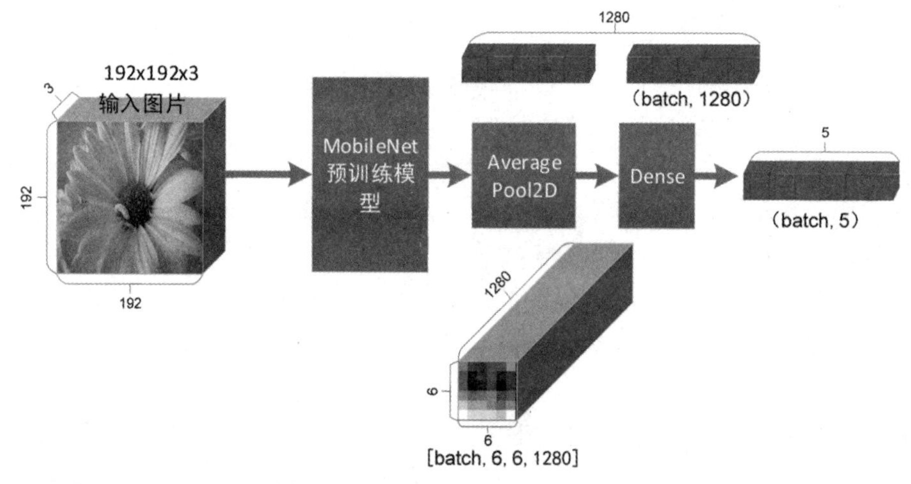

图 4-1　特征提取网络和分类判别网络的贯序组合示意图

4.2　下载 MobileNet

TensorFlow 提供了 tf.keras.applications.MobileNet()函数，用于下载合适的 MobileNet 神经网络。查看 TensorFlow 官网中关于该函数的介绍，注意到该神经网络输入的动态范围是[-1,1]，而数据集图片的动态范围是[0,255]，此时应该在原有数据集管道上进行映射，代码如下。

```
ds_rescale = ds.map(lambda x,y: (x/255*2-1,y) )
```

在本案例中，由于输入的图片是统一的数据格式，数据形状为(192,192,3)，且 MobileNet 只是充当特征提取层使用的，所以在调用 tf.keras.applications.MobileNetV2()函数的时候仅需设置 input_shape 和 include_top 两个参数，即可快速以 MobileNet 建立特征提取层。如果需要使用预测训练参数进行迁移学习，那么指定参数 weights 即可使用 MobileNet 在 ImageNet 大型图片数据集上训练而成的预训练权重。代码如下。

```
mobile_net=tf.keras.applications.MobileNetV2(input_shape=(192,192,3),includ
e_top=False), weights='imagenet')
```

第一次使用 tf.keras.applications.MobileNetV2()函数时，计算机会链接到 GitHub 自动下载此神经网络。若读者的下载过程较长或发生网络问题，则可以在笔者的 GitHub 上手动下载“h5”为后缀的神经网络文件，并将其存储在本地的用户文件夹下的文件目录.keras/models/中，这样以上代码就会优先从本地磁盘中读取以 h5 为后缀的模型文件。神经网络文件的目录结构如图 4-2 所示。

图 4-2　神经网络文件的目录结构

下载和安装工作完成后，可以通过 TensorFlow 提供的 layers 属性和 summary()函数，查看神经网络的结构，代码如下。

```
print('nums of layers:',len(mobile_net.layers))
mobile_net.summary()
```

由于层数较多，部分输出如下。

```
nums of layers: 155
Model: "mobilenetv2_1.00_192"
_________________________________________________________________
Layer (type)                   Output Shape          Param
=================================================================
input_35 (InputLayer)          [(None, 192, 192, 3) 0
_________________________________________________________________
Conv1_pad (ZeroPadding2D)      (None, 193, 193, 3)  0          input_35[0][0]
_________________________________________________________________
Conv1 (Conv2D)                 (None, 96, 96, 32)   864        Conv1_pad[0][0]
_________________________________________________________________
bn_Conv1 (BatchNormalization)  (None, 96, 96, 32)   128        Conv1[0][0]
_________________________________________________________________
6, 96, 32)   0         bn_Conv1[0][0]
_________________________________________________________________
......
```

```
    block_16_project_BN   (BatchNorma   (None,   6,   6,   320)          1280
block_16_project[0][0]

    ________________________________________________________________
    Conv_1  (Conv2D)                          (None,  6,  6,  1280)     409600
block_16_project_BN[0][0]

    ________________________________________________________________
    Conv_1_bn (BatchNormalization)  (None, 6, 6, 1280)   5120        Conv_1[0][0]

    ________________________________________________________________
    out_relu (ReLU)               (None, 6, 6, 1280)   0         Conv_1_bn[0][0]
    ================================================================
    Total params: 2,257,984
    Trainable params: 2,223,872
    Non-trainable params: 34,112
```

可以看到神经网络的结构共有 155 层，包含了若干 2D 卷积层、BatchNormalization 层，共有大约 225.8 万个参数，其中的 222.4 万个参数可以用于训练。

4.3 设置 MobileNet

MobileNet 已广泛用于计算机视觉场景，谷歌提供的 MobileNet 模型已经在极大的图片数据集上进行了前期训练，其特征提取能力已经足够强大。为了加快模型的训练，一般会采用基于特征的迁移学习，又名基于预训练模型的微调（Finetune）。

具体做法是将 MobileNet 作为神经网络的特征提取层进行冻结，其内部的变量无须训练，只需要在后面连接可训练的全连接层，由全连接层负责对 MobileNet 计算得到的特征进行后续学习和训练。

将神经网络 MobileNet 的参数 trainable 设置为 False 即可将其冻结，代码如下。

```
mobile_net.trainable=False #无需训练
mobile_net.summary()
```

查看神经网络结构，输出如下：

```
NEW len(mobile_net.trainable_variables): 0
Model: "mobilenetv2_1.00_192"

________________________________________________________
Layer (type)                 Output Shape          Param
========================================================
input_36 (InputLayer)          [(None, 192, 192, 3) 0

________________________________________________________
Conv1_pad (ZeroPadding2D)       (None, 193, 193, 3)  0          input_36[0][0]
......
```

```
    Conv_1 (Conv2D)                       (None, 6, 6, 1280)    409600
block_16_project_BN[0][0]
    ___________________________________________________________________
    Conv_1_bn (BatchNormalization)  (None, 6, 6, 1280)  5120       Conv_1[0][0]
    ___________________________________________________________________
    out_relu (ReLU)                 (None, 6, 6, 1280)  0          Conv_1_bn[0][0]
    ===================================================================
    Total params: 2,257,984
    Trainable params: 0
    Non-trainable params: 2,257,984
```

可以看到 MobileNet 的可训练变量数已经变为 0。

4.4 测试 MobileNet 的特征提取输入和输出

MobileNet 自带权重参数，因此它已经具备特征提取的能力。从数据管道上的 ds_prefetch 中提取一个打包样本（每 32 个样本组成一个打包），即将形状为(batch,192,192,3)的数据输入神经网络 MobileNet 进行计算，可以获得这 32 个样本的特征图，输出是形状为(batch,6,6,1280)的特征图。其中，batch 表示一个打包内的样本数量。代码如下。

```
image_batch, label_batch = next(iter(ds_prefetch))
feature_map_batch = mobile_net(image_batch)
print('image_batch.shape:',image_batch.shape)
print('label_batch.shape:',label_batch.shape)
print('feature_map_batch.shape:',feature_map_batch.shape)
```

输出如下。

```
image_batch.shape: (32, 192, 192, 3)
label_batch.shape: (32,)
feature_map_batch.shape: (32, 6, 6, 1280)
```

基于 MobileNet 提供的基础特征提取网络，增加定制化的两层网络：GlobalAveragePooling2D 全局平均池化层和 Dense 全连接层，即可快速完成模型的搭建。其中，GlobalAveragePooling2D 全局平均池化层负责将尺寸为 6 像素×6 像素的特征图转换为 1 像素×1 像素的特征图，Dense 全连接层则负责最后的分类。

Dense 全连接层的输出需要与花卉的类别数量吻合，因此首先配置其输出的维度等于类别数量，此处用 len（class_id_from_name）表示类别数量。然后，其输出的数值应当是经过 softmax 计算后的结果，即各种类别的判别概率必须约束在 0～1，并且加起来必须等于 1。

依然采用最为简单的贯序方式搭建神经网络，使用 TensorFlow 的 tf.keras.Sequential()函数将神经网络按层的先后顺序依次填入中括号“[]”包裹的列表。代码如下。

```
    class_id_from_name = {'daisy': 0, 'dandelion': 1, 'roses': 2, 'sunflowers': 3,
'tulips': 4}
    model = tf.keras.Sequential([
        mobile_net,
        tf.keras.layers.GlobalAveragePooling2D(), #平均池化
        tf.keras.layers.Dense(
            len(class_id_from_name),
            activation='softmax') #分类
        ])
```

可以再次打印该神经网络的可训练变量数和网络结构。代码如下。

```
    print('len(model.trainable_variables):',len(model.trainable_variables))
    #此处有两个可训练的变量，即 Dense 分类层中的权重（weights）和偏置（bias）
    model.summary()
```

输出如下。

```
    len(model.trainable_variables): 2
    Model: "sequential_34"
    _________________________________________________________________
    Layer (type)                 Output Shape              Param
    =================================================================
    mobilenetv2_1.00_192 (Model) (None, 6, 6, 1280)   2257984
    _________________________________________________________________
    global_average_pooling2d_33  (None, 1280)              0
    _________________________________________________________________
    dense_35 (Dense)             (None, 5)                 6405
    =================================================================
    Total params: 2,264,389
    Trainable params: 6,405
    Non-trainable params: 2,257,984
```

从输出的神经网络结构，可以看出：

第一，神经网络的结构增加了 2 层，分别是 GlobalAveragePooling2D 全局平均池化层和 Dense 全连接层。其中，可训练变量唯一的来源是 Dense 全连接层的权重（weights）和偏置（bias）。

第二，Dense 全连接层的输入数据形状为(batch,1280)，输出形状为(batch,5)，即权重变量的数量是 $1280 \times 5 = 6400$，偏置变量的数量是 5。

第三，神经网络的输出是一个形状为(batch,5)的张量，batch 表示一个打包中含有的样本数量，5 的含义是每张图片的神经网络都会输出一个包含 5 个元素的向量，该向量存储了这 5 种花卉类别中每种花卉类别的判别概率。

最后，对新搭建的神经网络进行测试。输入一个形状为(batch,192,192,3)的矩阵，输出一个形状为(batch,5)的矩阵。代码如下。

```
softmax_batch = model(image_batch).numpy()
print("softmax_batch - Shape:", softmax_batch.shape)
print("softmax_batch - numpy:", softmax_batch)
print("softmax_batch - reduce_sum:",
     tf.reduce_sum(softmax_batch,1))
```

输出如下。

```
softmax_batch - Shape: (32, 5)
softmax_batch - numpy:
[[0.21761855 0.24501328 0.03106272 0.46828222 0.03802326]
 [0.24113245 0.21697228 0.14474869 0.1076849  0.28946164]
 [0.34304646 0.3312369  0.02463607 0.08513849 0.21594207]
 [0.09477341 0.377084   0.02091638 0.41063023 0.09659593]
 [0.09641178 0.27008638 0.10049739 0.3631372  0.16986722]
 ……
 [0.06455407 0.24523912 0.02187981 0.15916896 0.509158  ]
 [0.17080523 0.12772253 0.02522636 0.35581455 0.32043135]
 [0.18165186 0.2797496  0.02731409 0.46527445 0.04600999]
 [0.13958283 0.50413704 0.12956242 0.11288457 0.11383323]
 [0.10688692 0.5703646  0.01410033 0.10027766 0.2083705 ]]
softmax_batch - reduce_sum: tf.Tensor(
[1.0000001  0.99999994 0.99999994 0.99999994 1.   ……    1.          1.
1.0000001  0.99999994 1.        ], shape=(32,), dtype=float32)
```

可见，输入 32 张图片的打包，输出了一个形状为(32,5)的矩阵，每行向量代表 5 种花卉类别的概率估计，并且每行元素的和一定等于 1。至此，我们得到了数据管道 ds_prefetch，以及输出格式正确的神经网络 model。虽然这个神经网络的输出 softmax_batch 没有任何意义，但是其输入格式和输出格式是完全符合要求的。

第 5 章
损失函数的基础原理

TensorFlow 的神经网络的编译阶段需要定义 3 个配置：优化器、损失函数、评估指标。其中，优化器和损失函数与训练的反向传播计算相关，评估指标与开发者的观测相关。本章将重点介绍损失函数。

损失函数（或称目标函数、优化评分函数）是指用数学的方法对待优化模型的输出值和真实值之间的差距进行量化。损失函数的计算结果越大，模型输出值和真实值之间的差距越大；损失函数的计算结果越小，模型输出值和真实值之间的差距越小，神经网络越完美。损失函数应当平滑且可微，因为神经网络的优化需要根据损失函数对可训练变量的导数进行反向传播。

5.1 回归场景下常用的损失函数

回归场景下常用损失函数量化预测值与真实值的差异，如图像分类中的分类误差或者目标检测中的定位坐标误差、前背景误差、目标分类误差等。假设神经网络输出的第 i 个预测值为 $f\left(x_i\right)$，其对应的真实值为 y_i，两者之间的误差 Δy_i 定义为

$$\Delta y_i := f(x_i) - y_i \tag{5-1}$$

假设每个样本有N个计算结果（如果预测结果是包含横、纵坐标的二维向量，那么此时的 N 为 2），那么需要设计一种算法进行误差的叠加，叠加的结果是神经网络的损失值，在一定程度上能够反映神经网络预测的整体准确率。常用的叠加方法有一阶误差叠加和二阶误差叠加。

一阶误差 （L1 Loss） 叠加的方法是指将误差的绝对值进行叠加后取算术平均，又称为平均绝对误差（Mean Absolute Error，MAE）算法，一阶误差可以表示为

$$L_{\mathrm{MAE}} := \frac{\sum L_1(\Delta y_i)}{N} = \frac{\sum\left|f_i(x_i) - y_i\right|}{N} \tag{5-2}$$

二阶误差（L2 Loss）叠加的方法是指将误差的绝对值平方后取算术平均，又称为均方误差（Mean Square Error，MSE）算法，二阶误差可以表示为

$$L_{\mathrm{MSE}} := \frac{\sum L_2(\Delta y_i)}{n} = \frac{\sum \left| f(x_i) - y_i \right|^2}{n} \tag{5-3}$$

绘制一阶误差函数和二阶误差函数的误差曲线（见图 5-1）。

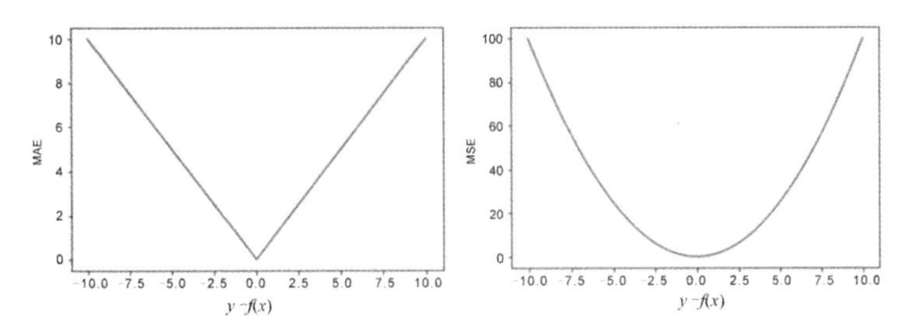

图 5-1　一阶误差函数和二阶误差函数的误差曲线

可见，一阶误差函数和二阶误差函数都是连续函数，二者的区别是一阶误差函数的导数是恒定值（1 或者−1），但不存在零点附近的导数；二阶误差函数存在零点附近的导数，但零点之外区域的损失值急剧增大，对于离群值的放大作用太强。结合二者的优、劣势，产生了一阶平滑误差（Smooth L1 Loss）函数，采用二阶误差函数作为零点附近的损失函数，采用一阶误差函数作为零点之外区域的损失函数，一阶平滑误差函数如图 5-2 所示。

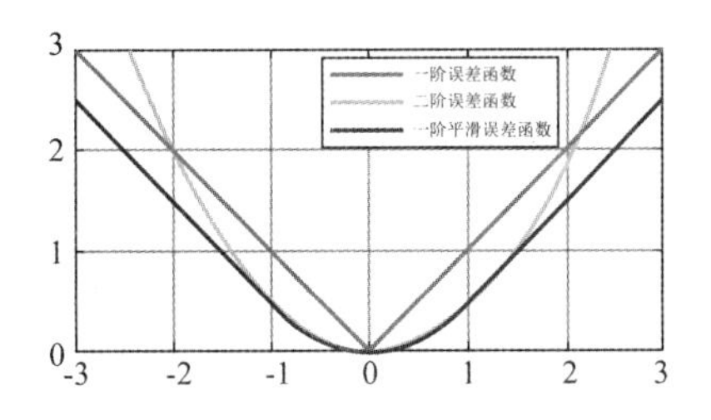

图 5-2　一阶平滑误差函数

一阶误差函数和二阶误差函数结合成为一阶平滑误差函数的关键在于结合点的选择，在简单情况下选择误差绝对值为 1 的点作为结合点，此时单样本的一阶平滑误差函数可以表示为

$$L_{\mathrm{SL1}}(\Delta y_i) = \begin{cases} 0.5 \times \left|\Delta y_i\right|^2, & \left|\Delta y_i\right| < 1 \\ \left|\Delta y_i\right| - 0.5, & \text{其他} \end{cases} \tag{5-4}$$

更多情况下采用带参数的一阶平滑误差函数，假设参数为 σ，那么带参数的一阶平滑误差函数可以表示为

$$L_{\mathrm{SL1}}(\Delta y_i,\ \sigma) = \begin{cases} 0.5\sigma^2 \times \left|\Delta y_i\right|^2, & \left|\Delta y_i\right| < \dfrac{1}{\sigma^2} \\ (\left|\Delta y_i\right| - 0.5) / \sigma^2, & \text{其他} \end{cases} \tag{5-5}$$

不论是否带参数，算法给出的损失值都要对全部样本取算术平均，全部样本的一阶平滑误差函数可以表示为

$$L_{\mathrm{SL1}}(\sigma):=\frac{\sum L_{\mathrm{SL1}}(\Delta y_i,\sigma)}{N} \tag{5-6}$$

这里有必要说明三种误差函数的性质。首先查看一阶误差函数、二阶误差函数、一阶平滑误差函数的一阶导数，分别如式（5-7）～式（5-9）所示。

$$\frac{\partial L_1(\Delta y_i)}{\partial \Delta y_i}=\pm 1 \tag{5-7}$$

$$\frac{\partial L_2(\Delta y_i)}{\partial \Delta y_i}=2|\Delta y_i| \tag{5-8}$$

$$\frac{\partial L_{\mathrm{SL1}}(\Delta y_i,\sigma)}{\partial \Delta y_i}=\begin{cases}0.5\sigma^2\times 2|\Delta y_i|, & |\Delta y_i|<\dfrac{1}{\sigma^2}\\ \pm 1, & 其他\end{cases} \tag{5-9}$$

设计一阶平滑误差函数的目的在于保持其连续性优势的同时，确保一阶导数的连续性和有界性。从带参数 σ 的一阶平滑误差函数及其对 σ 的导数中可以看出，在 $\Delta y_i=\dfrac{1}{\sigma^2}$ 处，不仅函数值连续（都等于 1），一阶导数也连续（都等于 1），完全符合损失函数的平滑性要求。只是在 $-1/\sigma^2$ ～ $1/\sigma^2$ 的范围内之间，一阶平滑误差函数的导数是二阶误差函数导数 $0.5\sigma^2$ 倍，但在该范围外的导数与一阶误差函数是一样的。运用一阶平滑误差函数的时候，只需要在程序中适当调整参数，就可以动态调节零点附近的学习率。

5.2 回归场景下的损失函数实战

关于一阶误差函数，TensorFlow 提供了集成度较高的 API 供开发者调用，函数名为 tf.keras.losses.MeanAbsoluteError()。调用该函数将返回一个集成了 MAE 算法的实例，该实例是一个可供调用的函数。假设此时 MAE 算法的实现函数是 mae()，调用该 MAE 实例并输入预测值和真实值将获得一阶误差，代码如下。

```
mae = tf.keras.losses.MeanAbsoluteError()
```

假设神经网络的预测值是 pred_loc，监督学习下的真实值是 gt_loc。此处将真实值全部设置为 0，在−5～5 的范围内均匀分散预测值，得到不同误差输入情况下的一阶误差，存储在列表 L1Loss_list 中，并绘制输入和输出的函数图像，代码如下。

```
gt_loc_array = np.linspace(0, 0, 101)
pred_loc_array = np.linspace(-5, 5, 101)
```

```
L1Loss_list = []
for pred_loc,gt_loc in zip(pred_loc_array,gt_loc_array):
    L1Loss = mae([pred_loc], [gt_loc])
    L1Loss_list.append(L1Loss.numpy())
fig,ax = plt.subplots(1,3)
axi=ax[1]
axi.plot(pred_loc_array,np.array(L1Loss_list))
axi.grid(True)
axi.set_title('MAE Loss', fontsize=10)
```

关于二阶误差函数，TensorFlow 也提供了集成度较高的函数供开发者调用。函数名为 tf.keras.losses.MeanSquaredError()，调用该函数将返回一个内置了 MSE 算法的实例，该实例是一个可供呼叫的函数。假设此时 MSE 算法的实现函数是 mse()，呼叫该 MSE 实例并输入预测值和真实值，将获得二阶误差。代码如下。

```
mse = tf.keras.losses.MeanSquaredError()
```

假设神经网络的预测值是 pred_loc，监督学习下的真实值是 gt_loc。此处将真实值全部设置为 0，在−5～5 的范围内均匀分散预测值，得到不同误差输入情况下的二阶误差，存储在列表 L2Loss_list 中，并绘制输入和输出函数的图像，代码如下。

```
L2Loss_list = []
for gt_loc,pred_loc in zip(pred_loc_array,gt_loc_array):
    L2Loss = mse([pred_loc], [gt_loc])
    L2Loss_list.append(L2Loss.numpy())
axi=ax[2]
axi.plot(pred_loc_array,np.array(L2Loss_list))
axi.grid(True)
axi.set_title('MSE Loss', fontsize=10)
```

关于一阶平滑误差函数，需要自行编写函数代码，将函数命名为_smooth_l1_loss()，该函数接收神经网络的预测值 pred_loc 和监督学习下的真实值 gt_loc，同时接收一个权重 in_weight 和一阶平滑误差函数的内置参数 sigma，代码如下。

```
def _smooth_l1_loss(gt_loc, pred_loc, in_weight, sigma):
    # gt_loc, pred_loc, in_weight
    sigma2 = sigma ** 2
    sigma2 = tf.constant(sigma2, dtype=tf.float32)
    diff = in_weight * (gt_loc - pred_loc)
    abs_diff = tf.math.abs(diff)
    abs_diff = tf.cast(abs_diff, dtype=tf.float32)
    flag = tf.cast( tf.math.less(abs_diff,(1./sigma2)), dtype=tf.float32)
    y=(flag*(sigma2/2.)*(diff**2)+(1-flag)*(abs_diff-0.5/sigma2))
    return tf.reduce_mean(y)
```

将 in_weight 设置为 1，将 sigma 设置为 1，同时将真实值全部设置为 0，在-5～5 的范围内均匀分散预测值，得到不同误差输入情况下的一阶平滑误差，存储在列表 SmL1Loss_list 中，绘制输入和输出的函数图像，代码如下。

```
in_weight = 1;sigma = 1;
SmL1Loss_list = []
for gt_loc,pred_loc in zip(gt_loc_array,pred_loc_array):
    SmL1Loss = _smooth_l1_loss(gt_loc, pred_loc, in_weight, sigma)
    SmL1Loss_list.append(SmL1Loss.numpy())
axi=ax[0]
axi.plot(pred_loc_array,np.array(SmL1Loss_list))
axi.grid(True)
axi.set_title('Smooth L1 Loss', fontsize=10)
```

绘制三种损失函数在不同误差输入条件下的响应曲线，三种损失函数的输入、输出响应曲线如图 5-3 所示。

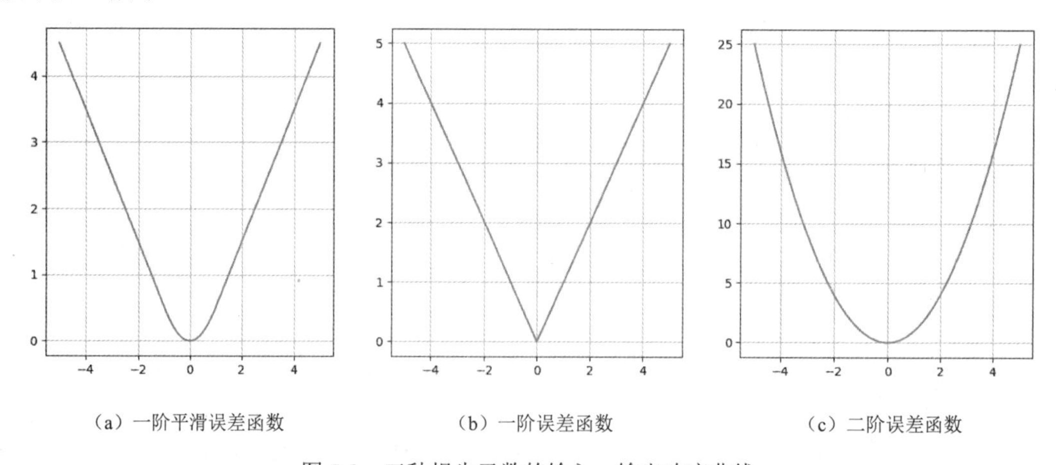

（a）一阶平滑误差函数　　（b）一阶误差函数　　（c）二阶误差函数

图 5-3　三种损失函数的输入、输出响应曲线

对比损失函数的相互关系，代码如下。

```
fig,axj = plt.subplots(1,1)
axj.plot(pred_loc_array,np.array(SmL1Loss_list),
         linestyle='solid',
         color='red',label='Smooth L1 Loss')
axj.plot(pred_loc_array,np.array(L1Loss_list),
         linestyle='dashed',
         color='blue',label='L1 Loss')
axj.plot(pred_loc_array,np.array(L2Loss_list),
         linestyle='dashdot',
         color='green',label='L2 Loss')
axj.axis('equal')
```

```
axj.axis([-2, 2, 0, 3])
axj.grid(True)
axj.set_title('Losses', fontsize=10)
axj.legend()
```

输出结果：三种损失函数的输入、输出响应曲线对比如图 5-4 所示。

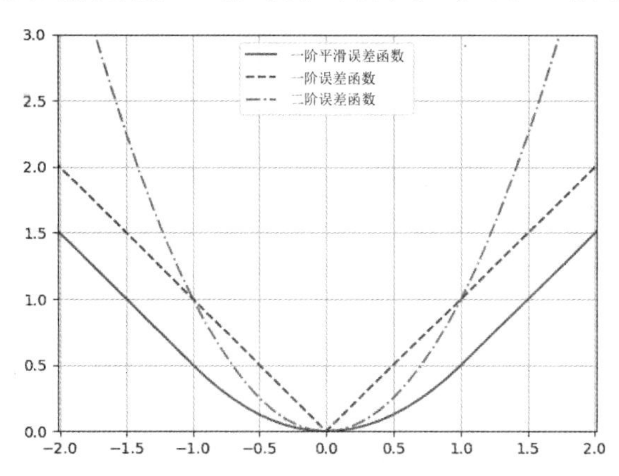

图 5-4　三种损失函数的输入、输出响应曲线对比

可见，一阶平滑误差函数不仅保留了一阶误差函数的导数有界性，还保留了二阶误差函数在零点附近的连续性。

5.3　分类场景下的损失函数

分类场景指的是在给定类别数量和类别编号的前提下，让神经网络为每个类别编号计算一个预测概率，预测概率最高的那个序号对应类别编号，预测概率最高的数值对应类别预测概率的数值。分类场景下的损失函数不仅可以应用于图像分类，也可应用于目标检测算法，算法框选的热点兴趣区域的分类也属于图像分类的应用场景。

5.3.1　概率、几率、对数几率的概念

首先从概率论的角度介绍概率的相关概念。

概率（Probability）是描述某样本空间内某事件出现的可能性。假设某样本空间有三个事件，这三个事件发生的概率分别为 0.118、0.005、0.877。根据概率的性质，每个事件的概率的取值范围是[0,1]，且三个事件的概率总和等于 1。其中，0 代表概率为 0，1 代表概率为 100%，总和为 1 代表了这些事件的全概率。

若 A 事件发生的概率用 P_A 表示，则 A 事件发生的几率（Odd）为样本空间内 A 事件发生

的概率与非 A 事件发生的概率之比，用 O_A 表示。例如，掷骰子出现点数 6 的概率是 1/6，出现其他点数的概率是 5/6，那么掷出点数为 6 这一事件发生的几率为 1/5。极端情况下，在二分类概率均等的情况下，某事件发生的概率等于 1/2 表明该事件发生的几率等于 1，某事件发生的概率等于 1 表明该事件发生的几率等于+∞。A 事件发生的几率可以表示为

$$O_A = \frac{P_A}{1-P_A} \tag{5-10}$$

观察概率和几率的取值范围，几率计算公式将概率的动态范围[0，1]映射到了几率的动态范围[0,+∞）。如果继续将几率取对数，那么可以映射到（-∞,+∞），大幅扩大神经网络计算的动态范围，这就是对数几率（Logit）。

A 事件的对数几率定义为 A 事件发生的几率以自然数 e 为底的对数，A 事件发生的对数几率可以表示为

$$L_A = \ln O_A = \ln\left(\frac{P_A}{1-P_A}\right) \tag{5-11}$$

计算概率得到对应的对数几率的过程称为对数几率变换。在深度学习中，之所以要研究对数几率变换，是因为概率的取值范围为[0,1]，有利于做出分类的最终判断；对数几率的取值范围为（-∞,+∞），可以利用神经网络输出结果的动态范围进行量化计算。对数几率的动态范围响应曲线如图 5-5 所示。

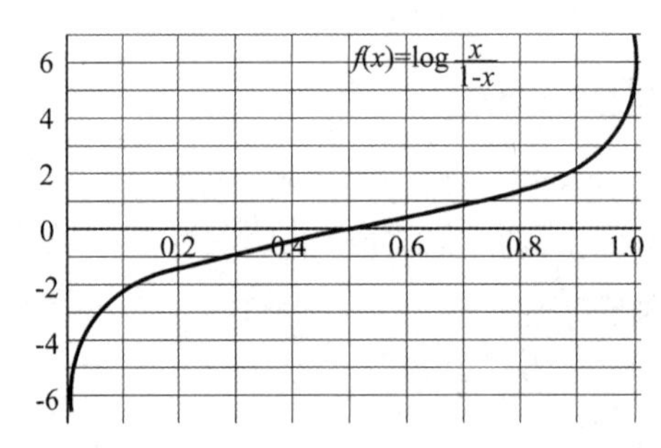

图 5-5　对数几率的动态范围响应曲线

可以根据对数几率反向推导出对应的概率：

$$P_A = \frac{e^{L_A}}{1+e^{L_A}} = \frac{1}{1+e^{-L_A}} \tag{5-12}$$

计算对数几率得到对应的概率的过程称为对数概率变换，往往作用于神经网络的最后一层的输出。对数概率变换将取值范围为（-∞，+∞）的神经网络输出结果转换为取值范围为[0,1]的概率，便于做出分类的最终判断。概率、几率、对数几率的相互关系和取值范围如图 5-6 所示。

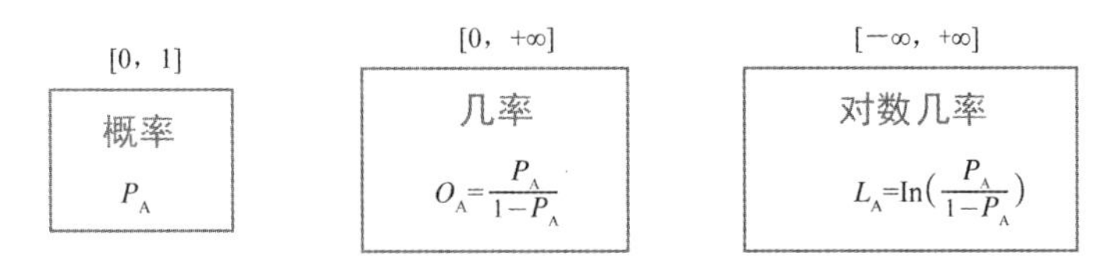

图 5-6　概率、几率、对数几率的相互关系和取值范围

5.3.2　对数几率和概率的相互转换

神经网络内部的神经元计算的动态范围是（-∞,+∞），因此可以把神经网络对某个类别的判断结果视作该类别的对数几率；神经网络对于多个类别的综合判断可以视作多个类别的对数几率序列。

例如，对于三个类别的判断，神经网络输出三个类别的判断结果是[3.0,0,5.0]。显然，取值为 5 的类别是神经网络预测概率最高的类别，取值为 0 的类别是预测概率最低的类别。但由于 3+0+5 并不等于 1，所以它们不是预测概率，只是一个对数几率序列。要想获得每个类别的预测概率，还需要使用归一化指数函数，将对数几率序列转换为概率序列。

归一化指数函数 softmax 如式 5-13 所示。其中，N 表示全部类别的数量，L_i 表示第 i 个类别的对数几率，P_i 表示第 i 个类别的预测概率。

$$P_i = f_{\text{softmax}}\left(L_i\right) := \frac{\mathrm{e}^{L_i}}{\sum_{i=0}^{N} \mathrm{e}^{L_i}} \tag{5-13}$$

根据式（5-13）将对数几率序列[3.0,0.0,5.0]转换为概率序列，即将[1.1849965e-01,5.8997502e-03,8.7560058e-01]转换为[11.85%,0.59%,87.56%]，代表了三个类别的预测概率。归一化指数函数处理前、后的数值变化如图 5-7 所示。

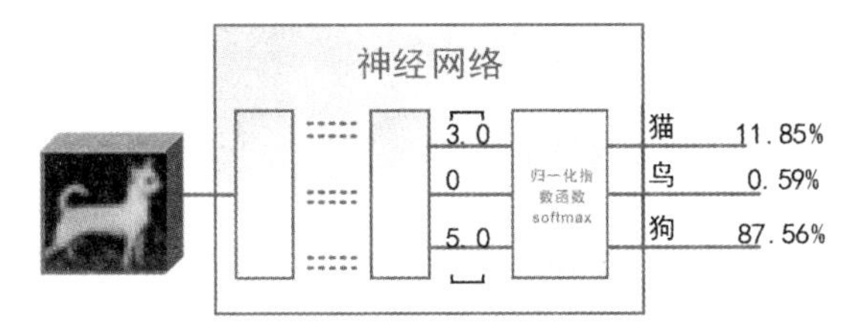

图 5-7　归一化指数函数处理前、后的数值变化

归一化指数函数由于进行了归一化，所以从集合映射的角度来看并不是一个双射，即一旦对数几率序列转换为概率序列，就无法从概率序列准确恢复为对数几率序列。

任何一个取值范围为（-∞,+∞）的序列经过归一化指数函数的处理后，不仅实现了归一化的效果（序列元素的和为 1），而且确保了每个元素的取值范围为 0～1，发挥与概率一样的作用。TensorFlow 提供了 softmax 的高阶 API 供开发者调用，直接输入对数几率序列或矩阵，即可生成对应的概率序列。TensorFlow 的 softmax 算法如式（5-14）所示。

$$f_{\text{tf.math.softmax}}\left(\begin{bmatrix} l_1 \\ l_2 \\ \vdots \\ l_n \end{bmatrix}\right)=\begin{bmatrix} p_1 \\ p_2 \\ \vdots \\ p_n \end{bmatrix} \tag{5-14}$$

这里假设输入的两个对数几率序列为[3,0,5]和[−3,1,4]，按照 softmax 算法手动计算得到的结果存储在变量 y_pred_DIYSoftmax 中，通过 TensorFlow 的 softmax 高阶 API 计算得到的结果存储在变量 y_pred_softmax 中，代码如下。

```
    y_pred_logit = tf.constant([[3., 0, 5],
                                [-3., 1, 4]])
    logit_exp = tf.math.exp(y_pred_logit)
    sum_EachRow = tf.reduce_sum(logit_exp,axis=-1)
    y_pred_DIYSoftmax = logit_exp / sum_EachRow[:,None]
    y_pred_softmax = tf.math.softmax(y_pred_logit, axis=-1)
    print('Softmax algorithm: \n',y_pred_DIYSoftmax,y_pred_softmax)
    print(tf.reduce_sum(y_pred_softmax,axis=-1),'\n',tf.reduce_sum(y_pred_softmax,
axis=-1))
```

输出如下。

```
    Softmax algorithm:
     tf.Tensor(
    [[1.1849965e-01 5.8997502e-03 8.7560058e-01]
     [8.6788129e-04 4.7384713e-02 9.5174736e-01]],
    shape=(2, 3), dtype=float32)
    tf.Tensor(
    [[1.1849965e-01 5.8997502e-03 8.7560058e-01]
     [8.6788123e-04 4.7384709e-02 9.5174736e-01]],
    shape=(2, 3), dtype=float32)
    tf.Tensor([1.         0.99999994], shape=(2,), dtype=float32)
     tf.Tensor([1.        0.99999994], shape=(2,), dtype=float32)
```

可见二者的计算结果完全一致，输出结果中每行的元素和应当为 1。TensorFlow 的 softmax 高阶 API 提供了参数 axis，该参数用于选择 softmax 运算的维度。其中，axis = 0 代表列（纵向）数值组合为一个对数几率序列，axis = 1 代表行（横向）数值组合为一个对数几率序列，axis = −n 代表从倒数的第 n 个维度进行 softmax 运算，softmax 高阶 API 默认的 axis 为−1。代码如下。

```
    y_pred_logit = tf.constant([[3., 0, 5],
                         [-3., 1, 4]])
```

```
y_pred_softmax = tf.math.softmax(y_pred_logit, axis=0)
print('axis = 0 ',y_pred_softmax)
y_pred_softmax = tf.math.softmax(y_pred_logit, axis=1)
print('axis = 1 ',y_pred_softmax)
```

输出如下。

```
axis = 0  tf.Tensor(
[[0.9975274  0.26894143 0.7310586 ]
 [0.00247262 0.7310586  0.26894143]],
shape=(2, 3), dtype=float32)
axis = 1  tf.Tensor(
[[1.1849965e-01 5.8997502e-03 8.7560058e-01]
 [8.6788123e-04 4.7384709e-02 9.5174736e-01]],
shape=(2, 3), dtype=float32)
```

可见，当 axis = 0 时，softmax 输出矩阵的每列元素和为 1；当 axis = 1 时，softmax 输出矩阵的每行元素和为 1。

5.3.3　多标签与单标签分类问题

类别指的是不同对象拥有的类似属性，分类（Classification）是指将对象按照类似属性进行划分。分类包括二分类、多分类。典型的二分类有邮件是否为垃圾邮件的分类（是、否），图像是否包含物体的分类（是、否），典型的多分类有文本情感性质的分类（正面、中性、负面），新闻内容的分类（财经、体育、娱乐、科技）等。

标签（Label）代表了对象与类别集合中元素的对应关系。标签有单标签、多标签两种。典型的单标签问题有水果分类问题，一幅图像的标签只能是苹果、梨、桔子、西瓜等标签中的一个；典型的多标签问题有新闻主题分类问题，如一篇标题为“后天大年初一天气放晴适合出游”的新闻可以是天气类新闻，也可以是休闲类新闻。

将分类和标签相结合进行考虑就是常见的单标签多分类（Single-label and Multi-class）和多标签多分类（Multi-label and Multi-class）问题。分类和标签的应用场景如表 5-1 所示。

表 5-1　分类和标签的应用场景

分类和标签的案例	单标签	多标签
二分类	图像是否包含物体，二选一（是、否）	无
多分类	水果图像分类，N 选 1（苹果、梨、……、西瓜）	新闻主题分类，N 选 m（科技类、天气类、……、休闲类）

首先考虑单标签的编码问题。一般会用数字作为类别编号。当图像属于某个类别的时候，用该类别的编号来表征图像。以 VOC 数据集为例，数据集共有 20 个类别，类别编号为 0～19，类别编号与类别名称一一对应。单标签分类场景如表 5-2 所示。

表 5-2　单标签分类场景

类别编号和类别名称的对应关系				单标签	待分类图片
类别编号	类别名称	类别编号	类别名称		
0	'aeroplane'	10	'diningtable'	[11]	
1	'bicycle'	11	'dog'		
2	'bird'	12	'horse'		
3	'boat'	13	'motorbike'		
4	'bottle'	14	'person'		
5	'bus'	15	'pottedplant'		
6	'car'	16	'sheep'		
7	'cat'	17	'sofa'		
8	'chair'	18	'train'		
9	'cow'	19	'tvmonitor'		

对于目标检测，一般将多分类问题转化为单分类问题。具体方法是将一幅图像拆分为多幅子图像，让每幅子图像中只出现一个物体标签。以表 5-3 中的图为例，一幅图像中包含了猫和狗两个物体，那么可以将该图像拆分为两幅局部子图像，即一幅只包含猫的图像 A 和一幅只包含狗的图像 B。多标签分类场景转化为单标签分类场景如表 5-3 所示。

表 5-3　多标签分类场景转化为单标签分类场景

多标签分类图				单标签子图像 A		单标签子图像 B	
	标签编号	类别名称	类别编号	第一幅图像		第二幅图像	
	标签 1	cat	7		Cat-7		Dog-11
	标签 2	dog	11				
	标签 *n*	—	—				

5.3.4　单标签分类问题和交叉熵算法原理

将多标签问题转化为单标签分类问题后，只要解决单标签分类问题的损失值计算算法，就能使用累加的方法解决目标检测下多标签分类问题的损失值计算。单标签分类问题采用的是独热（One-Hot）编码方式，即每行只有一个元素为 1，其余全部为 0，出现 1 的位置代表了标签编号。为简单起见，设计一个三分类单标签的场景，三分类单标签场景的分类标准如表 5-4 所示。

表 5-4　三分类单标签场景的分类标准

类别名称	汽车	猫	狗
类别编号	0	1	2

独热编码方式是稀疏的，第一幅子图像属于猫，猫属于第 1 类，所以将标签编码的第 1 位设置为 1，其余设置为 0，编码为[0,1,0]，第二幅子图像属于狗，狗属于第 2 类，所以将标签编码的第 2 位设置为 1，其余设置为 0，编码为[0,0,1]。三分类单标签场景的独热编码如表 5-5 所示。

表 5-5　三分类单标签场景的独热编码

图像	编码“位”的含义	第 0 位-汽车	第 1 位-猫	第 2 位-狗
	位编码	0	1	0
	独热编码	[0,1,0]		
	位编码	0	0	1
	独热编码	[0,0,1]		

对于多幅图像打包的 N 分类场景，可以将真实的标签编号组合为[Batch,1]的矩阵，用 $\boldsymbol{y}_{\text{GroundTruth}}$ 表示，如式（5-15）所示，将其独热编码为[Batch,N]的矩阵，用 $\boldsymbol{y}_{\text{GTOneHot}}$ 表示，如式（5-16）所示。

$$\boldsymbol{y}_{\text{GroundTruth}} = \begin{bmatrix} 1 & 2 \end{bmatrix} \tag{5-15}$$

$$\boldsymbol{y}_{\text{GTOneHot}} = \begin{bmatrix} 0 & 1 & 0 \\ 0 & 0 & 0 \end{bmatrix} \tag{5-16}$$

至此已经获得了单标签分类问题的完整数学表达，TensorFlow 提供了从单标签到独热编码的函数 tf.one_hot()，只需要输入标签编号和类别总数就可以获得多个标签编号输入多个独热编码的输出。假设输入的标签有 2 个，分别是 1 和 2，存储在 y_true 中，在类别总数为 3 的情况下，获得的独热编码存储在 y_true_OneHot 中，代码如下。注意表 5-5 中的独热编码采用整数数值，但如果将编码数据用于浮点计算，那么需要转化为浮点数值，具体方法是在数字后面添加小数点。

```
y_true = tf.constant([1, 2])
y_true_OneHot = tf.one_hot(y_true,3)
'''
array([[0., 1., 0.],
       [0., 0., 1.]]
'''
```

假设神经网络已经为 Batch 幅图像输出 Batch 条预测概率序列，即预测结果是形状为[batch,N]的矩阵，可以表示为

$$\boldsymbol{P} = \begin{bmatrix} 0.1185 & 0.0059 & 0.8756 \\ 0.0009 & 0.0474 & 0.9517 \end{bmatrix} \tag{5-17}$$

下面计算 GT_OneHot 的编码矩阵 $\boldsymbol{y}_{\text{GTOneHot}}$ 与预测概率矩阵 $\boldsymbol{P}$ 之间的差异。这里采用交叉熵算法，这也是计算单标签分类问题损失值的方法。

在信息论中，交叉熵用于计算两个概率分布的相似程度。若两个概率分布完全一致，则它们的交叉熵为最小值，两个概率分布的差异越大，交叉熵越大。对于 N 分类的单标签场景，每个打包内的第 i 个样本的单分类标签的独热编码向量为 $\boldsymbol{y}_i$，它是一个[1,N]的向量，其 N 个元素用 $\boldsymbol{y}_{i\_c}$ 表示（元素的取值为 0 或 1）。神经网络的预测概率向量是 $\boldsymbol{p}_i$，它是一个[1,N]的向量，其 N 个元素用 $\boldsymbol{p}_{i\_c}$ 表示（元素的取值范围为 0～1），该样本的交叉熵如式（5-18）所示，即独热编码序列的每个元素 y_{i_c} 与神经网络的预测概率向量的每个元素 p_{i_c} 的对数逐一相乘后相加的相反数。

$$L_{\text{CE}\_i} = -\sum_{c=1}^{N} y_{i\_c} \log p_{i\_c} \tag{5-18}$$

显然，对于某个样本的预测结果的交叉熵的取值范围是[0，+∞)；若每个打包内有 B 个样本，则对该 B 个样本的交叉熵取平均，如式 5-19 所示，取值范围依旧是[0，+∞)。

$$L_{\text{CE}} = \frac{\sum_{i=1}^{B} L_{\text{CE}\_i}}{B} = \frac{-\sum_{i=1}^{B}\sum_{c=1}^{N} y_{i\_c} \log p_{i\_c}}{B} \tag{5-19}$$

此前的目标是经过训练，让神经网络的预测概率分布与真实情况一致，而现在的目标是将交叉熵降到最低，甚至为 0。

5.3.5 交叉熵损失函数

根据式（5-16）与式（5-17）计算得到第一个样本的交叉熵约为 5.13，如式（5-20）所示；第二个样本的交叉熵约为 0.05，如式（5-21）所示。这两个样本组成一个打包，用交叉熵表征这个打包的总损失值，约为 2.59，如式（5-22）所示。

$$L_{\text{CE}\_1} = -\left(0\times\log 0.1185 + 1\times\log 0.0059 + 0\times\log 0.8756\right) \approx 5.132803 \tag{5-20}$$

$$L_{\text{CE}\_2} = -\left(0\times\log 0.0009 + 0\times\log 0.0474 + 1\times\log 0.9517\right) \approx 0.049505 \tag{5-21}$$

$$L_{\text{CE}} = \frac{\text{CE1}+\text{CE2}}{2} = \frac{5.132803+0.049505}{2} \approx 2.59115 \tag{5-22}$$

通过 TensorFlow 进行以上理论算法的复现，代码如下。

```
y_true = tf.constant([1, 2])
y_true_OneHot = tf.one_hot(y_true,3)
'''
```

```
array([[0., 1., 0.],
      [0., 0., 1.]]
'''
y_pred_logit = tf.constant([[3., 0, 5],
                      [-3., 1, 4]])
y_pred_softmax = tf.math.softmax(y_pred_logit, axis=-1)
print('Softmax Predict: \n',y_pred_softmax)
'''
[[1.1849965e-01 5.8997502e-03 8.7560058e-01]
 [8.6788123e-04 4.7384709e-02 9.5174736e-01]]
'''
loss_EachRow = tf.reduce_sum(-y_true_OneHot*tf.math.log(y_pred_softmax), axis=-1)
print('loss_EachRow',loss_EachRow)
loss_DIY_SCC=tf.reduce_mean(loss_EachRow)
print('loss_DIY_SCC',loss_DIY_SCC.numpy())
```

输出如下，计算结果与理论算法一致。

```
Softmax Predict:
 tf.Tensor(
[[1.1849965e-01 5.8997502e-03 8.7560058e-01]
 [8.6788123e-04 4.7384709e-02 9.5174736e-01]], shape=(2, 3), dtype=float32)
loss_EachRow tf.Tensor([5.1328454  0.04945566], shape=(2,), dtype=float32)
loss_DIY_SCC 2.5911505
```

当然，TensorFlow 也提供交叉熵的高阶 API，主要有两种：SparseCategoricalCrossentropy 和 sparse_categorical_crossentropy。两者类似，这里重点介绍 SparseCategoricalCrossentropy。SparseCategoricalCrossentropy 是一个交叉熵计算器，需要先配置才能调用。配置时，需要让交叉熵计算器知道输入的序列是对数几率序列还是概率序列。对数几率配置的关键字是 from_logits。若输入数据的取值范围是$(-\infty,+\infty)$，则为对数几率序列，配置为 from_logits = True；若输入数据的取值范围是$[0,1]$，则为概率序列，配置为 from_logits = False（默认）。调用交叉熵计算器的时候，可以直接输入预测值和真实值序列，从而得到交叉熵损失函数值的输出。交叉熵计算函数的 from_logit 标志位区别和等价如图 5-8 所示。

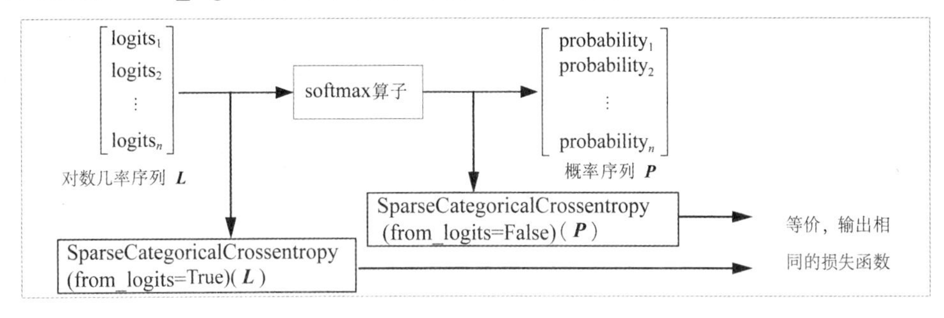

图 5-8　交叉熵计算函数的 from_logit 标志位区别和等价

针对同样的数据，使用 TensorFlow 的 SparseCategoricalCrossentropy 的高阶 API 后，代码量大幅减少，代码如下。

```
    SCC_FromLogitFalse = tf.keras.losses.SparseCategoricalCrossentropy(from_logits=
False)
    loss_SCC = SCC_FromLogitFalse(y_true, y_pred_softmax)
    print(' loss SCC:', loss_SCC.numpy())
    SCC_FromLogitTrue = tf.keras.losses.SparseCategoricalCrossentropy(from_logits=
True)
    loss_SCC = SCC_FromLogitTrue(y_true, y_pred_logit)
    print(' loss SCC:', loss_SCC.numpy())
```

输出结果如下，计算正确。

```
loss SCC: 2.5911505
loss SCC: 2.5911505
```

5.4 自定义损失函数

TensorFlow 除提供回归场景和分类场景下的损失函数高阶 API 外，还提供了其他损失函数。具体可参见 TensorFlow 官网的 API 接口规范，位于 tf.keras.losses 的目录结构下。这里不再赘述。

TensorFlow 内置的损失函数无法满足需求的时候，可以自定义损失函数。例如，在数据不均衡情况下计算损失函数，或者某些非目标检测场景（如图像分割问题）中，需要更具有创新性的损失函数设计。设计合理的损失函数，往往能提高复杂问题下的神经网络性能。

自定义的损失函数首先以真实值 y_true、预测值 y_pred 的顺序获得训练数据和预测数据，然后将自定义损失函数的结果作为函数的返回，可以将该函数作为参数输入神经网络的静态拟合函数 model.fit()。下面设计一个均方误差损失函数 custom_mean_squared_error()，代码如下。

```
def custom_mean_squared_error(y_true, y_pred):
    return tf.math.reduce_mean(tf.square(y_true - y_pred))
model = get_uncompiled_model()
model.compile(optimizer=keras.optimizers.Adam(),loss=custom_mean_squared_error)
y_train_one_hot = tf.one_hot(y_train, depth=10)
model.fit(x_train, y_train_one_hot, batch_size=64, epochs=1)
```

自定义的损失函数可以通过继承 TensorFlow 内置的 keras.losses 方法实现，但是需要重写其呼叫方法。下面将设计自定义的均方误差损失函数，命名为 CustomMSE()，代码如下。

```
class CustomMSE(keras.losses.Loss):
    def __init__(self,
                 regularization_factor=0.1,
                 name="custom_mse"):
```

```
        super().__init__(name=name)
        self.regularization_factor = regularization_factor
    def call(self, y_true, y_pred):
        mse = tf.math.reduce_mean(tf.square(y_true - y_pred))
        reg = tf.math.reduce_mean(tf.square(0.5 - y_pred))
        return mse + reg * self.regularization_factor
model = get_uncompiled_model()
model.compile(optimizer=keras.optimizers.Adam(), loss=CustomMSE())
y_train_one_hot = tf.one_hot(y_train, depth=10)
model.fit(x_train, y_train_one_hot, batch_size=64, epochs=1)
```

自定义损失函数应当注意两点：第一，损失值的计算应当全部使用 TensorFlow 内置的算子，不要使用 TensorFlow 之外的算子，因为神经网络的优化工作其实就是计算损失函数数值对可训练变量的导数，使用外部算子会导致 TensorFlow 的自动微分机制无法自动求导；第二，损失函数应当是光滑可导的，因为神经网络反向传播的时候需要计算每个节点的梯度，使用不可导的损失函数将导致梯度无法向后传播。

第 6 章
神经网络的编译和训练

虽然前面已经准备了数据输入管道和神经网络，但仅定义了神经网络的正向传播。神经网络像一个函数，接收规定格式的输入，产生规定格式的输出，但任何网络在没有训练之前都能产生输出，只是输出的数值是随机的，与期望的计算结果毫无关联。

为了实现神经网络的设计初衷，需要不断优化网络。优化的方法是比较输出值和真实值，根据二者之间的误差制定神经网络内部参数的调整方案，这就是监督学习的训练。设计神经网络的反向优化算法称为编译（Compile），执行神经网络的反向优化算法称为训练。

6.1 神经网络的编译

编译神经网络模型时的两个必要参数为损失函数和优化器。损失函数（或称目标函数、优化评分函数）是量化待优化模型输出值和真实值之间差距的方法，损失函数的计算结果越小，说明模型输出值与真实值的差距越小，神经网络越完美。

编译神经网络模型时还可以设置评价函数。评价函数和损失函数相似，也是评价待优化模型输出值和真实值之间差距的方法，但评价函数的结果不会用于训练过程中的梯度计算，所以评价函数不需要符合光滑、可导等严苛的数学要求。

本案例中，图像分类的任务是预测五种花卉的分类概率，每幅图像的真实标签是取值范围为 0～4 的正整数，即每幅图像仅属于五种分类中的某一分类，属于多分类单标签的分类场景。神经网络的数据流图设计对于每幅图像的输出都是一个向量，该向量包含五个元素，分别代表图像属于五个分类的概率数值。显然，向量符合 TensorFlow 中稀疏分类交叉熵函数 sparse_categorical_crossentropy()的输入要求。

sparse_categorical_crossentropy()函数接收概率序列（默认）或者对数几率序列的预测结果，接收非独热编码形式的真实值。本案例中的神经网络的最后一层经过 softmax 的处理，转换为动态范围是 0～1 的概率序列，数据集中的标签是 0～4 的正整数，因此可以直接使用 sparse_categorical_crossentropy()函数。编程的具体做法是向 TensorFlow 的 model.fit()函数输入损失函数的实例，或者通过字符串指定损失函数类型，字符串定为“sparse_categorical_crossentropy”或“binary_crossentropy”。

优化器的算法原理是根据损失函数计算结果，通过梯度下降法反向优化网络内部变量。tf.keras 集成了多种优化器算法，如 tf.keras.optimizers.Adam、tf.keras.optimizers.SGD 等，这里选用 Adam 优化器。该优化器是由 Diederik P. Kingma 和 Jimmy Ba 两位学者于 2014 年 12 月提出的优化算法。Adam 优化器结合了 AdaGrad 和 RMSProp 两种优化器的优点，综合考虑梯度的一阶矩估计和二阶矩估计，计算更新步长。编程的具体做法是向 TensorFlow 的 model.fit()函数输入优化器对象或通过字符串指定优化器类型，字符串可以为“adam”或“sgd”。

神经网络的训练也支持设置评价函数。本案例采用最简单的准确率函数 accuracy()。例如，预测 6 个样本，其真实标签 y_true 为[0,1,3,3,4,2]，但模型将其预测为[0,1,3,4,4,4]，即 y_pred = [0,1,3,4,4,4]，那么该模型的准确率为 2/3。编程的具体做法是向 TensorFlow 的 model.fit()函数输入评价指标或通过字符串指定优化器类型，字符串可以为“accuracy”或“mse”等。

根据前面介绍的损失函数、优化器和评价函数，只需要一行语句就可以实现神经网络的编译。其中，向优化器关键字传递的是优化器对象，向损失函数和评价指标关键字传递的是字符串，代码如下。

```
model.compile(optimizer=tf.keras.optimizers.Adam(),
              loss='sparse_categorical_crossentropy',
              metrics=["accuracy"])
```

6.2　神经网络的训练

本节将介绍神经网络训练的基本概念、神经网络训练的常用回调机制，并介绍如何使用回调机制监督神经网络的训练过程，避免过拟合现象。

6.2.1　神经网络训练的基本概念

对神经网络进行训练需要先明确样本数据计数的若干基本概念：步、周期、打包。

进行一次前向推导或后向训练称为一步（Step）。假设数据集包含 N 个样本，每次神经网络的前向计算并不是对单个样本进行计算，而是对每 Batch_size 个样本为进行打包计算，因此一共进行了 n 次前向计算。其中，n 等于 N 除以 Batch_size。此时每步消耗的样本数量为 Batch_size，需要训练 n 步才能消耗全部样本。全部样本的消耗时长称为一个周期（Epoch）。综上所述，一个周期包含 n 步，每步消耗 Batch_size 个样本，一个周期共消耗 N 个样本。

一般使用数据管道向神经网络输入数据，数据管道的“截面”有 Batch_size 个样本，Batch_size 称为打包大小，Batch_size 个样本称为一个批次。神经网络接收一个批次的数据后，就完成了一步训练，也称为一次迭代，神经网络执行了 N/Batch_size 步训练之后，就完成了一个周期的训练。

每步输入神经网络的样本数量是由开发者人为设置的。如果开发者使用的是显卡或其他计算加速卡，那么设置打包大小的时候需要根据计算加速卡的专用存储器（GPU 显存）大小进行设置。如果专用存储器（显存）较小、Batch_size 较大，那么很容易遇到显存溢出（OOM，Out of Memory）的故障。

本案例已经将数据集中的 3200 个样本整理为训练数据集，打包大小设置为 32，即每个批次有 32 个样本输入神经网络。全部样本的训练需要经历 100 步训练，即每个批次有 32 个样本，每步消耗 1 个批次的样本，每个周期需要执行 100 步。每个训练周期消耗数据管道的样本数量如图 6-1 所示。

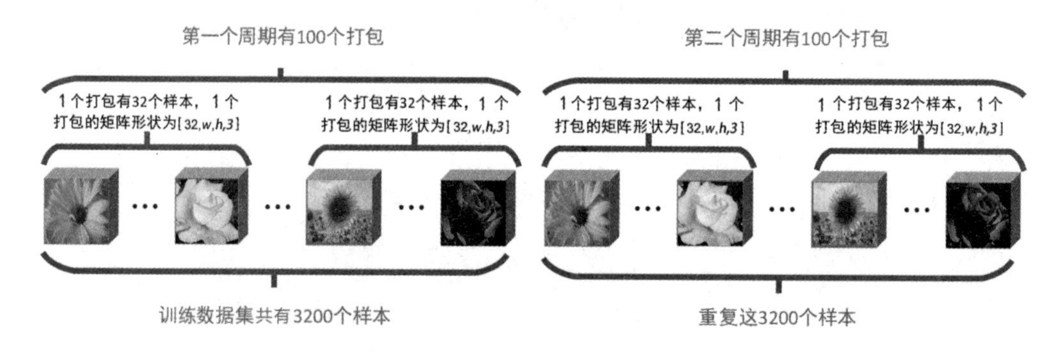

图 6-1　每个训练周期消耗数据管道的样本数量

数据管道规划的代码如下。

```
    steps_per_epoch=tf.math.ceil(sample_counter(ds_train)/Batch_size).numpy()
    print('每个 step 训练 Batch_size=32 个样本，一共执行{}个 step 可以将全部样本消费完毕！
'.format(steps_per_epoch))
```

输出结果如下。

```
    每个 step 训练 Batch_size=32 个样本，一共执行 100.0 个 step 可以将全部样本消费完毕！
```

6.2.2　神经网络训练的常用回调机制

神经网络的训练是多次迭代的过程，TensorFlow 支持在训练的迭代过程中，定期触发回调函数。回调函数能对训练过程进行干预和调整。

目前，TensorFlow 支持迭代周期的触发，触发时间点从大到小有以下十四种。TensorFlow 回调机制的触发条件表如表 6-1 所示。

表 6-1　TensorFlow 回调机制的触发条件表

阶段	周期		
	第一个周期和最后一个周期	每个周期的开始和结束	每步的开始和结束
训练（Train）	on_train_begin on_train_end	on_epoch_begin on_epoch_end	on_train_batch_begin on_train_batch_end
验证（Validate）	on_test_begin on_test_end	—	on_test_batch_begin on_test_batch_end
预测（Predict）	on_predict_begin on_predict_end	—	on_predict_batch_begin on_predict_batch_end

从触发的高阶 API 来看，TensorFlow 支持多个集成度较高的回调，具体可在 TensorFlow 的官网上查看，位于 API 接口的 tf.keras.callbacks 目录下。常用的回调函数有可视化回调函数、早期停止回调函数、保存权重回调函数。

可视化回调函数定期将训练的各个损失函数和指标输入本地日志文件，以供 TensorBoard 读取并进行可视化展示，TensorFlow 提供的可视化回调函数是 tf.keras.callbacks.TensorBoard ()。

早期停止回调函数用于在某个训练阶段满足某个条件时，停止训练。TensorFlow 提供的早期停止回调函数是 tf.keras.callbacks.EarlyStopping ()。

保存权重回调函数在训练的过程中以某个频率定期保存模型及其参数。TensorFlow 提供的保存权重回调函数是 tf.keras.callbacks.ModelCheckpoint()，该函数有三个重要参数需要配置。第一个是权重保存的地址 filepath，它是一个纯文本的本地文件地址，可以使用字符串的 format 方法定义一个随着周期数值变化而改变的文件地址。第二个是 save_weights_only，它是一个布尔变量，设置为 True 时仅保存模型的权重，设置为 False 时会保存权重及整个模型。第三个是 save_freq，它是一个正整数或者字符串“epoch”，如果数据管道是有数量限制的（没有做首尾相接的 repeat 操作）且没有人为设置每个周期训练的步数，那么 save_freq 表示进行一次保存操作需要间隔的周期；如果数据管道进行了首尾相接的 repeat 操作且设置了每个周期训练的步数，那么 save_freq 表示进行一次保存操作需要间隔的步数。

本案例计划只保存权重而不保存整个模型，所以将参数 save_weights_only 设置为 True。此外，计划每两个周期保存一次权重，由于之前对数据集进行了首尾相接的 repeat 操作，并且设置了每个周期要训练的步数，所以参数 save_freq 需要设置为 200，表示每两个周期保存一次模型的权重，每个周期训练的步数是 100。

通过 tf.keras.callbacks.ModelCheckpoint()函数生成的回调函数使用中括号制作列表 list，命名为 callback_list。虽然该列表中只有一个回调函数，但开发者可以通过在该列表 list 中增加其他回调函数，实现在训练过程中触发多个回调函数的需求，代码如下。

```
weights_path = './PeriodCheckPoints/P-{epoch:04d}.ckpt'
```

```
print('first checkpoint will be:' ,weights_path.format(epoch=0) )
checkpoint_dir = os.path.dirname(weights_path)
# 创建一个回调函数，每两个周期保存一次模型的权重
save_by_epoch = 2
callback_list = [
    tf.keras.callbacks.ModelCheckpoint(
        filepath=weights_path,
        verbose=1,
        save_weights_only=True,
        save_freq=int(save_by_epoch*steps_per_epoch))
    ]
```

6.2.3 训练的返回和过拟合的观测

前面已准备了神经网络的周期规划和回调函数，下面可以调用模型对象的 fit()函数对模型进行训练，需要将训练数据集设置为之前准备的数据管道 ds_prefetch，参数 epochs 设置为此次训练的周期数（50），steps_per_epoch 设置为每个周期训练的步数（根据之前的计算是 100），回调函数列表设置为之前新建的回调函数列表 callback_list，验证数据集设置为之前准备的验证数据集 ds_val_BATCH。代码如下。

```
epochs_of_first_training = 50
hist_first_stage = model.fit(ds_prefetch,
                             epochs= epochs_of_first_training,
                             steps_per_epoch=steps_per_epoch,
                             callbacks=callback_list,
                             verbose=1,
                             validation_data = ds_val_BATCH)
```

调用 fit()函数将消耗较长时间，此时神经网络正在逐步训练和优化，CPU 训练的每个周期的耗时为 70～80s。训练日志的输出如下。

```
first checkpoint will be: ./PeriodCheckPoints/P-0000.ckpt
Epoch 1/50
100/100 - 77s 767ms/step - loss: 0.6942 - accuracy: 0.7544 - val_loss: 0.4842 -
val_accuracy: 0.8383
Epoch 2/50
100/100 - 70s 699ms/step - loss: 0.3246 - accuracy: 0.8913 - val_loss: 0.4211 -
val_accuracy: 0.8468
Epoch 00002: saving model to ./PeriodCheckPoints\P-0002.ckpt
```

若使用显卡加速（如 RTX1060/6G），则每个周期的耗时约为 10～20s。训练日志的输出如下。

```
Epoch 1/50
100/100 - 19s - loss: 0.9137 - accuracy: 0.6611 - val_loss: 0.9555 - val_accuracy:
0.6300
```

```
    Epoch 2/50
    100/100 - 13s - loss: 0.4759 - accuracy: 0.8347 - val_loss: 0.7558 - val_accuracy: 
0.7275
    Epoch 00002: saving model to ./PeriodCheckPoints/P-0002.ckpt
```

通过两个周期的训练，准确率已经可以提高为 80%左右，权重文件已经保存在磁盘上。训练回调函数保存的网络权重文件如图 6-2 所示。

名称	状态	修改日期	类型	大小
checkpoint		2020/3/17 15:53	文件	1 KB
P-0002.ckpt.data-00000-of-00002		2020/3/17 15:53	DATA-00000-OF...	46 KB
P-0002.ckpt.data-00001-of-00002		2020/3/17 15:53	DATA-00001-OF...	8,896 KB
P-0002.ckpt.index		2020/3/17 15:53	INDEX 文件	18 KB
P-0004.ckpt.data-00000-of-00002		2020/3/17 15:53	DATA-00000-OF...	46 KB
P-0004.ckpt.data-00001-of-00002		2020/3/17 15:53	DATA-00001-OF...	8,896 KB
P-0004.ckpt.index		2020/3/17 15:53	INDEX 文件	18 KB

图 6-2　训练回调函数保存的权重文件

调用 fit()函数后，模型中已经保存了内部可训练变量的最优数值，训练过程的监控指标（一般包含损失函数值和评价指标数值）将作为训练的返回。返回的格式是 TensorFlow 独有的 History 对象，History 对象的重要属性为 history。提取 History.history 将获得一个字典，它包含训练过程中每个周期的损失数值和评价指标数值。损失函数值和评价指标数值包含了训练集数据和验证数据集。训练后的性能日志内存截图如图 6-3 所示。

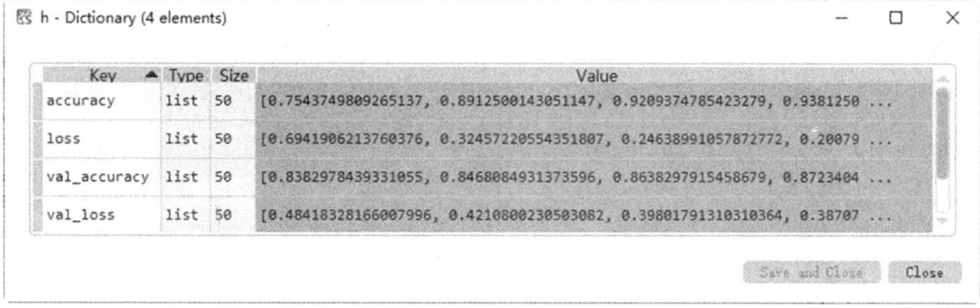

h - Dictionary (4 elements)

Key	Type	Size	Value
accuracy	list	50	[0.7543749809265137, 0.8912500143051147, 0.9209374785423279, 0.9381250 ...
loss	list	50	[0.6941906213760376, 0.32457220554351807, 0.24638991057872772, 0.20079 ...
val_accuracy	list	50	[0.8382978439331055, 0.8468084931373596, 0.8638297915458679, 0.8723404 ...
val_loss	list	50	[0.48418328166007996, 0.4210800230503082, 0.39801791310310364, 0.38707 ...

Save and Close　Close

图 6-3　训练后的性能日志内存截图

将训练后性能日志返回的 History 对象进行可视化，可见神经网络训练数据集和验证数据集上的性能提升过程，用曲线绘制性能提升过程，代码如下。

```
    fig, ax = plt.subplots(1,2)
    ax[0].plot(hist_first_stage.history['accuracy'],color="red")
    ax[0].plot(hist_first_stage.history['val_accuracy'],color="blue")
    ax[0].grid("True")
    fig, ax = plt.subplots(1,2)
    ax[0].plot(hist_first_stage.history['accuracy'],
```

```
    color="red",label='accuracy')
ax[0].plot(hist_first_stage.history['val_accuracy'],
    color="blue",label='val_accuracy')
ax[0].grid("True")
ax[0].legend()
ax[1].plot(hist_first_stage.history['loss'],
    color="red",label='loss')
ax[1].plot(hist_first_stage.history['val_loss'],
    color="blue",label='val_loss')
ax[1].grid("True")
ax[1].legend()
```

训练日志可视化如图 6-4 所示。

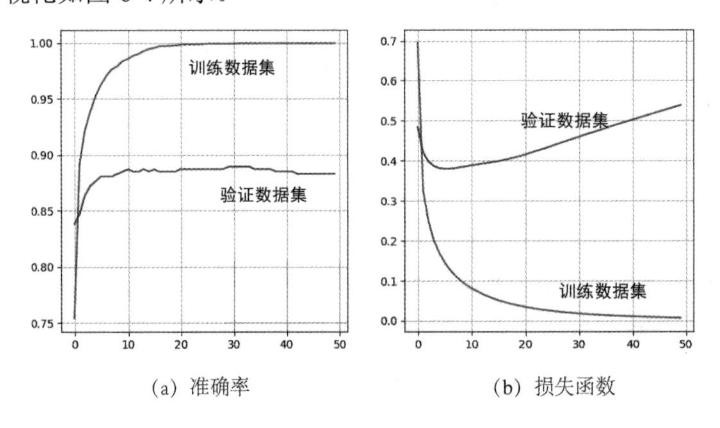

(a) 准确率　　(b) 损失函数

图 6-4　训练日志可视化

查看 50 个周期的训练日志输出，可以发现，图 6-4（a）中的训练数据集的准确率稳步提高，逐步接近 100%，但是验证数据集的准确率在第 10 个周期后趋于稳定，接近 90%。图 6-4（b）的损失函数更为明显，训练数据集的损失函数的计算结果逐步趋于 0，但验证数据集的损失函数的计算结果在第 5 个周期左右达到最小值，此后损失函数的计算结果不降反升，并在最后的第 50 个周期结束时达到最大值。

在训练数据集和验证数据集具有相同统计分布的情况下，神经网络可以在训练数据集上达到极高性能，但在验证数据集上却不能达到类似的高性能，性能甚至不升反降。神经网络的性能在验证数据集上不降反升的现象叫作过拟合（Overfit）。出现过拟合现象的原因是神经网络在训练数据集上过分追求损失函数的最小化，失去了对特征提取和规律拟合的泛化能力，而神经网络强大的泛化能力正是区别于传统计算机视觉（特征工程）的关键。

过拟合的处理方法一般是在过拟合的临界点上停止训练，或者在回调函数中使用 EarlyStopping()函数，在过拟合的临界点停止训练，保存训练权重。本案例将提取第 5 个周期左右的权重进行保存，并将此时的权重作为花卉分类神经网络的最终训练结果输出。

6.3 神经网络的保存

不论是通过共享平台（TensonFlow Hub）还是通过 Keras 高阶 API 构建模型，不论是通过 CPU 还是 GPU、TPU 进行训练，都需要在训练过程中定期保存训练状态，并在最终训练完成后保存网络结构和最佳网络权重。若需要将训练结果对外分发或者在物联网、浏览器、服务器部署，则无论是通过云计算、边缘设备、浏览器进行部署，还是跨语言部署，都应将内部权重和整个模型结构一起保存和分发。为搭建训练与部署之间的桥梁，TensorFlow 官方推荐使用 SavedModel 格式，训练后只要使用 SavedModel 格式进行模型保存，就能够支持多种部署场景，而 Keras 的 H5 格式和仅保存权重的 CPKT 格式无法支持多种部署场景。SavedModel 格式搭建了训练与部署之间的桥梁如图 6-5 所示。

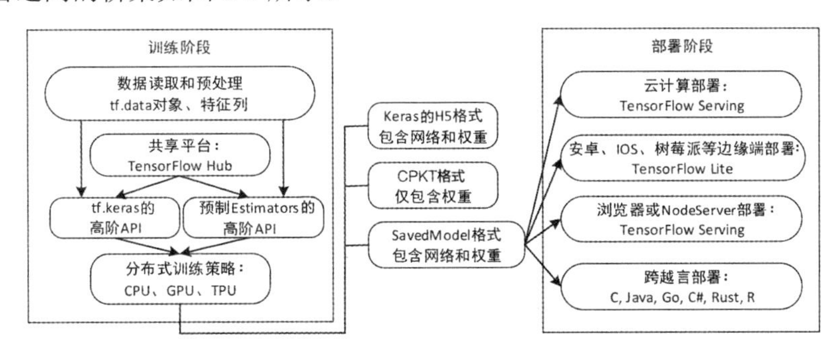

图 6-5　SavedModel 格式搭建了训练与部署之间的桥梁

6.3.1 神经网络保存的格式和命令

训练后的神经网络包含以下四个重要组成部分：模型结构、模型权重、编译信息和优化器状态。其中，模型结构指的是神经网络的内部结构，若没有保存架构配置，则每次建立神经网络都需要源代码；模型权重指的是神经网络内部的全部变量的取值，神经网络的训练就是让这些权重取到最优值；编译信息指的是神经网络在编译时配置的参数；优化器状态指的是上次训练结束后神经网络所处的中断位置，一般用于断点接续训练。

不同保存方式对应的保存内容如表 6-2 所示。

表 6-2　不同保存方式对应的保存内容

保存方法		保存内容			
保存对象	格式	模型结构	模型权重	编译信息	优化器状态
仅检查点	CPKT 检查点文件	×	√	×	×
	HDF5 格式（以.h5 为后缀的单文件）	×	√	×	×
整个网络	SavedModel 格式（文件夹形式）	√	√	√	√
	HDF5 格式（以.h5 为后缀的单文件）	√	√	√	√

需要保存检查点时，可以使用模型对象的 save_weights()函数，输入拟保存的检查点地址，该目录无须提前新建，TensorFlow 将自动逐级建立目录；也可以使用 tf.keras.Model.save_weights()函数，但需要同时输入拟保存权重的模型和保存地址。代码如下。

```
# model.save_weights -> cpkt
model.save_weights("./CheckPoints/ModelDotCpkt/epoch10.cpkt")
# tf.keras.Model.save_weights -> cpkt
tf.keras.Model.save_weights(
    model,
    "./CheckPoints/KerasDotCpkt/epoch10.cpkt")
```

磁盘保存的检查点文件列表如图 6-6 所示。

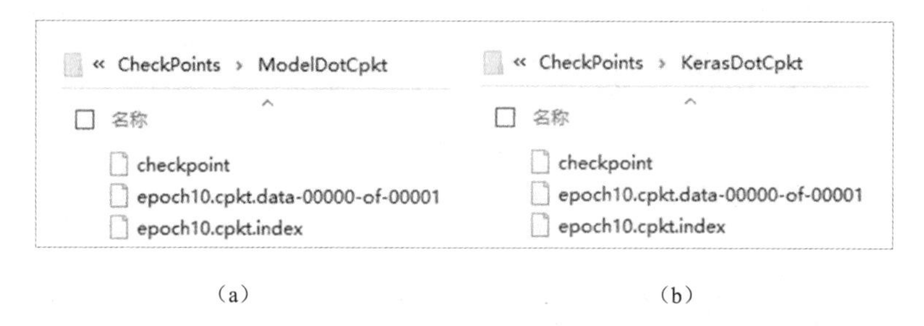

（a）　　　　　　（b）

图 6-6　磁盘保存的检查点文件列表

使用检查点文件需要首先重新使用源代码建立模型，然后使用模型的 load_weights()函数装载检查点，通过源代码进行网络的编译后，才能重新进行训练。使用保存在磁盘上的第 10 个周期的检查点，建立新的神经网络 model_ckpt，代码如下。

```
model_ckpt = create_model()
model_ckpt.load_weights(
    './PeriodCheckPoints/P-{epoch:04d}.ckpt'.format(epoch=10))
model_ckpt.compile(optimizer="adam",
              loss='sparse_categorical_crossentropy',
              metrics=["accuracy"])
his=model_ckpt.fit(ds_prefetch,epochs=1,steps_per_epoch=10,
               validation_data = ds_val_BATCH)
loss,acc = model_ckpt.evaluate(
    ds_val_BATCH, steps=10, verbose=2)
print("model_ckpt accuracy: {:5.2f}%, loss: {:.4f}"
     .format(100*acc,loss))
```

输出如下。

```
10/10 [==============================] - 23s 2s/step - loss: 0.0569 - accuracy: 
1.0000 - val_loss: 0.3798 - val_accuracy: 0.8936
10/10 - 7s - loss: 0.3532 - accuracy: 0.8969
model_ckpt accuracy: 89.69%, loss: 0.3532
```

可见神经网络已经得到恢复，可以再次进行训练和评估。需要特别注意的是，TensorFlow 推荐开发者保存原生的 CPKT 格式而不是 Keras 的 H5 格式。因为 H5 格式会检查模型是否吻合权重的架构要求，要求装载权重的模型必须与保存权重的模型一致，否则会出现装载失败的情况。但是权重保存格式 CPKT 会从权重文件的第一层开始装载，直至最后一层，即使需要装载权重的模型与保存权重的模型不一致，也不影响 CPKT 权重的装载，除非发生权重的形状不一致导致无法装载的情况。

首先，构建一个名为 3layer_model 的全连接模型，其内部有三个全连接层（分别为 dense_1、dense_2、dense_3）；然后，构建一个名为 4layer_model 的全连接模型，其内部有四个全连接层（分别为 fc_1、fc_2、fc_3、fc_4），前三层配置的参数与 3layer_model 完全一致。代码如下。

```
    import tensorflow as tf
    inputs = tf.keras.Input(shape=(784,), name="inputs")
    x = tf.keras.layers.Dense(
        64, activation="relu", name="dense_1")(inputs)
    x = tf.keras.layers.Dense(
        64, activation="relu", name="dense_2")(x)
    outputs = tf.keras.layers.Dense(10, name="dense_3")(x)
    model_3layers = tf.keras.Model(
        inputs=inputs, outputs=outputs, name="3layer_model")
    x = tf.keras.layers.Dense(
        64, activation="relu", name="fc_1")(inputs)
    x = tf.keras.layers.Dense(
        64, activation="relu", name="fc_2")(x)
    x = tf.keras.layers.Dense(10, name="fc3")(x)
    outputs = tf.keras.layers.Dense(5, name="fc4")(x)
    model_4layers = tf.keras.Model(inputs=inputs, outputs=outputs, name="4layer_
model")
```

理论上，三个全连接层的模型和四个全连接层的模型是不一样的，根据 H5 格式的权重保存和权重装载方法，无法将三个全连接层的模型权重装载到四个全连接层的模型中，TensorFlow 将提示“ValueError:You are trying to load a weight file containing 3 layers into a model with 4 layers.”。但是如果使用 CPKT 格式的权重保存和权重装载方法，那么可以成功将三个全连接层的模型权重装载到四个全连接层的模型中。代码如下。

```
    # CPKT 格式将装载成功
    model_3layers.save_weights('P02_cpkt_3layer.cpkt')
    model_4layers.load_weights('P02_cpkt_3layer.cpkt')
    # H5 格式将装载失败
    model_3layers.save_weights('P02_cpkt_3layer.h5')
    model_4layers.load_weights('P02_cpkt_3layer.h5')
    # 提示:“ValueError: You are trying to load a weight file containing 3 layers
into a model with 4 layers.”
```

若仅保存检查点，则恢复模型时必须通过源代码重新构建、编译模型，这是很不方便的。因此，TensorFlow 提供了在不访问原始 Python 代码的情况下也能保存和恢复整个神经网络模型的文件格式：SavedModel 文件格式和 HDF5 文件格式。

SavedModel 文件格式内含两个文件夹和一个文件。saved_model.pb 文件包含了模型结构和编译信息（包括优化器、损失函数和评价指标）；variables 文件夹存储了该神经网络内部变量的权重；assets 文件夹则包含 TensorFlow 计算图使用的附件文件（本案例中没有用到，但遇到某些自然语言任务的时候，该目录就会保存用于初始化词汇表的文本文件）。

HDF5 文件格式以单文件格式存储了模型结构和编译信息，但它和 SavedModel 文件格式的最大不同在于：SavedModel 是保存了整个执行计算图的，而 HDF5 使用对象配置来保存模型结构。因此 SavedModel 能够在无原始代码的情况下保存自定义对象，如自定义的损失函数、自定义的评价指标、自定义层对象，而这些都是无法存储在 HDF5 文件格式中的。

如果希望通过 HDF5 文件格式保存和加载同样的自定义对象，那么必须在自定义层的时候使用 get_config 方法和 from_config 类方法进行定义，并且在加载模型时将自定义对象传递至重建模型函数的参数 custom_objects。具体参见 TensorFlow 的官网。TensorFlow 官方推荐的模型保存的文件格式是 SavedModel，这也是 TensorFlow 2.X 版本中的默认文件格式。SavedModel 文件格式和 HDF5 文件格式支持的保存内容对比如表 6-3 所示。

表 6-3　SavedModel 文件格式和 HDF5 文件格式支持的保存内容对比

保存内容		SavedModel 文件格式			HDF5 文件格式
		saved_model.pb	variables 文件夹	assets 文件夹	*.h5
模型结构	通用层	√	×	×	√
	自定义层	√	×	×	×
模型权重		×	√	×	√
模型编译	优化器	√	×	×	√
	损失函数	√	×	×	√
	自定义损失函数	√	×	×	×
	评估指标	√	×	×	√
	自定义评估指标	√	×	×	×
模型附件	自然语言中的字典文件等	×	×	√	×

TensorFlow 提供了三种方法保存全部模型，三种方法完全一样，可以自由选择。方法一假设已经有了一个名为 model 的模型，那么可以使用 model 的 save()函数直接保存全部模型；方法二使用 tf.keras.models.save_model()函数保存全部模型；方法三使用 tf.saved_model.save()函数保存全部模型。其中，方法一和方法二在填写保存地址的时候，若输入的保存地址不是以.h5 后缀结尾的，则保存的模型是 SavedModel 文件格式；若输入的保存地址是以.h5 后缀结尾的，则

保存的模型是 HDF5 文件格式。如果选择方法三保存模型，那么保存的模型格式只能是 SavedModel 文件格式，即不支持将模型保存为 HDF5 文件格式。代码如下。

```
# model.save --(默认保存为 SaveModel 格式)
model.save('saved_model/ModelDotSave')
# tf.keras.models.save_model --(PB format)
tf.keras.models.save_model(model,'saved_model/KerasSave')
# tf.saved_model.save --(保存为 PB format)
tf.saved_model.save(model,'saved_model/tfSave')
# model.save --(保存为 H5 格式)
model.save('saved_model/modelDotSave.h5')
# tf.keras.models.save_model --(保存为 H5 格式)
tf.keras.models.save_model(model,'saved_model/KerasSave.h5')
```

代码运行后，查看本地存储的模型文件，磁盘保存的模型文件如图 6-7 所示。

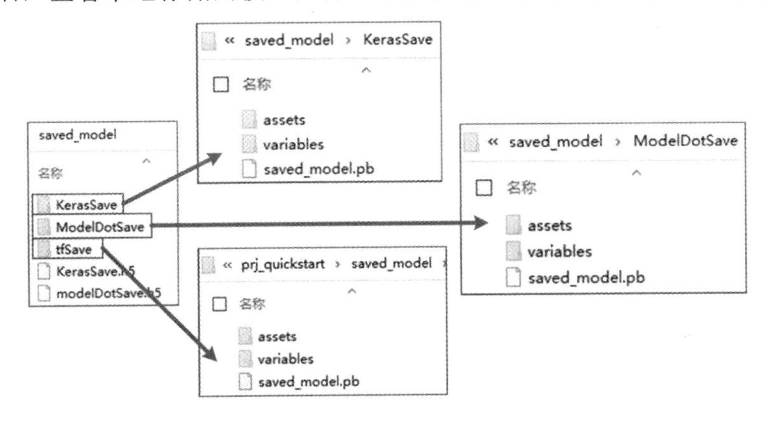

图 6-7　磁盘保存的模型文件

使用模型文件恢复模型，可以使用 tf.keras.models.load_model()函数和 tf.saved_model.load()函数。

方法一使用 tf.keras.models.load_model()函数直接打开模型文件地址，该函数支持 SavedModel 和 HDF5 两种文件格式。该函数将返回一个 Keras 的模型对象，该对象拥有 Keras 模型的 fit()函数、predict()函数等，适合二次训练。

方法二使用 tf.saved_model.load()函数直接打开模型文件，该函数仅支持 SavedModel 文件格式，不支持 HDF5 文件格式。该函数返回一个带有签名的模型对象，该对象不具备 Keras 模型对象的 fit()函数、predict()函数方法等，不能使用 model.fit()函数进行训练。如果一定需要使用该方法打开模型文件，那么可以利用该对象的 variables 等属性，配合 TensorFlow 的 tf.GradientTape()函数的自动微分机制进行二次训练。

不同方法保存和加载权重和模型的异同点如图 6-8 所示。

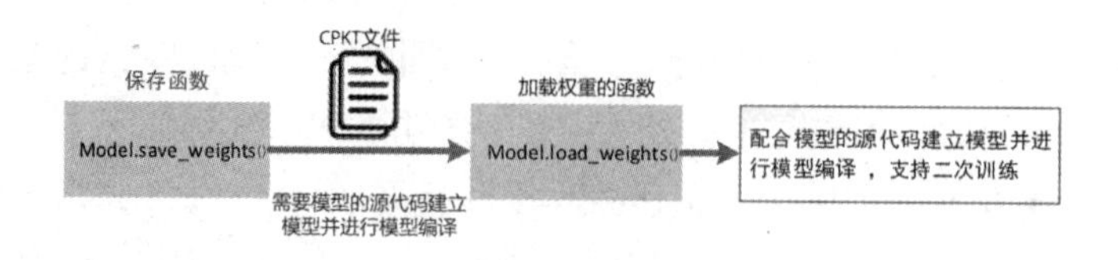

（a）保存和加载权重

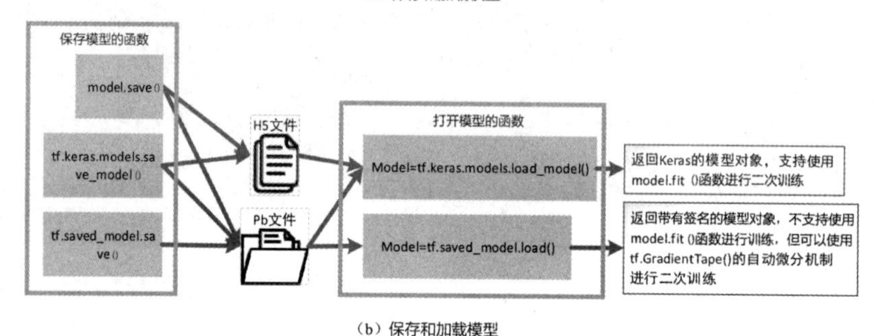

（b）保存和加载模型

图 6-8　不同方法保存和加载权重和模型的异同点

使用 tf.keras.models.load_model()函数和 tf.saved_model.load()函数打开存储在本地磁盘上的三个 SavedModel 文件格式的模型和两个 HDF5 文件格式的模型，代码如下。

```
model_S1 = tf.saved_model.load("saved_model/ModelDotSave")
model_S2 = tf.saved_model.load("saved_model/tfSave")
model_S3 = tf.saved_model.load("saved_model/KerasSave")
model_K1 = tf.keras.models.load_model('saved_model/ModelDotSave')
model_K2 = tf.keras.models.load_model('saved_model/tfSave')
model_K3 = tf.keras.models.load_model('saved_model/KerasSave')
model_h51 = tf.keras.models.load_model('saved_model/modelDotSave.h5')
model_h52 = tf.keras.models.load_model('saved_model/KerasSave.h5')
```

model_S1、model_S2、model_S3 是使用 tf.saved_model.load()函数打开的，因为不是 Keras 模型对象，没有 model.fit()函数，所以只能通过 tf.GradientTape()函数的自动微分机制进行二次训练，这里不进行展示。

model_K1、model_K2、model_K3、model_h51、model_h52 是使用 tf.keras.models.load_model()函数打开的，是 Keras 模型对象，有 fit()函数，所以继续用 fit()函数进行二次训练，代码如下。

```
hist_K1 = model_K1.fit(ds_prefetch,
                       epochs=1,
                       steps_per_epoch=2,
                       validation_data = ds_val_BATCH)
hist_K2 = model_K2.fit(ds_prefetch,
                       epochs=1,
                       steps_per_epoch=2,
                       validation_data = ds_val_BATCH)
```

```
hist_K3 = model_K3.fit(ds_prefetch,
                    epochs=1,
                    steps_per_epoch=2,
                    validation_data = ds_val_BATCH)
hist_h51 = model_h51.fit(ds_prefetch,
                    epochs=1,
                    steps_per_epoch=2,
                    validation_data = ds_val_BATCH)
hist_h52 = model_h52.fit(ds_prefetch,
                    epochs=1,
                    steps_per_epoch=2,
                    validation_data = ds_val_BATCH)
```

输出如下。

```
    2/2 [==============================] - 82s 41s/step - loss: 0.0569 - accuracy:
1.0000 - val_loss: 0.3798 - val_accuracy: 0.8936
    2/2 [==============================] - 30s 15s/step - loss: 0.0569 - accuracy:
1.0000 - val_loss: 0.3798 - val_accuracy: 0.8936
    2/2 [==============================] - 31s 15s/step - loss: 0.0569 - accuracy:
1.0000 - val_loss: 0.3798 - val_accuracy: 0.8936
    2/2 [==============================] - 21s 10s/step - loss: 0.0569 - accuracy:
1.0000 - val_loss: 0.3798 - val_accuracy: 0.8936
   2/2 [==============================] - 22s 11s/step - loss: 0.0569 - accuracy:
1.0000 - val_loss: 0.3798 - val_accuracy: 0.8936
```

可见神经网络已经完全恢复，可以再次训练和评估。为了训练过程保持稳定，建议恢复模型后，对模型进行二次编译，恢复的模型进行二次训练会更加稳定。模型的二次编译代码如下。

```
model_K1.compile(optimizer="adam",
               loss='sparse_categorical_crossentropy',
               metrics=["accuracy"])
model_K2.compile(optimizer="adam",
               loss='sparse_categorical_crossentropy',
               metrics=["accuracy"])
model_K3.compile(optimizer="adam",
               loss='sparse_categorical_crossentropy',
               metrics=["accuracy"])
model_h51.compile(optimizer="adam",
               loss='sparse_categorical_crossentropy',
               metrics=["accuracy"])
model_h52.compile(optimizer="adam",
               loss='sparse_categorical_crossentropy',
               metrics=["accuracy"])
```

6.3.2 神经网络的性能测试和推理

一般情况下，使用神经网络在验证数据集上的准确率或者损失值函数值作为神经网络的性能表征。TensorFlow 的模型对象有一个验证方法供开发者调用，即为 evaluate()函数，调用它的方法和调用 fit()函数的方法类似，只需输入需要验证的数据集后，神经网络会自动处于批量推理和统计状态，evaluate()函数输出端将获得损失函数在全部数据上的算术平均和准确率在全部数据上的算术平均。

在本案例中，可以观察到过拟合发生在第 10 个周期之后，所以将 10 个周期的权重作为神经网络训练的最终权重，调用 evalute()函数后分别使用训练数据集和测试数据集测试神经网络的性能。代码如下。

```
model.load_weights(
    './PeriodCheckPoints/P-{epoch:04d}.ckpt'.format(epoch=10))
loss,acc = model.evaluate(
    ds_prefetch, steps=10, verbose=2)
print("model train accuracy: {:5.2f}%, loss: {:.4f}"
      .format(100*acc,loss))
loss,acc = model.evaluate(
    ds_val_BATCH, steps=10, verbose=2)
print("[final]: model eval accuracy: {:5.2f}%, loss: {:.4f}"
      .format(100*acc,loss))
```

输出如下。

```
10/10 - 9s - loss: 0.0890 - accuracy: 0.9781
model train accuracy: 97.81%, loss: 0.0890
10/10 - 9s - loss: 0.3752 - accuracy: 0.8875
[final]: model eval accuracy: 88.75%, loss: 0.3752
```

由此可见，神经网络在训练数据集上的准确率高达 97.81%，但在验证数据集上的准确率仅为 88.75%，所以将验证数据集的训练结果作为评估神经网络性能的最终指标。

最后，使用神经网络打开一幅随机下载的向日葵图像，测试神经网络是否能预测花卉类别。假设获得的花卉图像文件名为"P02_sunflower_demo.jpg"，使用 TensorFlow 的内置函数进行解码，并使用 resize()函数将图像尺寸缩放为 192 像素×192 像素，将图像矩阵元素的动态取值范围从[0,255]调整为[-1,1]，将单幅图像的矩阵进行打包，这是神经网络设计阶段对数据提出的要求，最终形成的图像矩阵变量 image_batched 的形状是[1,192,192,3]。代码如下。

```
input_image_path = "P02_sunflower_demo.jpg"
image_read = tf.io.read_file(input_image_path)
assert image_read.dtype == tf.string
image_decode = tf.image.decode_jpeg(image_read,channels=3)#动态范围为[0～255]
assert image_decode.dtype == tf.uint8
```

```
print('original image shape is:',image_decode.shape)
image_resize = tf.image.resize(image_decode,[192,192]) #修改大小
assert image_resize.shape == [192,192,3]
print('resized image shape is:',image_resize.shape)
image_rescale = image_resize/255*2 -1 #神经网络要求的动态范围[-1~1]
print("image_rescale range: [{}, {}]".format(
   tf.reduce_min(image_rescale), tf.reduce_max(image_rescale)))
image_batched = tf.expand_dims(image_rescale,0)
assert image_batched.shape == [1,192,192,3]
```

最后，使用模型的 predict()函数对输入的 image_batched 矩阵进行处理，得到一个形状为[1,5]的张量 predict_ndarray。其中，1 表示预测的是一幅图像组成的打包，5 表示五种花卉的概率预测结果。

```
predict_ndarray = model.predict(image_batched)
print('predict_ndarray:',predict_ndarray)
predict_class_id = tf.argmax(predict_ndarray[0])
class_name_from_id = {value:key for key, value in class_id_from_name.items()}
predict_class_name = class_name_from_id[predict_class_id.numpy()]
print('predict_class_id:',predict_class_id.numpy(),
     'predict_class_name:',predict_class_name)
```

打印预测结果，输出如下。

```
predict_ndarray: [[5.4460306e-06 1.8525105e-04 1.5331678e-05 9.9975687e-01
3.7079866e-05]]
predict_class_id: 3 predict_class_name: sunflowers
```

结果表明预测成功。

第 7 章
TensorFlow 模型的部署方式

模型分为训练和部署两个阶段。部署阶段的神经网络不再进行优化计算，而是进行推理计算。一般情况下，模型支持两种部署方式：服务器部署和边缘端部署。下面以谷歌公司的 Edge TPU 为例展开边缘端模型部署的实战。

人工智能在国际市场上近几年的发展在很大程度上受到美国的谷歌公司科研部门的谷歌大脑（Google Brain）团队于 2015 年 11 月发布的 TensorFlow 人工智能计算框架的介绍文章的影响。TensorFlow 以其技术优势和开源技术的吸引力，在短时间内发展成为人工智能模型开发的首选框架。当时该技术的快速发展趋势和未来发展前景备受关注，全球对人工智能技术研发的大批投资催生了更多的深度学习模型（Deep Learning Model）。

谷歌公司看到了这个市场变化，意识到了人工智能对未来技术发展的影响，在公司内部开始大力推动人工智能技术的应用，包括谷歌云计算（Google Cloud）部门和科研部门合作开发的用于云计算平台的张量处理单元（Tensor Processing Unit，TPU），该产品发布于 2016 年的谷歌 I/O 全球开发者大会。TPU 是一个专门为计算 TensorFlow 模型而优化的芯片，其基本特性就是为基于 TensorFlow 框架开发的人工智能模型提供特别的运算加速。TPU 的运算能力远远超过当时市场上普遍使用的图像处理器 GPU，高达 23 TFLOPS（每秒 23 万亿次运算），因此在市场上获得了高度关注，并得以广泛使用。

谷歌科研部门看到了深度学习模型运算加速的市场潜力，接着又用类似 TPU 的技术开发了 Edge TPU，并于 2018 年 7 月发布了该产品。Edge 的英文原意是边缘，特指那些互联网的边缘设备，也就是各种不一定能随时连接互联网、甚至完全无法连网的各种小型和微型设备（因此它们被称为互联网的边缘）。不连网的设备无法把深度学习模型所需的数据传送到云端服务器上进行运算加速，这也意味着云平台上的 TPU 无法为这些不连网的边缘设备提供深度学习模型的运算加速服务。为解决边缘设备在离线（本地）情况下的人工智能模型运算加速需求，Edge TPU 应运而生，Edge TPU 能够以 4 TFLOPS（每秒 4 万亿次运算）的运算能力为边缘设备提供深度学习模型的运算加速服务。

7.1　以 Edge TPU 为例进行边缘端模型部署

本节以 Edge TPU 为例，将神经网络在 Edge TPU 边缘设备上进行部署，在边缘端部署神经网络模型分为模型量化和模型编译两个阶段。

7.1.1　将模型转换为 TFLite 格式

边缘端部署神经网络时需要对模型进行转换，转换后的神经网络为 TFLite 格式。转换工作需要对神经网络的参数进行量化和截断，以符合边缘端计算硬件的计算位数要求。转换工作还需要进行算子处理，将神经网络内的所有算子替换为边缘端支持的算子，并将可以融合的算子进行合并，这样可以提高边缘端的处理速率。

假设此时保存在磁盘上的文件夹 tfsave 内保存有 SavedModel 文件格式的模型文件，我们希望将它转换为 TFLite 格式，文件拟命名为 P02_flower.tflite。在 TensorFlow 中，有非常简洁的命令可以进行转换。

首先使用 TensorFlow 的 tf.lite.TFLiteConverter.from_saved_model()函数新建一个转换器 converter。代码如下。

```
import tensorflow as tf
SAVED_MODEL_DIR = "saved_model/tfSave"
converter = tf.lite.TFLiteConverter.from_saved_model(
    SAVED_MODEL_DIR)
```

TensorFlow Lite 内置了很多运算符，并且还在不断扩展，但是 TensorFlow Lite 不支持 TensorFlow 的部分运算符。TFLite 格式的神经网络支持三种运算符：第一种是 TensorFlow Lite 内置的运算符 TFLITE_BUILTINS；第二种是能够被转换为 TFLite 格式的 TensorFlow 运算符 SELECT_TF_OPS；第三种是全整数量化的运算符 TFLITE_BUILTINS_INT8。

将模型进行 16 位浮点的量化截断时，可以将第一种、第二种运算符集合列为运算符池，并将模型进行配置，代码如下。

```
converter.optimizations = [tf.lite.Optimize.DEFAULT]
converter.target_spec.supported_types = [tf.float16]
converter.target_spec.supported_ops = [
    tf.lite.OpsSet.TFLITE_BUILTINS,
    tf.lite.OpsSet.SELECT_TF_OPS]
converter.allow_custom_ops = True
converter.experimental_new_converter = True #Tenson Flow 2.8 版本以上支持
```

最后使用转换器 converter 的 convert()函数生成 tflite_model，使用 Python 的 open 指令将 tflite_model 写入本地文件，生成的本地文件命名为 P02_flower_FLOAT16.tflite，代码如下。

```
tflite_model = converter.convert()
```

```
tflite_model_filename = "P02_flower_FLOAT16.tflite"
with open(tflite_model_filename, 'wb') as f:
    f.write(tflite_model)
```

若边缘端使用的是 8 位整数编码方式，则需要将文件 TFLite 的格式设置为 tf.int8，将算子集设置为 INT8 格式。特别地，谷歌 Coral 的 Edge TPU 需要强行将模型的批次维度设置为 1，否则会引起动态尺寸错误。此时，不能从磁盘读取静态图模型，必须从磁盘读取内存模型，并把模型的批次维度强行设置为 1，代码如下。

```
model = tf.keras.models.load_model(
    'saved_model/KerasSave.h5')
model.input.set_shape((1,)+model.input_shape[1:])
converter = tf.lite.TFLiteConverter.from_keras_model(model)
converter.optimizations = [tf.lite.Optimize.DEFAULT]
converter.target_spec.supported_types = [tf.int8]
converter.target_spec.supported_ops = [
    tf.lite.OpsSet.TFLITE_BUILTINS_INT8,]
```

此外，由于 INT8 的所有运算都是使用 8 位整数，所以为了更好地建立 8 位整数与模型的数据格式为浮点 32 位的权重参数之间的映射关系，需要为 Edge TPU 提供若干数据集，称为"代表数据集"（Representative Dataset）。在测试条件下，首先可以使用 np.random.rand()函数生成 0～1 的随机数，通过乘法和加法使其分布在-1～1。然后将数据集迭代对象 representative_dataset 传递给转换器，代码如下。请读者注意，使用随机数产生的代表数据集很可能造成神经网络的性能衰退，具体原理将另行说明。

```
def representative_dataset():
    for _ in range(100):
        data = np.random.rand(1, 192, 192, 3)*2-1
        yield [data.astype(np.float32)]
converter.representative_dataset = representative_dataset
```

在实际生产中，应当输入来自训练数据集的真实样本，样本数量为 200～500。代码如下。

```
ds = load_tfrecord_dataset(tfrecord_file)
def representative_dataset():
  for (img_bat,label) in ds.shuffle(3670).batch(1).take(500):
    data=tf.cast(img_bat,tf.float32)
    data = data/255.0*2-1
    yield [data]
converter.representative_dataset = representative_dataset
```

最后设置输入数据格式为 UINT8（unsigned-INT8，不带符号的 INT8 格式）。因为边缘端接收的图片数据格式一般是 UINT8，此处沿用数据源的格式，可以大幅提高数据预处理速度。神经网络的输出数据格式默认配置为 FLOAT32。使用同样方法将模型转换为 TFLite 格式，并写入磁盘，将生成的本地文件命名为 P02_flower_INT8_floatOUT.tflite。代码如下。

```
    converter.inference_input_type = tf.uint8
    # converter.inference_output_type = tf.uint8 #可不配置输出格式
    tflite_model = converter.convert()
    tflite_model_filename = "P02_flower_INT8_floatOUT.tflite"
    with open(tflite_model_filename, 'wb') as f:
        f.write(tflite_model)
```

至此就完成了边缘计算模型的转换，得到的两个量化文件为 16 位浮点量化的 P02_flower_FLOAT16.tflite 和 8 位整数量化的 P02_flower_INT8_floatOUT.tflite。

7.1.2　针对边缘硬件编译模型

边缘端的计算硬件一般都有私有算子集，量化模型文件中的算子还需要再次映射为边缘硬件的私有算子集，该过程就是编译。编译工作是指根据硬件的算子支持情况，将合法的算子合并为一个在加速硬件上运行的子图，将不合法的算子合并为另一个在 CPU 上运行的子图。

以边缘计算硬件 Edge TPU 为例，需要进一步将量化得到的 TFLite 模型文件编译为由 Edge TPU 支持的算子组成的模型文件。由于 Edge TPU 是针对高速、低功耗的场景设计的，只支持 INT8 的边缘端推理，因此需要对模型 P02_flower_INT8_floatOut.tflite 进行编译，编译工具为 edgetpu_compiler，（该编译工具仅支持 Linux 操作系统，若操作系统是 Windows 则可以通过谷歌公司的在线编程环境 Colab 进行编译），代码如下。

```
    indeed@indeed-virtual-machine:~/Desktop/tflite/flower_mobilenet/1$ edgetpu_
compiler -s -a P02_flower_INT8_floatOut.tflite
    Edge TPU Compiler version 16.0.384591198
    Started a compilation timeout timer of 180 seconds.
    Model compiled successfully in 2330 ms.
    Input model: P02_flower_INT8_floatOut.tflite
    Input size: 2.59MiB
    Output model: P02_flower_INT8_floatOut_edgetpu.tflite
    Output size: 2.76MiB
    On-chip memory used for caching model parameters: 2.71MiB
    On-chip memory remaining for caching model parameters: 4.99MiB
    Off-chip memory used for streaming uncached model parameters: 0.00B
    Number of Edge TPU subgraphs: 1
    Total number of operations: 72
    Operation log: P02_flower_INT8_floatOut_edgetpu.log
    Model successfully compiled but not all operations are supported by the Edge
TPU. A percentage of the model will instead run on the CPU, which is slower. If
possible, consider updating your model to use only operations supported by the
Edge TPU. For details, visit g.co/coral/model-reqs.
    Number of operations that will run on Edge TPU: 71
    Number of operations that will run on CPU: 1
```

```
    Operator                      Count      Status

    PAD                           5         Mapped to Edge TPU
    ADD                           10        Mapped to Edge TPU
    SOFTMAX                       1         Mapped to Edge TPU
    MEAN                          1         Mapped to Edge TPU
    CONV_2D                       35        Mapped to Edge TPU
    QUANTIZE                      1         Mapped to Edge TPU
    DEQUANTIZE                    1         Operation is working on an unsupported
data type
    DEPTHWISE_CONV_2D             17        Mapped to Edge TPU
    FULLY_CONNECTED               1         Mapped to Edge TPU
    Compilation child process completed within timeout period.
    Compilation succeeded!
```

编译完成后，将获得增加了以 edgetpu 为后缀的 TFLite 文件。从编译日志来看，FLOAT32 格式输出端的去量化算子不在 Edge TPU 上运行，但其他算子全部映射到 Edge TPU 负责的算子子图中。结合之前生成的数据格式为 FLOAT16 和 INT8 的模型，本地磁盘保存的 TFLite 文件如图 7-1 所示。

（a）16 位输入、输出、量化　　（b）8 位量化、8 位输入、32 位输出　　（c）针对 Edge TPU 编辑

图 7-1　本地磁盘保存的 TFLite 文件

图 7-1 中，数据格式为 INT8 的模型占用磁盘空间更小，这意味着在边缘端的运行更快，功耗更低。

7.1.3　模拟边缘端推理

在边缘端部署 TFLite 格式的神经网络之前，应当使用本地计算机的 TensorFlow Lite 模拟器，模拟 TFLite 格式神经网络的推理性能。具体方法可以使用 TensorFlow 提供的 tf.lite()函数包内的多个函数，这些函数可以模拟当前 TFLite 格式的神经网络在边缘端的推理性能。

首先模拟推理前的参数，如 TFLite 格式的神经网络文件存储地址、测试图像（向日葵图像）的存储地址、神经网络输入端的图像尺寸、神经网络输出端的类别编号与类别名称的对应关系。代码如下。

```
tflite_model_filename="P02_flower_FLOAT16.tflite" #若加载 16 位浮点量化模型，则启动本行
tflite_model_filename="P02_flower_INT8_floatOUT_edgetpu.tflite" #若加载 8 位整数量化模型，则启动本行
img_name = "P02_sunflower_demo.jpg"
size = 192
class_name_from_id={0: 'daisy', 1: 'dandelion', 2: 'roses', 3: 'sunflowers', 4: 'tulips'}
```

首先使用 tf.lite.Interpreter()函数装载 TFLite 文件，建立 TFLite 解释器，命名为 interpreter，然后获得 TFLite 格式的模型文件的输入和输出，存储在 input_details 和 output_details 中。

```
interpreter = tf.lite.Interpreter(model_path=tflite_model_filename)
interpreter.allocate_tensors()
input_details = interpreter.get_input_details()
output_details = interpreter.get_output_details()
```

查看其输入和输出，代码如下。

```
print(input_details)
print(output_details)
input_shape = input_details[0]['shape']
input_dtype = input_details[0]['dtype']
print("输入形状",input_shape,
      '输入格式',input_dtype)
for i, output_detail in enumerate(output_details):
    output_shape = output_detail['shape']
    print("第{}个输出格式为{}".format(i,output_shape))
```

从模型直接读取的输入和输出显示，输入形状是[1,192,192,3]，输出形状是[1,5]，符合前面设计的神经网络要求，输入数据对应着输入数据内部的关键字'index'，输出数据对应着输出数据内部的关键字'index'。代码运行后输出如下。

```
[{'name': 'serving_default_mobilenetv2_1.00_192_input:0', 'index': 0, 'shape': array([  1, 192, 192,   3]), 'shape_signature': array([  1, 192, 192,   3]), 'dtype': <class 'numpy.uint8'>, 'quantization': (0.007843135856091976, 127), 'quantization_
```

```
parameters': {'scales': array([0.00784314], dtype=float32), 'zero_points': array([127]), 'quantized_dimension': 0}, 'sparsity_parameters': {}}]
    [{'name': 'StatefulPartitionedCall:0', 'index': 180, 'shape': array([1, 5]), 'shape_signature': array([1, 5]), 'dtype': <class 'numpy.float32'>, 'quantization': (0.0, 0), 'quantization_parameters': {'scales': array([], dtype=float32), 'zero_points': array([], dtype=int32), 'quantized_dimension': 0}, 'sparsity_parameters': {}}]
    输入形状 [  1 192 192   3]
    输入格式 <class 'numpy.uint8'>
    第 0 个输出格式为[1 5]
```

可见，输入数据格式是 UINT8，输出数据格式是 FLOAT32。首先尝试输入一个符合输入要求的随机数，使用解释器 interpreter 的 set_tensor()函数将随机数输入神经网络，然后使用解释器 interpreter 的 invoke()函数进行一次推理，最后用解释器 interpreter 的 get_tensor()函数获得推理结果，这是 TFLite 格式神经网络的一次完整推理，代码如下。

```
input_data = np.array(
   np.random.random_sample(
      input_shape)*255).astype(np.uint8)
interpreter.set_tensor(input_details[0]['index'], input_data)
print("模型输入完毕，输入形状",input_data.shape,
     ',输入格式',input_data.dtype)
interpreter.invoke()
for i in range(len(output_details)):
   output_data_tmp = interpreter.get_tensor(
      output_details[i]['index'])
   output_shape_tmp = output_data_tmp.shape
   output_dtype_tmp = output_data_tmp.dtype
   print("模型推理完成，第{}个输出形状为{}，格式为{}".format(
      i,output_shape_tmp,output_dtype_tmp))
```

输出如下，至此已完成神经网络的推理过程。

```
模型输入完毕，输入形状 (1, 192, 192, 3) ,输入格式 uint8
模型推理完成，第 0 个输出形状为(1, 5)，格式为 float32
```

最后使用真实的图像数据和解释器 interpreter 的 set_tensor()函数、invoke()函数、get_tensor()函数分别进行数据输入、数据推理、提取输出的操作。其中，输入数据仍采用 UINT8 的格式，因为编译器已经将神经网络的-1～1 的输入动态范围调整为 UINT8 格式的 0～255 的动态范围，代码如下。

```
img_raw = tf.image.decode_image(
   open(img_name, 'rb').read(), channels=3)
img_h, img_w = img_raw.shape[0],img_raw.shape[1]
img = tf.expand_dims(img_raw, 0)
x = tf.image.resize(img, (size, size))
```

```
    x = tf.cast(x,tf.uint8)
    interpreter.set_tensor(input_details[0]['index'], x)
    print("模型输入完毕，输入形状为",x.shape,'输入格式为',x.dtype)
    interpreter.invoke()
    for i in range(len(output_details)):
        output_data_tmp = interpreter.get_tensor(output_details[i]['index'])
        output_shape_tmp = output_data_tmp.shape
        print("模型推理完成，第{}个输出形状为{}，格式为{}".format(
            i,output_shape_tmp,output_dtype_tmp))
    print("正在准备显示！")
    predict_class_probs = interpreter.get_tensor(output_details[0]['index'])
    predict_class_id = tf.argmax(predict_class_probs,axis=1)
    predict_class_name = class_name_from_id[predict_class_id[0].numpy()]
    print("显示完成！",predict_class_name,predict_class_id.numpy(),
          predict_class_probs[0,predict_class_id])
```

输出如下。图像已经被成功预测，类别编号是 3，类别名称是向日葵，置信度约为 86.72%。

```
模型输入完毕，输入形状为 (1, 192, 192, 3) 输入格式为 <dtype: 'uint8'>
模型推理完成，第 0 个输出形状为(1, 5)，格式为 float32
正在准备显示！
显示完成！ sunflowers [3] [0.8671875]
```

至此可以认为神经网络的推理是成功的。下面将该神经网络部署到边缘端的 Edge TPU 的嵌入式开发板中。

7.1.4　配置边缘计算开发板 Edge TPU

TPU 是谷歌专门为 TensorFlow 配置的适合机器学习训练和推理的专用集成电路（ASIC），而 Edge TPU 则是其 TPU 家族中专门用于边缘端推理的专用集成电路。谷歌的 AIY 团队围绕 Edge TPU 开发了一整套便于用户使用的模组和开发套件（开发板），产品系列命名为 Coral（珊瑚），并于 2019 年 1 月发布了 Coral 产品系列中的第一个产品 Coral Dev Board。Coral Dev Board 是一个开发板，它是一个带有各种功能的单板计算机（Single Board Computer，SBC），它与市场上其他 SBC 不同的是能够直接在开发板上嵌入一个 Edge TPU 芯片模组，因此开发者和企业在这个开发平台上可以直接部署基于 TensorFlow Lite 框架的机器学习模型。AIY 团队因此也更名为 Coral 团队，并从 2019 年初至今持续发布了一系列的 Coral 产品，除了几种不同功能和性能的 SBC 之外，还有各种可接插的模组产品，如 USB 插件、M.2 插件等。Coral 的模组形态产品旨在不改变原有边缘端设备形态的前提下，以接插件的形态为边缘设备赋能。不论开发者原有的边缘设备是一个 Linux 计算机还是一个树莓派开发板，只需要插上 Coral 模组，就能进行不依赖云端的本地的深度学习模型的运算加速，这为企业和开发者们提供了巨大方便。一个

Edge TPU 芯片只有 5mm 长和宽，一个 Edge TPU 模组仅有 10mm 高、15mm 宽，Edge TPU 的尺寸和家族如图 7-2 所示。

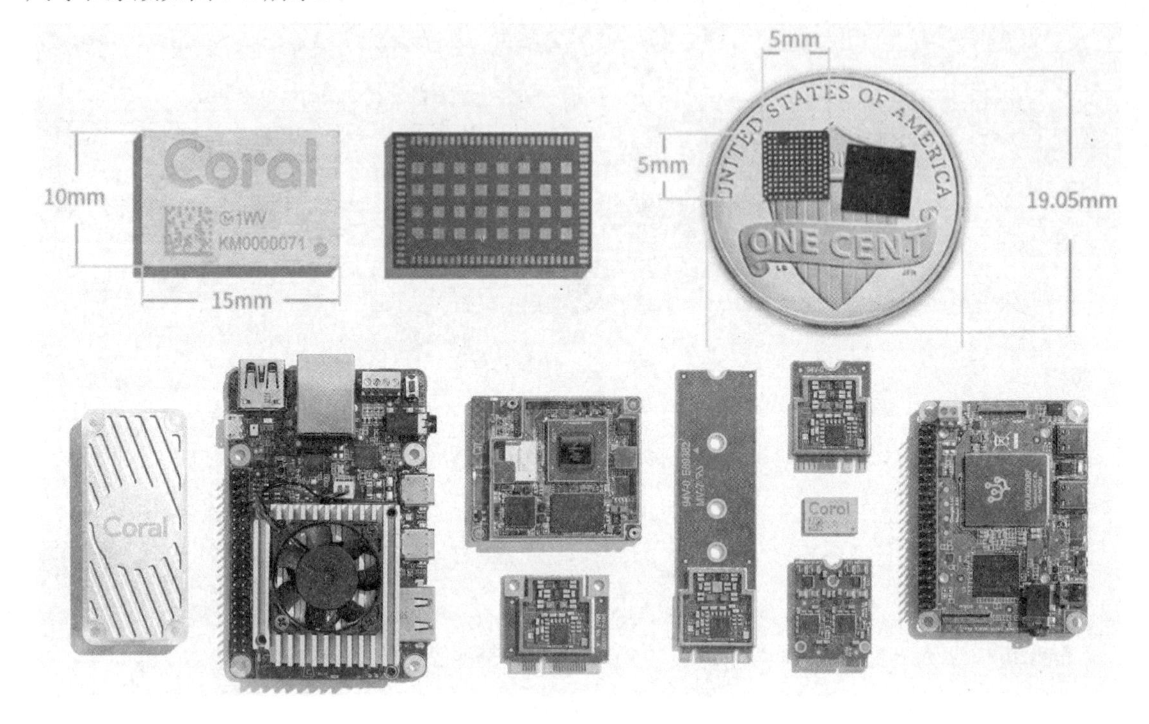

图 7-2　Edge TPU 的尺寸和家族

正是因为 Coral 家族丰富的产品形态，Edge TPU 和深度学习才得以应用于无数边缘设备和物联网设备。仅在 Coral Dev Board 发布后的两年内，全球就有超过两千家企业使用 Coral 产品进行新产品的开发和发布。Coral 产品几乎覆盖了所有行业，从能观察和识别人体动作的各种智能摄像机到利用各种深度学习模型进行目标检测、图像分析的智能化管理系统等，还有智能化生产流水线、智能化仓库和物流管理、智能化农业设备、智能化城市应用、智能化医疗设备和车载设备，以及无数智能化家电设备。可以说，边缘设备的人工智能掀起了一个可以与计算机面世相提并论的创新大潮。

Edge TPU 支持 8 位和 16 位的运算，能以 2W 的功耗达到 4TFLOPS 的运算速度。在 MobileNet 和 Inception 两种神经网络的推理任务下，Edge TPU 的运算速度是志强 Xeon E5-1650 V4 的 CPU（6 核、主频为 4GHz）运算速度的 8 倍至 30 倍。Edge TPU 与志强 Xeon E5-1650 V4 的 CPU 运算时间对比如表 7-1 所示。

表 7-1　Edge TPU 与志强 Xeon E5-1650 V4 的 CPU 运算时间对比

模型	桌面 CPU	桌面 CPU 与 USB 接口 EdgeTPU 协同处理	嵌入式 CPU	独立的 Edge TPU 嵌入式设备
MobileNet V1	47 ms	2.2 ms	179 ms	2.2 ms
MobileNet V2	45 ms	2.3 ms	150 ms	2.5 ms
Inception V1	92 ms	3.6 ms	406 ms	3.9 ms
Inception V4	792 ms	100 ms	3463 ms	100 ms

本案例的花卉分类模型部署在谷歌推出的 Coral 边缘计算开发板上。该开发板由两部分组成：一部分基于 NXP i.MX 8M SoC 的嵌入式系统，该系统搭载 Quad Cortex-A53 和 Cortex-M4F 的嵌入式 CPU，并拥有蓝牙、无线网络、有线网络、USB、HDMI、GPIO 接口等外围设备，操作系统是专门为边缘计算打造的 Mendel Linux 操作系统，自带 Python3 运行支持和 TensorFlow、CV2、PyCoral 等依赖库；另一部分是 Edge TPU 模组，该模组以 2W 的功耗达到 4TFLOPS 的计算速度，并且搭配铝合金散热风扇。得益于 Edge TPU 的低功耗特点，Coral 边缘计算开发板可以使用充电宝等低功耗供电设备。

访问 Coral 项目的主页，可以轻松配置、启动 Edge TPU 开发板，配置完成的开发板通过 USB-C 接口进行供电，通过串口和 USB-C OTG 接口与上位计算机连接，通过软排线（Flexible Flat Cable，FFC）与 Omnivision 公司的摄像头连接，通过 HDMI 与显示器连接。

本项目的上位计算机使用 Windows 10 操作系统，根据官方的使用手册，开发板串口与上位计算机之间的通信使用 PuTTY 串口通信软件进行管理，开发板 USB-C OTG 接口与上位计算机之间的通信使用 Git 软件进行管理。Edge TPU 开发板配置示意图如图 7-3 所示。

开发板的默认账号和密码都是 mendel（小写），通过 USB-C OTG 接口或者串口连接上位计算机，分别使用 Git 客户端和 PuTTy 客户端，根据官方手册获得开发板的最高权限。

首先，需要使用 Git 客户端，通过 OTG USB-C 接口，使用 mdt devices 命令确认开发板连接成功。根据官方手册，应当在 Git 客户端的当前工作目录下新建名为“.bash_profile”隐藏文件。Git 客户端的命令和输出如下。

```
indeed@L390yoga-ZCR MINGW64 ~
$ pwd
/c/Users/indeed
indeed@L390yoga-ZCR MINGW64 ~
$ vi ~/.bash_profile
```

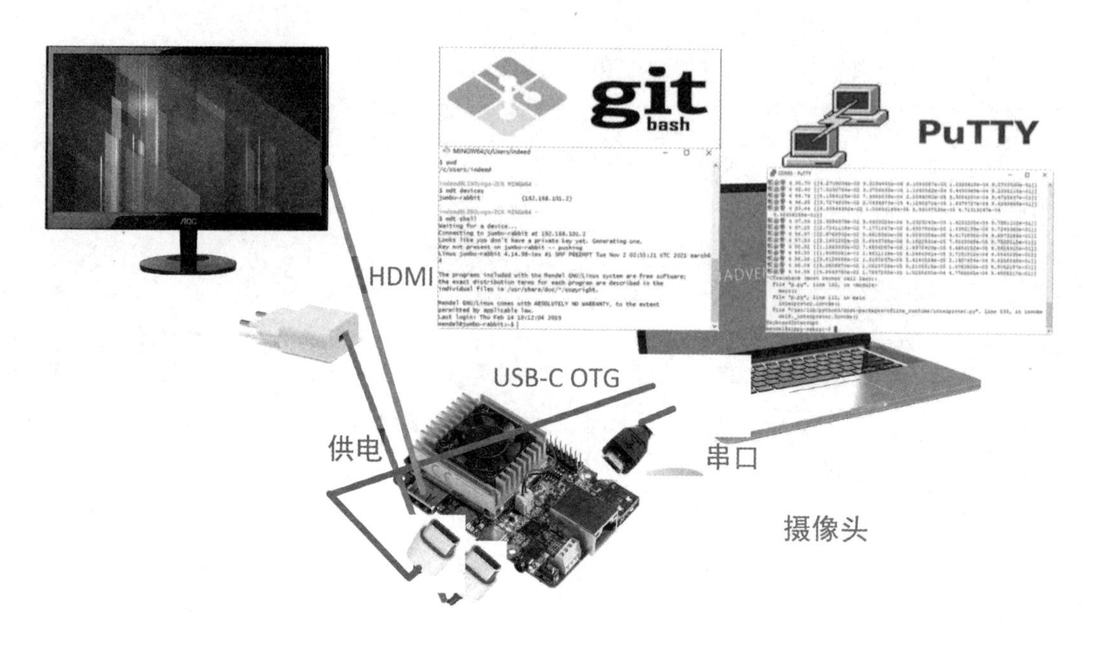

图 7-3　Edge TPU 开发板配置示意图

在隐藏文件.bash_profile 内编辑如下文本内容，使用 Git 客户端连接 Edge TPU 开发板前的隐藏文件配置示意图如图 7-4 所示。

```
alias python3='winpty python3.exe'
alias mdt='winpty mdt'
```

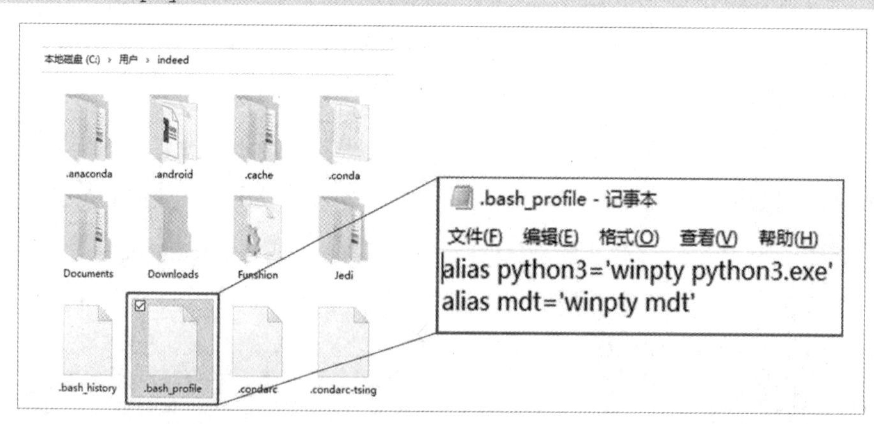

图 7-4　使用 Git 客户端连接 Edge TPU 开发板前的隐藏文件配置示意图

然后，激活该文件描述的环境，并尝试使用 mdt devices 命令查找 mdt 设备，代码如下。Git 客户端的命令和输出如下。

```
indeed@L390yoga-ZCR MINGW64 ~
$ source ~/.bash_profile
```

```
indeed@L390yoga-ZCR MINGW64 ~
$ mdt devices
zippy-zebra          (192.168.101.2)
```

稍微等待 1～5s 可以看到，设备 zippy-zebra 的 IP 地址通过 USB 连接的方式配置为 192.168.101.2。

7.1.5 编写边缘端推理代码

确认本地保存的 TFLite 格式的神经网络性能在量化截断和算子替换过程中的运算结果正确无误后，可以编写在边缘端运行神经网络推理的代码。边缘端的推理环境由硬件设备供应商提供，此处为了方便演示，使用边缘端的 Python 推理环境，因此边缘端的推理代码也使用 Python 语言编写，文件命名为 P02_tflite_edgetpu.py。

注意，此处的代码虽然是在计算机上进行编写的，但将在开发板的操作系统上运行，为开发板编写的所有代码都必须考虑开发板的操作系统和开发板 Python 环境的支持情况。编写完成后按照开发板的配置方法推送到开发板上，并让开发板执行该推理代码。

首先，导入开发板操作系统自带的 Python 软件依赖包和函数，主要包括 make、interpreter、common、get_classes_from_scores，代码如下。

```
from pycoral.utils.edgetpu import make_interpreter #生成解释器
from pycoral.adapters import common #为解释器赋值的函数
from pycoral.adapters.classify import get_classes_from_scores #从输出变量中提
取概率最大值的函数
```

设置与神经网络和花卉分类相关的常量，如开发板上的 TFLite 格式的神经网络文件名存储在变量 model 中，神经网络输入尺寸存储在 inference_size 中，最终提取最高的 top_k 个预测结果，代码如下。

```
model = "P02_flower_FLOAT16.tflite" #此为16位浮点量化模型
model = "P02_flower_INT8_floatOUT_edgetpu.tflite"  #此为8位整数量化编译模型
inference_size = (192,192)
camera_idx=0
top_k = 3
threshold =0
labels = {0: 'daisy', 1: 'dandelion', 2: 'roses', 3: 'sunflowers', 4: 'tulips'}
labels_cn = {0: '雏菊', 1: '蒲公英 ', 2: '玫瑰', 3: '向日葵', 4: '郁金香'}
```

使用 TFLite 文件生成解释器，查看输入、输出，代码如下。

```
interpreter = make_interpreter(model)
interpreter.allocate_tensors()
input_details = interpreter.get_input_details()
output_details = interpreter.get_output_details()
```

```
print(input_details)
print(output_details)
```

打开摄像头（摄像头只有一个，所以编号为 0），提取摄像头图像，根据返回标志位 ret 判断是否跳过循环体再次尝试提取，每次提取之前设置一定的等待时间，提取的图像存储在 cv2_im 中。代码如下。

```
cap = cv2.VideoCapture(camera_idx)
while cap.isOpened():
    ret, frame = cap.read()
    if not ret:
        break
    cv2_im = frame
    ……
    if cv2.waitKey(1) & 0xFF == ord('q'):
        break
```

循环体内完成四项工作：图像预处理、神经网络推理、推理结果解读、推理结果可视化。

图像预处理主要完成图像的 RGB 通道标准化、尺寸的重新设置、神经网络输入动态范围的适配，摄像头读取的数据范围是 0～255，并且数据格式恰好是 UINT8。代码如下。

```
cv2_im_rgb = cv2.cvtColor(cv2_im, cv2.COLOR_BGR2RGB)
cv2_im_rgb = cv2.resize(cv2_im_rgb, inference_size)
cv2_im_rgb = cv2_im_rgb/255*2-1 #此行代码仅在使用浮点模型推导时启用
```

神经网络推理主要通过开发板依赖库 pycoral 的 common.set_input()函数完成神经网络的数据输入，使用解释器的 invoke()函数实现神经网络推理，使用解释器的 get_tensor()函数获得推理结果，获得的推理结果存储在 predict_class_probs 中，并使用 time()函数运算每次推理的运算耗时和帧率，代码如下。

```
common.set_input(interpreter, cv2_im_rgb)
t1= time.time()
interpreter.invoke()
t2=time.time()
FPS = 1/(t2-t1)
predict_class_probs = interpreter.get_tensor(output_details[0]['index'])
```

存储在 predict_class_probs 中的推理结果是一个 1 行、5 列的数据，每列的数值表示五种花卉的预测概率，解读推理结果是指使用开发板上依赖库 pycoral 中的 get_classes_from_scores()函数，按照预测概率从大到小排列预测的类别编号，五种花卉类别的预测结果将从大到小存储在 classes 中。代码如下。

```
classes = get_classes_from_scores(predict_class_probs[0], top_k, threshold)
```

提取最大的类别编号是指提取 classes 中的第 0 个元素，该元素的属性 id 存储类别编号，属性 score 存储类别预测概率。根据提取结果分别实现串口命令行的可视化和 HDMI 输出界面的图像可视化。

命令行可视化将在 PuTTY 客户端上通过串口打印帧率和预测信息，代码如下。

```
print("{:.2f}FPS".format(FPS),
      labels_cn[classes[0].id],
      classes[0].id,
      "{:.2f}".format(classes[0].score*100),
      predict_class_probs)
```

最后，图像可视化将通过开发板的 HDMI 接口输出到显示器上，代码如下。

```
text = ("{:.2f}FPS".format(FPS) + " "+
        labels[classes[0].id] +" "+
        str(classes[0].id) + " "+
        "{:.2f}".format(classes[0].score*100))
cv2.putText(cv2_im, text, (3, 50), cv2.FONT_HERSHEY_COMPLEX, 1.0, (100, 200, 200), 3)
cv2.imshow('frame', cv2_im)
```

7.1.6　将推理代码下载到开发板并运行

一般情况下，完成开发板的配置和推理代码的编写后，会将推理代码设置为开发板开机自动启动，并通过网络接口或 HDMI 接口输出。此处为了简便，直接使用串口打印推理结果，通过 HDMI 接口进行推理结果的可视化。

可以在 Git 客户端使用 Mendel Linux 系统的 mdt push 命令将磁盘上的边缘端推理代码和两个 TFLite 格式的神经网络文件输入开发板。推理代码文件名为 P02_tflite_edgetpu.py，16 位浮点量化的神经网络文件名为 P02_flower_FLOAT16.tflite，8 位整数量化并且编译后的神经网络文件名为 P02_flower_INT8_floatOUT_edgetpu.tflite。Git 客户端的命令和输出如下。

```
indeed@L390yoga-ZCR MINGW64 ~
$ mdt push D:/OneDrive/AI_Working_Directory/prj_quickstart/P02_tflite_edgetpu.py
Waiting for a device...
Connecting to zippy-zebra at 192.168.101.2
100% |>>>>>>>>>>>>>>>>>>>>>>>>>>>>>>>>>>>>>>>>>>>>>>>>>|
$ mdt push  D:/OneDrive/AI_Working_Directory/prj_quickstart/P02_flower_INT8_
floatOut_edgetpu.tflite
Waiting for a device...
Connecting to zippy-zebra at 192.168.101.2
100% |>>>>>>>>>>>>>>>>>>>>>>>>>>>>>>>>>>>>>>>>>>>>>>>>>|
```

在 PuTTY 客户端上通过串口直接查看开发板内部存储器上的文件，并使用开发板内置 Mendel 操作系统的 python3 命令，运行脚本文件 P02_tflite_edgetpu.py，代码如下。PuTTY 客户端的命令和输出如下。

```
    mendel@zippy-zebra:~$ ls -l
    -rw-r--r-- 1 mendel mendel 4537744 Dec  1 12:07 P02_flower_INT8_floatOut_
edgetpu.tflite
    -rw-r--r-- 1 mendel mendel  238210 Dec  1 13:30 P02_sunflower_demo.jpg
    -rw-r--r-- 1 mendel mendel    5948 Dec  2 07:26 P02_tflite_edgetpu.py
    mendel@zippy-zebra:~$ python3 P02_tflite_edgetpu.py
```

开发板在 PuTTY 客户端上执行的脚本文件名为 P02_tflite_edgetpu.py，可以在 PuTTY 客户端查看推理结果。在摄像头端展示一幅向日葵的图像，捕捉此时 PuTTY 客户端打印输出的推理结果，PuTTY 客户端的输出如下。

```
    474.42FPS 向日葵 3 99.22 [[0.         0.         0.00390625 0.9921875  0.        ]]
    443.14FPS 向日葵 3 99.61 [[0.         0.         0.00390625 0.99609375 0.        ]]
    451.63FPS 向日葵 3 99.22 [[0.00390625 0.         0.00390625 0.9921875  0.        ]]
    445.68FPS 向日葵 3 98.05 [[0.01953125 0.         0.         0.98046875 0.        ]]
```

可见，8 位整数量化模型的帧率高达 450FPS 左右。使用 16 位浮点量化的 TFLite 格式的文件时，由于精度的提高，图像预测概率较高。但此时推理运算不是由 Edge TPU 运行的，因此帧率迅速下降到 6～7 FPS。

```
    6.51FPS 向日葵 3 100.00 [[4.2296830e-05 4.4355088e-06 2.3672881e-06 9.9995077e-01
6.0877483e-08]]
    6.50FPS 向日葵 3 100.00 [[3.230087e-05 4.169328e-06 5.696019e-06 9.999577e-01
6.787951e-08]]
    6.46FPS 向日葵 3 99.99 [[4.8216316e-05 3.9522274e-06 1.7644936e-06 9.9994612e-
01 5.4888979e-08]]
    6.50FPS 向日葵 3 99.99 [[6.7229746e-05 3.1172037e-06 2.6456073e-06 9.9992692e-
01 6.6151941e-08]]
    6.50FPS 向日葵 3 100.00 [[1.8411380e-05 4.9257778e-07 1.6160403e-06 9.9997950e-01
2.1572975e-08]]
   6.51FPS 向日葵 3 100.00 [[6.5280060e-06 5.3587081e-07 1.2816301e-06 9.9999166e-01
6.2088743e-09]]
```

查看开发板 HDMI 接口连接的显示器，Edge TPU 使用摄像头进行边缘计算的预测结果如图 7-5 所示。可见 16 位浮点量化的模型准确率更高，但每次的推理耗时为 160ms，而 8 位整数量化的模型准确率略有下降，但每次的推理耗时少于 2.5ms。

图 7-5　Edge TPU 使用摄像头进行边缘计算的预测结果

7.2　在服务器端部署模型

在服务器端部署计算机视觉模型是指将神经网络静态图部署在服务器上并开启推理服务。神经网络的输入图像不再来自本地，而是来自客户端访问。客户端访问一般采用 POST 方式，POST 的内容是以 JSON 存储的图像。TensorFlow Serving 的服务器端部署和服务方式如图 7-6 所示。

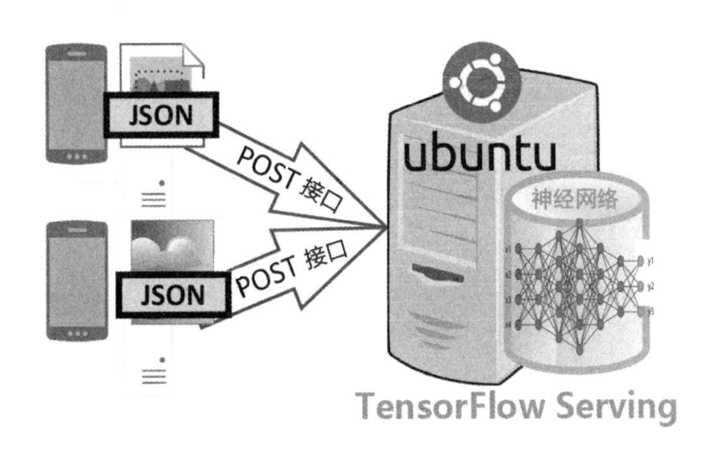

图 7-6　TensorFlow Serving 的服务器端部署和服务方式

7.2.1　TensorFlow Serving 的安装和使用

在服务器端部署模型以应对客户端的计算机视觉请求时，最直观的想法是在服务器端运行 Flask 或者 Tornado 这种网页服务框架，对外提供接口的同时在框架中嵌入 TensorFlow 模型。当框架接收来自客户端的请求时，调用 TensorFlow 模型进行推理，将推理结果返回客户端。以上属于传统的部署方式，对于多并发的场景无法及时响应，虽然可以开启多个网页服务进程提高并发量，但如何分配计算加速卡的计算资源又是一个难题。TensorFlow Serving 就是为解决这种操作复杂且低效的计算资源分配难题而设计的。

TensorFlow Serving 是谷歌的一种开源生产环境部署方案，TensorFlow Serving 的思路是开发者在完成模型训练后，只需要通过导出、部署两步，即可完成神经网络在服务器端的部署。TensorFlow Serving 达到了这一效果后，具有以下突出特点。

第一，TensorFlow Serving 内置了 RPC 或者 REST 协议的服务端，可以快速启动包含神经网络推理的网络服务，无须安装 Flask 或者 Tornado 等网页服务框架。

第二，TensorFlow Serving 支持多版本的热部署，服务器使用早期训练形成的 V1 版本的神经网络时，只需要在神经网络文件夹内增加 V2 版本的神经网络，TensorFlow Serving 会自动监控神经网络文件夹内的更高版本的神经网络热更新，自动切换至更高版本，无须重启 TensorFlow Serving 的网页服务。

第三，TensorFlow Serving 内部通过异步调用的方式实现高并发，可以自动将同时发起的多用户请求组合成一个批次，一次调用计算资源即可同时完成多路请求的计算推理，真正实现高并发、高可用。

使用 TensorFlow Serving 的相关功能时必须在服务器端安装 tensorflow-model-server 软件。由于服务器大多运行 Linux 系统，所以 TensorFlow Serving 的相关部署环境基于 Ubuntu 20.04 版本进行演示。具体可参考 TensorFlow 官网的 TFX 模块下的 Serving 单元的相关介绍。在 Ubuntu 下，需要先配置 TensorFlow 的官方软件仓库秘钥，才能安装 TensonFlow Serving。完成秘钥的安装后，可以更新 Ubuntu 的软件仓库。最后，进行 tensorflow-model-server 软件的安装，代码如下。

```
sudo apt-get install tensorflow-model-server
```

安装完成后，可以在服务器端运行 TensorFlow Serving 服务，并将 SavedModel 格式的神经网络文件复制至服务器的本地磁盘。假设服务器磁盘/home/indeed/saved_model_files 上有 2 个版本的神经网络文件，较早的版本命名为 1，最新的版本命名为 2。这是谷歌推荐的目录结构构建方式，这种构建方式下的 tensorflow-model-server 软件将自动监测/home/indeed/saved_model_files 文件夹的内部子文件夹的名称变化，自动识别编号最大的文件夹内的神经网络，并将其作为对外服务的在线模型。服务器端典型的多版本神经网络的文件组织方式如下所示。

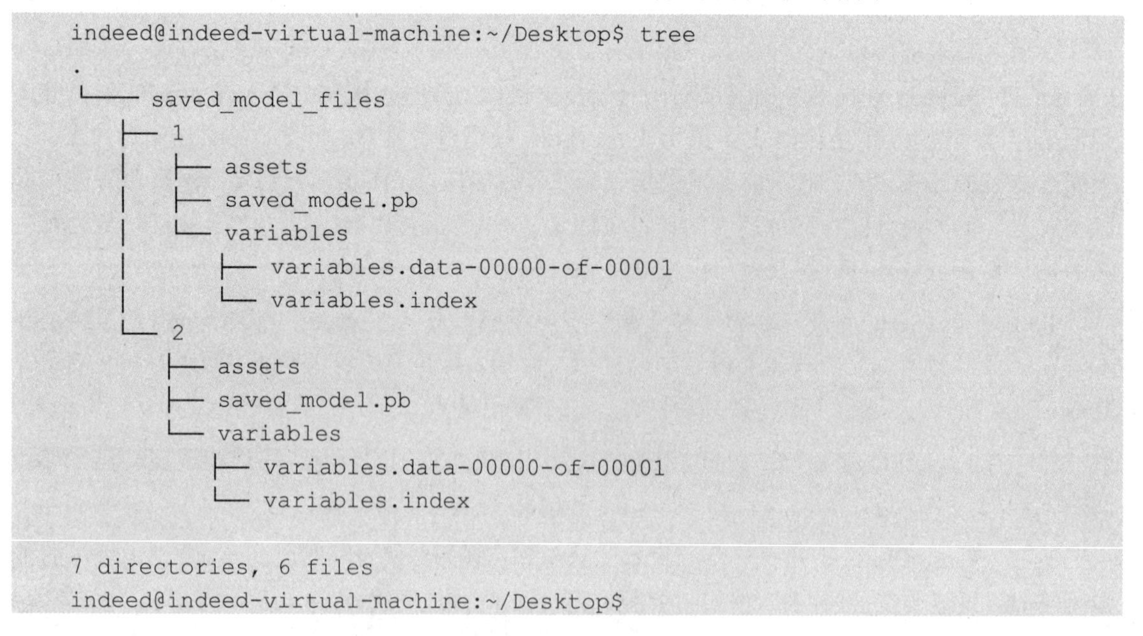

```
indeed@indeed-virtual-machine:~/Desktop$ tree
.
└── saved_model_files
    ├── 1
    │   ├── assets
    │   ├── saved_model.pb
    │   └── variables
    │       ├── variables.data-00000-of-00001
    │       └── variables.index
    └── 2
        ├── assets
        ├── saved_model.pb
        └── variables
            ├── variables.data-00000-of-00001
            └── variables.index

7 directories, 6 files
indeed@indeed-virtual-machine:~/Desktop$
```

在服务器端安装 tensorflow-model-server 软件后，可以通过命令行直接启动 TensorFlow Serving 服务。具体代码如下。

```
tensorflow_model_server
--rest_api_port=[服务启动的端口号]
--model_name=[自定义的神经网络名称]
--model_base_path=[存储 SavedModel 格式神经网络文件的文件夹]
```

本案例的监听端口为 8501 端口，将对外提供服务的神经网络命名为 FlowerClassifier_model，SavedModel 格式文件的存储位置是"/home/indeed/Desktop/saved_model_files/。

Ubuntu 的服务器端启动 tensorflow-model-server 软件的代码如下。

```
tensorflow_model_server --rest_api_port=8501 --model_name=FlowerClassifier_model
--model_base_path="/home/indeed/Desktop/saved_model_files/
```

在 Ubuntu 的服务器端启动 tensorflow-model-server 软件成功后的输出如下。

```
indeed@indeed-virtual-machine:~/Desktop$ tensorflow_model_server --rest_api_
port=8501 --model_name=FlowerClassifier_model --model_base_path="/home/indeed/
Desktop/saved_model_files/"
......
2022-02-19 04:13:49.934789: I TensorFlow_serving/core/loader_harness.cc:87]
Successfully loaded servable version {name: FlowerClassifier_model version: 2}
2022-02-19 04:13:49.938762: I TensorFlow_serving/model_servers/server.cc:417]
Running gRPC ModelServer at 0.0.0.0:8500 ...
2022-02-19 04:13:49.939244: I TensorFlow_serving/model_servers/server.cc:438]
Exporting HTTP/REST API at:localhost:8501 ...
[evhttp_server.cc : 245] NET_LOG: Entering the event loop ...
```

可见，软件已经自动识别版本号为 2 的最高版本神经网络，成功装载后可以在服务器的 8501 端口提供推理服务。此时，通过客户端的浏览器可以访问服务器的二级地址，查看正在服务的推理模型的信息。

模型信息的访问规范如下。

```
http://[服务器地址]:[端口号]/v1/models/[模型名]
```

访问模型的输入、输出规范如下。

```
http://[服务器地址]:[端口号]/v1/models/[模型名]/metadata
```

向模型发起图像识别请求的规范如下。

```
http://[服务器地址]:[端口号]/v1/models/[模型名]:predict
```

其中，推理请求需要以 POST 方法发送 JSON 格式的数据，JSON 格式的数据规范如下。对于贯序模式建立的模型，字段"signature_name"的内容可以默认为空；对于自定义模型，应将推理工作需要调用的推理函数的签名填入 JSON 格式数据的"signature_name"字段中。用到自定义层时，因为自定义层的推理函数一般情况下会通过重载 call 方法实现，此处 JSON 格式数据的"signature_name"字段填写"call"）。

```
{
    "signature_name": "推理工作需要调用的函数的签名（贯序模式建立的模型，该字段可以默认为空）",
    "instances": 输入数据
}
```

成功调用神经网络进行一次推理后，服务器会返回一个 JSON 格式的信息，代码如下。

```
{
    "predictions": 返回值
}
```

7.2.2 网络推理请求和响应实战

以本案例服务器的配置为例，本地 IP 地址是 192.168.91.128，TensorFlow Serving 监听 8501 端口，神经网络的名称是 FlowerClassifier_model，它的模型信息和预测方式如下。

若需要查看模型信息，则在网页输入本地地址 http://192.168.91.128:8501/v1/models/FlowerClassifier_model；若需要查看输入、输出，则在网页输入 http://192.168.91.128:8501/v1/models/FlowerClassifier_model/metadata。

若需要发送推理请求，则发送 POST 请求，目标地址为 http://192.168.91.128:8501/v1/models/FlowerClassifier_model:predict，发送请求的内容为 JSON 格式的图像矩阵。由于采用的是贯序模型，所以 JSON 格式的 POST 请求的"signature_name"字段的内容为空。由于神经网络接收的是图像矩阵，所以请求的"instances"字段的内容为图像矩阵的串行化，矩阵的形状为[1,192,192,3]。

下面需要使用开源软件 Postman，按照上面描述的规范，在计算机上模拟一个 POST 请求，在 POST 请求中加入 JSON 格式的图像矩阵，返回服务器的推理结果。Postman 是一款完全开源的 API 接口测试工具，功能灵活且操作简便，能大幅提高 API 接口的测试效率。

打开已安装的 Postman 软件，新建 POST 请求，此时默认新建的是 GET 模式的命令，在右侧命令方式的下拉列表中选择“POST”，并单击“Save”按钮。此时可以根据 TensorFlow Serving 的请求规范，将消息体的 Body 的格式修改为 JSON 格式。修改 POST 请求的格式如图 7-7 所示。

此时可以准备具体请求的 Body 的 JSON 内容。由于本案例使用的是贯序模型，所以"signature_name"字段的内容为空。请求的"instances"字段的内容为图像矩阵的串行化，矩阵串行化后的文本内容可以通过 Python 的 json 软件包协助获得。以下的案例代码在 Python 的编辑器中运行后，data 变量就存储了 JSON 格式的数据内容。

```
import tensorflow as tf
import json
img_name = "P02_sunflower_demo.jpg"
size=192
img_raw = tf.image.decode_image(
    open(img_name, 'rb').read(), channels=3)
img_h, img_w = img_raw.shape[0],img_raw.shape[1]
img = tf.expand_dims(img_raw, 0)
x = tf.image.resize(img, (size, size))
x = x/255 *2 -1
data = json.dumps({ "signature_name": "","instances": x.numpy().tolist()})
```

可以通过集成开发工具（IDE）查看通过 Python 代码中的 JSON 格式的数据，JSON 格式的数据内容存储在 data 变量内，data 变量的内容如图 7-8 所示。

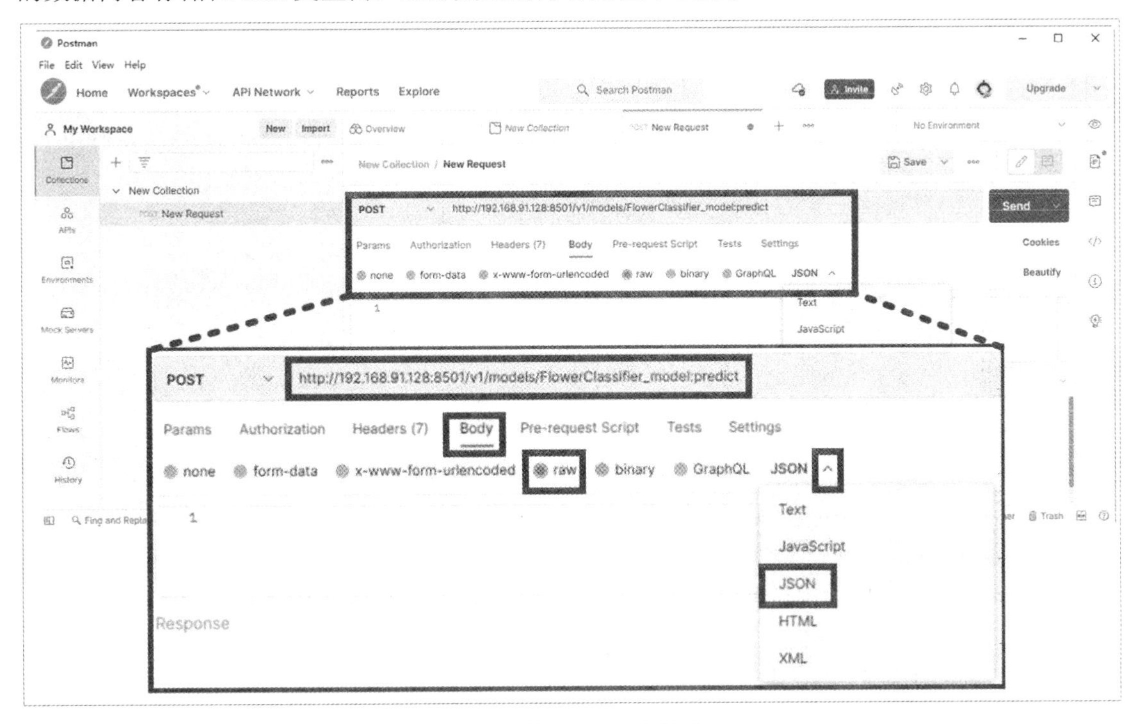

图 7-7　修改 Body 的格式

将 data 变量的内容复制至 Postman 的编辑框中，单击“Send”按钮，即可在返回窗口内看到神经网络的预测结果。可见，预测结果为类别编号为 3 的花卉，置信度为 99.99%，返回神经网络推理结果如图 7-9 所示。

图 7-8　data 变量的内容

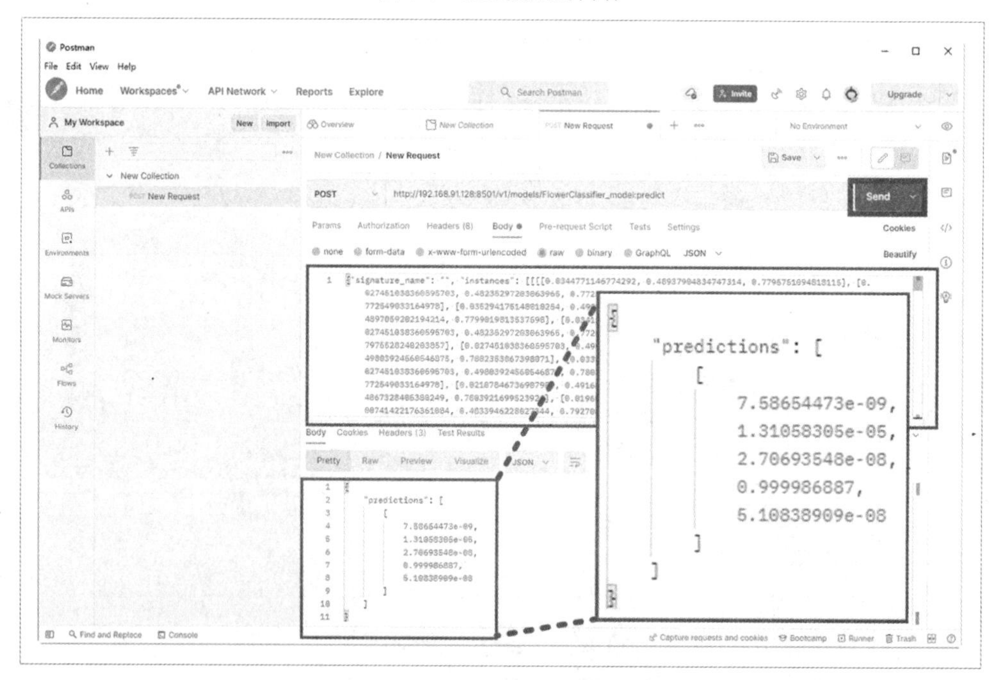

图 7-9　返回神经网络推理结果

至此已完成一个推理的请求和返回。当多个客户端发起请求时，TensorFlow Serving 会自动将多个请求打包，一次性输入神经网络进行预测，并按照不同客户端返回推理结果。TensorFlow Serving 实现了多并发请求与计算资源调度之间的平衡，这里不再在赘述。

第 3 篇 神经网络的数学原理和 TensorFlow 计算框架

本篇将介绍神经网络的数学原理和 TensorFlow 计算框架，有助于读者深度掌握计算机视觉知识。本篇介绍的数学知识和 TensorFlow 基础知识稍显抽象，但本书会尽量以简单的神经网络为案例进行讲解，便于读者将理论引申至更复杂的神经网络应用中。

第 8 章 神经网络训练的数学原理和优化器

本章将介绍神经网络的基本数学原理，并在此基础上介绍优化器如何监视损失函数对于可训练变量的梯度，进行局部梯度下降的优化，从而找到最小化损失函数的可训练变量的最优解。

8.1 损失函数和神经网络训练的本质

神经网络的结构一旦固定，仅需要调整内部的自变量；神经网络训练的本质就是找到最小化损失函数的自变量。

8.1.1 神经网络函数的数学抽象

神经网络函数是一个数学函数，用 f 表示。确定了物理世界中神经网络的内部结构以后，函数 f 就确定了。

假设神经网络函数 f 的输入数据为张量 $\boldsymbol{x}$，通过神经网络的计算，在输出端可以获得该张量的一个映射。在神经网络固定的情况下，该神经网络函数可以定义为以输入张量为自变量的函数 $f(\boldsymbol{x})$，这也叫作前向传播。以一个预测神经网络为例，输入分辨率为 256 像素×256 像素的三通道彩色图像，该图像是由 196608 个数字组成的矩阵，经过神经网络的处理，输出一个三维向量，向量的第一个数字代表狗，第二个数字代表猫，第三个数字代表其他动物。推理阶段的神经网络数学抽象如图 8-1 所示。

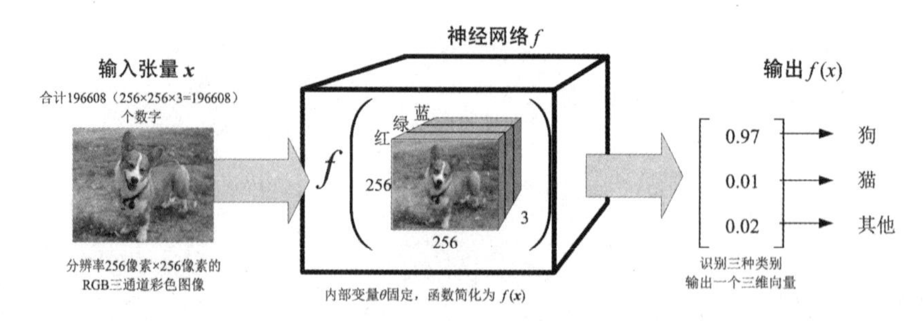

图 8-1 推理阶段的神经网络数学抽象

神经网络函数 f 的输出与输入与神经网络内部数量庞大的可训练变量 θ 有关。一个神经网络内部的全部可训练变量直接决定了神经网络的表达能力。在输入张量固定的情况下，神经网络可以定义为以全部可训练变量为自变量的函数，即 $f(\theta)$，这种函数观点运用在“后向传播”的训练阶段。以一个预测神经网络为例，已知分辨率为 256 像素×256 像素的彩色图像是一只狗，真实标签值为[1,0,0]，但未经训练的神经网络内部的非最优变量导致计算输出必然是错误的数值（如[0.45,0.51,0.04]），因此此时的神经网络是一个由内部可训练变量决定的函数，训练阶段的神经网络数学抽象如图 8-2 所示。

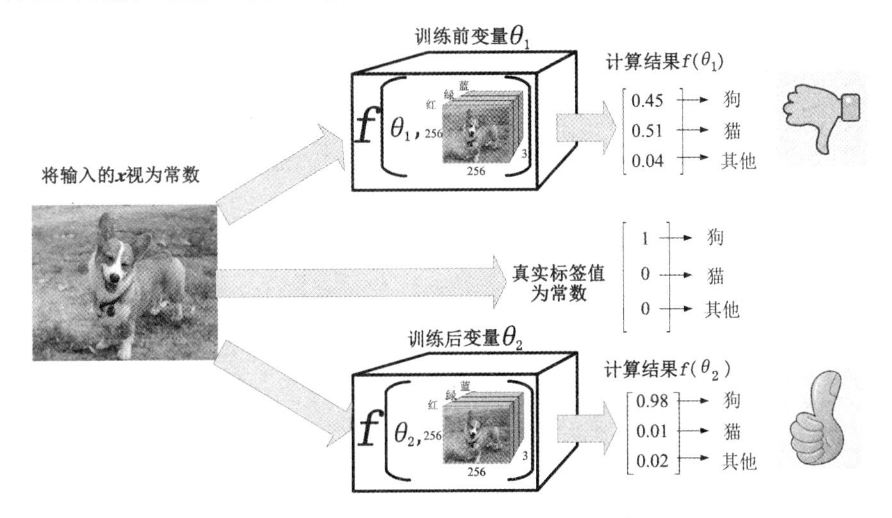

图 8-2　训练阶段的神经网络数学抽象

可以将神经网络定义为由输入数据和内部可训练变量共同决定的函数 $f(x,\theta)$。在训练阶段，让输入张量 $\boldsymbol{x}$ 固定为常数，寻找最优的可训练变量 θ；在推理阶段，让可训练变量 θ 固定为常数，变换不同输入张量 $\boldsymbol{x}$，神经网络都会给出较为正确的预测结果。

8.1.2　计算损失函数极值的数学抽象

训练阶段将神经网络视为内部可训练变量的函数，记作 $f(\theta)$。此时对神经网络输入一个张量，神经网络会根据内部的权重输出计算结果，该计算结果与真实标签值 y_{labels} 必然存在差异，衡量差异程度需要用到损失函数。损失函数应当具有量化该差异程度的能力，损失函数值越大则差异程度越高；损失函数值越小则差异程度越低；损失函数值等于零则说明神经网络 $f(\theta)$ 的计算结果与真实标签 y_{labels} 一模一样。

从数学定义上看，损失函数是一个以神经网络函数 $f(x,\theta)$ 的输出和真实标签值（常数）y_{labels} 为自变量的函数，表示为 $J(f(\boldsymbol{x},\theta),y_{\text{labels}})$。训练就是找到一个内部权重 θ，在全部输入

数据 x 和全部真实标签值 y_{labels} 的监督测试下，让损失函数 J 取到最小值 J^*，其数学表达如式（8-1）所示。

$$J^*=\min_{\theta} J\left(f\left(\boldsymbol{x},\theta\right),y_{\text{labels}}\right) \tag{8-1}$$

此时的神经网络内部权重 θ^* 是最优的神经网络权重，其数学表达如式（8-2）所示。

$$\theta^*=\underset{\theta}{\operatorname{argmin}} J\left(f\left(\boldsymbol{x},\theta\right),y_{\text{labels}}\right) \tag{8-2}$$

在输入张量和真实值已知的情况下，损失函数可以简化为以神经网络内部可训练变量 θ 为自变量的函数，即 $J(\theta)$。计算损失函数最小值的式（8-1）等价于一阶导数等于零的求极值方法，如式（8-3）所示。通过式（8-1）计算最优的内部变量 θ 等价于通过式（8-3）计算的最优值 θ^*。

$$0=\frac{\mathrm{d}J}{\mathrm{d}\theta}=\frac{\mathrm{d}J\left(f\left(\boldsymbol{x},\theta\right),y_{\text{labels}}\right)}{\mathrm{d}\theta}=\frac{\mathrm{d}J\left(\theta\right)}{\mathrm{d}\theta} \tag{8-3}$$

计算最小化损失函数的神经网络自变量 θ^* 时，最直观的方法是数值微分法。数值微分法是指根据可导的定义写出全部可训练变量 vars 中的某一可训练变量 var，计算某点取值 var_0 的偏导数 $J'(\theta_0)$，如式（8-4）所示。

$$J'(\theta_0)=\lim_{\Delta\theta\to0}\frac{\Delta J}{\Delta\theta}\Big|_{\theta=\theta_0}=\lim_{\Delta\theta\to0}\frac{J(\theta_0+\Delta\theta)-J(\theta_0)}{(\theta_0+\Delta\theta)-\theta_0} \tag{8-4}$$

采用数值计算的方法，获得目标函数在某点对于某自变量的偏导数数值。可以将某点取值 var_0 的增量 Δvar 设置为一个很小的数值，如 0.0001，计算引起损失的增量 ΔLoss，代入式（8-4），获得 θ_0 点的微分值 $J'(\theta_0)$。

这种方法意味着每个自变量每次求取偏导数时，都需要进行两次神经网络的前向计算：第一次计算 $J(\theta+\Delta\theta)$，第二次计算 $J(\theta_0)$，相减后除以 θ_0 的增量 $\Delta\theta$。不仅运算量大，而且求解速度小于符号微分法。此外，采用浮点 32 位的数字量化引起的误差叫作舍入误差，在计算过程中，计算中间量很容易超过计算机数值表示极限而被舍弃，进而引起的误差为截断误差，这两种误差会导致数值计算求取偏导数的误差极大。多数情况下，数值计算的方法只能用于验算，不能作为训练依据。

8.2 使用符号微分法获得损失值的全局最小值

计算最小化损失函数的神经网络自变量 θ^* 的方法中，另一直观的方法是解析方法。根据高等数学中令导数等于零的求极值方法，寻找目标函数的最小值。首先，寻找该目标函数在定义域内的导函数；然后，令导函数等于零，求解关于自变量的方程即可。解析方法的前提是目标函数在定义域内的导函数是解析函数，且有明确的表达式，若很难获得甚至不存在表达式，则解析方法求解损失函数极值的方法将完全失效。

假设神经网络损失函数对于网络内部变量的导函数具有解析表达式，那么可以采用符号微分法，首先将损失函数用神经网络的内部变量 θ 编码解析表达式，然后通过 Python 下的 sympy 软件包分析该解析表达式，计算每个内部变量 θ 的偏导数，将其偏导函数设置为零后，求解 θ 的最优取值。

sympy 软件包的安装指令如下。

```
(CV_TF23_py37) C:\Users\indeed>conda install sympy=1.9
......
Downloading and Extracting Packages
sympy-1.9            | 9.2 MB    | ################## | 100%
mpmath-1.2.1         | 775 KB    | ################## | 100%
```

下面设计一个简单的线性回归模型，结合波士顿房产数据集，使用解析方法找到损失函数的最小值。

波士顿房产数据集由 506 组数据组成，其中，404 组数据作为训练数据集，102 组数据作为验证数据集。每组数据由两部分组成，一部分是 1 行、13 列的指标数据，另一部分是 1 行、1 列的房价中位数数据。波士顿房产数据集指标数据的含义如表 8-1 所示。

表 8-1　波士顿房产数据集指标数据的含义

数据	含义
X00	人均犯罪率
X01	占地面积超过 25，000 平方英尺的住宅用地比例
X02	每个城镇非零售业务的比例
X03	若查尔斯河的虚拟变量是大片土地，则数值为 1，否则为 0
X04	氮的氧化物浓度
X05	平均每人居住房间数
X06	1940 年前建成的自住单位比例
X07	到达波士顿就业中心的加权距离
X08	到达径向公路的系数
X09	每 10000 美元的全额物业税率
X10	城镇师生的比例
X11	城镇黑人的比例
X12	地位较低人士的比例

使用 TensorFlow 下载并装载波士顿房产数据集，代码如下。

```
(train_data,train_label),(test_data,test_label) = \
   tf.keras.datasets.boston_housing.load_data()
train_data = train_data.astype(np.float64)
train_label = train_label.astype(np.float64).reshape(404,1)
test_data = test_data.astype(np.float64)
test_label = test_label.astype(np.float64).reshape(102,1)
print('train_data 矩阵形状:{}; train_label 矩阵形状:{}'
     .format(train_data.shape,train_label.shape))
print('test_data 矩阵形状:{}; test_label 矩阵形状:{}'
     .format(test_data.shape,test_label.shape))
for i in range(1):
   print('指标范例: ',train_data[i][:],
         '<->房价:',train_label[i])
```

输出如下。

```
train_data 矩阵形状:(404, 13); train_label 矩阵形状:(404, 1)
test_data 矩阵形状:(102, 13); test_label 矩阵形状:(102, 1)
指标范例:  [  1.23247   0.         8.14      0.         0.538      6.142     91.7
3.9769   4.       307.       21.      396.9      18.72    ] <->房价: [15.2]
```

如果遇到网络超时问题，那么可以将已下载的数据置于用户目录.keras 下的文件夹 dataset 内，Python 会从本地文件夹中提取缓存数据集文件 boston_housing.npz。波士顿房产数据集下载如图 8-3 所示。

图 8-3 波士顿房产数据集下载

下面设计简单的线性回归模型，内部只有 1 个全连接层，由于波士顿房产数据是包含 13 个元素的向量，全连接层内部只有 14 个变量，其中，13 个是权重变量，1 个是偏置变量。全连接层模型示意图如图 8-4 所示。

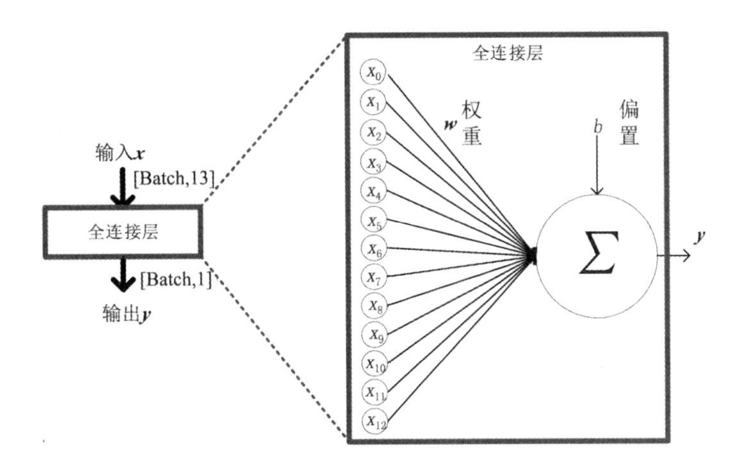

图 8-4　全连接层模型示意图

该模型前向传播的神经网络函数如式（8-5）所示。

$$\boldsymbol{Y} = \boldsymbol{X} \times \boldsymbol{W} + \boldsymbol{B}$$
$$= \begin{bmatrix} x_{000\_00} & \cdots & x_{000\_12} \\ & \cdots & \\ x_{403\_00} & \cdots & x_{403\_12} \end{bmatrix} \times \begin{bmatrix} w_{000} \\ \cdots \\ w_{012} \end{bmatrix} + \begin{bmatrix} b \\ \cdots \\ b \end{bmatrix} = \begin{bmatrix} y_{000} \\ \cdots \\ y_{403} \end{bmatrix} \tag{8-5}$$

其中，$\boldsymbol{X}$ 和 $\boldsymbol{Y}$ 表示 404 组来自训练数据集的训练数据，$\boldsymbol{W}$ 表示神经网络内部的权重变量，$\boldsymbol{B}$ 表示神经网络内部的偏置变量。

用 sympy 编写以上神经网络的数学表达式的代码，其中 $\boldsymbol{X}$ 使用 train_data 作为变量名，$\boldsymbol{Y}$ 使用 y_predict 作为变量名，代码如下。

```
    print('开始新建自变量')
    w000,w001,w002,w003,w004,w005,w006,w007,w008,w009,w010,w011,w012\
    =sympy.symbols('w000,w001 w002 w003 w004 w005 w006 w007 w008 w009 w010 w011
w012')
    W = sympy.Matrix([w000,w001,w002,w003,w004,w005,w006,w007,w008,w009,w010,w011,
w012])
    b = sympy.symbols('b')
    temp=sympy.ones(404,1)
    B=temp*b
    print('train_data',train_data.shape)
    print('W',W.shape)
    print('B',B.shape)
    print('开始新建全连接神经网络')
    y_predict = train_data*W+B
    print("Y",y_predict.shape)
```

输出如下。

```
开始新建自变量
train_data (404, 13)
W (13, 1)
B (404, 1)
开始新建全连接神经网络
Y(404, 1)
```

设计一个简单的损失函数来量化神经网络的输出 y_predict 与真实的房价中位数 train_label 的差异程度。这里不妨使用均方误差损失函数。

首先定义误差 $\boldsymbol{Y}_{\text{error}}$，由于有 404 组数据，所以误差是一个 404 行、1 列的矩阵，如式（8-6）所示。

$$\boldsymbol{Y}_{\text{error}} = \boldsymbol{Y} - \boldsymbol{Y}_{\text{label}} = \begin{bmatrix} y_{000} \\ \vdots \\ y_{403} \end{bmatrix} - \begin{bmatrix} y_{\text{label000}} \\ \vdots \\ y_{\text{label403}} \end{bmatrix} = \begin{bmatrix} y_{\text{e000}} \\ \vdots \\ y_{\text{e403}} \end{bmatrix} \tag{8-6}$$

使用 J 表示该神经网络在均方误差意义下的损失函数。根据均方误差的定义，此时的损失函数值是误差平方和的 1/404，误差平方和是 $\boldsymbol{Y}_{\text{error}}$ 的内积，如式（8-7）所示。此处的均方误差与误差向量内积存在比例关系，比例等于样本总量，误差向量内积与均方误差不影响使用解析方法寻找自变量的最优解。

$$J = \frac{\boldsymbol{Y}_{\text{error}}{}^{\text{T}} \times \boldsymbol{Y}_{\text{error}}}{404} = \begin{bmatrix} y_{\text{e000}} & \cdots & y_{\text{e403}} \end{bmatrix} \times \begin{bmatrix} y_{\text{e000}} \\ \vdots \\ y_{\text{e403}} \end{bmatrix} / 404 \tag{8-7}$$

以上算法中，$\boldsymbol{Y}_{\text{error}}$ 使用 y_error 表示，损失函数值 J 使用 y_loss 表示，代码如下。

```
print('开始新建 MSE 损失函数')
y_error = y_predict-train_label
y_error_square_sum = y_error.T*y_error
y_loss=y_error_square_sum/y_error.shape[0]
print('loss',y_loss.shape)
```

输出如下。

```
loss (1, 1)
```

至此就得到了损失函数和权重变量 w000～w012、偏置变量 b，以及 404 组数据的关联表达式。打印 y_loss 表达式的代码如下。

```
print(y_loss)
```

y_loss 的表达式非常庞大，y_loss 表达式的部分截图如图 8-5 所示。

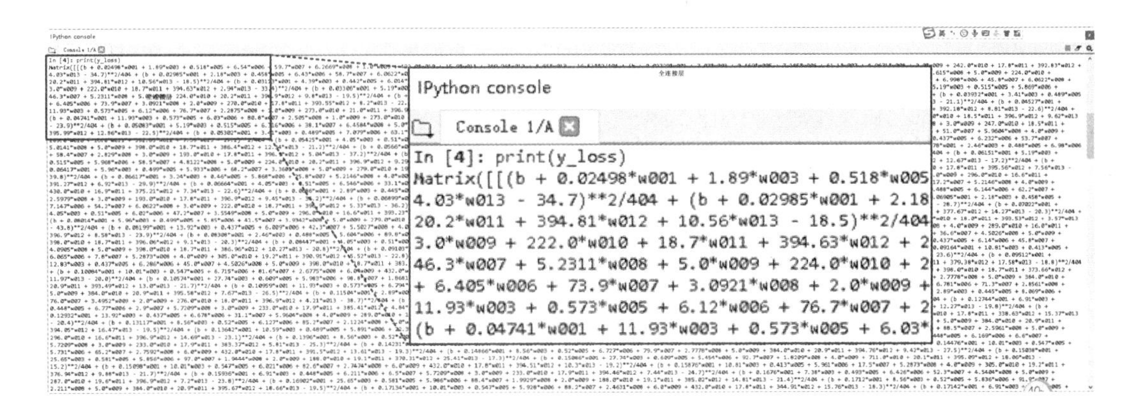

图 8-5　y_loss 表达式的部分截图

此时的损失函数 J 是神经网络内部的权重 w 和偏置 b 的函数。因为已有数据集提供 train_data 和 train_label，可以将两者视为常数，而神经网络内部的权重 w 和偏置 b 未知，属于自变量。损失函数 J 如式（8-8）所示。

$$J = J(w,b)|_{x,y} \tag{8-8}$$

解析方法是指找到让 J 取最小值的权重变量 w（w_{000}～w_{012}）和偏置自变量 b。具体方法是首先让 J 对每个自变量求偏导数，然后设置偏导函数为 0，计算让 J 取最小值的权重变量 w_{000}～w_{012}、偏置变量 b。

首先，使用符号微分法，求得损失函数 y_loss 对每个变量的偏导函数，代码如下。

```
print('开始新建损失函数偏微分')
from sympy import diff
start = datetime.datetime.now()
dloss_dw000=diff(y_loss, w000);dloss_dw001=diff(y_loss, w001)
dloss_dw002=diff(y_loss, w002);dloss_dw003=diff(y_loss, w003)
dloss_dw004=diff(y_loss, w004);dloss_dw005=diff(y_loss, w005)
dloss_dw006=diff(y_loss, w006);dloss_dw007=diff(y_loss, w007)
dloss_dw008=diff(y_loss, w008);dloss_dw009=diff(y_loss, w009)
dloss_dw010=diff(y_loss, w010);dloss_dw011=diff(y_loss, w011)
dloss_dw012=diff(y_loss, w012);dloss_db   =diff(y_loss, b   )
end = datetime.datetime.now()
cost = (end - start).total_seconds()
print('完成损失函数偏微分，耗时[{}]秒'.format(cost))
```

完成损失函数的偏导函数计算，耗时约为 260s。

```
开始新建损失函数偏微分
完成损失函数偏微分，耗时[259.722253]秒
```

该求解过程实际上是求解一个 14 元方程，使用 sympy 符号计算库，通过 solve()函数求解

该方程，代码如下。

```
    print('开始计算偏微分')
    start = datetime.datetime.now()
    result = sympy.solve([dloss_dw000,dloss_dw001,dloss_dw002,
    dloss_dw003,dloss_dw004,dloss_dw005,dloss_dw006,dloss_dw007,
dloss_dw008,dloss_dw009,dloss_dw010,dloss_dw011,dloss_dw012,dloss_db],
       [w000,w001,w002,w003,w004,w005,w006,
        w007,w008,w009,w010,w011,w012,b  ])
    end = datetime.datetime.now()
    cost = (end - start).total_seconds()
    print('完成计算偏微分，耗时[{}]秒'.format(cost))
    print('计算结果是\n',result)
```

这一步耗时约为 7s，完成 14 元方程的求解，输出如下。

```
    开始计算偏微分
    完成计算偏微分，耗时[6.59275]秒
    计算结果是
    {w000: -0.119997513144874, w001: 0.0570003303575344, w002: 0.00398379659687018,
w003: 4.12698187465073, w004: -20.5002963278037, w005: 3.38024902656196, w006:
0.00756807584485801, w007: -1.71189792756413, w008: 0.334747536741912, w009: -
0.0117797225020387, w010: -0.902318038994669, w011: 0.00871912755723435, w012: -
0.555842509611367, b: 40.2936705805899}
```

权重变量 w_{000}～w_{012}、偏置变量 b 的计算结果保存在变量 result 中，由于 sympy 符号的计算特性，其数据是独特精度的数据，理论上可以是无穷精度，需要转换为 Python 计算需要的 64 位或 32 位浮点精度的数据，这里转换为 32 位浮点精度，并查看此时的误差平方和与均方误差，代码如下。

```
    print('开始抽取多元方程的解')
    Bias  =result[b]
    weight, bias = list(result.values())[:13],list(result.values())[13:14]
    weight = np.array(weight,dtype=np.float32).reshape(13,1)
    bias = np.array(bias,dtype=np.float32)
    print('开始验证训练数据集的损失值')
    y_predict = train_data.dot(weight) + bias
    y_error = y_predict-train_label
    y_squared_sum_error = y_error.T.dot(y_error)
    y_MSE = y_squared_sum_error/y_error.shape[0]
    print('训练数据集的平方和误差',y_squared_sum_error)
    print('训练数据集的均方误差',y_MSE)
    print('开始验证测试数据集的损失值')
    y_predict = test_data.dot(weight) + bias
    y_error = y_predict-test_label
    y_squared_sum_error = y_error.T.dot(y_error)
```

```
y_MSE = y_squared_sum_error/y_error.shape[0]
print('验证数据集的平方和误差',y_squared_sum_error)
print('验证数据集的均方误差',y_MSE)
```

输出如下。

```
训练数据集的平方和误差 [[8889.93953869]]
训练数据集的均方误差 [[22.00480084]]
开始验证测试数据集的损失值
验证数据集的平方和误差 [[2365.95107685]]
验证数据集的均方误差 [[23.19559879]]
```

至此就完成了误差函数存在解析表达式情况下的神经网络最优参数求解，计算总耗时约为 30s，获得的最低均方误差为 22～24（训练数据集为 22.0，测试数据集为 23.2），这是在本案例的神经网络下的全局理论最优解，但也存在一些弊端，如只能应对简单的神经网络设计及较小的数据集，仅仅是 14 个可训练变量的偏导数的符号求解就已经消耗了极大的内存。

虽然利用损失函数的解析方法和符号微分法求解神经网络不具备实践价值，但可以说明神经网络的可解释性，有助于读者理解深度学习的基本原理。

8.3　使用局部梯度下降法不断靠近损失函数的最小值

使用符号微分法求解损失函数的极值的计算开销很大，仅仅是 14 个可训练变量的符号微分求解就已经消耗了极大的内存。对于具有数百万甚至数百亿可训练变量的神经网络，即使神经网络和损失函数的复合函数是显式的，且存在损失函数的解析解，其符号求导的过程中涉及的函数表达式也会随着可训练变量数的增加呈现几何倍数的增长，这就是表达膨胀。

然而，局部梯度下降法无须对损失函数进行全局性的求导，可以通过逐点的数值计算逐渐逼近理论上的损失函数最小值。

8.3.1　局部梯度下降法的原理和 TensorFlow 的优化器

根据高等数学的知识，任何一个光滑的函数 f，如果已知定义域内任意一点 x_1 处的梯度，那么沿着梯度方向找到一个临近点 x_2，就可以证明 $f(x_2)<f(x_1)$。局部梯度下降法是指如果损失函数在极值外是单调下降且光滑可导的，那么在损失函数的全局表达式和全局导函数未知的情况下，首先基于当前局部损失函数的具体数值，计算当前局部损失函数的梯度，然后沿着梯度方向修正自变量，就可以获得更小的损失函数值。多次迭代后，让每次更新得到的损失函数值逐渐减小，当损失函数值不再减小的时候，可以认为找到了损失函数的全局最小值。

总的来说，找到局部的梯度向量后，沿着梯度变化的方向进行自变量更新，这是避免通过全局推导找到损失函数全局最小值的唯一、可操作的方法。

下面将介绍微积分的基础知识：增量、导函数、微分、偏微分、梯度函数，首先介绍它们的定义。

增量的定义：对于函数 $y = f(x)$，自变量 x 的变化 Δx 引起的映射函数 y 的变化 Δy 分别叫作 x 的增量和 y 的增量。这里的增量可能是正数，也可能是负数。函数增量和自变量增量如图 8-6 所示。

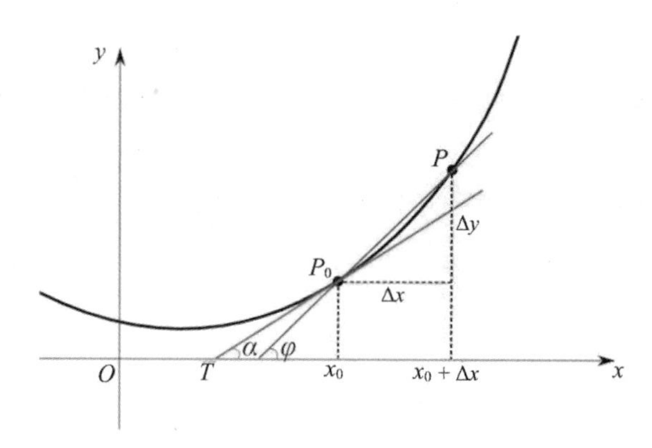

图 8-6　函数增量和自变量增量

在 x_0 处可导（Derivative）指的是式（8-9）的极限存在。

$$f(x_0) = \lim_{\Delta x \to 0} \frac{\Delta y}{\Delta x} = \lim_{\Delta x \to 0} \frac{f(x_0 + \Delta x) - f(x_0)}{(x_0 + \Delta x) - \Delta x} \tag{8-9}$$

导数是导函数的简称，指的是把某点 x_0 的增量比例极限的计算结果 $f'(x_0)$ 扩展到更多的定义域空间，可以得到更多的该极限与自变量 x 的对应关系，记作 $f'(x)$。此时某点的极限就变成了定义域内所有点对应的增量比例的极限。

在 x_0 处可微（Differential）：在 x_0 处，x 的增量为 Δx，y 的增量为 Δy，Δy 可以拆分为占主要部分的线性部分 $k\Delta x$ 和比 Δx 高阶的无穷小部分 α，该函数在 x_0 处可微，如式（8-10）所示。

$$\Delta y = k\Delta x + \alpha \tag{8-10}$$

函数的微分：将 Δy 的线性部分记作 $\mathrm{d}y$，叫作函数 y 的微分；将自变量的增量记作 $\mathrm{d}x$，叫作自变量 x 的微分，如式（8-11）所示。

$$\mathrm{d}y = k\mathrm{d}x + \alpha \tag{8-11}$$

微分和增量的区别：自变量 x 的增量 Δx 等于自变量 x 的微分 $\mathrm{d}x$，即 $\Delta x \equiv \mathrm{d}x$，但函数 y 的增量 Δy 近似等于函数 y 的微分 $\mathrm{d}y$，即 $\Delta y \approx \mathrm{d}y$，它们的差是比 Δx 高阶的无穷小 α。

微分与导函数的关系：y 的增量 Δy 的线性部分 $k\Delta x$ 的线性比例 k 是 x_0 的函数，在 x_0 点处 x 的增量 Δx 会引起 y 的增量 Δy，增量 Δy 的线性部分 $k\Delta x$ 的线性比例 k 就是导函数在 x_0 点

处的值。

偏导函数（Partial Derivative）简称为偏导数，是导数的推广，主要用于多元函数的情况。对于一个 n 元函数 $y=f\left(x_1,x_2,\cdots,x_n\right)$，在 R_n 空间内的直角坐标系中，函数沿着某一坐标轴方向的导数就是函数对于该坐标轴的偏导数。在某点，求 x_i 轴方向的导数就是将其他维的数值看作常数，截取一条曲线，该曲线的导数可以根据上面的导数定义求解，即此点在 x_i 轴方向上的偏导数。偏导数的定义如图 8-7 所示。

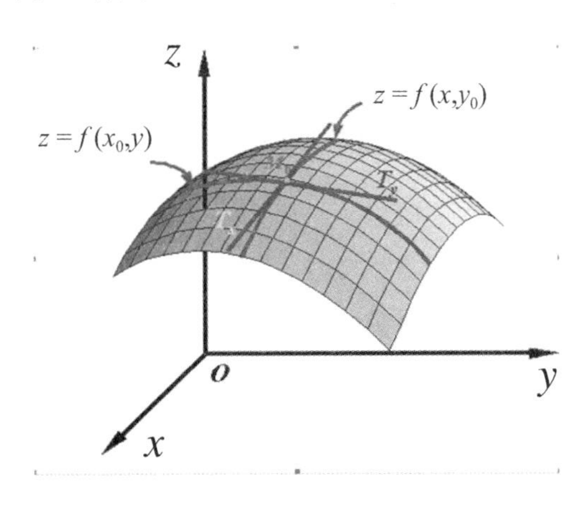

图 8-7　偏导数的定义

方向导数（Directional Derivative）指的是函数在任一点、任一方向上的导数。偏导数仅解决了坐标轴方向上的增量比例极限，方向导数提供了计算任一方向上的增量比例极限的方法。该方法可以通过偏导数计算任一方向上的导数，使用 $D_u f\left(x,y\right)$ 表示，如式（8-12）所示。

$$D_u f\left(x,y\right)=f_x\left(x,y\right)\cos\theta+f_y\left(x,y\right)\sin\theta \tag{8-12}$$

梯度（Gradient）的定义：式（8-12）表示的方向导数可以根据代数计算法则转换为两个向量的向量积，其中一个向量是各坐标轴上偏导数组成的向量，定义为梯度，用 $\boldsymbol{A}$ 表示；另一个向量是方向导数指向的单位向量，用 $\boldsymbol{I}$ 表示；向量 $\boldsymbol{A}$ 与向量 $\boldsymbol{I}$ 的夹角用 α 表示。此时的方向导数的向量如式（8-13）所示。

$$D_u f\left(x,y\right)=\boldsymbol{A}\cdot\boldsymbol{I}=\left|\boldsymbol{A}\right|\times\left|\boldsymbol{I}\right|\cos\alpha=\left|\boldsymbol{A}\right|\cos\alpha \tag{8-13}$$

某点的梯度就是该点的最大方向导数。方向导数取到最大值的条件是式（8-13）中的 α=0。α=0 意味着方向导数的方向与梯度向量的方向相同。梯度的一个重要性质就是梯度的方向指向偏导数的方向，梯度的模等于偏导数向量 $\boldsymbol{A}$ 的模 $\left|\boldsymbol{A}\right|$。梯度方向示意图如图 8-8 所示。

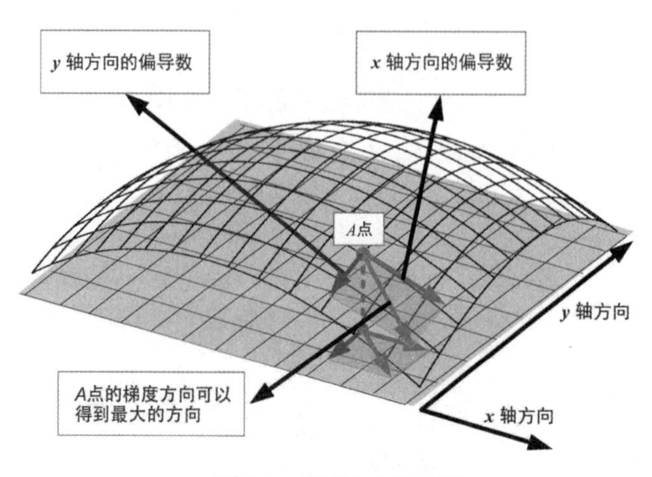

图 8-8　梯度方向示意图

对于二元变量的凹函数，如果找到点(x_0, y_0)的梯度方向，不断迭代，向梯度方向前进，那么就能找到这个二元函数$z = f(x, y)$的最小值，并获取其坐标位置。每次迭代时对自变量的更新幅度叫作学习率（Learning Rate），过大的学习率会导致梯度下降无法到达损失函数的最低点，过小的学习率会导致梯度下降太慢，设置合适的学习率甚至自适应的学习率可以快速达到损失函数的最低点。学习率过大会导致迭代后的点始终在最低点附近徘徊，沿梯度方向进行自变量修正如图 8-9 所示。

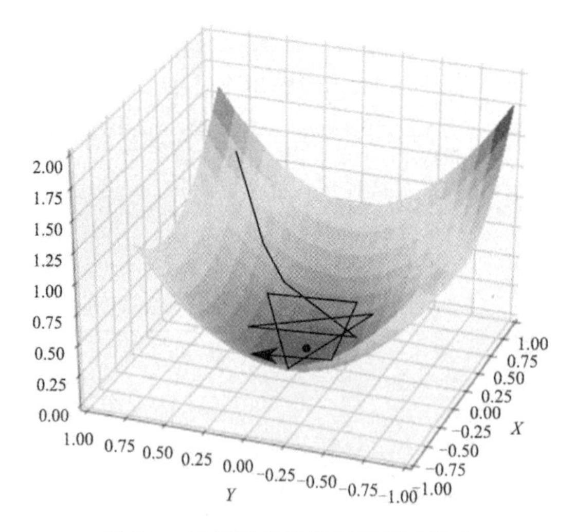

图 8-9　沿梯度方向进行自变量修正

需要特别关注某些不符合局部梯度下降法对目标函数的预设条件（单调递减且光滑可导）的情况。

情况一，对于某些不可导的损失函数（在定义域内出现了不可导的断点），此时计算得到的该点梯度是一个极大或者极小的数值，导致自变量的下一步调整出现较大偏差，令自变量的优化偏离正确方向。例如，对于 FensonFlow 的取值钳制算子 tf.clip_by_value，其值域边界点上的梯度是不稳定的，TensonFlow 会自动调整边界点上的相关梯度计算。

情况二，对于某些特殊损失函数，它们在定义域存在某些点，这些点的领域内并非单调函数，那么这些点就叫作局部最低点。局部梯度下降法陷入这个局部最低点时，会造成训练效果不佳。一般情况下，可以在实验中尝试选择多个不同值作为初始点进行训练，选择能够获得损失函数最小值的初始点。不同局部梯度下降路径导致的不同收敛结果如图 8-10 所示。

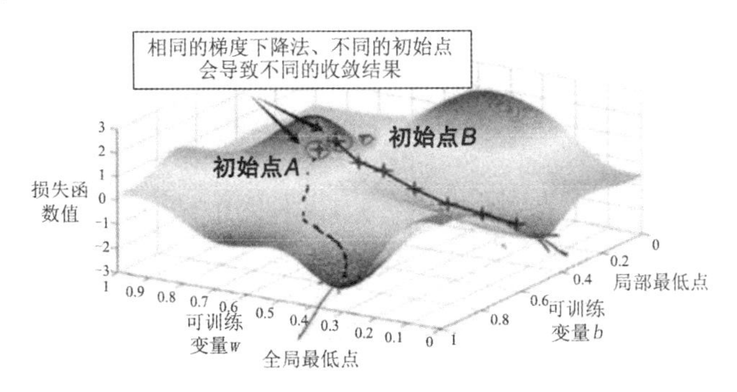

图 8-10　不同局部梯度下降路径导致的不同收敛结果

TensorFlow 提供了大量的梯度下降实施方案，TensorFlow 的优化器列表如表 8-2 所示。可在 Python 界面输入 dir(tf.keras.optimizers)指令，查看全部优化器的关键字，或者在 TensorFlow 官方网址的 tf.keras.optimizers 目录下，查看全部优化器的关键字和关键字含义。其中，SGD、Adam 这两个优化器最为常用。注意，这些优化器的关键字为字符变量，需要使用单引号或引号包裹。

表 8-2　TensorFlow 的优化器列表

优化器关键字	关键字含义
'Adadelta'	根据 Adadelta 算法设计的优化器
'Adagrad'	根据 Adagrad 算法设计的优化器
'Adam'	根据 Adam 算法设计的优化器
'Adamax'	根据 Adamax 算法设计的优化器
'Ftrl'	根据 FTRL 算法设计的优化器
'Nadam'	根据 NAdam 算法设计的优化器
'RMSprop'	根据 RMSProp 算法设计的优化器
'SGD'	基于动量的梯度下降算法

8.3.2 自动微分法的原理及自定义梯度

局部梯度下降方法需要计算局部的梯度，而获得局部梯度的前提是已知局部每个方向上的偏微分数值，可以通过局部自动微分法获得。

神经网络的自动微分法是介于数值微分法和符号微分法之间的方法。数值微分法强调把神经网络整体看成一个函数，直接代入数值求取整个神经网络微分的近似解，它的精度会受到截断误差和量化误差的影响，不具备实用性。符号微分法首先根据函数的解析表达式，使用符号运算法则计算微分的解析解，然后代入具体数值获得微分的数值，虽然精度很高，但符号运算会带来表达膨胀，内存开销巨大。

数值微分法和符号微分法各自走了一个极端，而自动微分法则结合了两者的优势。自动微分法认为神经网络由一些具有严格属性的基本算子组成，如常数、幂函数、指数函数、对数函数、三角函数等。某个算子的输出与其他算子的输入连接构成了复合函数关系，通过复合函数求导准则，可通过输入端的局部微分得到复合函数的局部微分。

自动微分法具有精度和内存方面的优势。基本算子的微分是可以提前通过符号运算存储的，在使用基本算子的复合函数求导准则时，微分可以保持较高的精度；将一个神经网络拆分为基本算子的复合函数，每个复合函数的复杂度有限，不会造成表达膨胀，内存开销大幅降低。自动微分法的劣势是将一个神经网络拆分为多个基本算子的复合会导致多次复合的函数需要多次计算微分，计算循环多、耗时长。但总的来说，自动微分法是使用时间开销换取精度损失和内存开销的折中方案。

复合函数的求导法则：假设需要求解表达式 $f(x)=(2x+3)^8$ 的导函数，可以将其展开为式（8-14）。

$$\begin{aligned} f(x)=(2x+3)^8 &= 256x^8+3027x^7+16128x^7+16128x^6+ \\ & 48384x^5+90720x^4+108864x^3+81648x^2+34992x+6561 \end{aligned} \tag{8-14}$$

对 x 进行求导，得到式（8-15）。

$$f'(x)=\frac{\mathrm{d}((2x+3)^8)}{\mathrm{d}x}=\frac{\mathrm{d}(256x^8+3072x^7+\cdots+34992x+6561)}{\mathrm{d}x}=\cdots=16(2x+3)^7 \tag{8-15}$$

可以运用复合函数求导法则，大幅降低计算复杂度。复合函数求导法则在复合函数光滑可微的条件下，根据 $u=f(v), v=g(x)$ 的链式表达式，不需要求解 $u=f\left(g(x)\right)$ 的具体表达式，就可以推导出表达式 $\frac{\mathrm{d}u}{\mathrm{d}x}=\frac{\mathrm{d}u}{\mathrm{d}v}\frac{\mathrm{d}v}{\mathrm{d}x}$，具体证明过程不再赘述。在求解表达式 $f(x)=(2x+3)^8$ 的导函数时，运用该法则可以设置 $u=v^8, v=2x+3$，那么 $\frac{\mathrm{d}u}{\mathrm{d}v}=8v^7, \frac{\mathrm{d}v}{\mathrm{d}x}=2$，可以快速计算 $f(x)$ 对 x 的导函数，如式（8-16）所示。

$$f'(x)=\frac{\mathrm{d}u}{\mathrm{d}x}=\frac{\mathrm{d}u}{\mathrm{d}v}\frac{\mathrm{d}v}{\mathrm{d}x}=8v^7\times 2=16(2x+3)^7 \tag{8-16}$$

对于神经网络而言，两个前后连接的神经元可以构成一个复合函数关系。已知前一个神经元的局部微分，可以通过复合函数求导法则求解第二个神经元的局部微分。依次迭代可以得到整个神经网络的局部微分。自动微分法在人工智能领域的应用相当广泛。从算法复杂度来看，自动微分法的逻辑简单、代码量很小，只要使用编程语言的循环结构、条件结构等就可以制作自动微分工具；从算法加速来看，由于自动微分法实际上是一个图计算工具，很容易进行算法加速和优化；从编程的友好性来看，自动微分法的含义直观，输入和输出的定义清晰，可以作为封装度较高的函数供开发人员调用，而且开发人员不必关心内部的实现原理。

神经网络计算图如图 8-11 所示。

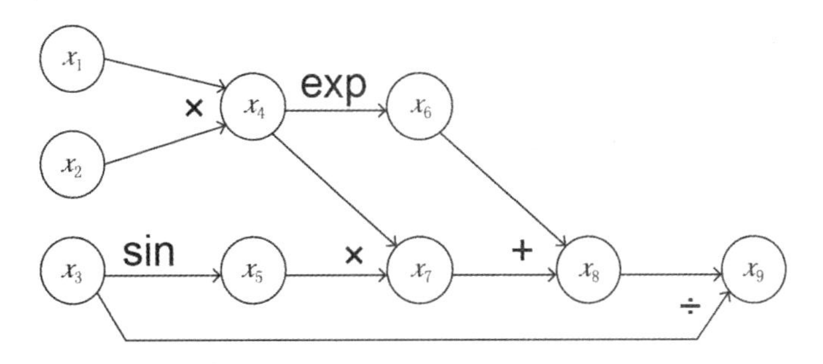

图 8-11　神经网络计算图

该神经网络对应的前向计算公式如式（8-17）所示。

$$f(x_1,x_2,x_3)=\left(x_1x_2\sin x_3+\mathrm{e}^{x_1x_2}\right)/x_3 \tag{8-17}$$

从计算图的左侧输入到右侧输出是复合函数的从内到外。为了求取损失函数的极值，需要对自变量 x_1、x_2、x_3 进行求导。可以通过每个小的微分运算得到整个神经网络 f 对 x_1 的微分。

首先，运用复合函数求导法则，将式（8-17）拆分为以下部分，如式（8-18）～式（8-23）所示。

$$x_4=x_1x_2 \tag{8-18}$$

$$x_5=\sin x_3 \tag{8-19}$$

$$x_6=\mathrm{e}^{x_4} \tag{8-20}$$

$$x_7=x_4x_5 \tag{8-21}$$

$$x_8=x_6+x_7 \tag{8-22}$$

$$f=x_9=x_8/x_3 \tag{8-23}$$

以 $\frac{\mathrm{d}f}{\mathrm{d}x_1}$ 为例，使用自动微分链式求导法则计算微分，有以下两种方法。

前向传播（Forward Sweep）方法是指按照计算图从左到右进行链式求导，首先计算 $\frac{\mathrm{d}x_4}{\mathrm{d}x_1}$，然后计算 $\frac{\mathrm{d}x_6}{\mathrm{d}x_4}$ 和 $\frac{\mathrm{d}x_7}{\mathrm{d}x_4}$，以此类推，通过每个小的微分运算，得到整个神经网络 f 对 x_1 的微分。这样代入每个节点的具体数值，通过数值计算就可以得到计算图的输入和输出的微分。计算公式如式（8-24）所示。

$$\frac{\mathrm{d}f}{\mathrm{d}x_1}=\frac{\mathrm{d}f}{\mathrm{d}x_8}\frac{\mathrm{d}x_8}{\mathrm{d}x_1}=\frac{\mathrm{d}f}{\mathrm{d}x_8}\left(\frac{\mathrm{d}x_8}{\mathrm{d}x_7}\frac{\mathrm{d}x_7}{\mathrm{d}x_1}+\frac{\mathrm{d}x_8}{\mathrm{d}x_6}\frac{\mathrm{d}x_6}{\mathrm{d}x_1}\right)=\frac{\mathrm{d}f}{\mathrm{d}x_8}\left(\frac{\mathrm{d}x_8}{\mathrm{d}x_7}\left(\frac{\mathrm{d}x_7}{\mathrm{d}x_4}\frac{\mathrm{d}x_4}{\mathrm{d}x_1}\right)+\frac{\mathrm{d}x_8}{\mathrm{d}x_6}\left(\frac{\mathrm{d}x_6}{\mathrm{d}x_4}\frac{\mathrm{d}x_4}{\mathrm{d}x_1}\right)\right) \quad (8\text{-}24)$$

反向传播（Reverse Sweep）方法是指按照计算图从右到左进行链式求导，首先计算 $\frac{\mathrm{d}f}{\mathrm{d}x_8}$，然后计算 $\frac{\mathrm{d}x_8}{\mathrm{d}x_6}$ 和 $\frac{\mathrm{d}x_8}{\mathrm{d}x_7}$，以此类推，通过每个小的微分运算也可以得到整个神经网络 f 对 x_1 的微分。代入每个节点的具体数值，通过数值计算就可以得到计算图的输入和输出的微分。计算公式如式（8-25）所示。

$$\frac{\mathrm{d}f}{\mathrm{d}x_1}=\frac{\mathrm{d}f}{\mathrm{d}x_4}\frac{\mathrm{d}x_4}{\mathrm{d}x_1}=\left(\frac{\mathrm{d}f}{\mathrm{d}x_6}\frac{\mathrm{d}x_6}{\mathrm{d}x_4}+\frac{\mathrm{d}f}{\mathrm{d}x_7}\frac{\mathrm{d}x_7}{\mathrm{d}x_4}\right)\frac{\mathrm{d}x_4}{\mathrm{d}x_1}=\left(\left(\frac{\mathrm{d}f}{\mathrm{d}x_8}\frac{\mathrm{d}x_8}{\mathrm{d}x_6}\right)\frac{\mathrm{d}x_6}{\mathrm{d}x_4}+\left(\frac{\mathrm{d}f}{\mathrm{d}x_8}\frac{\mathrm{d}x_8}{\mathrm{d}x_7}\right)\frac{\mathrm{d}x_7}{\mathrm{d}x_4}\right)\frac{\mathrm{d}x_4}{\mathrm{d}x_1} \quad (8\text{-}25)$$

反向传播方法看似比前向传播方法复杂。因为前向传播方法的链式求导法则和数值计算可以合二为一，但反向传播方法的链式求导法则先计算最右侧的导数数值，再依次向左计算，而数值计算却是从左向右计算的，所以计算开销更大。

但实际上，深度学习框架中采用的是反向传播方法，这是由深度学习中目标函数的形式决定的。在深度学习及大部分优化问题中，目标函数都是标量函数或简单向量 $f:\mathbb{R}^M \to \mathbb{R}^N$，$M$>>$N$，其中的目标函数的维度 N<<M。例如，图像分类的种类是一个简单标量，目标检测的物体位置是一个简单向量，但输入的图像却是一个维度很高的图像矩阵；语音识别的识别结果是一个简单向量，但输入的音频数据则往往有多达百万个数据。在这种情况下，使用前向传播方法需要分别对每个自变量进行一次前向传播，也就是 M 条前向传播的计算路径；使用反向传播方法只有 N 条计算路径，即便加上 1 条前向传播的数值计算路径，也不过是 N+1 条计算路径，且不同路径之间的计算中间值是可以共享的，因此计算量实际上是大幅降低的。

深度学习的神经网络虽然是一个大规模、复杂的函数，但也是由若干初等函数经过四则运算及有限次复合形成的函数。基本初等函数只有五种：幂函数、指数函数、对数函数、三角函数和反三角函数。TensorFlow 是一个开源的计算框架，在其源代码的文件\TensorFlow\python\ops\math_grad.py 中，列出了所有支持符号求导的基本算子，不仅覆盖了这五类基本初等函数，还定义了一些机器学习常用函数的导函数，确保自动微分机制中全部的基本算子都能通过符号求导获得较高的准确度。

深度学习的工程实践需要通过 TensorFlow 自建算子，并注册该算子的梯度。TensorFlow 自建算子的方法是指使用装饰器@ops.RegisterGradient 包装，设计一个梯度计算函数，函数命名规则为“_运算英文名 Grad”，函数接收两个参数 op 和 grad。其中，参数 op 是操作，参数 grad 是之前的梯度。代码如下。

```
@ops.RegisterGradient("运算英文名")
def _运算英文名Grad(op, grad):
  """函数说明"""
  #梯度计算过程
    return grad * gen_math_ops.符号运算结果
```

以自建余弦算子的梯度计算函数为例，假设此时自建余弦算子在计算图中的命名为函数 v，函数 v 又作为下一级神经网络函数 u 的输入，如式（8-26）所示。

$$\begin{cases} u = u\left(v\left(x\right)\right) \\ v = \cos\left(x\right) \end{cases} \tag{8-26}$$

根据 TensorFlow 使用的反向传播方法的链式求导法则，首先计算 $\frac{\mathrm{d}u}{\mathrm{d}v}$，在代码中命名为 grad，然后需要使用自建余弦算子的梯度注册函数得到自建余弦算子后的梯度等于 $\sin\left(x\right)$，那么再次向后传播的梯度就是 $\sin\left(x\right)$ 乘以之前计算的梯度 grad，如式（8-27）所示。

$$\frac{\mathrm{d}u}{\mathrm{d}x} = \frac{\mathrm{d}u}{\mathrm{d}v}\frac{\mathrm{d}v}{\mathrm{d}x} = \frac{\mathrm{d}u}{\mathrm{d}v}\sin\left(x\right) \tag{8-27}$$

自建余弦算子的梯度注册函数代码如下。

```
@ops.RegisterGradient("Cosh")
def _CoshGrad(op, grad):
  """Returns grad * sinh(x)."""
  x = op.inputs[0]
  with ops.control_dependencies([grad]):
    x = math_ops.conj(x)
    return grad * math_ops.sinh(x)
```

TensorFlow 自建余弦算子的函数设计思路与链式求导的关系示意图如图 8-12 所示。

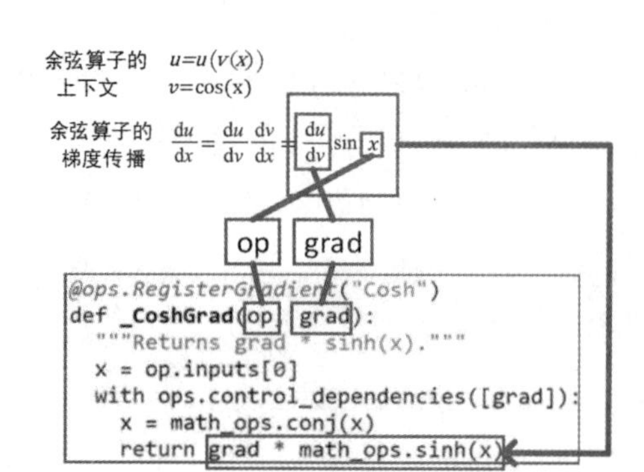

图 8-12　TensorFlow 自建余弦算子的函数设计思路与链式求导的关系示意图

大部分情况下，开发者不需要自定义算子，只需要自定义梯度，可以使用装饰函数@tf.custom_gradient 自定义梯度。例如，定义函数 log1pexp，如式（8-28）所示，其导函数如式（8-29）所示。

$$\text{log1pexp} = \ln\left(1+\mathrm{e}^{x}\right) \tag{8-28}$$

$$\frac{\mathrm{d}\left(\ln\left(1+\mathrm{e}^{x}\right)\right)}{\mathrm{d}x} = \frac{\mathrm{e}^{x}}{1+\mathrm{e}^{x}} \tag{8-29}$$

经过简单推理可以得出，log1pexp 是一个无界函数，定义域为-∞～+∞，值域为 0～+∞，其导数值域为 0～1，是有界的，自定义函数及其导函数的图像如图 8-13 所示。

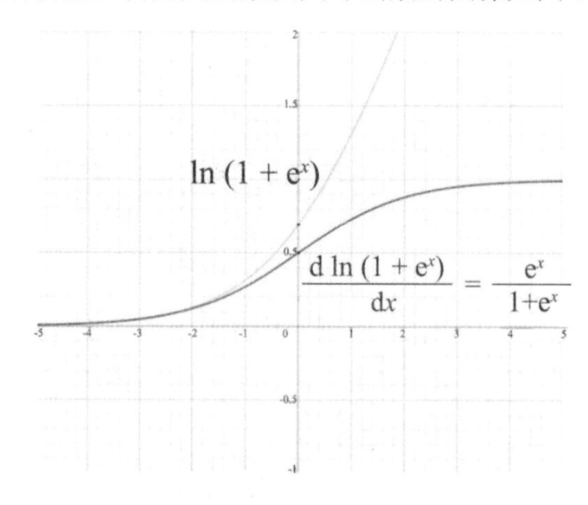

图 8-13　自定义函数及其导函数的图像

如果需要使用 TensorFlow 求解 log1pexp 在定义域 100 处的导数，那么可以首先建立一个 log1pexp 的函数，然后使用 TensorFlow 的自动微分机制求解。但由于定义域 100 处的数值已经很大，tf.exp（100.0）的计算结果已经超出了 TensorFlow 在 32 位浮点精度下的动态范围，所以只能作为无穷大进行存储表示。定义域 100 处的导数也就变为 INF 除以(1+INF)，虽然理论上应该是一个接近于 1 的数字，但实际上得到的导数为 NaN。代码如下。

```
def log1pexp_raw(x):
  return tf.math.log(1 + tf.exp(x))
x = tf.Variable(100.)
with tf.GradientTape() as t:
    y = log1pexp_raw(x)
dy_dx = t.gradient(y, [x])
print(dy_dx) # NaN
```

一个安全的做法是使用装饰函数 @tf.custom_gradient 自定义函数 log1pexp 的导数。具体方法是在 log1pexp 函数的内部，设计一个能接收 upstream 的成员函数 grad，在该成员函数 grad 的内部定义其导数的函数表达式，这个表达式将可能产生 INF 的部分进行化简，如式 8-30 所示。

$$\frac{\mathrm{d}\left(\ln\left(1+\mathrm{e}^{x}\right)\right)}{\mathrm{d}x}=\frac{\mathrm{e}^{x}}{1+\mathrm{e}^{x}}=1-\frac{1}{1+\mathrm{e}^{x}} \tag{8-30}$$

这样计算得到的导数不会出现无穷除以无穷的情况，而是 1 除以无穷等于 0。计算得到的梯度结果乘以链式求导输入的 upstream 后作为导数的输出。最后将函数输出和链式求导的导数输出合并为一个元组 tuple 作为 log1pexp 函数的输出，代码如下。

```
x = tf.Variable(100.)
@tf.custom_gradient
def log1pexp_safe(x):
  e = tf.exp(x)
  def grad(upstream):
    return upstream * (1 - 1 / (1 + e))
  return tf.math.log(1 + e), grad
with tf.GradientTape() as t:
    y = log1pexp_safe(x)
dy_dx = t.gradient(y, [x])
print(dy_dx) # 1.0
```

这样设计的函数 log1pexp 能够在神经网络的训练中应对较大动态范围的数值计算。开发者自定义损失函数、神经网络激活函数等时可能遇到较大动态范围的情况，可以使用此技巧，否则将面临梯度爆炸、梯度消失等问题，甚至面临大量 INF 或 NaN 的中间计算结果，导致神经网络无法收敛。

8.3.3 使用自动微分法和局部梯度下降法训练波士顿房产数据模型

基于 TensorFlow 实现的全部基本初等函数的符号微分函数库及链式求导法则，TensorFlow 可以实现任何内置损失函数在当前局部点的精确微分。使用 TensorFlow 提供的自动微分工具的步骤如下。

第一步，使用 Python 的上下文管理关键字 with，创建一个 GradientTape 对象，如函数 tape = tf.GradientTape()。

第二步，在上下文管理关键字 with 内，编写神经网络的数值正向传播和损失函数计算的代码。在 with 的上下文范围内的所有变量都会被 TensorFlow 监视。

第三步，使用 GradientTape 对象的 gradient()函数对函数进行求导，方法是向 gradient()函数传递损失函数和自变量列表，以找到损失函数对所有自变量的偏导数。自变量应当以列表形式传递给 gradient()函数，如 tape.gradient(y,[x1,x2,…,xn])。

第四步，根据局部梯度下降法，运用梯度计算结果进行自变量的更新，可以手动更新，也可以使用优化器进行智能更新。

同样以波士顿房产数据为例，首先，通过 TensorFlow 新建一个梯度监视器 tape，在梯度监视器 tape 的上下文内计算模型的均方误差损失函数 loss_train；然后，跳出梯度监视器 tape 的上下文，将损失函数 loss_train 和自变量列表[W，b]传递给梯度监视器 tape 的 gradient()函数，获得损失函数对于每个自变量的偏导数 dl_dw 和 dl_db，这些偏导数组合起来就是梯度向量；最后，使用梯度向量（损失函数对于每个自变量的偏导数 dl_dw 和 dl_db）乘以一个学习率缩放因子（这里采用固定的学习率 0.000003），对自变量 W 和 b 进行更新。

在数据集上，运用以上算法，循环反复即可逐步优化自变量 W 和 b，从而得到较低的损失函数值，代码如下。

```
num_epoch=50000
learn_rate=0.000003
display_step=10000
mse_train=[]
mse_test=[]
time_start=time.time()
for i in range(num_epoch):
    with tf.GradientTape() as tape:
        #训练数据集上的预测值和均方误差
        pred_train = tf.matmul(X,W) +b
        loss_train =tf.reduce_mean(tf.square(pred_train-y))
        #测试数据集上的预测值和均方误差
    pred_test =tf.matmul(test_data,W) +b
    loss_test =tf.reduce_mean(tf.square(test_label-pred_test))
    #放进梯度袋中，对 W 和 b 监视
    mse_test.append(loss_test)
    mse_train.append(loss_train)
    #记录误差
```

```
        dl_dw,dl_db=tape.gradient(loss_train,[W,b])
        W.assign_sub(learn_rate*dl_dw)
        b.assign_sub(learn_rate*dl_db)# 使用 assign_sub () 函数进行梯度更新
        if i % display_step == 0:
            time_end=time.time()
            time_cost = time_end-time_start
            print("1:%i   train loss:%f   test_loss:%f  耗时:%d 秒"%(i,loss_train,
loss_test,time_cost))
            time_start=time.time()
    end = datetime.datetime.now()
    cost = (end - start).total_seconds()
    print('完成梯度下降更新，耗时[{}]秒'.format(cost))
    print('最终的损失函数结果是[{}]'.format(loss_train))
```

输出如下。

```
开始自动求导获取梯度并对可监测变量进行更新
1:0    train loss:27838.128912   test_loss:28995.627391  耗时:0 秒
1:100000   train loss:34.033369   test_loss:35.631111  耗时:326 秒
1:200000   train loss:29.284628   test_loss:28.648242  耗时:320 秒
1:300000   train loss:27.085969   test_loss:25.263538  耗时:325 秒
1:400000   train loss:26.052267   test_loss:23.562964  耗时:321 秒
1:500000   train loss:25.554471   test_loss:22.680529  耗时:323 秒
[2020-05-26 04:55:56.542659]完成梯度下降更新，耗时[1618.161749]秒
最终的损失函数结果是[25.554471256894647]
```

可见最终收敛的损失值约为 25.55，接近通过符号计算得到的训练数据集损失函数的理论最小值 22。TensorFlow 也支持高阶 API 的梯度下降法，但是需要编写梯度下降的方式。在 TensorFlow 中，梯度下降的方式被命名为优化器。优化器高阶 API 的用法是输入可迭代的 zip 对象，即将偏导数列表和自变量列表输入 zip()函数。其中，zip()函数的作用是先将偏导数列表和自变量列表拆开，再一一对应进行打包。

同样以波士顿房产数据模型的训练为例，首先，使用 TensorFlow 提供的优化器高阶 API，设计一个 Adam 优化器，优化器实例命名为 optimizer，根据前一次的梯度结果智能更新当前的学习率；然后，通过梯度监视器监视损失函数 loss_train 对每个自变量 vars_list 求取的偏导数，偏导数列表名为 grads；最后，运用优化器实例，将偏导数列表 grads 和自变量列表 vars_list 通过 zip()函数逐一匹配，传递给名为 optimizer 的优化器，优化器实例会运用自身的算法，智能优化和调整自变量列表 vars_list 中的每个自变量。其中，数据集使用数据管道进行样本量为 1 的打包，并使用 TensorFlow 的 from_tensor_slices()函数制作训练数据集 train_ds 和测试数据集 test_ds。相关代码如下。

```
train_ds = tf.data.Dataset.from_tensor_slices((train_data, train_label))
test_ds = tf.data.Dataset.from_tensor_slices((test_data, test_label))
```

```
batch_size = 1
train_ds = train_ds.batch(batch_size)
test_ds = test_ds.batch(batch_size)
EPOCHS=50000
mse_train=[]
mse_test=[]
optimizer = tf.keras.optimizers.Adam()
t1=time.time()
for i in range(EPOCHS):
    for data,label in train_ds:
        # print(data,label)
        with tf.GradientTape() as tape:
            loss_train = tf.reduce_mean(tf.square(
                model(data)-tf.cast(label,tf.float32)))
            # loss_mse(model(data),label)
        vars_list = model.trainable_variables
        grads = tape.gradient(loss_train, vars_list)
        optimizer.apply_gradients(zip(grads,vars_list))
        # print(loss_train)
        loss_test =tf.reduce_mean(
            tf.square(test_label-model(test_data)))
        #放进梯度袋中，监视 w 和 b
        mse_train.append(loss_train)
        mse_test.append(loss_test)
    if i%500==0:
        print("epochs:{} train loss:{:.2f} test_loss:{:.2f}".format(
            i,loss_train,loss_test))
t2=time.time()
print('完成梯度下降更新，耗时[{:.2f}]秒'.format(t2-t1))
print('最终的损失函数结果是[{}]'.format(loss_train))
```

输出如下。

```
epochs:0 train loss:27237.61 test_loss:26730.27
epochs:500 train loss:3024.38 test_loss:2796.56
epochs:1000 train loss:802.65 test_loss:810.96
epochs:1500 train loss:258.99 test_loss:296.89
epochs:2000 train loss:137.50 test_loss:167.49
epochs:2500 train loss:106.62 test_loss:129.07
epochs:3000 train loss:92.07 test_loss:110.80
epochs:3500 train loss:80.27 test_loss:96.91
......
epochs:48000 train loss:22.20 test_loss:22.71
epochs:48500 train loss:22.19 test_loss:22.72
epochs:49000 train loss:22.18 test_loss:22.72
```

```
epochs:49500 train loss:22.17 test_loss:22.73
完成梯度下降更新，耗时[344.36]秒
最终的损失函数结果是[22.161865234375]
```

可见，使用自动微分法和局部梯度下降法找到损失函数的最小值范围是 22～23（其中，训练数据集为 22.17，测试数据集为 22.73），与使用符号微分法的全局最优解相比，基于符号微分法的全局最优算法耗时约为 30s，训练数据集的最低均方误差为 22.0，测试数据集的最低均方误差为 23.2），在近似的算法效果下，用较高的计算耗时换取了极低的内存消耗。

以上这些使用梯度下降法进行神经网络训练的方法已经被 TensorFlow 抽象为更高阶的 API。TensorFlow 的模型对象提供 compile()函数，compile()函数接收我们设置的损失函数、优化器和评估指标。TensorFlow 的模型对象还提供了 fit()函数，全自动执行原先需要手动编写的烦琐的梯度下降算法，令深度学习的编程变得十分简洁。

同样以波士顿房产数据集为例，建立一个全连接层模型 model，使用 model 的 compile()函数，将优化器设置为 adam，将损失函数设置为 mse，将评估指标也设置为 mse，最后使用 model 的 fit()函数执行 50000 个周期的训练，并将训练结果存储在变量 hist 中。无须对损失函数和自变量的导数关系编写任何代码，只需要制定宏观的输入、输出关系、函数关键字，工作量大幅降低，具体代码如下。

```
model = tf.keras.Sequential([
    tf.keras.layers.Input(shape=(13,)),
    tf.keras.layers.Dense(1,activation='linear')
    ])
model.compile(optimizer='adam', loss="mse", metrics=['mse'])
EPOCHS=50000
hist = model.fit(train_ds,epochs=EPOCHS,verbose=2,
                validation_data=test_ds)
```

输出如下。

```
Epoch 1/50000
404/404 - 1s - loss: 13264.5908 - mse: 13264.5908 - val_loss: 2752.7751 - val_mse: 2752.7751
Epoch 2/50000
404/404 - 0s - loss: 2220.8452 - mse: 2220.8452 - val_loss: 1443.4926 - val_mse: 1443.4926
Epoch 3/50000
404/404 - 0s - loss: 1119.0812 - mse: 1119.0812 - val_loss: 694.4539 - val_mse: 694.4539
......
Epoch 49998/50000
404/404 - 0s - loss: 23.4775 - mse: 23.4775 - val_loss: 28.5577 - val_mse: 28.5577
Epoch 49999/50000
```

```
404/404 - 0s - loss: 23.4775 - mse: 23.4775 - val_loss: 28.5577 - val_mse: 28.5577
Epoch 50000/50000
404/404 - 0s - loss: 23.4775 - mse: 23.4775 - val_loss: 28.5577 - val_mse: 28.5577
```

可见，使用模型的 fit()函数自动实现自动微分法和局部梯度下降法得到损失函数的最小值的范围是 23～29（其中，训练数据集为 23.48，测试数据集为 28.56），与使用符号微分法的全局最优解相比（基于符号微分法的全局最优算法耗时约为 30s，训练数据集的最低均方误差 22.0，测试数据集的最低均方误差 23.2），在几乎近似的算法效果下，用较长的计算开销换取了极低的内存消耗。

最后，使用 TensorFlow 提供的训练历史数据，查看训练过程中损失函数值的降低过程，对比损失函数的全局理论最小值，代码如下。

```
from matplotlib import pyplot as plt
fig, ax = plt.subplots(1,2)
ax[0].plot(hist.history['mse'],color="red",label='mse')
ax[0].plot( hist.history['val_mse'],color="blue",label='val_mse')
train_theoretical_mse = np.ones(EPOCHS)*22.00480084
test_theoretical_mse = np.ones(EPOCHS)*23.19559879
ax[0].plot( train_theoretical_mse,':',
         label='train_theoretical_mse',
          linewidth=2,color="red")
ax[0].plot( test_theoretical_mse,':',
         label='test_theoretical_mse',
          linewidth=2,color="blue",)
ax[0].set_yscale('log');ax[0].grid("True");ax[0].legend()
#以下为局部特写
ax[1].plot(hist.history['loss'][100:1500],
         color="red",label='loss')
ax[1].plot(hist.history['val_loss'][100:1500],
         color="blue",label='val_loss')
ax[1].plot( train_theoretical_mse[100:1500],':',
         label='train_theoretical_mse',
          linewidth=2,color="red")
ax[1].plot( test_theoretical_mse[100:1500],':',
         label='test_theoretical_mse',
          linewidth=2,color="blue",)
ax[1].set_yscale('log');ax[1].grid("True");ax[1].legend()
```

实际上，经过 500 个周期的训练之后，损失函数值已经接近理论最小值，迭代算法以可以接受的时间开销换取了较小的内存开销，逼近了理论极限值。输出结果如图 8-14 所示，图 8-14（a）为全部的 50000 个周期的损失函数递减图，图 8-14（b）为损失函数递减图的前 1400 个周期的局部特写。两图的横坐标为周期数，纵坐标为损失函数数值。

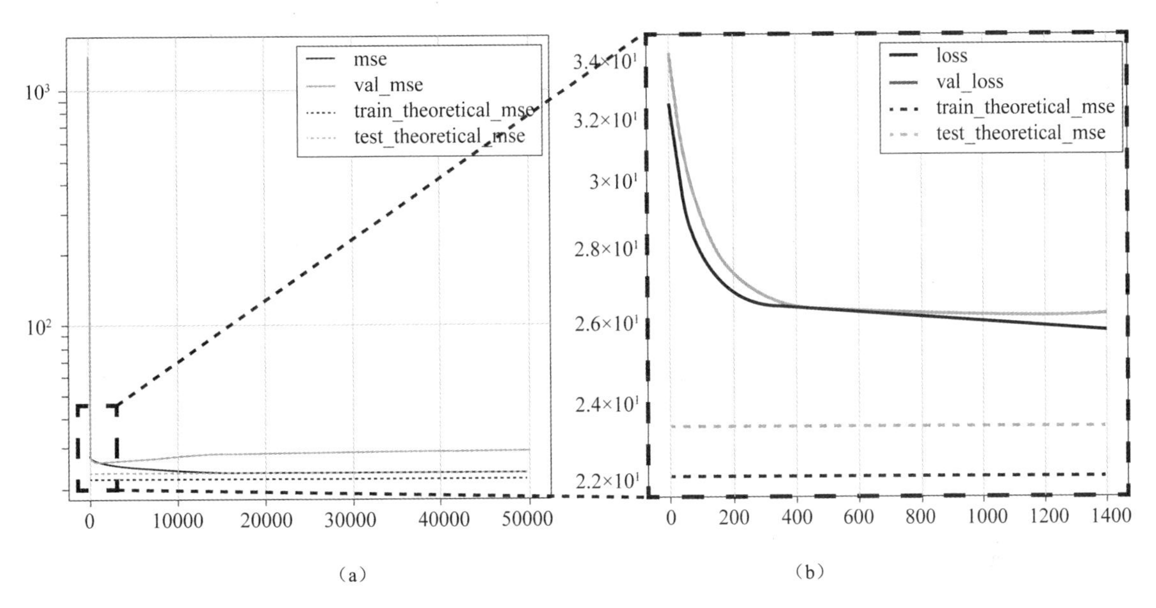
mse
val_mse
train_theoretical_mse
test_theoretical_mse
10³
10²
0
10000
20000
30000
40000
50000
(a)
loss
val_loss
train_theoretical_mse
test_theoretical_mse
3.4×10¹
3.2×10¹
3×10¹
2.8×10¹
2.6×10¹
2.4×10¹
2.2×10¹
0
200
400
600
800
1000
1200
1400
(b)

图 8-14　输出结果

第 9 章
神经网络的编程范式和静态图转化机制

TensorFlow 源于谷歌内部的第一代专有的机器学习系统 DistBelief，2017 年 2 月至 2019 年间，谷歌陆续发布了 TensorFlow 的 1.0 版本～1.15 版本，它们都是声明式编程范式的机器学习框架。2019 年发布的 TensorFlow 的 2.0 版本及最新的 2.9 版本虽然都采用静态图的支撑方式，但转而采用命令式编程范式。下面将介绍神经网络的不同编程范式及背后的静态图逻辑。

9.1 计算图和编程范式

从数学的角度来看，神经网络的本质是一个函数，输入后形成输出。从计算框架的角度来看，神经网络是一个计算图。所有的深度学习计算框架无一例外地将神经网络转化为计算图进行训练和推理，因为计算图具有以下优势。

第一，可移植性。静态计算图（以下简称静态图）支持跨设备、跨语言、跨运行环境之间的移植。不论使用何种编程语言（如 Python、C）搭建和训练神经网络，最后只要存储为静态图，就可以在服务器端或边缘端运行，也可以在 Linux、Android、Windows 系统上运行。静态图仅记录了神经网络的结构和权重（顶点和边），与编写语言、操作系统、设备无关。

第二，可并行计算。静态图支持拓扑解析后的并行计算。由于生成的静态图的拓扑明确，可通过分析顶点和边的拓扑关系，使用 XLA 编译器加速静态图的运行。

第三，可分布式执行。静态图支持拓扑解析后的分布式执行，可以将静态图拆分为不同子图，把不同子图放在不同协同设备上，使用信号同步和通信的方法，让多台设备之间相互配合，完成大型计算图的推理计算。

神经网络不仅是一个计算图，还是一个有向无环图。如果把神经网络内部的每个数据画成点，把数据和数据之间的计算画成线，那么会构成一个有方向、无环路的计算图。

从图计算的角度来看，计算图分为有向无环图（Directed Acyclic Graph，DAG）和有向有环图（Directed Cycline Graph，DCG）两种。有向无环图指的是计算图上有非孤立的顶点（Vertex），每个顶点至少有一条边（Edge），每条边都是单方向的，从任意一个顶点出发，无论通过多少条边，路过多少个顶点，都不能重新回到最初的顶点。有向有环图与有向无环图正好相反，指的是计算图上有非孤立的顶点，每个顶点至少有一条边，每条边都是单方向的，图上能找到至少一个顶点，从该顶点出发后，通过若干条边，路过若干顶点，可以重新回到最初的顶点。典型的有向无环图如图 9-1（a）所示，典型的有向有环图如图 9-1（b）所示，其中，7、8、9、2 这四个顶点构成一个环，2、3、5、8、9 这五个顶点构成第二个环。

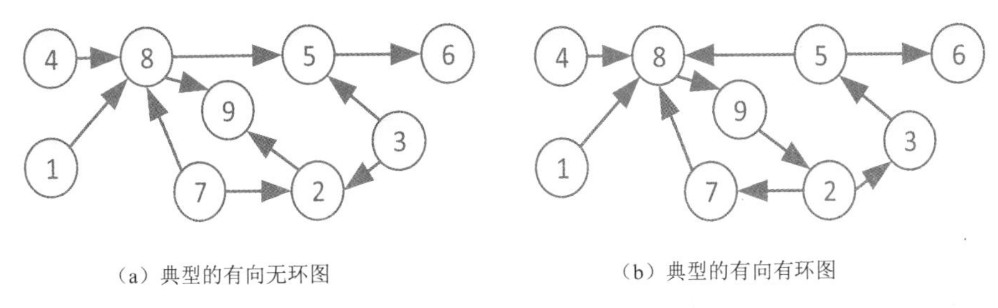

（a）典型的有向无环图　　（b）典型的有向有环图

图 9-1　有向无环图和有向有环图

图计算有两种截然不同的编程范式（Programming Paradigm）：命令式编程（Imperative Programming）、声明式编程（Declarative Programming）。当前主流的深度学习框架一般采用命令式编程，如谷歌公司正在推动的 JAX 项目、TensorFlow 的 2.0 版本以上，以及 Facebook 的 PyTorch、开源社区的 NumPy 等，其搭建的神经网络又叫作动态图；也有少部分的深度学习框架采用声明式编程，如 TensorFlow 的 1.X 版本，以及微软的 CNTK、时任加利福尼亚大学的克利分校博士生贾扬清的 Caffe、数据库语言 SQL，但逐渐已经被命令式编程取代或正在升级成为命令式编程。

使用命令式编程搭建神经网络时，开发者需要关注神经网络的数据流，把思维中数据流的函数关系转化为代码指令。运行这些指令时，编程框架会跟随数据流的流动，同时进行神经网络结构的定义和执行（定义一个变量 a 的同时，立即为 a 赋值）。随着语句的执行，数据流会根据设定的方向流动和推演，直至得到最后的结果。此时，随着数据的流动动态搭建神经网络，因此又名动态定义的编程模式，其搭建的神经网络又名动态图（以下简称动态图）。

使用声明式编程搭建神经网络时，开发者需要编写两部分代码：第一部分的代码用于描述未来的数据流将要流过的神经网络及其拓扑结构；第二部分的代码用于描述数据流在何种条件下流过该神经网络。编写完以上两部分代码后，编译器不会立即让数据流通过神经网络，而是分两步执行：第一步，先巡视代码，根据定义的神经网络语句，构建需要事先构建的神经网络结构；第二步，让数据流通过整个图结构，并在某个节点获得最终的数据流结果。因此，这种编程方式又叫作先定义网络后运行数据（Define-and-Run）的编程模式，其创建的神经网络又叫作静态图。

深度学习计算框架使用命令式编程还是声明式编程，是神经网络界长期以来一直争论的焦点，命令式编程和声明式编程的优劣势对比如表 9-1 所示。

表 9-1　命令式编程和声明式编程的优劣势对比

优劣势	命令式编程	声明式/编程
优势	编程方式非常直观，开发效率高，可以用到很多命令式编程独有的编程方式，如循环、变量等	专门为计算图设计，运行效率高，适合生产部署和并行计算
劣势	效率低下，在生产部署、并行计算方面需要进行复杂配置，无法解决某些计算图的问题	调试难度大，先编译为静态的神经网络结构，再执行数据流处理操作，这意味着若神经网络的某个节点设计有误，则开发者在数据运行的时候才会发现错误

2015 年 11 月，谷歌在自用的分布式机器学习系统 DistBelief 的基础上，正式发布了 TensorFlow 的白皮书并在其内部开源 TensorFlow 0.1 版本。2017 年 02 月，TensorFlow 正式发布了 1.0.0 稳定版本。TensorFlow 的 1.X 版本面向工业界，采用声明式编程，使用了大量用于静态图的函数（如 session、placeholder 等），具有极高的运行效率。然而，TensorFlow1.X 版本的编程方式晦涩，不利于开发者使用 TensorFlow 工具进行神经网络的研发和调试。

2019 年，谷歌再次推出全新升级的 TensorFlow 的 2.X 版本，该版本采用命令式编程的代码编写方式，对于人工智能的研发工作较为友好，虽然速度有所降低，但神经网络的调试效率大幅提高，被开发者接受和使用。由于 TensorFlow 训练后的神经网络采用静态图格式存储，也能满足部署阶段对速度的要求，因此也获得了业界的认可。

TensorFlow 的 2.0 版本开启了谷歌的命令式编程。命令式编程与原生 Python 是一致的。原有 TensorFlow 的 1.X 版本的函数库全部移动至 tf.compat.v1 目录下。因此，可以通过引用 TensonFlow 的 2.X 版本的 TensorFlow.compat.v1 代码包来支持 TensonFlow 的 1.X 版本的程序代码。在 Python 的编程环境下，替换代码包的代码如下。

```
import tensorflow as tf
if tf.__version__.startswith('2'):
    tf.compat.v1.disable_v2_behavior()
    tf = tf.compat.v1
```

此外，在 TensorFlow 2.X 版本中使用函数 tf.disable_v2_behavior()，禁用 2.X 版本的行为特征来实现无缝切换。TensorFlow 2.X 版本还提供了一个程序升级工具 tf_upgrade_v2.py，逐行检查 TensonFlow 1.X 版本的程序，并对函数代码进行微调，确保改造后的函数可以在 TensonFlow 2.X 版本的环境下正常运行。程序升级工具 tf_upgrade_v2.py 能够处理单个文件或者一个文件夹（内含多个文件）的转换工作。例如，假设 intree 代表输入文件夹，outtree 代表输出文件夹，reportfile 代表日志文件，infile 代表待转换的 TensorFlow 1.X 版本的程序文件，outfile 代表处理后的兼容 TensorFlow 2.X 版本的程序文件。命令行界面执行的代码如下。

```
tf_upgrade_v2 --intree project_v1/  --outtree project_v2/  --reportfile report.txt
tf_upgrade_v2 --infile file_v1.py    --outfile file_ v2.py   --reportfile rp.txt
```

最后，从 TensorFlow 的 1.X 版本升级至 2.X 以上的版本，TensorFlow 2.X 版本为保证函数的分类清晰，整体移除了 contrib 函数库，分门别类地进入 TensorFlow 2.X 版本的各子函数库中，导致原有 TensorFlow 1.X 版本的大量代码因为引用这些原有函数库而无法运行。对于这种情况，只能搜索新函数库的位置，并逐一编写替代函数，手动将 1.X 版本的代码改写为 2.X 版本的代码，从而解决 1.X 版本的兼容问题。

下面使用两种编程方式设计一个字符串拼接的函数。假设输入两个节点 x 和 y，两个节点都接收字符串输入，首先在神经网络的内部拼接两个节点的内容，然后把输出传递给输出节点 z，字符串拼接的极简神经网络如图 9-2 所示。

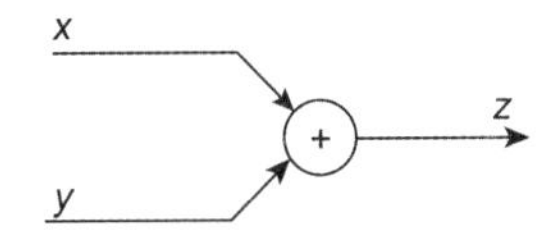

图 9-2　字符串拼接的极简神经网络

对于使用命令式编程的 TensorFlow 2.X 来说，只需要新建两个变量 x 和 y，将字符串拼接的结果赋予 z，即可获得节点 z 的内部数据。代码如下。

```
print('=============='*5)
import tensorflow as tf
print('现在使用 TF{}版本函数库'.format(tf.__version__),'神经网络和数据同步建立')
x = tf.constant('FuZhou')
y = tf.constant('GDG')
z = tf.strings.join([x,y])
print(z)
```

对于使用声明式编程的 TensorFlow 1.X 来说，具体操作需要分为两步。第一步，先建立两个数据节点 x 和 y，再建立节点 z，节点 z 和节点 x、y 通过拼接函数进行拼接，代码位于 with g.as_default()函数内。由于采用声明式编程，所以这里不能直接打印 z，因为 z 只是神经网络图中的一个节点，必须在第二步让数据流过这个神经网络图才能获取 z 的内部数据。第二步，使用 sess.run()函数为两个节点 x、y 赋值，抓取节点 z 的数值，代码位于 with tf.Session(graph = g)as sess()函数内，节点 z 的结果存储在变量 result 中，打印变量 result，获取神经网络的计算结果。代码如下。

```
tf = tf.compat.v1 #使用 TensorFlow1.X 版本的函数
print('现在使用 TF1.X 版本函数库','先建立神经网络，再更新其内部数据')
g = tf.Graph()
with g.as_default():
    x = tf.placeholder(name='x', shape=[], dtype=tf.string)
    y = tf.placeholder(name='y', shape=[], dtype=tf.string)
    z = tf.strings.join([x,y],name = "join",separator = " ")
with tf.Session(graph = g) as sess:
```

```
# fetches 为输出节点的关键字，配置为 z，feed_dict 为输入节点的关键字，配置为 x、y 组成的字典
    result = sess.run(fetches = z,feed_dict = {x:"FuZhou",y:"GDG"})
    print(result)
print('============'*5)
```

两段代码完成了同样的工作，但编程方式完全不同，执行后的输出结果如下。

```
========================================
# 现在使用 TensonFlow2.X 版本函数库，同步建立神经网络和数据
tf.Tensor(b'FuZhouGDG', shape=(), dtype=string)
========================================
# 现在使用 TensonFlow1.X 版本函数库，先建立神经网络，再更新内部数据
b'FuZhou GDG'
```

9.2 静态图转化机制 AutoGraph 和装饰器@tf.function

为了提高开发者的调试效率，TensorFlow 使用了命令式编程，但并不影响其在运行的时候，转化为高效的静态图。TensorFlow 使用的 AutoGraph 机制支持将命令式编程的编码转化为静态图，提高运算效率。对于需要反复调用的函数，如在数据集的映射处理或自定义神经网络算法中，转化为静态图可以大幅提高数据处理的效率。TensorFlow 提供的具体方法是使用装饰器@tf.function 将其放在函数定义的前一行，装饰后的函数将被 TensorFlow 转化为静态图。

为证明静态图的高效率，下面设计两个连乘函数，使用动态图的函数命名为 power_Eager，使用静态图的函数命名为 power_Graph，它们的函数体一模一样，只是静态图函数前增加了@tf.function 的装饰，执行 1000 次，查看它们的执行耗时。从输出结果来看，执行 1000 次后，动态图函数的耗时为 2.86s，但静态图函数的耗时仅为 0.65s，运行效率是动态图的 4.4 倍。相关代码和输出结果如下。

```
x = tf.random.uniform(shape=[10, 10], minval=-1, maxval=2, dtype=tf.dtypes.int32)
def power_Eager(x, y):
  result = tf.eye(10, dtype=tf.dtypes.int32)
  for _ in range(y):
    result = tf.matmul(x, result)
  return result
@tf.function
def power_Graph(x, y):
  result = tf.eye(10, dtype=tf.dtypes.int32)
  for _ in range(y):
    result = tf.matmul(x, result)
  return result
print("Eager execution:", timeit.timeit(lambda: power_Eager(x, 100), number=1000))
print("Graph execution:", timeit.timeit(lambda: power_Graph(x, 100), number=1000))
"""
```

```
Eager execution: 2.856674400000003
Graph execution: 0.652119600000006
"""
```

TensorFlow 使用命令式编程产生动态图，提高调试效率。在需要加速的地方使用装饰器@tf.function，通过 TensorFlow 的 AutoGraph 机制将函数转化为高效的静态图，从而达到调试效率和运行效率的平衡，这就是 TensorFlow 深度学习框架的核心思路。

使用@tf.function 装饰一个函数时，TensorFlow 的 AutoGraph 机制将被触发，AutoGraph 机制将按照以下步骤执行静态图的转化。

第一步，扫描函数体。具体来说，就是逐行解释函数体的全部代码，确认每个命令是否属于 TensorFlow，是否可以转化为静态图，确认每个变量是否属于 tensor 类型或者是否可以转化为 tensor 类型。

第二步，优先执行无法转化为静态图的代码，即优先执行无法转化的 Python 代码或者无法转化为 tensor 类型的变量的相关代码。

第三步，构建静态图。对于可以转化为静态图的代码或可以转化为 tensor 类型的常变量，一律转化为静态图。例如，把 if 语句转化为算子表达式 tf.cond，将 while 和 for 循环语句转化为算子表达式 tf.while_loop。为了保证图计算的顺序，图中还会自动加入一些节点 tf.control_dependencies 以确保执行顺序和依赖关系。

第四步，执行静态图。第二步无法转为静态图的代码由于不在静态图内，所以不会再被执行，只执行在静态图内的代码，数值计算后形成输出。

AutoGraph 机制会产生一些难以理解的执行结果，这里以加法和打印指令为例加以说明。设计一个加法函数，命名为 demo_Adder()，内部有四条打印指令，其中，两条是使用 Python 的 print 指令，两条是使用 TensorFlow 的 tf.print 指令。整个 demo_Adder()函数使用@tf.function 进行装饰后，TensorFlow 会将其制作为静态图函数，代码如下。

```
@tf.function #(autograph=True)
def demo_Adder(a,b):
    tf.print("执行静态图阶段才会调用本行: a 和 b 分别是",a,b)
    print('[扫描阶段，a 和 b 只是占位符，并没有数值]',a,b)
    for i in tf.range(3): #TensorFlow tf.range
        #TensorFlow 的打印指令
        tf.print('执行静态图阶段才会调用本行第',i,'次')
        #Python 的打印指令
        print("[将会在扫描阶段执行本行，静态图阶段不会再执行]")
    c = a+b
    return c
```

下面连续两次调用 demo_Adder()函数。代码如下。

```
#输入多个相同类型的TensorFlow的常量constant常量,只构建一次静态图函数
print(demo_Adder(tf.constant(1),tf.constant(3)))
print(demo_Adder(tf.constant(2),tf.constant(4)))
```

根据 AutoGraph 机制，扫描阶段将执行 Python 的两条 print 指令，只有重新扫描时会再次执行这两条 print 指令。在扫描执行阶段不被执行的 tf.print 指令会在静态图执行阶段与静态图被一同调用。由于连续两次调用 demo_Adder()函数，所以两条 tf.print 指令会被执行两次，运行代码后的输出结果如下。

```
    [扫描阶段, a 和 b 只是占位符, 并没有数值] Tensor("a:0", shape=(), dtype=int32)
Tensor("b:0", shape=(), dtype=int32)
    [将会在扫描阶段执行本行, 静态图阶段不会再执行]
    执行静态图阶段才会调用本行：a 和 b 分别是 1、3
    执行静态图阶段才会调用本行第 0 次
    执行静态图阶段才会调用本行第 1 次
    执行静态图阶段才会调用本行第 2 次
    计算结果: tf.Tensor(4, shape=(), dtype=int32)
    执行静态图阶段才会调用本行：a 和 b 分别是 2、4
    执行静态图阶段才会调用本行第 0 次
    执行静态图阶段才会调用本行第 1 次
    执行静态图阶段才会调用本行第 2 次
    计算结果: tf.Tensor(6, shape=(), dtype=int32)
```

AutoGraph 机制的逻辑示意图如图 9-3 所示。

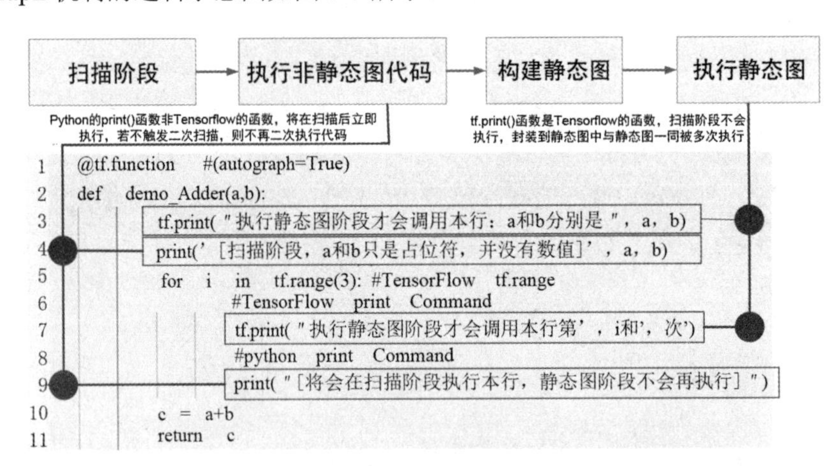

图 9-3 AutoGraph 机制的逻辑示意图

特别地，对于同一函数的、相同数据类型的重复调用，TensorFlow 在进行一次静态图的构建后，不会再次构建静态图，而是调用缓存中的静态图，从而加快执行速度；对于同一函数的、不同数据类型的调用，TensorFlow 会重新构建适配新数据的全新静态图，并增补缓存。因为 Python 下的函数是多态函数，对于不同数据类型的输入，函数都是同一函数，而 TensorFlow 的

静态图函数则是静态、单态的具体函数，即对于不同数据类型的输入，函数不是同一函数。AutoGraph 机制先扫描后执行，TensonFlow 2.X 的 AutoGraph 机制会基于函数名和输入的数据类型生成哈希值，并将构建的静态图缓存到哈希表中。再次调用@tf.function 装饰的函数时，TensonFlow 会根据函数名和输入的数据类型计算哈希值，检查哈希表中是否已有对应静态图的缓存，若是，则直接使用已缓存的静态图，否则重新按上述步骤构建计算图。

TensorFlow 的 AutoGraph 机制会在两种情况下重新构建静态图：情况一，函数输入的数据类型是 TensorFlow 专有的 tensor 类型，数据类型变化后就会重建静态图，但会缓存新建静态图以便输入同样的数据类型时快速调用；情况二，输入静态图函数的数据类型不是 TensorFlow 专有的 tensor 类型，而是 python 类型的数据、numpy 类型的数据、列表 list、元组 tuple 等，那么即便数据类型一样，TensorFlow 也不得不重建静态图。

同样以定制加法函数 demo_Adder()为例，连续三次调用 demo_Adder()函数，第一次调用时传递的是 TensorFlow 的 float32 类型，那么首次执行会先扫描、再构建静态图；第二次调用时传递的是 TensorFlow 的 string 类型，数据类型发生变化，AutoGraph 机制会重建静态图进行缓存；第三次传递的是 Python 的 int 类型，由于它不是 TensorFlow 的数据类型，AutoGraph 机制每次都会扫描后重建静态图。三次调用 demo_Adder()函数的代码如下。

```
print("输入 tf.float32 类型：",
      demo_Adder(tf.constant(2.0),tf.constant(4.0)))
print("输入 tf.string 类型",demo_Adder(
    tf.constant("AutoGraph"),tf.constant("@tf.function")))
print("输入 python 的 int 类型",demo_Adder(5,6))
```

从输出结果中可见，三次调用函数的过程中，Python 的 print 命令都被执行了，TensorFlow 重新扫描、执行，并重建了静态图。输出结果如下。

```
    [扫描阶段，a 和 b 只是占位符，并没有数值] Tensor("a:0", shape=(), dtype=float32)
Tensor("b:0", shape=(), dtype=float32)
    [将会在扫描阶段执行本行，静态图阶段不再执行]
    执行静态图阶段才会调用本行：a 和 b 分别是 2、4
    执行静态图阶段才会调用本行第 0 次
    执行静态图阶段才会调用本行第 1 次
    执行静态图阶段才会调用本行第 2 次
    输入 tf.float32 类型： tf.Tensor(6.0, shape=(), dtype=float32)
    [扫描阶段，a 和 b 只是占位符，并没有数值] Tensor("a:0", shape=(), dtype=string)
Tensor("b:0", shape=(), dtype=string)
    [将会在扫描阶段执行本行，静态图阶段不再执行]
    执行静态图阶段才会调用本行：a 和 b 分别是 "AutoGraph" "@tf.function"
    执行静态图阶段才会调用本行第 0 次
    执行静态图阶段才会调用本行第 1 次
    执行静态图阶段才会调用本行第 2 次
```

```
输入tf.string类型 tf.Tensor(b'AutoGraph@tf.function', shape=(), dtype=string)
[扫描阶段，a和b只是占位符，并没有数值] 5 6
[将会在扫描阶段执行本行，静态图阶段不再执行]
执行静态图阶段才会调用本行：a和b分别是 5、6
执行静态图阶段才会调用本行第 0 次
执行静态图阶段才会调用本行第 1 次
执行静态图阶段才会调用本行第 2 次
输入python的int类型 tf.Tensor(11, shape=(), dtype=int32)
```

由于 AutoGraph 是先扫描、后建图的机制，开发者使用装饰器@tf.function 时需要特别注意以下三个规范。

规范一：@tf.function 装饰的函数应使用 TensorFlow 中的函数[如 tf.print()]而不是 Python 中的非 TensorFlow 内置函数[如 print()]。由于 AutoGraph 是先扫描、后建图的机制，若使用了 Python 的其他函数，则会在第一次扫描时执行该函数，不会包括在静态图内，这样后面执行静态图时，不再执行该函数。例如，如果产生随机数的函数使用 np 的随机函数，那么即便多次运行，产生的随机数都和第一次产生的随机数一样；如果使用 tf 的随机函数，那么即便多次运行，也能产生不同的随机数。

规范二：不要在@tf.function 装饰的函数内部新建 tf.Variable 变量，否则会报错。由于 v = tf.Variable（1.0）语句表示新建变量 *v* 的同时初始化赋值为 1.0，这与 AutoGraph 机制将要构建的静态图相矛盾。另外，根据 Python 的垃圾回收机制，函数内部的变量在函数返回时会被销毁，但是静态图需要将变量长期保存作为静态图的一部分，因此存在“动态销毁”与“静态保存”的矛盾。折中的方法如以下代码所示。

```
v=None
@tf.function
def plus_by_1(x):
    global v
    if v is None:
        v = tf.Variable(1.0)
    y = x + v
    return y
print(plus_by_1(tf.constant(2.0)))
```

以上代码中，描述了一个使用@tf.function 装饰的函数，函数名为 plus_by_1()。plus_by_1()函数内定义了一个全局变量 *v*，AutoGraph 第一次扫描 plus_by_1()函数时，通过 tf.Variable()函数新建全局变量 *v*，但当 plus_by_1()函数被第二次调用时，不会新建全局变量，因为此时全局变量 *v* 已经存在，新建变量 *v* 的指令自然会被忽略，程序将直接调用之前的旧变量 *v*。

规范三：@tf.function 装饰的函数不能修改函数外部的 Python 的列表 list 或者字典 dict 等数据结构变量。由于 AutoGraph 机制要将函数转化为静态图，该静态图是被编译为 C++代码后在 TensorFlow 的内核中加速执行的。Python 的列表或者字典等高级变量和操作无法被 TensorFlow 转化为 C++代码，也无法嵌入静态图。强行将@tf.function 装饰的函数修改为外部非法变量，会导致意外的计算结果。

9.3 TensorFlow 神经网络模型的类继承关系

深度学习计算框架不仅是强大的数据处理和自动微分机制，还包含集成度高且自由度高的 API 体系。TensorFlow 提供了高阶 API 和低阶 API 供开发者选择，开发者可以选择高阶 API 快速构建自定义模型，也可以使用低阶 API 构建自定义层和模型。

9.3.1 TensorFlow 的低阶 API 和 Keras 的高阶 API

神经网络模型由层（Layer）组成，层存储了可训练变量及变量之间的运算关系。建立自定义层和自定义模型时，需要继承 TensorFlow 提供的基础类，此时有两种选择。第一种是 TensorFlow 提供的强大的低阶 API，开发者可以建立自定义层和自定义模型，该 API 就是基础模块类 tf.Module；第二种是 TensorFlow 下的 Keras 提供的高阶 API，供开发者继承，以便建立自定义层和自定义模型，该 API 是基础层类 tf.keras.layers.Layer 和基础模型类 tf.keras.Model，但其实 Keras 提供的基础层类 tf.keras.layers.Layer 和基础模型类 tf.keras.Model 都是在基础模块类 tf.Module 的基础上构建的。TensorFlow 下自定义层和自定义模型继承的基础类如图 9-4 所示。

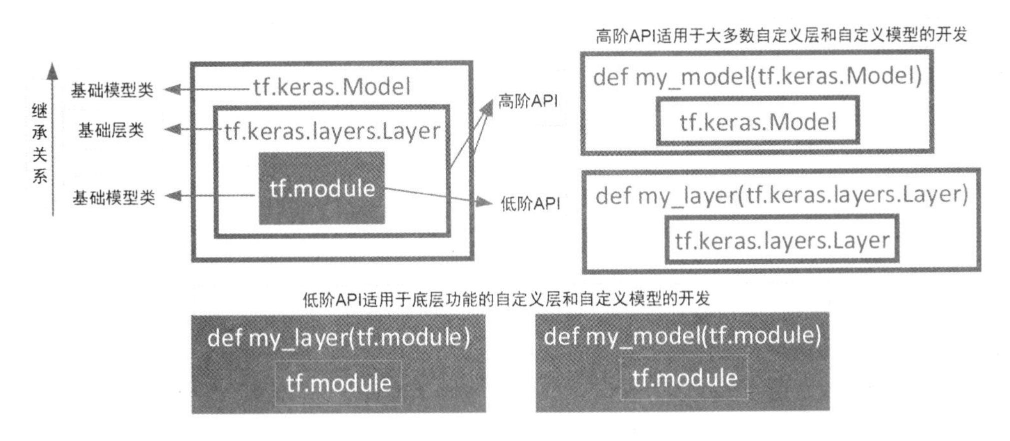

图 9-4　TensorFlow 下自定义层和自定义模型继承的基础类

TensorFlow 提供的基础模块类 tf.Module 是 TensorFlow 中非常重要的基础类，所有的层和模型都继承自基础模块类 tf.Module。基础模块类内部拥有内部状态及若干方法可以处理这些内部变量。TensorFlow 基础模块类 tf.Module 的成员名称和用途如表 9-2 所示。

表 9-2　TensorFlow 基础模块类 tf.Module 的成员名称和用途

分类	成员名称	成员用途
成员函数	__init__()函数	构建函数；用于初始化；建立自定义模块时，可以按需重写 __init__()函数
	__call__()函数	调用模型；建立自定义模块时，可以按需重写__call__()函数
成员属性	name	返回当前自定义模块的名称
	name_scope	返回当前自定义模块的 tf.name_scope 实例
	submodules	返回当前自定义模块的子模块
	non_trainable_variables	返回当前自定义模块（含子模块）的不可训练变量
	trainable_variables	返回当前自定义模块（含子模块）的可训练变量
	variables	返回当前自定义模块（含子模块）的全部变量

TensorFlow 的基础模块类 tf.Module 还有搜集变量、保存权重、保存静态图的功能，更多基础功能建议读者访问 TensorFlow 官网查看类规格网页或使用官方的 CodeLab 实验熟悉基础模块类 tf.Module。

构建神经网络一般使用 Keras 提供的高阶 API 来建立自定义层和自定义模型。一方面，Keras 的高阶 API 也是基于基础模块类 tf.Module 构建的，Keras 的高阶 API 支持所有 tf.Module 类支持的方法和属性；另一方面，Keras 的高阶 API 封装了一些常用功能，开发者可以简单、快速地构建自定义层和自定义模型，并且已得到 TensorFlow 的支持。

9.3.2　Keras 的基础模型类和基础层类

Keras 有两个重要的概念：模型和层。层的作用是封装各种计算流程和变量，而模型的作用是组织和连接各种层，并封装成可用于训练和推理的整体。

Keras 的模型和层都有基础类，基础层类 tf.keras.layers.Layer 和基础模型类 tf.keras.Model 供开发者继承，也有大量预定义层类供开发者直接调用，如全连接层类 Dense，二维卷积层类 Conv2D、池化层类 Pooling2D 等，它们均继承自基础层类。

Keras 的基础层类 tf.keras.layers.Layer 继承自基础模块类 tf.Module，同时添加了一些独特的方法和属性，Keras 基础层类 tf.keras.layers.Layer 的成员名称和用途如表 9-3 所示。

表 9-3　Keras 基础层类 tf.keras.layers.Layer 的成员名称和用途

分类	成员名称	成员用途
继承	与基础模块类 tf.Module 相同	与基础模块类 tf.Module 相同
成员函数	__init__()函数	构建函数；用于初始化；建立自定义层的时候，可以按需重写__init__()函数
	Build()函数	只被执行一次，因为神经网络的内部参数是由输入数据的形状决定的；负责配置内部参数的形状及初始化数值

续表

分类	成员名称	成员用途
成员函数	call()函数	Keras 在层调用的前后还需要一些自定义的内部操作，只有一个专门用于自定义层呼叫重载的 call()函数供开发者使用
	其他函数	add_loss()、add_metric()、add_weight()函数等一般供子类调用，开发者无须重载定义
成员属性	Name	返回当前自定义层的名称
	__class__.__name__	返回当前自定义层的类型名称
	trainable	设置自定义层对象是否可被训练
	dtype	内部参数的数据类型
	其他成员属性	具体参见 TensorFlow 的官网

其中，__init__()函数一般用于构建不同参数条件下自定义层的不同结构。假设有两套初始化参数，分别命名为 A、B，__init__()函数使用的 A 套参数形成的自定义层的数据处理算法与使用 B 套参数形成的自定义层的数据处理算法可以完全不同。

build()函数一般用于初始化自定义层的内部参数，以便 call()函数定义的算法能使用内部参数。新建自定义层时，build()函数不会立即被调用，直到自定义层被一个具体数据呼叫时，build()函数才会被首次调用，并且只会被调用一次。

call()函数是 Keras 的层对象 tf.keras.layers.Layer 中可供开发者重载的呼叫函数不同于__call__()函数。虽然 Python 中默认的呼叫函数依旧是__call__()函数，但因为 Keras 在模型调用前后需要一些自定义的内部操作，只有一个专门用于自定义模型呼叫重载的 call()函数，建立自定义模块时只能重写 call()函数。另外，call()函数有一个重要参数 training，该参数只能是布尔变量（True 或者 False），它将控制 Keras 层内部数据的路径分支开关和参数训练开关。

以一个小巧且典型的虚构自定义层类 customer_layer 为例，它继承自 Keras 的基础层类 tf.keras.layers.Layer，重载了__init__()函数，并在__init__()函数中定义了路径分支开关 branch 和输出维度 out_features。它重载了 build()函数，并根据输出维度 out_features 新建了内部参数。它重载了 call()函数，参数 training 默认为 False，根据参数 training 和路径分支开关 branch 定义不同的算法逻辑作为自定义层 customer_layer 的呼叫返回。代码如下。

```
class customer_Layer(tf.keras.layers.Layer):
    # 自定义新建成员时的路径分支开关和输出维度
    def __init__(self, out_features, branch=1, **kwargs):
        super().__init__(**kwargs)
        self.out_features = out_features
        self.branch = branch
    # 自定义层内的参数尺寸和数值初始化
    def build(self, input_shape):
        self.w = tf.Variable(
```

```
                tf.ones([input_shape[-1], self.out_features]),
                name='w')
            self.b = tf.Variable(
                tf.zeros([self.out_features]), name='b')
        # 自定义算法逻辑
        def call(self, inputs,training=False):
            if training==True:
                if self.branch == tf.Variable(0): # 分支0
                    return inputs
                if self.branch == tf.Variable(1): # 分支1
                    return tf.matmul(inputs, self.w) + self.b
            if training==False:
                return tf.matmul(inputs, self.w) + self.b
```

此时通过自定义的层类新建两个实例 cusLayer_b0 和 cusLayer_TrnFalse。新建 cusLayer_b0 时，将呼叫函数的路径分支开关指向分支 0，输出维度是 4，training 设置为 True，根据分支 0 定义的算法逻辑，这个 cusLayer_b0 实例在呼叫时将直接返回输入数据 inpus，输出维度 4 不起任何作用；新建另一个 cusLayer_TrnFalse 实例时，定义了输出维度是 4，于是 cusLayer_TrnFalse 实例在被呼叫前调用了 Customer_Layer 类的 build()函数新建 3 行、4 列的全“1”权重矩阵 ***w***（通过 tf.ones 新建）和 1 行、4 列的全“0”偏置向量 ***b***（通过 tf.zeros 新建），还定义了呼叫函数的分支 0，但由于呼叫时传递的 training 等于 False，于是呼叫分支 0 的开关不起作用，算法将输入 inputs 与内置矩阵 ***w*** 进行了矩阵乘法后，加上偏置向量 ***b*** 进行返回。新建两个实例 cusLayer_b0 和 cusLayer_TrnFalse 的代码如下。

```
cusLayer_b0 = customer_Layer(branch=0,out_features=4)
print("Layer results:", cusLayer_b0(
    tf.constant([[2.0, 2.0, 2.0], [3.0, 3.0, 3.0]]),training=True))
cusLayer_TrnFalse = customer_Layer(branch=0,out_features=4)
print("Layer results:", cusLayer_TrnFalse(
    tf.constant([[2.0, 2.0, 2.0], [3.0, 3.0, 3.0]]),training=False))
```

自定义层的计算输出与手动计算结果一致，输出如下。

```
Layer results: tf.Tensor(
[[2. 2. 2.]
 [3. 3. 3.]], shape=(2, 3), dtype=float32)
Layer results: tf.Tensor(
[[6. 6. 6. 6.]
 [9. 9. 9. 9.]], shape=(2, 4), dtype=float32)
```

Keras 的基础模型类 tf.keras.Model 继承自基础层类 tf.keras.layers.Layer 和基础模块类 tf.Module，同时添加了一些独特的方法和属性，Keras 基础模型类 tf.keras.Model 的成员名称和用途如表 9-4 所示。

表 9-4　Keras 基础模型类 tf.keras.Model 的成员名称和用途

分类		成员名称	成员用途
继承自 tf.Module		与被继承的基础模块类 tf.Module 相同	与被继承的基础模块类 tf.Module 相同
继承自 tf.keras.layers.Layer		与被继承的 Keras 基础层类 tf.keras.layers.Layer 相同	与 Keras 基础层类 tf.keras.layers.Layer 相同
成员函数	建立实例时需要重载函数	__init__()函数	构造函数；用于初始化；建立自定义模型时，可以按需重写__init__()函数
		call()函数	Keras 在模型调用的前后还需要一些内部操作，只有一个专门用于自定义模型呼叫重载的 call()函数供开发者使用
	模型实例拥有的成员函数	summary()函数	查看自定义模型实例的结构，返回 None，将直接打印模型结构
		compile()函数	自定义模型实例的编译函数，用于配置模型的损失函数、优化器、评估指标
	自定义模型实例的训练	fit()函数	自定义模型实例的训练函数
		evalute()函数	自定义模型实例的评价函数
		predict()函数	自定义模型实例的推理函数
	重载训练、验证、推理算法	train_step()函数	重载实例训练的具体算法逻辑
		test_step()函数	重载实例评估的具体算法逻辑
		predict_step()函数	重载实例推理的具体算法逻辑
	实例的权重和模型保存	save_weights()函数	保存权重
		load_weights()函数	载入权重
		save()函数	保存整个模型
	其他函数	其他函数	train_on_batch()、train_on_batch()、train_on_batch()等其他函数，具体参见 TensorFlow 的官网
成员属性		name	返回当前自定义模型的名称
		__class__.__name__	返回当前自定义模型类型的名称
		layers	以列表 list 形式返回当前自定义模型实例的全部层
		metrics_names	以列表 list 形式返回当前自定义模型实例的全部评估指标，该属性只有在实例被真正数据训练后才会返回，否则返回空列表
		其他成员属性	具体参见 TensorFlow 的官网

__init__()函数一般用于新建不同参数条件下不同结构的自定义模型实例。__init__()函数会根据参数新建不同用途的层作为自定义模型的组件，供算法调用。基础模型类 tf.keras.Model 没有专门的 build()函数，它的 build()函数是继承自基础层类 tf.keras.layers.Layer 的。

call()函数是 Keras 的基础模型类 tf.keras.Model 可供开发者重载的呼叫函数，不同于__call__()函数。它定义了模型的算法逻辑，通过控制数据流向确定算法逻辑。

以一个小巧且典型的虚构自定义模型类 customer_Model 为例，它继承自基础模型类

tf.keras.Model，重载了__init__()函数，在__init__()函数中定义了两个层实例 cusLayer_1 和 cusLayer_2。它重载了 call()函数，让数据先后流过这两个自定义层实例，并形成输出返回。代码如下。

```
class customer_Model(tf.keras.Model):
    # 定义新建成员时的分支参数和输出维度
    def __init__(self, name=None, **kwargs):
        super().__init__(**kwargs)
        self.cusLayer_1 = customer_Layer(out_features=3)
        self.cusLayer_2 = customer_Layer(out_features=2)
    def call(self, x):
        x = self.cusLayer_1(x)
        return self.cusLayer_2(x) # 新建实例
```

下面新建一个自定义模型 my_model，让一个 2 行、3 列的数据流过自定义模型，代码如下。

```
my_model = customer_Model(name="MY_model")
# 让数据流过自定义模型
print("Model results:", my_model(tf.constant([[2.0, 2.0, 2.0], [3.0, 3.0, 3.0]])))
```

自定义模型的计算输出与手动计算结果一致，输出如下。

```
Model results: tf.Tensor(
[[18. 18.]
 [27. 27.]], shape=(2, 2), dtype=float32)
```

9.4 使用 Keras 的高阶 API 构建模型并进行可视化

TensorFlow 构建神经网络的方法有三种：使用序列方式构建模型、使用函数方式构建模型和使用继承子类方式构建模型。TensorFlow 构建神经网络的三种方法如图 9-5 所示。图中的“x_1=层 1（x）”表示将 x 输入层 1 的函数，并将层 1 的输出结果赋值给 x_1，以此类推。

为查看神经网络的结构，可以使用模型的 summary()函数在交互终端打印神经网络模型，也可以使用 Keras 提供的 plot_model()函数将神经网络结构打印为图片。

使用 tf.keras.utils.plot_model()函数之前应当安装两个软件。第一，在当前的 conda 环境下安装 pydot 依赖包，笔者成稿时的安装版本为 1.4.1 版本，安装代码如下。

```
(CV_TF23_py37) C:\Users\indeed>conda install pydot
Collecting package metadata (current_repodata.json): done
……
The following NEW packages will be INSTALLED:
  graphviz    pkgs/main/win-64::graphviz-2.38-hfd603c8_2
  pydot       pkgs/main/win-64::pydot-1.4.1-py37haa95532_0
```

```
......
(CV_TF23_py37) C:\Users\indeed>
```

（a）方法一：使用序列方式构建模型

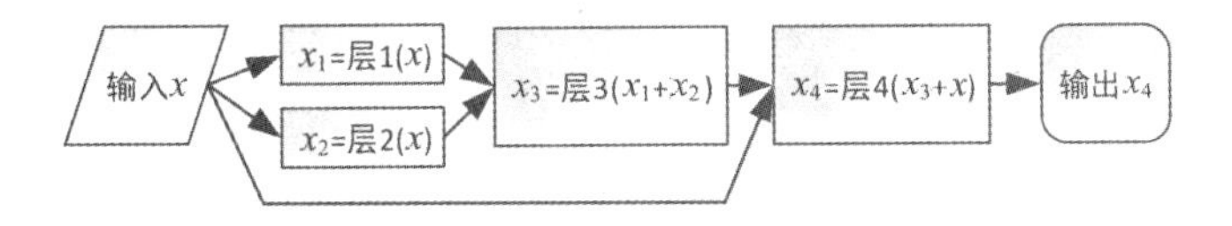

（b）方法二：使用函数方式构建模型

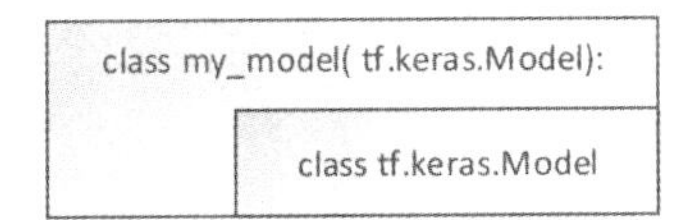

（c）方法二：使用继承子类方式构建模型

图 9-5　TensorFlow 构建神经网络的三种方法

第二，登录 Graphviz 官网下载、安装 Graphviz（Graph Visualization Software），笔者成稿时的最新版本是 graphviz-2.50.0（32-bit）。安装时选择“将路径加入全部用户”，Graphviz 的安装如图 9-6 所示。

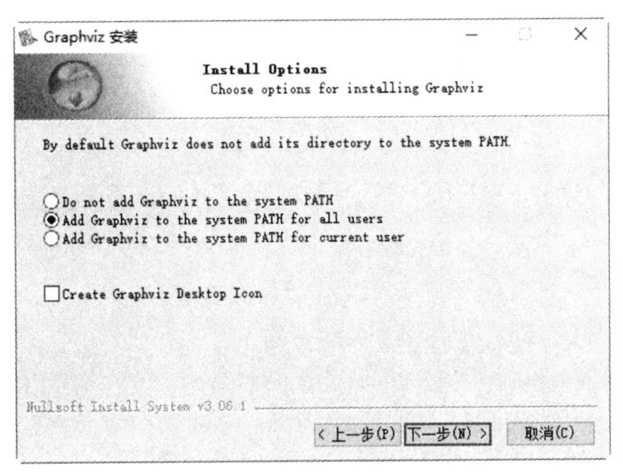

图 9-6　Graphviz 的安装

plot_model 的参数中，to_file 指定保存神经网络结构的图片文件名，参数 show_shapes 决定输出的图片是否包含输入和输出的张量形状，参数 show_layer_names 决定是否显示层名称，参数 rankdir 只能是'TB'或者'LR'，表示神经网络图片的生长方向是从上到下还是从左到右，参数 expand_nested 表示是否将嵌套层展开为 clusters 的模型。

代码如下。

```
tf.keras.utils.plot_model(
    model, to_file='model.png', show_shapes=False, show_layer_names=True,
    rankdir='TB', expand_nested=False, dpi=96
)
```

笔者建议在神经网络的设计初期将全部参数都设置为打开。更多资料可以参考谷歌 TensorFlow 的官方文档，位于官网的 tf.keras.utils.plot_model 位置下。

9.4.1 使用序列方式构建模型

使用序列方式构建模型适用于内部结构为层间依次连接的模型，即每层都只有单一的输入和单一的输出，每层的输入仅仅来自上一层的输出，每层的输出一定传递给下一层。使用序列方式构建模型可以应对大多数的神经网络构建场景，实际上著名的 LeNet、AlexNet、VGG 神经网络都可以使用序列方式构建，但其不足之处在于不支持有分支的计算图，不支持多输入、多输出。

使用序列方式构建模型是 Keras 最简单的模型构建方式，具体方法是使用 tf.keras.Sequential()函数自定义模型，该函数有两种调用方法。

方法一，将希望依次连接的层以列表 list 的形式传递给 tf.keras.Sequential()函数后，立即构建一个神经网络模型，代码如下。

```
model = tf.keras.Sequential(
    [Input(shape=shape,name='Inp_name'),
     first_layer(some_params, name='layer_name'),
     last_layer(some_params, name='layer_name'))],
    name='model_name')
```

方法二，先构建空的神经网络模型，再使用模型的 add()函数逐一添加内部层，从神经网络尾部（靠近输出端的部分）添加层。代码如下。

```
model = tf.keras.Sequential(name='model_name')
model.add(Input(shape=shape,name='Inp_name'))
model.add(first_layer(some_params name='layer_name')))
model.add(last_layer(some_params name='layer_name')))
```

以一个全连接层 Dense 的极简神经网络为例，使用序列方式构建模型，使用列表 list 方式一次性加入全部层，模型变量名为 model_1，模型命名为'model_Seq'，代码如下。

```
model_1 = tf.keras.Sequential([
    tf.keras.layers.Input(shape=(13,),name='inp'),
    tf.keras.layers.Dense(
```

```
        1,activation='linear',name='Dense01')
    ],name='model_Seq')
model_1.summary()
```

也可以构建一个空的模型，使用 add()函数逐一添加层，代码如下。

```
model_1 = tf.keras.Sequential(name='model_Seq')
model_1.add(
    tf.keras.layers.Input(shape=(13,),name='inp'))
model_1.add(tf.keras.layers.Dense(
    1,activation='linear',name='Dense01'))
model_1.summary()
```

使用模型的 summary()函数，可见神经网络结构一致，输出如下。

```
Model: "model_Seq"
_________________________________________________________________
Layer (type)                 Output Shape              Param
=================================================================
Dense01 (Dense)              (None, 1)                 14
=================================================================
Total params: 14
Trainable params: 14
Non-trainable params: 0
```

最后使用 plot_model()函数将神经网络结构打印为图片，代码如下。

```
tf.keras.utils.plot_model(
    model_1, to_file='P04_01_model_Seq.png',
    show_shapes=True, show_layer_names=True,
    expand_nested=True, dpi=300,rankdir='TB')
```

神经网络结构图的文件名为 P04_01_model_Seq.png'，神经网络结构如图 9-7 所示。

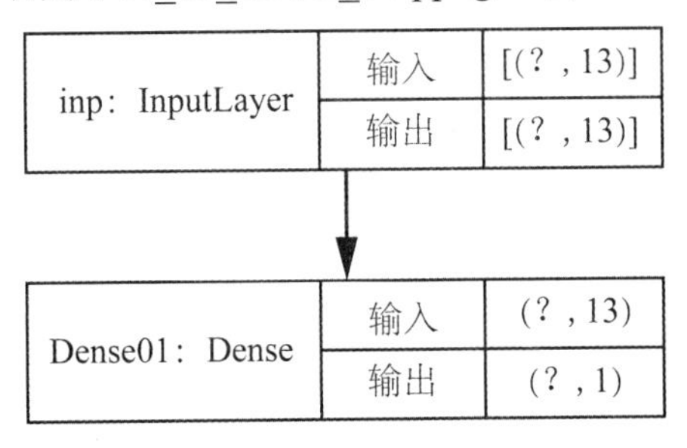

图 9-7　神经网络结构

9.4.2　使用函数方式构建模型

使用函数方式构建模型指的是以函数封装的概念看待神经网络的内部结构，将层和层的组合视作函数，利用函数之间的相互调用实现层与层之间的连接。这种方式赋予了自定义层更大空间，支持更自由地定义层与层之间的分支和合并操作，支持多输入、多输出，支持模型分支、层参数共享等。函数方式功能强大，只要是有向无环的模型，都可以通过函数方式构建。

使用函数方式构建模型一般从输入节点的占位符开始，以函数关系描述数据的算法逻辑，最后形成输出变量。明确函数关系式后，数据流动轨迹也相应明确了，这时候使用 tf.keras.Model 类生成一个模型，只需要配置三个参数，即输入、输出、模型名称。代码如下。

```
model = tf.keras.Model(inputs=inputs, outputs=outputs,
                        name='model_name')
```

以只有一个全连接层 Dense 的极简神经网络为例，使用函数方式构建一个神经网络模型，输入节点是维度为 13 的占位符 inputs，inputs 经过一个全连接层的处理形成 x 作为输出。最后使用 tf.keras.Model 类生成一个模型，指定输入等于 inputs，输出等于 x，模型命名为 'model_Func'，模型存储在名为 model_2 的内存变量中。同时，使用模型的 summary()函数查看神经网络结构，使用 plot_model()函数将神经网络结构打印成图片，代码如下。

```
inputs = tf.keras.layers.Input(shape=(13,),name='inp')
x=tf.keras.layers.Dense(
    1,activation='linear',name='Dense01')(inputs)
model_2 = tf.keras.Model(inputs=inputs, outputs=x,
                        name="model_func")
model_2.summary()
tf.keras.utils.plot_model(
    model_2, to_file='P04_01_model_func.png',
    show_shapes=True, show_layer_names=True,
    expand_nested=True, dpi=300,rankdir='TB')
```

神经网络结构图与使用序列方式构建的神经网络结构图一致，输出如下。

```
Model: "model_func"
_________________________________________________________
Layer (type)                Output Shape        Param
=========================================================
inp (InputLayer)             [(None, 13)]        0
_________________________________________________________
Dense01 (Dense)              (None, 1)           14
=========================================================
Total params: 14
Trainable params: 14
Non-trainable params: 0
```

9.4.3 使用继承子类方式构建模型

使用继承子类方式构建模型是 TensorFlow 构建神经网络的第三种方法。将 tf.keras 中的基础模型类 tf.keras.Model 作为父类，通过重载成员函数，自定义模型子类。继承 Keras 的基础模型类 tf.keras.Model 首先要重写__init__()函数用于模型子类的初始化，重写 call()函数明确模型的算法逻辑，同时根据需要增加其他自定义方法。

使用继承子类方式构建模型的代码块如图 9-8 所示。

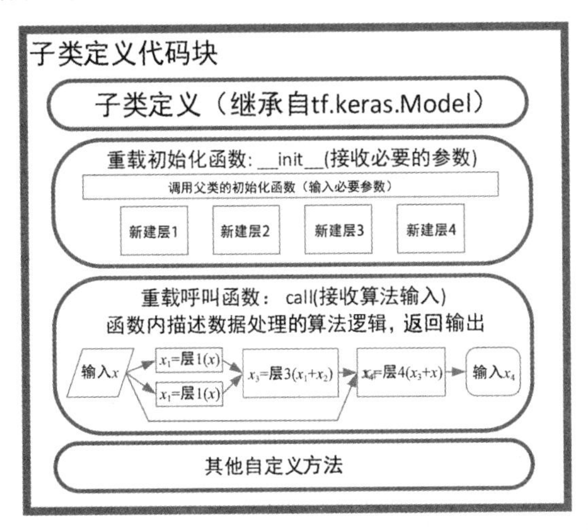

图 9-8　使用继承子类方式构建模型的代码块

以本篇只有一个全连接层 Dense 的极简神经网络为例，定义一个模型子类 Cus_Model，继承自 Keras 的基础模型类 tf.keras.Model。重载其初始化函数__init__()，在初始化函数内部新建一个子类模型的层组件 cusLayer_1。重载呼叫函数 call()，将输入的 x 传递给全连接层 Dense 进行处理，形成输出 x 进行返回，默认处于推理状态，即 training 默认设置为 False。至此已经完成了全部必要的子类模型的定义。

下面可以新建一个模型子类 Cus_Model，但由于输入数据的形状未知，所以此时神经网络尚未转化为静态图，也无法打印神经网络的输入形状和输出形状。解决方案是在模型子类 Cus_Model 的内部定义一个 build_graph()函数，接收输入数据的形状参数，使用函数方式强行调用一次呼叫函数 call()，逼迫 TensorFlow 完成静态图的构建，只有这样才能使用其他手段获得神经网络的形状。

模型子类 Cus_Model 的定义代码如下。

```
class Cus_Model(tf.keras.Model):
    def __init__(self, name=None, **kwargs):
        super().__init__(name=name,**kwargs)
        self.cusLayer_1 = tf.keras.layers.Dense(
            1,name="Dense01")
    def call(self, x, training=False):
        x = self.cusLayer_1(x)
```

```
        return x
    def build_graph(self,input_shape):
        inputs = tf.keras.layers.Input(
            shape=input_shape,name='inp')
        return tf.keras.Model(
            inputs=inputs,
            outputs=self.call(inputs),
            name=" model_subclass")
```

建立一个模型子类 Cus_Model，命名为 model_3。此时可以在外部使用占位符 tf.keras.layers.Input 强行呼叫 model_3，逼迫 TensorFlow 构建 model_3 的静态图；调用自定义模型类继承自 Keras 基础模型类的 build()函数，输入带 batch 的数据形状，逼迫神经网络构建静态图；使用自定义类中的 build_graph()函数，逼迫神经网络构建静态图。

最后，使用 model_3 的 summary()函数或 plot_model()函数将神经网络结构打印为图片。代码如下。

```
#方法一：将占位符 inputs 送入模型，迫使模型构建静态图
model_3 = Cus_Model(name="model_subclass")
inputs = tf.keras.layers.Input(shape=(13,),name='inp')
model_3(inputs)
model_3.summary()
#方法二：调用模型的 build_graph()函数，迫使模型构建静态图
model_3 = Cus_Model(name="model_subclass")
input_shape=(13,)
model_tmp=model_3.build_graph(input_shape)
model_tmp.summary()
tf.keras.utils.plot_model(
    model_tmp, to_file='P04_01_model_subclass.png',
    show_shapes=True, show_layer_names=True,
    expand_nested=True, dpi=300,rankdir='TB')
```

神经网络结构图与使用序列方式构建的神经网络结构图一致，输出如下。

```
Model: "model_func"
_________________________________________________________________
Layer (type)                Output Shape          Param
=================================================================
inp (InputLayer)             [(None, 13)]          0
_________________________________________________________________
Dense01 (Dense)              (None, 1)             14
=================================================================
Total params: 14
Trainable params: 14
Non-trainable params: 0
```

9.4.4　提取模型对应的类名称

既然有三种方式可以构建模型，那么在处理模型时，需要识别它是使用何种方式构建的，才能针对模型进行磁盘权重文件的装载。

模型 model 有一个隐藏属性 class.name，如果是使用序列方式构建的模型，那么属性值等于'Sequential'；如果是使用函数方式构建的模型，那么属性值等于'Functional'；如果是使用继承子类方式构建的模型，那么属性值等于生成子类的名称。以序列方式构建的 model_1、以函数方式构建的 model_2、以继承子类方式构建的 model_3 为例，它们的属性 class.name 分别是'Sequential'、'Functional'、'Cus_Model'。相关代码和输出如下。

```
print("model_1.__class__.__name__:",model_1.__class__.__name__)
print("model_2.__class__.__name__:",model_2.__class__.__name__)
print("model_3.__class__.__name__:",model_3.__class__.__name__)
# model_1.__class__.__name__: Sequential
# model_2.__class__.__name__: Functional
# model_3.__class__.__name__: Cus_Model
```

第 4 篇 神经网络层的算法原理和训练过程控制

本篇利用 TensorFlow 设计简单且经典的卷积神经网络 LeNet5，并使用 TensorFlow 提供的自动微分机制，实时跟踪神经网络的训练和收敛过程。本篇不再停留在“模型”层面进行介绍，而将模型拆解为“层”进行介绍，本篇介绍的神经网络的训练过程的控制技巧也是在日常开发中必备、经常使用的。学习完本篇，读者将能够拆解计算机视觉乃至人工智能的模型，从而具备修改模型、优化模型、构建模型、实时跟踪和调试的能力。

第 10 章
神经网络层的原理和资源开销

本篇将介绍计算机视觉使用最多的神经网络层的原理和资源开销。

10.1 全连接层的原理和资源开销

全连接层（Fully-Connected Layer）或密集连接层（Densely-Connected Layer）是神经网络中较为基础和常用的层，常用于将一个向量从一个向量空间投影到另一个向量空间。

10.1.1 全连接层的原理

全连接层内部拥有一个权重矩阵 $\boldsymbol{W}$ 和偏置向量 $\boldsymbol{b}$，执行的算法是首先对输入数据维度为 in_dim 的矩阵 $\boldsymbol{X}$ 进行线性变换，然后连接后续激活函数 f 形成输出，输出数据的维度是 out_dim。根据线性代数的运算法则，权重矩阵的形状为[in_dim,out_dim]，偏置向量的形状为[1,out_dim]。若不指定激活函数，则为纯粹的线性变换 $\boldsymbol{XW}+\boldsymbol{b}$。

全连接层的算法逻辑如图 10-1 所示。

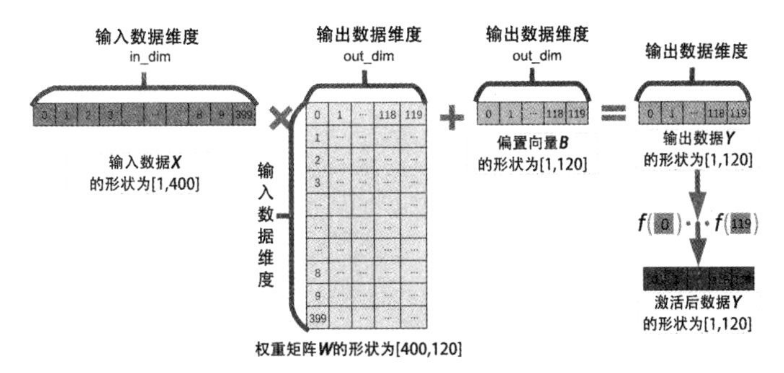

图 10-1　全连接层的算法逻辑

10.1.2 全连接层的资源开销

全连接层的资源开销涉及内存开销和运算开销。全连接层的内存开销一般较大，开发者应格外关注。

全连接层的内存开销仅来自两个内部变量：权重矩阵 $\boldsymbol{W}$ 和偏置向量 $\boldsymbol{b}$。假设全连接层输入数据的维度是 in_dim，输出数据的维度为 out_dim，全连接层内部的权重矩阵 $\boldsymbol{W}$ 的形状为[in_dim，out_dim]，偏置向量 $\boldsymbol{b}$ 的形状为[1，out_dim]，其内存开销为 in_dim×out_dim+out_dim，如式（10-1）所示。

$$M\left(d_{\text{input}}, d_{\text{output}}\right) = \left(d_{\text{input}} + 1\right) \times d_{\text{output}} \tag{10-1}$$

全连接层的运算开销涉及乘法运算和加法运算，由于加法运算的时间开销远小于乘法运算，所以一般用乘法运算的开销表示运算开销。乘法运算的开销使用浮点运算量（FLOPs）进行描述，由于乘法运算耗时远大于加法运算耗时，所以一般将浮点运算量等同于浮点数的乘法运算量。对于一个输入维度为 in_dim、输出维度为 out_dim 的全连接层，其乘法运算量为内部权重矩阵 $\boldsymbol{W}$ 的元素数，即 in_dim×out_dim 次浮点运算。运算开销的计算公式如式（10-2）所示。

$$O\left(d_{\text{input}}, d_{\text{output}}\right) = d_{\text{input}} \times d_{\text{output}} \tag{10-2}$$

以本节输入数据的维度为 400，输出数据的维度 120 的全连接层为例，其内存开销是 4.812 万，其运算开销是 4.8 万次浮点运算。新建一个单全连接层模型 model，代码如下。

```
model = tf.keras.Sequential([
    tf.keras.layers.Input(400),
    tf.keras.layers.Dense(120)])
model.summary()
```

查看其网络结构和可训练变量数，输出如下。

```
Model: "sequential_1"
_________________________________________________________________
Layer (type)                 Output Shape              Param
=================================================================
dense_1 (Dense)              (None, 120)               48120
=================================================================
Total params: 48,120
Trainable params: 48,120
Non-trainable params: 0
```

注意，全连接层的内存开销和运算开销在数值上是几乎相等的，但实际上全连接层的内存开销对实际计算机视觉工程的影响极大，可以通过延长时间完成全部的乘法运算以弥补运算开销，但内存开销大会导致计算机在加载模型时出现内存溢出（Out of Memory，OOM）的现象。

10.1.3　TensorFlow 全连接层的 API

TensorFlow 提供了全连接层的 API 供开发者调用，最少仅需要输入两个参数就可以完成一个全连接层的设置。代码如下。

```
my_dense = tf.keras.layers.Dense(units =out_dim, activation= 'activation_name' )
```

其中，关键字 units 填写输出张量的维度，关键字 activation 填写激活函数的名称或者 TensorFlow 内置的激活层类。此外，TensorFlow 还支持若干内部变量的初始化选择。全连接层 Dense 的输入关键字如表 10-1 所示。

表 10-1　全连接层 Dense 的输入关键字

输入关键字	含义
units	取值为正整数，输出为张量的维度
Activation	取值为字符串时指定激活函数的名称，也可以将 TensorFlow 内置的激活层类赋值给该关键字
use_bias	取值为 True 或者 False，设置是否新建偏置向量，默认为 True
kernel_initializer	权重矩阵的初始化
bias_initializer	偏置向量的初始化
kernel_regularizer	权重矩阵的正则化
bias_regularizer	偏置向量的正则化
activity_regularizer	激活函数的正则化
kernel_constraint	权重矩阵的限制条件
activity_regularizer	激活函数的正则化
bias_constraint	偏置向量的限制条件

注：详细功能可以查阅 TensorFlow 官网。

以图 10-1 中的全连接层为例，当它接收多样本打包输入时，若打包的数量为 batch，则多个打包数据激励下的全连接层的算法逻辑如图 10-2 所示。

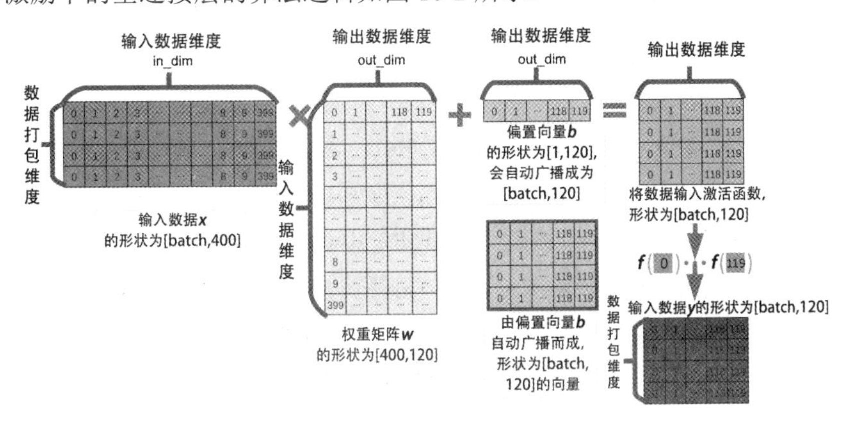

图 10-2　多个打包数据激励下的全连接层的算法逻辑

10.2 激活函数的原理和代码实现

激活函数包括 ReLU、Leaky_ReLU、sigmoid、tanh 等，也有可训练的激活函数 PReLU。

10.2.1 激活函数的原理

ReLU 激活函数具有导数为常数的优良属性，如式（10-3）所示。

$$\mathrm{ReLU}(x)=\begin{cases}x, x\geqslant 0\\ x, x<0\end{cases} \tag{10-3}$$

Leaky_ReLU 激活函数是对 ReLU 激活函数的修正，它的正半轴与 ReLU 函数一致，其负半轴乘以小于 1 的缩放因子。Leaky_ReLU 激活函数如（式 10-4）所示。

$$\mathrm{LeakyReLU}(x)=\max(\alpha x, x),\quad 0<\alpha<1 \tag{10-4}$$

sigmoid 激活函数在数学上具有一定的可解释性，但动态范围太小，动态范围为 0～1，很容易发生梯度爆炸或梯度消失现象，如式（10-5）所示。

$$\mathrm{sigmoid}(x)=\frac{1}{1+\mathrm{e}^{-x}} \tag{10-5}$$

tanh 激活函数的形状和导数形状与 sigmoid 函数类似，但动态范围比 sigmoid 激活函数大，动态范围为-1～+1，如式（10-6）所示。

$$\tanh(x)=\frac{\mathrm{e}^{x}+\mathrm{e}^{-x}}{\mathrm{e}^{x}+\mathrm{e}^{-x}} \tag{10-6}$$

PReLU 激活函数来自论文“Delving Deep into Rectifiers: Surpassing Human-level Performance on ImageNet Classification”，该论文认为激活函数定义域的负半轴的斜率是可以学习的。为此，PReLU 激活函数定义了一个可学习的斜率，激活公式如式（10-7）所示。

$$\mathrm{PReLU}(x)=\begin{cases}x, x\geqslant 0\\ \alpha_i x, x<0\end{cases} \tag{10-7}$$

式中，α_i 表示第 i 个通道负半轴的斜率。Leaky_ReLU 激活函数采用固定的负半轴斜率，PReLU 激活函数的负半轴斜率是可以学习的。特别地，当 PReLU 激活函数的负半轴斜率对于不同通道都设置为同一数值时，PReLU 退化为 Leaky_ReLU。

Mish 激活函数是 2019 年发表的“Mish:A Self Regularized Non-monotonic Neural Activation Function”论文中提出的新的深度学习激活函数，该激活函数在同等模型、同等数据集的条件下，能将准确率提高 1、2 个百分点。Mish 激活函数如式（10-8）所示。

$$\mathrm{Mish}(x)=x\times\tanh\left(\ln\left(1+\mathrm{e}^{-x}\right)\right) \tag{10-8}$$

Mish 激活函数具有无上界、有下界、平滑、非单调的特点。Mish 激活函数无上界意味着对神经网络的输出能形成响应而不会过饱和；平滑意味着 Mish 激活函数不仅在光滑处可导，而且其无穷阶导数都是连续光滑的。此外，从 Mish 激活函数的图形上可以看出，其对于原点附近的负值能形成一定的响应幅度，对于原点远端的负值能形成趋于零的响应幅度，这样可以有效补偿原点附近负值的梯度响应。

激活函数曲线如图 10-3 所示。其中，Leaky_ReLU 激活函数的负半轴的缩放因子 α 设置为 0.1，PReLU 激活函数的负半轴斜率 α 全部设置为 0.1。

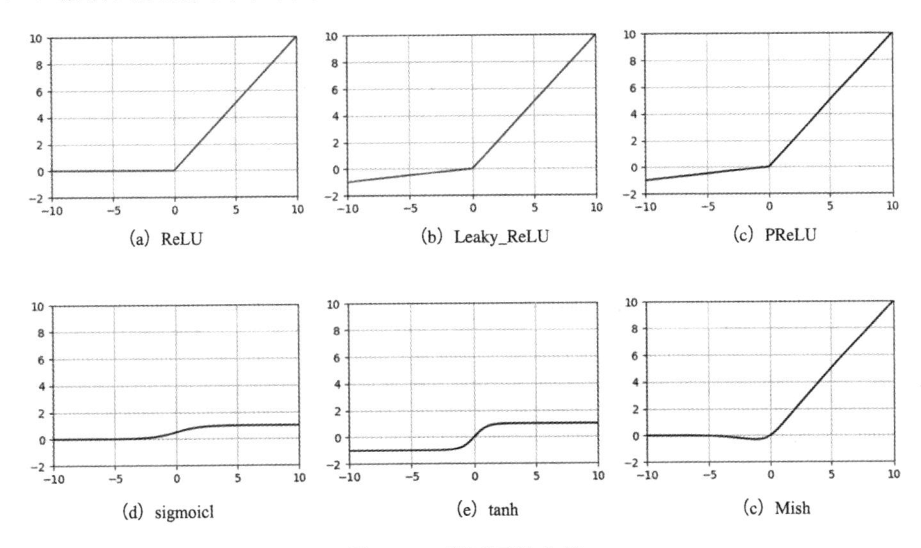

图 10-3　激活函数曲线

10.2.2　激活函数的代码实现

TensorFlow 提供了多种激活函数的实现方式。

方法一：通过配置激活函数层的方式，生成一个激活函数层类的实例，配置其激活函数等于某个激活函数算子。例如，TensorFlow 使用 tf.nn.relu 算子表示一个 ReLU 激活函数，可以在新建 Activation 层类实例的时候，向其传递一个 tf.nn.relu 算子，这样 Activation 层的实例内的激活函数就是 ReLu 激活函数，新建的 ReLU 激活函数层命名为 layer_RELU。代码如下。

```
inputs = tf.range(-10, 10, delta=0.01, dtype=tf.float32)
layer_RELU = tf.keras.layers.Activation(tf.nn.relu)
outputs_RELU = layer_RELU(inputs)
```

类似地，可以生成 tanh 激活函数和 sigmoid 激活函数。代码如下。

```
layer_sigmoid = tf.keras.layers.Activation(tf.nn.sigmoid)
outputs_sigmoid = layer_sigmoid(inputs)
```

```
layer_tanh = tf.keras.layers.Activation(tf.nn.tanh)
outputs_tanh = layer_tanh(inputs)
```

方法二：使用高阶 API 直接生成激活函数层。TensorFlow 的 Keras 提供了大量激活函数层的高阶 API。可以通过这些高阶 API 直接生成激活函数层实例。例如，可以配置 alpha 等于 0.1，生成 LeakyReLU 激活层；配置层初始 alpha 等于 0.1，生成 PReLU 激活层。代码如下。

```
layer_LeakyReLU = tf.keras.layers.LeakyReLU(alpha=0.1)
outputs_LeakyReLU = layer_LeakyReLU(inputs)
layer_PReLU = tf.keras.layers.PReLU(
    alpha_initializer=tf.initializers.constant(0.1),)
outputs_PReLU = layer_PReLU(inputs)
```

方法三，在其他层直接内嵌激活函数层。例如，全连接层 Dense、二维卷积层 Conv2D 都支持在生成层时，直接指定激活函数。代码如下。

```
dense_with_activation =tf.keras.layers.Dense(
    units=10, activation='relu',)
conv2d_with_activation=tf.keras.layers.Conv2D(
    filters=2,kernel_size=3,strides=1,padding='valid',
    activation='relu',)
```

10.3 二维卷积的原理和资源开销

二维卷积层是计算机视觉使用最多的层类型之一，也是视觉特征提取的关键算法组件。

10.3.1 二维卷积的原理

卷积的概念最早来自对线性时不变系统的响应预测。回顾通信与信息系统相关书籍中关于一维信号卷积运算的介绍：如果一个线性时不变系统固有的冲激响应是 $g(t)$，那么在持续的信号 $f(t)$激励下，它的响应应该是 $g(t)$和 $f(t)$的卷积。由于时域的卷积等于频域的乘积，因此卷积有时用特殊的乘法符号表示，即*。卷积有一个性质，就是在相同能量的激励信号下，仅在激励信号与冲激响应波形一致的情况下，才可以形成最大的信号能量输出。类似地，在图像处理领域，卷积算子具有提取激励信号与冲激响应类似程度的能力，即当激励信号与冲激响应波形一致时，卷积算子的输出最大；当激励信号与冲激响应的波形差异较大时，卷积算子的输出较小。

二维卷积的算法核心是将一个卷积核与一幅图像的多个局部逐点相乘后相加形成输出，卷积核必须与图像局部具有相同的尺寸。如果将一维卷积拓展到二维图像上，将二维图像信号想象为激励信号，将二维卷积核想象为冲激响应，那么二维卷积的几何含义是提取二维图像与卷积核的相似程度。例如，一个卷积核与一幅图像的三个局部分别进行一次二维卷积运算，如果卷积的计算结果分别为 4、2、1，那么表示这三个局部与卷积核的相似程度从高到低排列。卷积结果越高表示相似程度越高，单通道、单滤波器的二维卷积运算的几何含义如图 10-4 所示。

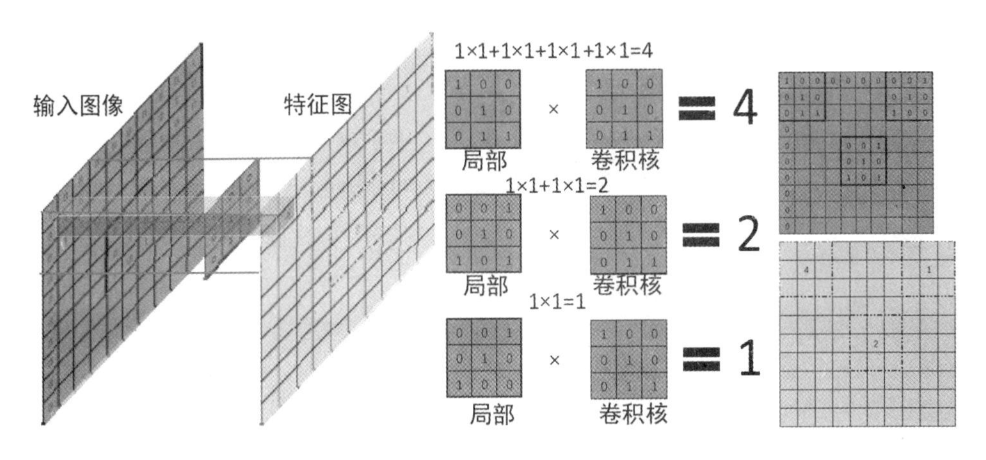

图 10-4　单通道、单滤波器的二维卷积运算的几何含义

一幅图像有多个局部，需要进行多次卷积运算，涉及步长（stride）和补零（Padding）机制这两个基本概念。

步长指的是卷积核完成一次二维卷积运算并形成特征图上的一个像素后，横向或者纵向移动的像素数。假设原始图像尺寸为 10 像素×10 像素，卷积核尺寸为 5 像素×5 像素，若步长等于 5，则每次卷积运算后，窗口移动 5 个像素点，产生尺寸为 2 像素×2 像素的特征图；若步长等于 1，则每次卷积运算后，窗口移动 1 个像素点，产生尺寸为 6 像素×6 像素的特征图。步长的几何含义及其对应输出特征图的尺寸如图 10-5 所示。

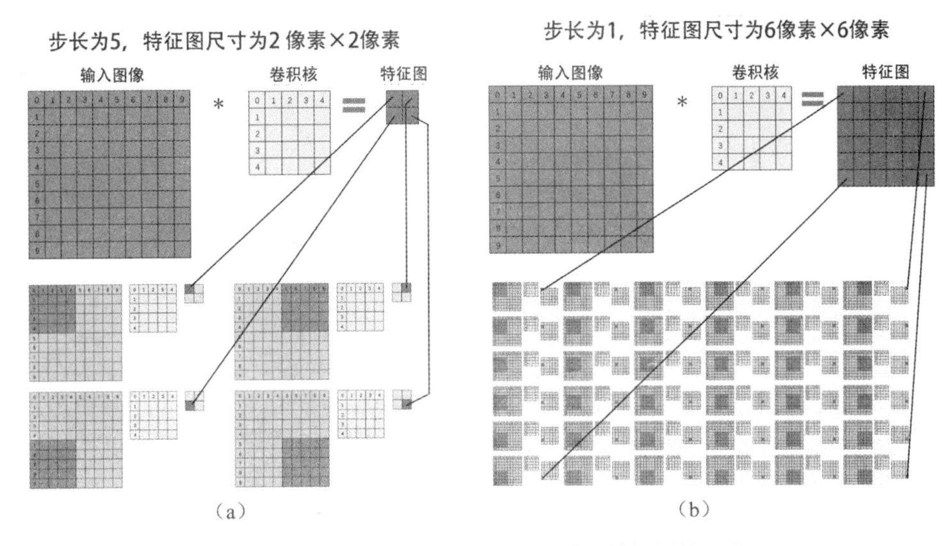

图 10-5　步长的几何含义及其对应输出特征图的尺寸

补零机制指是否对图像边缘进行补零处理。若不进行补零，则边缘部分的卷积将从原始图像的有效位置（原始图像的边缘）开始。到达另一侧边缘的时候，若卷积核和原始图像的局部不完全重合，则放弃卷积运算。这样即使步长设置为最小值 1，输出的特征图尺寸也会比原始图像的尺寸小，上、下、左、右都少了卷积核尺寸的一半。假设原始图像的尺寸为 10 像素×10 像素，卷积核的尺寸为 5 像素×5 像素，步长为 3，补零机制设置为 valid，则输出的特征图尺寸只有 2 像素×2 像素。设置为不补零则放弃超出图像边缘部分的卷积运算如图 10-6 所示。

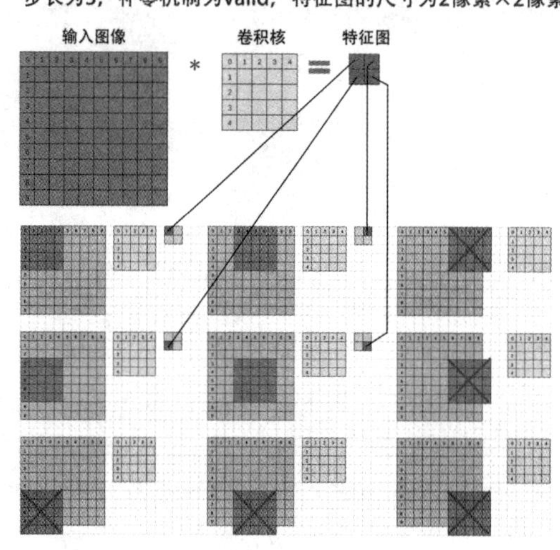

图 10-6　设置为不补零则放弃超出图像边缘部分的卷积运算

若进行补零操作，那么需要将补零机制设置为 same，此时输出的特征图尺寸等于原始图像尺寸除以步长，若相除的结果不为整数，则向上取整。可以简单推理得知，在补零机制为 same 的情况下，如果步长设置为 1，那么输出的特征图尺寸恒等于输入的原始图像尺寸；如果步长设置为 3，那么输出的特征图尺寸恒等于输入的原始图像尺寸除 3 后向上取整。以图 10-6 为例，步长仍为 3，补零改为 same，那么原始图像尺寸除以步长等于 3.3，向上取整后为 4，即输出的特征图尺寸为 4 像素×4 像素。补零为 same 则对图像边缘补零后进行二维卷积运算如图 10-7 所示。

一幅图像一般有 RGB 甚至更多通道，而且卷积运算一般会设置多个滤波器用于提取多个高维度特征。因此，在深入介绍多通道、多滤波器的二维卷积层原理前，需要明确以下概念：通道、卷积核、滤波器、特征图尺寸。通道的英文名是 channel，卷积核的英文名称是 kernel，滤波器的英文名称是 filter，这三个英文单词将在 TensorFlow 的编程中出现，请读者不要混淆，本书中使用 output_size 指代特征图尺寸。假设输入的图像是尺寸为 size 的正方形，它是 3 通道的 RGB 图像，那么图像的通道数 input_channel 等于 3。此时可以设计尺寸为 kernel_size 的卷积核，图 10-4 所示的卷积核尺寸 kernel_size 就等于 3。卷积核在不同的二维卷积策略下，形成不同的特征图尺寸 output_size。由于输入的图像通道数为 input_channel，仅一个卷积核不够用，于是卷积核也必须自动设置图像通道数 input_channel。将 input_channel 个卷积核组合成一组，称之为一个滤波器。

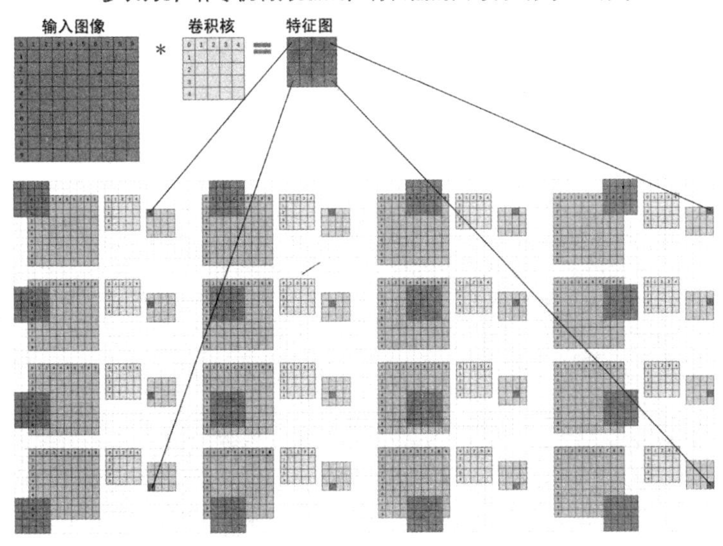

图 10-7　补零为 same 则对图像边缘补零后进行二维卷积运算

下面以一个案例介绍二维卷积的算法原理。以一个 3 通道尺寸为 28 像素×28 像素的 RGB 图像为例，其通道数 input_channel 等于 3，设计的卷积核尺寸为 5 像素×5 像素，滤波器数设为 2。在同尺寸特征图输出（步长为 1，补零机制为 same）的卷积策略下，形成的特征图尺寸也是 28 像素×28 像素。对于第一路滤波器，其内部的 3 个卷积核与原始图像的 3 个通道进行二维卷积后，产生了 3 个 28 像素×28 像素的单通道特征图，这是卷积的中间结果，接下来要将 3 个单通道特征图相加后通过广播加法叠加一个标量权重，合并成 1 个 28 像素×28 像素的第一路特征图。同理可形成第二路特征图。这两路特征图在最后一个维度上相互连接，形成一个 28×28×2 的多通道特征图的输出。多通道、多滤波器的二维卷积算法原理如图 10-8 所示。

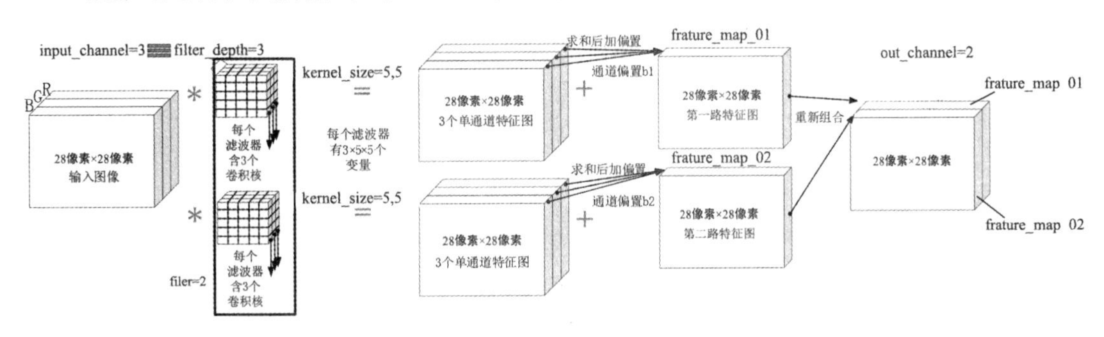

图 10-8　多通道、多滤波器的二维卷积算法原理

从宏观上看，尺寸为[size,size,input_channel]的输入图像，经过 filter 个滤波器（每个滤波器内部有 input_channel 个卷积核，每个卷积核的尺寸是 kernel_size）处理后，每个滤波器都形成了独立一路的特征图，每一路特征图都加上一个偏置标量后，在维度上组合成新的“图像”，这个图像虽然与输入图像是同构的，但内涵已经从多通道视觉图像（红、绿、蓝三通道或加上热度的四通道）转变为高维度特征图，高维度特征图的尺寸变为[output_size,output_size,filter]。

图 10-9 左侧展示了一幅图像，右侧展示了它经过二维卷积层处理后的输出特征图。原始图像上的物体所处位置在特征图上体现出较高的响应数值，这体现了二维卷积层对于图像特征的提取效果。

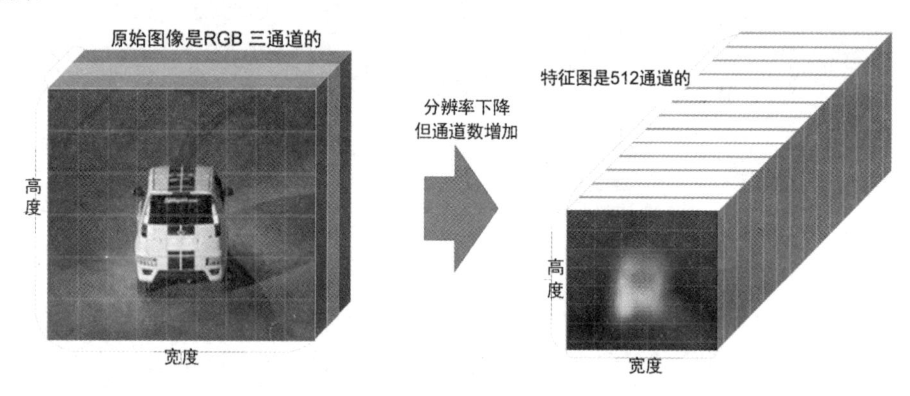

图 10-9　图像经过二维卷积层输出的特征图

10.3.2　二维卷积的资源开销

二维卷积的资源开销同样分为内存开销和运算开销。二维卷积的运算开销与输入图像尺寸、通道数、滤波器数、卷积核尺寸有关，但二维卷积层的内存开销和运算开销一定是 filter 的倍数，即只需要计算一条滤波器通路上的内存开销和运算开销，乘以滤波器数就可以得到二维卷积的整体运算开销。

首先，计算内存开销。假设输入图像的通道数为 c_{input}，某一条滤波器通路的卷积核尺寸设置为 s_{kernel}，那么该条滤波器通路上的滤波器尺寸是[$s_{\text{kernel}}, s_{\text{kernel}}, c_{\text{input}}$]，其变量数为 $s_{\text{kernel}}\times s_{\text{kernel}}\times c_{\text{input}}$；输出的通道数对应的滤波器数为 n_{filter}，那么变量数为 $s_{\text{kernel}}\times s_{\text{kernel}}\times c_{\text{input}}\times n_{\text{filter}}$，加上每个滤波器都有的偏置标量，最终的内存开销如式（10-9）所示。

$$M=\left(c_{\text{input}}\times {s_{\text{kernel}}}^{2}+1\right)\times n_{\text{filter}} \tag{10-9}$$

然后，计算运算开销，主要计算乘法开销，假设输出的特征图尺寸为 $s_{\text{output}}\times s_{\text{output}}$，每条滤波器通路上的特征图的每个元素都经历了一次滤波器与原始图像局部的二维卷积，所以乘法开销要乘以特征图的像素数 $s_{\text{output}}\times s_{\text{output}}$。每条滤波器通路上的特征图的每个元素都是由 c_{input} 条单通道特征图元素与偏置标量相加而来的，而每个单通道特征图都经历了一样的乘法开销，所以总的乘法开销要乘以 c_{input}。每个单通道特征图的每个元素都是由尺寸为 s_{kernel} 的原始图像局部与卷积核逐点相乘后相加而来的，乘法运算量是 $s_{\text{kernel}} \times s_{\text{kernel}}$。最后乘以滤波器通路的数量 n_{filter}，得到最终的乘法开销如式（10-10）所示。

$$O = s_{\text{kernel}}{}^{2} \times c_{input} \times s_{\text{output}}{}^{2} \times n_{\text{filter}} \tag{10-10}$$

以图 10-8 所示的三通道、尺寸为 28 像素×28 像素的 RGB 图像输入为例，设计一个卷积核尺寸为 5 像素×5 像素、滤波器数为 2 的二维卷积层，补零机制为 same，输出的高维特征图的尺寸也保持在 28 像素×28 像素，代码如下。

```
model = tf.keras.Sequential([
    tf.keras.layers.Input([28,28,3]),
    tf.keras.layers.Conv2D(
        filters=2, kernel_size=[5,5],
        strides=[1,1], padding='same',
        activation='relu')])
model.summary()
```

根据计算，该二维卷积层的内存开销为（3×25+1）×2 = 152，乘法开销为 11.76 万次浮点运算（25×3×28×28×2 = 117600），输出如下。

```
Model: "sequential_2"
_________________________________________________________________
Layer (type)                 Output Shape          Param
=================================================================
conv2d (Conv2D)              (None, 28, 28, 2)     152
=================================================================
Total params: 152
Trainable params: 152
Non-trainable params: 0
```

二维卷积层的内存开销较小，但乘法开销却极大，合理使用小尺寸卷积核的级联代替大尺寸卷积核可以大幅降低二维卷积层的乘法开销。例如，以 VGG 为代表的小卷积核神经网络设计了一些小尺寸卷积核代替大尺寸卷积核，也能获得同样的特征提取效果。二维卷积层的乘法开销还与输出特征图的尺寸是平方倍的关系，所以合理规范输入图像和输出图像的尺寸也可以大幅降低二维卷积层的乘法开销。

10.3.3　TensorFlow 二维卷积层的 API

使用 TensorFlow 的高阶 API 构建二维卷积层，具体方法是调用 tf.keras.layers.conv2D()类进行新建，官方文档提供的初始化参数如下。

```
tf.keras.layers.Conv2D(
    filters, kernel_size, strides=(1, 1), padding='valid',
```

```
    data_format=None, dilation_rate=(1, 1), groups=1,
    activation=None, use_bias=True,
    kernel_initializer='glorot_uniform',
    bias_initializer='zeros', kernel_regularizer=None,
    bias_regularizer=None, activity_regularizer=None,
    kernel_constraint=None, bias_constraint=None, **kwargs
)
```

较为常用的参数是 filte、kernel_size、strides、padding、activation 等，二维卷积层的主要参数如表 10-2 所示。

表 10-2 二维卷积层的主要参数

参数	翻译	描述
filters	滤波器	滤波器数，对应输出的特征图的通道数
kernel_size	卷积核尺寸	若滤波器尺寸是正方形，则输入一个整数，表示滤波器的尺寸；若滤波器的尺寸不是正方形，则输入两个整数构成的列表或元组，表示卷积核的行、列数
Strides	步长	滤波器横向滑动和纵向滑动的步长。若横向步长和纵向步长相同，则输入一个正整数；若横向步长和纵向步长不相同，则输入由两个整数构成的列表或元组
padding	补零机制	只能是 valid 或 same（注意大小写）。valid 代表只进行有效的卷积，即对边界数据不处理；same 代表保留边界数据的卷积结果，通常会导致输出尺寸与输入尺寸相同
activation	激活函数	若不指定该参数，则不会使用任何激活函数（使用线性激活函数 $a(x)=x$）；若指定激活函数，则特征图的每个元素都会输入激活函数后输出

二维卷积层的其他参数如表 10-3 所示。特别注意，该层也是继承自基础层类 tf.keras.layers.Layer，因此也具有基础层类的 trainable、name 等属性，这里不再赘述。

表 10-3 二维卷积层的其他参数

参数	描述
data_format	配置数据格式。以 28 像素×28 像素的 3 通道图像矩阵为例，若设置为 channels_last，则输入二维卷积层的数据尺寸为[batch,28,28,3]；若设置为 channels_first，则输入二维卷积层的数据尺寸为[batch,3,28,28]。默认为 channels_last
use_bias	输入为 True 或者 False，设置是否使用偏置
kernel_initializer	卷积核的初始化值
bias_initializer	偏置向量的初始化。若设置为 None，则使用默认的初始值
kernel_regularizer	卷积核的正则项
bias_regularizer	偏置向量的正则项
activity_regularizer	输出的正则函数
kernel_constraint	卷积核的限制函数
bias_constraint	偏置向量的限制函数
dilation_rate	空洞卷积（或膨胀卷积）的膨胀率

10.3.4　二维卷积层的配置方式

将图 10-5～图 10-7 的案例编写为 TensorFlow 的代码。以 5×5 的滤波器处理格式为 10×10×3 的原始图像，步长和补零机制的设置方式：步长为 5、不补零，步长为 1、不补零，步长为 3、不补零，步长为 3、补零为 same，分别将神经网络命名为 k5s5_valid、k5s1_valid、k5s3_valid、k5s3_same，代码如下。

```
model = tf.keras.Sequential([
    tf.keras.layers.Input([10,10,3]),
    tf.keras.layers.Conv2D(
        filters=1, kernel_size=[5,5],
        strides=[5,5], padding='valid',
        activation='relu')],name='k5s5_valid'
    )
model = tf.keras.Sequential([
    tf.keras.layers.Input([10,10,3]),
    tf.keras.layers.Conv2D(
        filters=1, kernel_size=[5,5],
        strides=[1,1], padding='valid',
        activation='relu')],name='k5s1_valid'
    )
model = tf.keras.Sequential([
    tf.keras.layers.Input([10,10,3]),
    tf.keras.layers.Conv2D(
        filters=1, kernel_size=[5,5],
        strides=[3,3], padding='valid',
        activation='relu')],name='k5s3_valid'
    )
model = tf.keras.Sequential([
    tf.keras.layers.Input([10,10,3]),
    tf.keras.layers.Conv2D(
        filters=1, kernel_size=[3,3],
        strides=[3,3], padding='same',
        activation='relu')],name='k5s3_same'
    )
```

使用 model.summary()函数查看这四个神经网络的结构，代码如下。

```
Model: "k5s5_valid"
......
conv2d_24 (Conv2D)          (None, 2, 2, 1)          76
......
_________________________________________________________________
Model: "k5s1_valid"
```

```
......
conv2d_25 (Conv2D)          (None, 6, 6, 1)          76
......
_____________________________________________________
Model: "k5s3_valid"
......
conv2d_26 (Conv2D)          (None, 2, 2, 1)          76
......
_____________________________________________________
Model: "k5s3_same"
......
conv2d_27 (Conv2D)          (None, 4, 4, 1)          28
......
_____________________________________________________
```

为了简要说明以上案例，一律将滤波器数设置为 1。若增加滤波器数，则内存开销和运算开销按比例增加，输出的特征图的通道数等于滤波器数，也会按比例增加，但并不影响特征图的分辨率。

10.4 池化层的原理和实战

池化层的作用是使用下采样算法将高分辨率的特征图降低为低分辨率的特征图。根据判断逻辑，下采样算法分为最大值池化算法和平均值池化算法。

最大值池化算法是指在池化尺寸 pool_size 的框选范围内的原始特征图局部，保留最大的像素，舍弃其余的。池化尺寸平移的像素距离叫作步长，池化也有补零机制，可以设置为 valid 或者 same，其含义与二维卷积的步长和补零机制一致。以输入尺寸为 3 像素×3 像素的特征图为例，通过一个池化尺寸为 2 像素×2 像素、步长为 1 的处理，在补零机制为 valid 和 same 的情况下，最大值池化的算法原理图如图 10-10 所示。

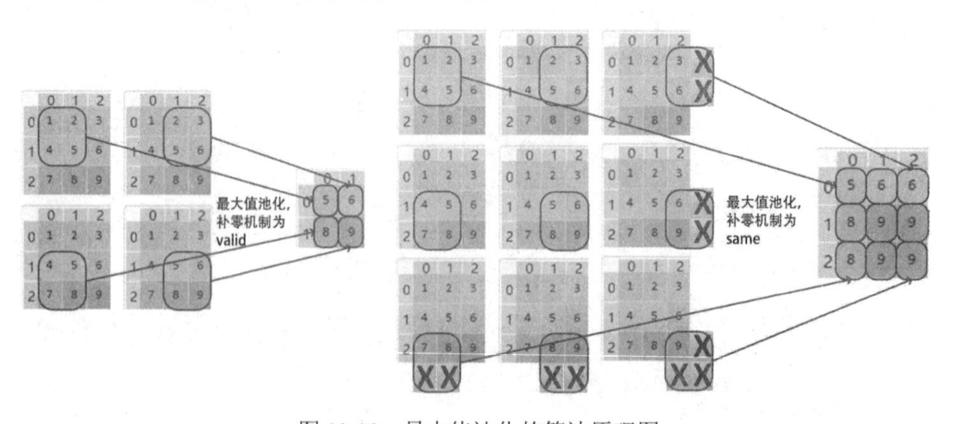

图 10-10　最大值池化的算法原理图

代码如下。

```
input_Pooling2D = tf.constant(
    [[1., 2., 3.],
    [4., 5., 6.],
    [7., 8., 9.]])
input_Pooling2D = tf.reshape(
    input_Pooling2D, [1, 3, 3, 1])
input_Pooling2D_np = input_Pooling2D[0].numpy()
print("输入尺寸",input_Pooling2D.shape)
mp2d_k2s1valid = tf.keras.layers.MaxPooling2D(
    pool_size=(2, 2),
    strides=(1, 1),
    padding='valid')
output_MP2D_k2s1valid = mp2d_k2s1valid(
    input_Pooling2D)
print("输出尺寸 k2s1valid: ",output_MP2D_k2s1valid.shape)
output_MP2D_k2s1valid = output_MP2D_k2s1valid.numpy()
mp2d_k2s1same = tf.keras.layers.MaxPooling2D(
    pool_size=(2, 2),
    strides=(1, 1),
    padding='same')
output_MP2D_k2s1same = mp2d_k2s1same(
    input_Pooling2D)
print("输出尺寸 k2s1same: ",output_MP2D_k2s1same.shape)
output_MP2D_k2s1same = output_MP2D_k2s1same.numpy()
```

输出如下。

```
输入尺寸 (1, 3, 3, 1)
输出尺寸 k2s1valid:  (1, 2, 2, 1)
输出尺寸 k2s1same:  (1, 3, 3, 1)
```

平均值池化算法是指在池化尺寸 pool_size 的框选范围内的原始特征图局部，选取所有像素值的平均值。特别地，当池化尺寸 pool_size 的框选范围等于原始特征图的尺寸时，我们就获得了平均值池化算法的一个特例，即全局平均值池化。全局平均值池化算法仅保留原始特征图每个通道特征图的一个像素值作为输出。

以输入尺寸为 3 像素×3 像素的特征图为例，通过全局平均值池化处理形成输出，也通过平均值池化算法处理形成输出。其中，平均值池化算法的池化尺寸为 2 像素×2 像素和步长为 1，在补零机制为 valid 和 same 的情况下，平均值池化的算法原理如图 10-11 所示。

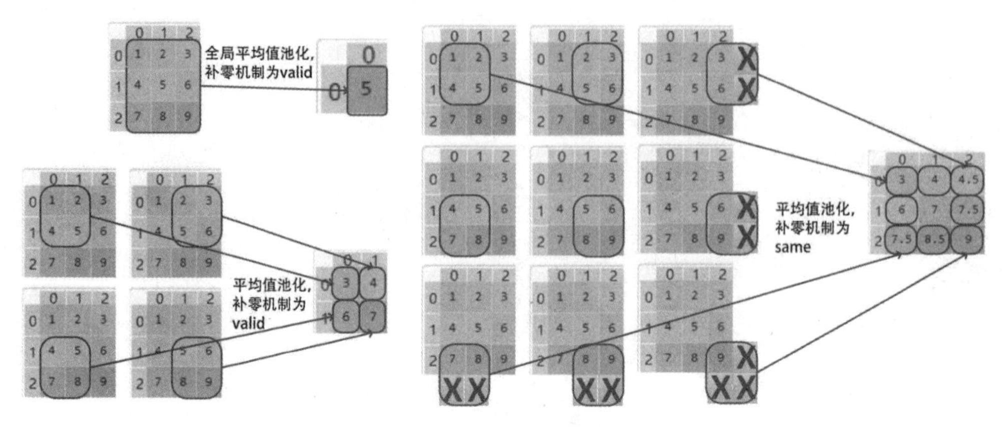

图 10-11　平均值池化的算法原理

代码如下。

```
ap2d_k2s1valid = tf.keras.layers.AveragePooling2D(
    pool_size=(2, 2),
   strides=(1, 1),
   padding='valid')
output_AP2D_k2s1valid = ap2d_k2s1valid(
    input_Pooling2D)
print("输出尺寸 k2s1valid: ",output_MP2D_k2s1valid.shape)
output_AP2D_k2s1valid = output_AP2D_k2s1valid[0].numpy()
ap2d_k2s1same = tf.keras.layers.AveragePooling2D(
    pool_size=(2, 2),
    strides=(1, 1),
    padding='same')
output_AP2D_k2s1same = ap2d_k2s1same(
    input_Pooling2D)
print("输出尺寸 k2s1same: ",output_MP2D_k2s1valid.shape)
output_AP2D_k2s1same = output_AP2D_k2s1same[0].numpy()
gp2d_noSpec = tf.keras.layers.GlobalAveragePooling2D()
output_GloAverP2D = gp2d_noSpec(
    input_Pooling2D)
output_GloAverP2D = output_GloAverP2D[0].numpy()
print("输出尺寸 GloAverP2D: ",output_MP2D_k2s1valid.shape)
```

输出如下。

```
输出尺寸 k2s1valid:  (1, 2, 2, 1)
输出尺寸 k2s1same:  (1, 3, 3, 1)
输出尺寸 GloAverP2D:  (1,)
```

特别地，若池化层缺失步长和补零机制参数，则步长会默认为 pool_size，补零机制会默认为 valid。

10.5　二维卷积层和池化层的感受野

如果将二维卷积看作一种运算，那么定义域是原始图像，值域是特征图，二维卷积运算是从原始图像到特征图的映射。不同的二维卷积层配置对应从原始图像到特征图的不同映射法则。二维卷积运算对于图像的影响，宏观上体现在分辨率上，微观上体现在像素点的感受野上。

感受野（Receptive Field，RF）的定义为卷积神经网络每层输出的特征图上的像素点映射回输入图像上的区域大小。通俗地讲，感受野就是原始图像上能决定特征图某一个像素点的那些像素点。显然，对于卷积核尺寸为 5 的二维卷积运算而言，原始图像上局部的 5 像素×5 像素区域能够唯一地确定特征图上的 1 个像素点；对于卷积核尺寸为 3 的二维卷积运算而言，原始图像上局部的 3 像素×3 像素区域能够唯一地确定特征图上的 1 个像素点。

确定卷积运算的规则后就可以确定感受野的像素范围。如果把卷积核简化为正方形，那么感受野也是正方形，感受野的边长用 RF 表示。可以证明，在忽略补零机制的情况下，第 $l-1$ 层的单像素感受野尺寸 RF_{l-1} 由第 l 层的感受野尺寸 RF_l 、卷积核尺寸 $\mathrm{kernel\_size}_l$ 、步长 stride_l 确定，计算公式如下。

$$\mathrm{RF}_{l-1} = \mathrm{kernel\_size}_l + \left(\mathrm{RF}_l - 1\right) \times \mathrm{stride}_l$$

式中，$\left(\mathrm{RF}_l - 1\right) \times \mathrm{stride}_l$ 表示步长扫描行为在原始图像上产生的感受野扩张，$\mathrm{kernel\_size}_l$ 表示步长扫描前和步长扫描后的感受野边缘。例如，对于卷积核尺寸为 3 像素×3 像素、步长为 1 的卷积规则，分辨率为 5 像素×5 像素的原始图像经过连续两个卷积，就会形成分辨率为 1 像素×1 像素的特征图。这样的计算过程类似于一个金字塔结构：将分辨率为 5 像素×5 像素的原始图像看作金字塔的第 0 层，将第一次卷积产生的分辨率为 3 像素×3 像素的输出命名为第 1 层，将第二次卷积产生的分辨率为 1 像素×1 像素的输出命名为第 2 层。第 2 层每个像素点对于第 1 层的感受野尺寸 RF 为 3，第 1 层每个像素点对于第 0 层的感受野尺寸 RF 也是 3；第 2 层对于第 0 层的感受野尺寸需要将第 2 层对第 1 层的感受野尺寸代入进行迭代计算，得到感受野尺寸 RF=3+(3−1)×1=5。二维卷积层输入和输出的感受野对应关系如图 10-12 所示。

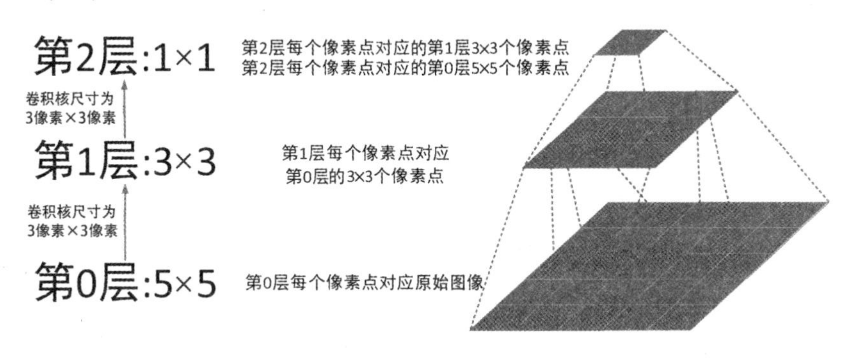

图 10-12　二维卷积层输入和输出的感受野对应关系

池化层有池化尺寸和步长的概念，其对于感受野的影响与二维卷积层一样，这里不再赘述。一般来说，原始图像是第 0 层，RF=1，之后每层特征图的计算可以从第 0 层开始推算。计算感受野时，一般忽略边缘的影响，即不考虑补零的影响，由此总结感受野的性质如下。

第一，卷积核为 1 的卷积操作不会改变感受野，卷积核大于 1 则会增大感受野，卷积步长不影响感受野，但步长小于卷积核尺寸时，感受野会重叠。

第二，对于池化层，池化尺寸大于 1 时，会增大感受野，池化步长不影响感受野，但步长小于池化尺寸时，感受野会重叠。

第三，卷积层和池化层重叠时，感受野会增大。

第四，经过多路分支或多路合并时，按照最大感受野分支计算。

神经网络的设计看似随意叠加卷积层、池化层，但是实际上这是对感受野尺寸的精密控制。随意删除卷积层和池化层可能对最终的感受野造成影响。正确的做法是在添加或者删除卷积层和池化层时，补充其他层或调整卷积核和步长参数，以确保感受野不受影响。

10.6 随机失活算法和默认推理状态

2012 年 Hinton 在其论文“Improving Neural Networks by Preventing Co-adaptation of Feature Detectors”中提出随机失活算法。论文中提到，当复杂神经网络在样本数较少的数据集上训练时，容易造成过拟合。过拟合的表现是模型在训练数据集上的损失函数值较小、预测准确率较高；在测试数据集上损失函数值较大、预测准确率较低。

论文提出的解决方案：在神经网络中增加随机失活层。随机失活层以一定的概率（概率用 rate 表示，0<rate<1）将特征图上的数据点设置为 0，将保留的数据点放大 1/(1−rate)倍，确保所有数据点的统计平均值不变，相当于随机丢弃原始图像的某些细节特征，变为一幅全新的原始图像，可以起到数据增强的作用。

TensorFlow 提供随机失活层的高阶 API，代码如下。

```
tf.keras.layers.Dropout(
    rate, noise_shape=None, seed=None, **kwargs)
```

随机失活层有两种状态：training = False（默认）和 training = True。当神经网络处于训练状态时，training 设置为 True，此时随机失活层会按照一定的概率运行随机失活算法。当神经网络处于推理状态时，training 设置为 False，此时随机失活层相当于透传层。若 Keras 模型包含随机失活层，则 TensorFlow 会自动设置 training 标志位，但若是高度定制化的层或模型，则需要开发者自行设置 training 标志位。

假设输入数据 input_dropout 含 2 个样本，每个样本都是 3 像素×3 像素的矩阵，经过概率为 0.5 的随机失活算法处理，每个样本的 9 个像素点都按照 0.5 的概率设置为 0，其余像素点扩大 2 倍，形成输出 output_dropout，这里模拟的是训练场景，所以需要手动将 training 设置为 True，代码如下。

```
dropout = tf.keras.layers.Dropout(0.5)
input_dropout = tf.constant([
    [[1., 2., 3.],
     [4., 5., 6.],
     [7., 8., 9.]],
    [[1., 2., 3.],
     [4., 5., 6.],
     [7., 8., 9.]]])
output_dropout = dropout(input_dropout,training=True)
output_dropout = output_dropout.numpy()
print("输出尺寸 DropOut: ",output_dropout.shape)
```

随机失活层不改变矩阵形状，随机失活层的算法原理如图 10-13 所示。

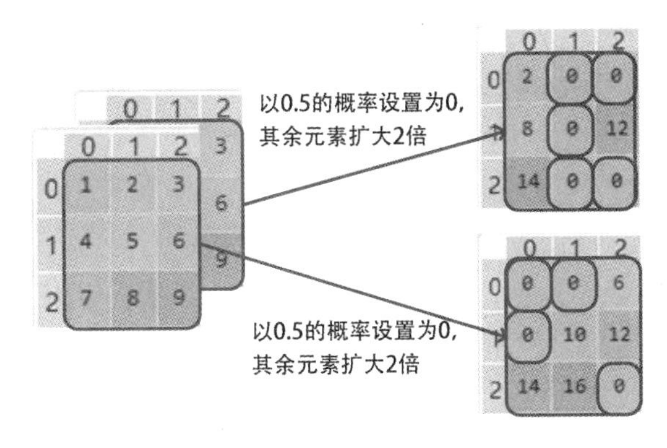

图 10-13　随机失活层的算法原理

10.7　批次归一化算法

批次归一化（Batch Normalization，BN）算法于 2015 年由谷歌的两位深度学习专家在“Batch Normalization: Accelerating Deep Network Training by Reducing Internal Covariate Shift”论文中提出。随着深度学习技术的发展，BN 层被广泛使用，时至今日几乎全部的深度学习神经网络，特别是用于边缘端部署的神经网络都会使用 BN 层。BN 层的算法行为分为训练阶段和推理阶段，均值和方差也分为训练得到的均值和方差、批次均值和方差、数据集样本方差等多种类别。因此，我们必须掌握 BN 算法，否则参数加载错误或者改变打包数都有可能导致整个神经网络性能退化，甚至计算结果出现 INF 或 NaN。

TensorFlow 提供了 BN 层的高阶 API，包含了 BN 层的算法实现，并对“除以零”等特殊情况进行处理，使用 API 的代码如下。

```
tf.keras.layers.BatchNormalization(
    axis=-1, momentum=0.99, epsilon=0.001, center=True, scale=True,
    beta_initializer='zeros', gamma_initializer='ones',
    moving_mean_initializer='zeros',
    moving_variance_initializer='ones', beta_regularizer=None,
    gamma_regularizer=None, beta_constraint=None, gamma_constraint=None, **kwargs
)
```

10.7.1 内部协变量漂移和输入数据重分布

CNN 二维卷积算法的提出者 LeCun 通过实验证明，如果输入的数据足够“白化”（输入数据的均值为零、方差为单位一），那么神经网络将会实现更快、更优的收敛。但是每层神经网络的内部变量在训练过程中不断变化，如两层神经网络连接时，前一层神经网络的内部变量变化会导致传递给下一层神经网络的数据的统计特征发生变化，甚至可能出现较大的均值和方差漂移，这一现象称为内部协变量漂移（Internal Covariate Shift，ICS）。

例如，假设神经网络内部的某个 BN 层的输入来自上一层神经网络的输出，它接收一路特征，并且经历了一次内部协变量漂移。假设前一层神经网络在收敛前向 BN 层传递了 1000 个批次数据，均值 μ_1 为 103，标准差 σ_1 为 8，方差 ${\sigma_1}^2$ 为 64，前一层神经网络在收敛后又向 BN 层传递了 1000 个批次数据，均值 μ_2 变为 107，标准差 σ_2 变为 2，方差 ${\sigma_2}^2$ 变为 4，如式（10-11）所示，其中，ε_1 和 ε_2 表示两次数据的数量占比。

$$\begin{cases} \mu_1 = 103, \sigma_1 = 8, {\sigma_1}^2 = 64, \varepsilon_1 = 0.5 \\ \mu_2 = 107, \sigma_2 = 2, {\sigma_2}^2 = 4, \varepsilon_2 = 0.5 \end{cases} \tag{10-11}$$

根据基本的统计学知识，合计 2000 个批次数据在 BN 层输入端产生的数据均值为 105，标准差为 $\sqrt{38}$，方差为 38，计算过程如式（10-12）所示。

$$\begin{cases} \mu = \sum_{i=1}^{2} \varepsilon_i \times \mu_i = 105 \\ \sigma^2 = \sum_{i=1}^{2} \varepsilon_i \times \sigma_i^2 + \varepsilon_1 \varepsilon_2 \left(\mu_1 - \mu_2\right)^2 = 38 \\ \sigma = \sqrt{38} \end{cases} \tag{10-12}$$

使用正态分布生成函数模拟 BN 层接收的 2000 个批次数据，假设每个批次的样本数为 4，那么根据前 1000 个批次数据 seq1 和后 1000 个批次数据 seq1 各自的统计特征，将它们拼接为 seq。分别计算前 1000 个批次、后 1000 个批次、全部 2000 个批次的统计特征，代码如下。

```
cnt1=4*1024;mean1=103;std1=8;var1=std1**2
seq1=mean1+tf.random.normal (shape=[cnt1])*std1
print('seq1 mean:',tf.math.reduce_mean(seq1).numpy(),
      'seq1 var:',tf.math.reduce_variance(seq1).numpy())
cnt2=4*1024;mean2=107;std2=2;var2=std2**2
seq2=mean2+tf.random.normal (shape=[cnt2])*std2
print('seq2 mean:',tf.math.reduce_mean(seq2).numpy(),
      'seq2 var:',tf.math.reduce_variance(seq2).numpy())
feature_seq=tf.concat([seq1,seq2],axis=-1)
weight1=cnt1/(cnt1+cnt2);weight2=cnt2/(cnt1+cnt2)
mean=weight1*mean1+weight2*mean2
var = weight1*var1 + weight2*var2 +\
      weight1*weight2*((mean1-mean2)**2)
print('dataset_feature theorical mean:',mean,
      'dataset_feature theorical var:',var)
print('dataset_feature sample mean:',
       tf.math.reduce_mean(feature_seq).numpy(),
      'dataset_feature sample var:',
       tf.math.reduce_variance(feature_seq).numpy())
```

输出如下。

```
seq1 mean: 102.97653 seq1 var: 16.060093
seq2 mean: 106.96602 seq2 var: 63.684822
dataset_feature theorical mean: 105.0
dataset_feature theorical var: 38.0
dataset_feature sample mean: 104.971275
dataset_feature sample var: 37.851475
```

可见全部 2000 个批次数据的统计特征符合设想。下面将以上 8000 个数据按照每 4 个样本组成 1 个批次的方式输入神经网络，得到 2000 个批次的打包数据，代码如下。

```
batch_size =4
feature_batches=tf.transpose(
     tf.reshape(feature_seq,[-1, batch_size]))
steps=int(feature_seq.shape[0]/batch_size)
assert feature_batches.shape.as_list()==[batch_size,steps]
print('every {} samples as a batch'.format(batch_size),
     'total {} batches'.format(steps))
```

可以分别计算每个批次的打包数据的均值和方差，存储在变量 batch_mean 和变量 batch_var 中。

```
batch_means = tf.math.reduce_mean(feature_batches,axis=0)
batch_vars=tf.math.reduce_variance(feature_batches,axis=0)
fig,axes=plt.subplots(1,3)
axes[0].plot(feature_seq.numpy())
axes[1].plot(batch_means.numpy())
axes[2].plot(batch_vars.numpy())
```

根据全部的单路特征数据、打包后的批次内均值和方差绘制图像，64 个批次、256000 个数据的统计特征如图 10-14 所示。

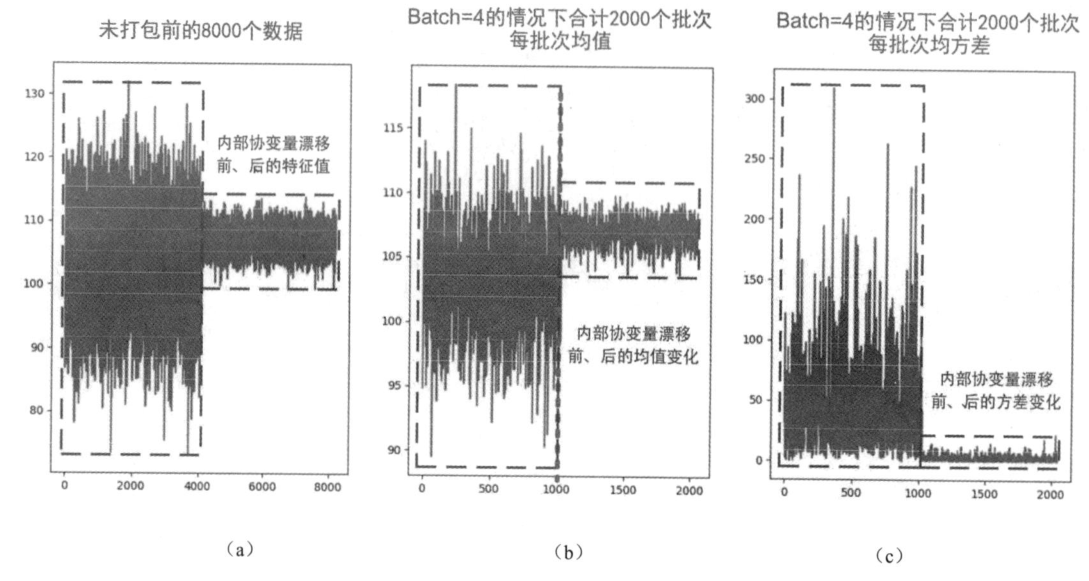

图 10-14　64 个批次、256000 个数据的统计特征

因为数据源源不断地输入 BN 层，计算单个批次数据的均值和方差简单，但要计算整体均值和方差就比较困难了。因为整体均值和方差的定义是理想状态，现实中不可能一次性将整个数据集通过计算映射到神经网络内部各层的输出接口上，并提取其统计特征。BN 层一般使用指数移动平均（Exponential Moving Average，EMA）方法获得近似的整体均值和方差。

指数移动平均是一个迭代更新的过程。假设零时刻的均值和方差的初始值为 0 和 1，那么 t_1 时刻的整体均值和方差分别等于 t_0 时刻整体的均值和方差和 t_1 时刻局部的均值和方差的加权平均，当前的均值和方差占据的权重等于 M（代码中用 momentum 表示），而之前历史的均值和方差占据的权重等于（1−M）。递推公式如式（10-13）所示。

$$
\begin{cases}
\begin{cases}
\mu_0 = \mu_{\text{batch}0} = 0 \\
{\sigma_0}^2 = {\sigma_{\text{batch}0}}^2 = 1
\end{cases} \\
\begin{cases}
\mu_1 = M \times \mu_{\text{batch}1} + (1-M) \times \mu_0 \\
{\sigma_1}^2 = M \times {\sigma_{\text{batch}1}}^2 + (1-M) \times {\sigma_0}^2
\end{cases} \\
\vdots \\
\begin{cases}
\mu_n = M \times \mu_{\text{batch}\,n} + (1-M) \times \mu_{n-1} \\
{\sigma_n}^2 = M \times {\sigma_{\text{batch}\,n}}^2 + (1-M) \times {\sigma_{n-1}}^2
\end{cases}
\end{cases}
\tag{10-13}
$$

经过 n 个批次的指数移动平均后，计算得到整体的均值和方差与前 n 个批次局部的均值和方差的函数关系式如式（10-14）所示。

$$\begin{cases} \mu_n = M \times \begin{bmatrix} \mu_{\text{batch}n} + (1-M) \times \mu_{\text{batch } n-1} + (1-M)^2 \times \mu_{\text{batch } n-2} + \\ \cdots + (1-M)^{n-1} \times \mu_{\text{batch1}} + (1-M)^n \times \mu_{\text{batch0}} \end{bmatrix} \\ {\sigma_n}^2 = M \times \begin{bmatrix} {\sigma_{\text{batch } n}}^2 + (1-M) \times {\sigma_{\text{batch } n\text{-}1}}^2 + (1-M)^2 \times {\sigma_{\text{batch } n\text{-}2}}^2 + \\ \cdots + (1-M)^{n-1} \times {\sigma_{\text{batch1}}}^2 + (1-M)^n \times {\sigma_{\text{batch0}}}^2 \end{bmatrix} \end{cases} \tag{10-14}$$

整体的均值和方差就是每个时刻局部的均值和方差以指数式递减加权后的移动平均。一般将 M 设置为 0.99 或 0.9，早期数据的加权影响随着时间指数式递减，后期数据的加权影响随着时间递增。虽然这无法完全近似整体均值和方差，但可以从数据的新旧程度上代替整体均值和方差，因为随着神经网络内部变量的不断优化，早期的均值和方差未来更可能收敛到数据的统计特征。

将收敛前、后的打包数据进行一次 M 等于 0.99 的指数移动平均，将均值和方差初始化为 0 和 1。模拟神经网络的迭代过程，首先，分批次将 feature_batches 输入 BN 层，计算当前批次的局部均值和方差；然后，使用指数移动平均方法更新初始化的均值 moving_mean 和方差 moving_var。此时并没有计算全部批次数据 feature_batches 的均值和方差，只是通过每个批次数据 feature_batch 的计算，迭代更新全部批次数据 feature_batches 的均值 moving_mean 和方差 moving_var，代码如下。

```
"""
# 使用指数移动平均方法获得整体均值和方差
"""
momentum=0.99
"""initial moving_mean to 0"""
moving_mean=0
"""initial moving_var to 1"""
moving_var=1
moving_means=[];moving_vars=[]
for i in tqdm(range(steps)):
    """feeding 4*sample as a batch"""
    feature_batch=feature_batches[:,i:i+1]
    """overwrite moving_mean behavior"""
    batch_mean = tf.math.reduce_mean(feature_batch)
    moving_mean=moving_mean*momentum+batch_mean*(1-momentum)
```

```
    """overwrite moving_variance behavior """
    batch_var=tf.math.reduce_variance(feature_batch)
    moving_var=moving_var*momentum+batch_var*(1-momentum)
    moving_means.append(moving_mean.numpy())
    moving_vars.append(moving_var.numpy())
print('moving_feature mean',moving_mean.numpy(),
    'moving_feature var',moving_var.numpy())
```

打印最终的均值和方差，输出如下。

```
moving_feature mean 106.872894 moving_feature var 3.1045105
```

将迭代的均值 moving_mean 和方差 moving_var 存入临时列表 moving_means 和 moving_vars 中，查看迭代过程，并与实际的均值 feeding_means 和方差 feeding_vars 对比，代码如下。

```
feeding_means=tf.concat(
     [mean1*tf.ones(tf.cast(cnt1/batch_size,tf.int32)),
      mean2*tf.ones(tf.cast(cnt2/batch_size,tf.int32))],
    axis=-1)
feeding_vars=tf.concat(
     [var1*tf.ones(tf.cast(cnt1/batch_size,tf.int32)),
      var2*tf.ones(tf.cast(cnt2/batch_size,tf.int32))],
    axis=-1)
theorical_means=mean*tf.ones(
    tf.cast((cnt1+cnt2)/batch_size,tf.int32))
theorical_vars=var*tf.ones(
    tf.cast((cnt1+cnt2)/batch_size,tf.int32))
fig,axes=plt.subplots(1,2)
axes[0].plot(moving_means,label='moving_means')
axes[0].plot(theorical_means.numpy(),label='theorical_means',linestyle='-.')
axes[0].plot(feeding_means.numpy(),label='feeding_means',linestyle='dashed')
axes[1].plot(moving_vars,label='moving_vars')
axes[1].plot(theorical_vars.numpy(),label='theorical_vars',linestyle='-.')
axes[1].plot(feeding_vars.numpy(),label='feeding_vars',linestyle='dotted')
axes[0].legend();axes[1].legend()
```

可以看到，早期数据被赋予了一定的权重值，只是早期数据的均值和方差对整体均值和方差的影响越来越小，后期数据的均值和方差逐渐成为整体均值和方差。输出结果：使用指数移动平均方法提取特征通道数据的均值和方差如图 10-15 所示。

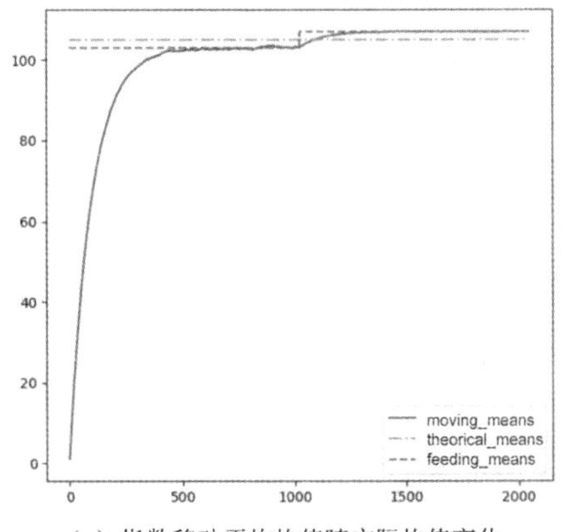

（a）指数移动平均均值随实际均值变化

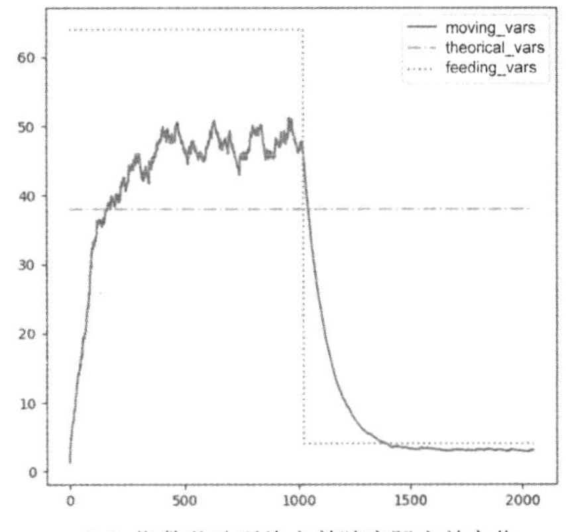

（b）指数移动平均方差随实际方差变化

图 10-15　使用指数移动平均方法提取特征通道数据的均值和方差

BN 算法的另一核心工作是数据的重分布，不仅对每个通道的每个批次数据 $x_{\text{batch}n}$ 的均值 $\mu_{\text{batch}n}$（代码中用 batch_means 表示）和方差 ${\sigma_{\text{batch}n}}^2$（代码中用 batch_vars 表示）进行白化处理，还将白化后的数据进行因子为 γ（代码中用 gamma 表示）的缩放和 β（代码中用 beta 表示）的偏置，让其分布重新位于更合理的位置，产生 BN 层的输出 $y_{\text{batch}n}$ 并输入下一层神经网络，如式（10-15）所示。

$$y_{\text{batch}n}=\beta+\gamma\times\text{whitened}_{\text{batch}n}=\beta+\gamma\times\left(\frac{x_{\text{batch}n}-\mu_{\text{batch}n}}{\sqrt{{\sigma_{\text{batch}n}}^2}}\right) \tag{10-15}$$

输入数据白化的代码如下。

```
"""
# 输入数据白化是指使用单批次的均值和方差对输入数据进行缩放和偏置
# 输入数据重分布是指将白化数据重新分布到 beta 和 gamma² 的均值和方差上
"""
print('During Training, data is whitened by batch-mean/std ...')
epsilon=tf.keras.backend.epsilon()
batch_means = tf.math.reduce_mean(feature_batches,axis=0)
batch_vars=tf.math.reduce_variance(feature_batches,axis=0)
should_be_NORM=(feature_batches-batch_means)/(tf.math.sqrt(batch_vars)+epsilon)
should_be_0=tf.math.reduce_mean(should_be_NORM,axis=0)
should_be_1=tf.math.reduce_variance(should_be_NORM,axis=0)
fig,axes=plt.subplots(1,2)
axes[0].plot(should_be_0.numpy(),label='whitened_means',linestyle='solid')
axes[0].plot(batch_means.numpy(),label='batch_means',linestyle='-.')
axes[1].plot(should_be_1.numpy(),label='whitened_vars',linestyle='solid')
axes[1].plot(batch_vars.numpy(),label='batch_vars',linestyle='-.')
```

白化数据的重分布的代码如下。

```
print('... And re-distribut to gamma/beta')
learned_gama=np.array([4.0],dtype=np.float32);learned_beta=np.array([3.0],
dtype=np.float32)
feature_outputs=learned_beta + learned_gama*should_be_NORM
should_be_beta=tf.math.reduce_mean(feature_outputs,axis=0)
should_be_gamma_square=tf.math.reduce_variance(feature_outputs,axis=0)
axes[0].plot(should_be_beta.numpy(),label='re-distribut means',linestyle='dashed')
axes[1].plot(should_be_gamma_square.numpy(),label='re-distribut vars',linestyle=
'dashed')
axes[0].legend();axes[1].legend()
```

将输入特征数据、白化后的数据、重分布后的数据的均值和方差进行对比，BN 算法的输入数据白化和重分布如图 10-16 所示。

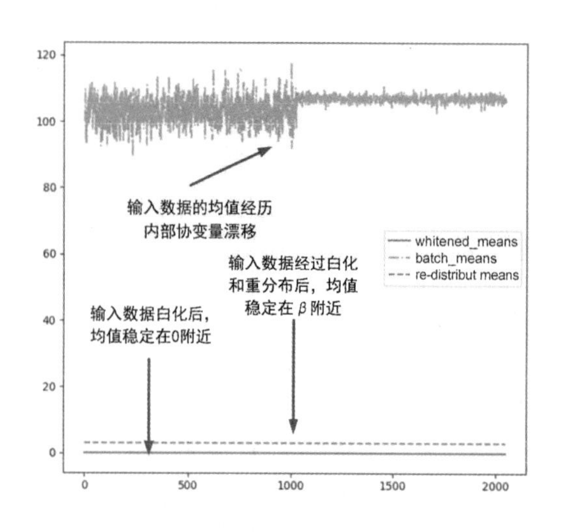

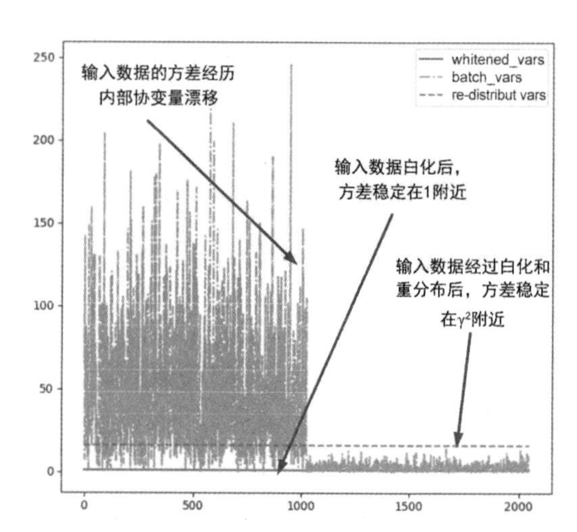

图 10-16　BN 算法的输入数据白化和重分布

10.7.2　训练阶段的 BN 算法

在训练阶段，TensorFlow 的 BN 层将实施 BN 算法的两个主要工作。一个工作是不断更新输入数据的整体均值和方差，存储在层成员变量 self.moving_mean 和 self.moving_var 中，这两个变量是不可训练的变量，初始化为 0 和 1，它们只能通过不断地向训练状态的 BN 层输入数据进行更新。TensorFlow 的 BN 层的参数 momentum 默认设置为 0.99。代码如下。

```
moving_mean = moving_mean*momentum + mean(batch)*(1-momentum)
moving_var = moving_var*momentum + var(batch)*(1-momentum)
```

另一个工作是利用批次均值 batch_mean 和方差 batch_var 及训练中得到的实时新均值和新

方差，对输入数据进行实时重分布操作。新均值和新方差属于可训练变量，存储在 BN 层成员变量 β 和 γ 中，分别初始化为 0 和 1，但是它们将参与 TensorFlow 的梯度下降优化，因此数据会随着训练而改变，直至找到最佳值，令 BN 层的输出分布特征最适合下一层神经网络的数据输入要求。代码如下。

```
training_outputs = beta + gamma*(
    batch_mean(batch))/sqrt(var(batch)+epsilon)
```

同样使用 10.7.1 节使用的 8000 个数据产生的单通道特征数据，打包大小 Batch_size 等于 4，打包数量 feature_batches 为 2000。首先，新建一个 BN 层 bn_layer，强行令内部学习到的变量 β 和 γ 分别设为 3 和 4；然后，将 2000 个打包的特征通道数据 feature_batches 按照批次顺序输入 bn_layer。该 BN 层会将输入的数据白化后强行分布到均值为 3、标准差为 4、方差为 16 的数据特征上，BN 层的输出存储在列表 bn_output_means 和 bn_output_vars 中。同时 BN 层将反复迭代这些特征通道数据 feature_batches 的指数移动平均和方差，存储在不可训练变量 mean 和 variance 中。相关代码如下。

```
"""
# 训练阶段，BN 层默认 momentum=0.99，使用初始化均值和方差为 0 和 1 的指数移动平均方法获得整体的均值和方差
# 训练阶段，BN 层使用批次均值和方差将输入的数据白化，重新分布到 beta/gamma² 的均值和方差上
"""
initializer_beta =tf.constant_initializer(3.)
initializer_gamma=tf.constant_initializer(4.)
bn_layer=tf.keras.layers.BatchNormalization(
    name='bn_layer',
    beta_initializer=initializer_beta,
    gamma_initializer=initializer_gamma)
bn_output_means=[];bn_output_vars=[]
for i in tqdm(range(steps)):
    feature_batch=feature_batches[:,i:i+1]
    y=bn_layer(feature_batch,training=True)
    bn_output_means.append(tf.math.reduce_mean(y).numpy())
    bn_output_vars.append(tf.math.reduce_variance(y).numpy())
```

首先，查看 BN 层内部学习到的均值 beta 为 3 和标准差 gamma 为 4，使用指数移动平均方法获得全部输入数据 feature_batches 的平均均值 mean 和方差 variance，代码如下。

```
bn_momentum =bn_layer.momentum
print('BN momentum:',bn_momentum) # momentum 默认为 0.99
bn_weights_names=['gamma', 'beta', 'mean', 'variance']
bn_weights=bn_layer.get_weights()
for bn_weight_name,bn_weight in zip(bn_weights_names,bn_weights):
    print('BN weight:',bn_weight_name,bn_weight)
```

输出如下。

```
BN momentum: 0.99
BN weight: gamma [4.]
BN weight: beta [3.]
BN weight: mean [106.872734]
BN weight: variance [3.1045072]
```

可见，TensorFlow 的 BN 层内部学习到的输出数据的均值 beta 和标准差 gamma 已设置为 3 和 4，并且也已经通过指数移动平均方法计算得到了整体数据的均值 mean 和方差 variance。BN 层存储的整体数据的均值 mean 和方差 variance 与运用指数移动平均方法的人工计算结果完全相同。此外，还可以提取 BN 层处理这 2000 个批次数据产生的输出，并与 BN 层接收到的 2000 个批次数据比较，查看是否已经重分布在均值 beta 和标准差 gamma 上。代码如下。

```
fig,axes=plt.subplots(1,2)
axes[0].plot(batch_means.numpy(),label='batch_means',linestyle='-.')
axes[1].plot(batch_vars.numpy(),label='batch_vars',linestyle='-.')
axes[0].plot(bn_output_means,label='bn output means',linestyle='-.')
axes[1].plot(bn_output_vars,label='bn output vars',linestyle='-.')
axes[0].set_title('means before after bn_layer') #shoule be 0
axes[1].set_title('vars before after bn_layer') #shoule be 0
axes[0].legend();axes[1].legend()
```

训练阶段 BN 层的输入、输出数据分布对比如图 10-17 所示。

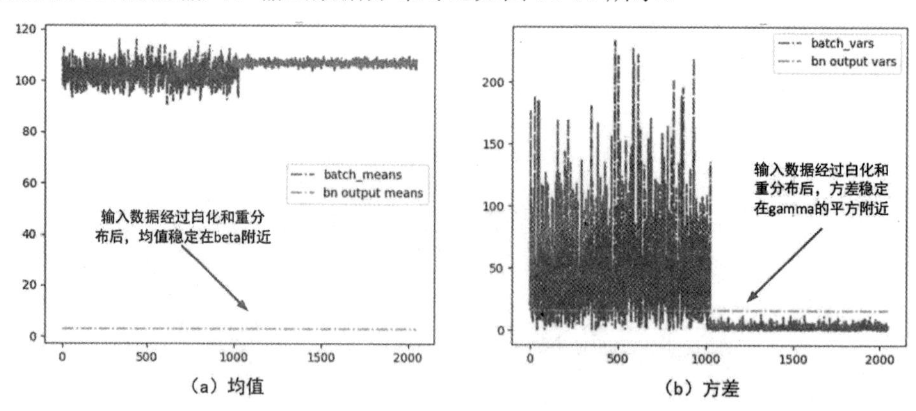

图 10-17　训练阶段 BN 层的输入、输出数据分布对比

BN 层之所以是近年来神经网络的必备层组件，是因为其具备强大的数据重分布能力。如果在神经网络训练收敛的初期和后期，分别提取其内部某层的输出数据，很容易观察到某些特征通道在初期取值均为小数，后期取值为数千甚至数十万。如此巨大的分布差异会引起上、下游其他层的联动调整，必然引起整个神经网络内部的某个局部的计算数值超出激活函数的动态范围。

下面将单通道特征向量拓展到多通道特征向量的情景。假设上一级神经网络输出的多个特征通道发生了内部协变量漂移现象，此时每个特征通道都有独特的均值和方差，且数值往往差别巨大，那么将导致神经网络训练失败。以某层神经网络输出的两路特征为例，第一路特征的均值为 0 和方差为 0.01，第二路特征的均值为 50 和方差为 100，那么，相同学习率的情况下，第一路特征的相关可训练变量的调整幅度应该缩小，而第二路特征的相关可训练变量的调整幅度应该增大，否则第一路特征将训练过度，始终达不到损失函数的全局最低点，第二路特征也无法得到充分的训练。如果因第一路特征的统计特征而缩小学习率，那么将导致第二路特征无法得到训练，神经网络收敛较慢；如果因第二路特征的统计特征而增大学习率，那么将导致第一路特征学习较快，提前进入过拟合。

使用 BN 算法设计一个 BN 层，将 BN 层插入上一级神经网络和下一级神经网络之间。首先，BN 层将上一级神经网络的特征输出都归一化到零均值和单位方差；然后，经过缩放和偏置，让数据重新调整至合适的均值和方差，才输入下一级神经网络，那么下一级神经网络可以专心提取高维信息，无须均衡上一级神经网络输出数据的统计特征变化，从而让整个神经网络收敛到更好状态。此外，使用 BN 算法后，可以设置较高的学习率，因为神经网络内部的数据流都有良好的分布特性，它们的收敛速度能保持一致，不用关注某收敛较慢的神经元参数。当 BN 算法能避免过拟合现象时，神经网络就不再需要通过随机丢弃数据来避免过拟合现象。实际上，BN 层被广泛应用后，不再需要 Dropout 层和局部响应归一化（Local Response Normalization，LRN）层，因为 BN 层彻底实现了数据“白化”，解决了多通道特征训练收敛不同步带来的众多问题。

10.7.3　推理阶段的 BN 算法

在训练阶段中，BN 层内部成员变量 mean 和 variance 分别存储全部数据的指数移动平均和指数移动方差，它们在训练阶段不断更新，不参与神经网络的训练过程，因为它们是专门为 BN 层的推理阶段使用的。

当 BN 层处于推理阶段，BN 层会锁定内部的四个变量：输出标准差 gamma、输出均值 beta、指数移动平均 moving_mean、指数移动方差 moving_var。产生推理阶段的 BN 层输出的代码如下。

```
output=beta + gamma*(
    batch-self.moving_mean)/sqrt(self.moving_var+epsilon)
```

这里看似将推理阶段的输入数据白化后进行重分布，但实际上不是。输入数据减去的并不是批次均值，除以的也不是批次标准差，而是数据集历史的指数移动平均和指数移动标准差。因为推理阶段输入的数据一般是整个数据集的组成部分，应当与整个数据集拥有一样的统计特征。如果输入数据的均值和方差与整个数据集历史的指数移动平均和指数移动标准差不同，那么应当保留这个差异，也许这个差异恰恰反映了输入数据的某种特性。

BN 层的训练阶段和推理阶段的算法行为切换，由其呼叫变量中的标志位 training 决定，若 training 设置为 True，则其内部的四个变量会不断更新，输出标准差 gamma 和均值 beta 将被不断训练，指数移动平均 moving_mean 和指数移动方差 moving_var 也会在批次上进行内部的更新迭代；若 training 设置为 False，则内部的四个变量都会停止更新，使用历史数据的指数移动平均 moving_mean 和指数移动方差 moving_var 对输入数据进行白化后，进行数据的重分布，重分布到均值为 beta、方差为 gamma 的分布特征上。

代码如下。

```
BN_layer= tf.keras.layers.BatchNormalization()
output=BN_layer(x,training=True) #处于训练状态，更新 gamma 和 beta
output=BN_layer(x,training=False) #处于推理状态，使用 moving_mean 和 moving_var
```

以推理阶段输入数值为[[105],[110],[107],[106]]的特征数据为例，BN 层将其处理为均值为 beta、方差为 gamma 的平方的概率分布，代码如下。

```
"""
# 推理阶段，BN 层使用历史的均值和方差进行输入数据的白化
# 分布到 beta/gamma2 的均值和方差上
"""
bn_weights_names=['gamma', 'beta', 'mean', 'variance']
bn_weights=bn_layer.get_weights()
gamma,beta,mean,variance=bn_weights
for bn_weight_name,bn_weight in zip(bn_weights_names,bn_weights):
    print('BN weight:',bn_weight_name,bn_weight)
feature_fake_inputs=tf.cast([[105],[110],[107],[106]],dtype=tf.float32)
bn_layer_outputs=bn_layer(feature_fake_inputs,training=False)
print('bn_layer_outputs:',bn_layer_outputs.numpy())
theorical_outputs=beta+gamma*(feature_fake_inputs-mean)/tf.sqrt(variance)
print('theorical outputs',theorical_outputs)
```

输出如下。

```
BN weight: gamma [4.]
BN weight: beta [3.]
BN weight: mean [106.99984]
BN weight: variance [3.0181055]
bn_layer_outputs:
[[-1.6037903 ]
 [ 9.906616  ]
 [ 3.0003662 ]
 [ 0.69828796]]
theorical outputs tf.Tensor(
[[-1.6045585]
```

```
 [ 9.907761 ]
 [ 3.0003688]
 [ 0.6979053]], shape=(4, 1), dtype=float32)
```

可见，排除精度的影响，理论计算值和 BN 层的输出数据完全吻合，BN 层将均值超过 100 的数据成功映射到下一层神经网络中最适合的均值为 3 的动态区间。

10.7.4　在神经网络模型内使用 BN 层

使用 TensorFlow 提供的 BN 层高阶 API 不仅可以快速实现算法，还可以在神经网络集成 BN 层组件的过程中，实现 BN 层组件的自动化管理。自动化管理是指 BN 层能够自动了解神经网络的运行状态，自动切换算法行为。查看 BN 层的源代码可以看到其成员函数 _get_training_value()会根据当前模型状态，设置 BN 层的标志位 training。当整个模型处于 model.fit 指令的运行状态时，BN 层的 training 自动设置为 True；当模型处于被呼叫的状态时，即模型正在通过 model(*x*)进行呼叫，BN 层的 training 自动设置为 False；当整个模型被设置为冻结时，BN 层的 training 自动设置为 False。

但是，请开发者注意，当单独呼叫 BN 层实例时，还需要向 BN 层实例的 training 参数传递一个"真"或"假"的布尔变量，若不传递则 BN 层默认执行推理算法行为。下面将设计包含一个 BN 层的简单神经网络模型，代码如下。

```
print("phase 1 : init BN layer")
FEATURE_IN=1
x=tf.keras.layers.Input(shape=(FEATURE_IN))
model_addBN=tf.keras.Model(
    inputs=x,
    outputs=tf.keras.layers.BatchNormalization(
        name='bn')(x),
    name='single_bn_model')
model_addBN.summary(line_length=40)
```

输出如下。

```
Model: "single_bn_model"
________________________________________
Layer (type) Output Shape Param
========================================
input_7 (InputLay [(None, 1)] 0

________________________________________
bn (BatchNormaliz (None, 1) 4
========================================
Total params: 4
Trainable params: 2
Non-trainable params: 2
```

假设神经网络经过一段时间的训练，训练数据同样是本章使用的数据 feature_batches，模型呼叫的时候设置 training 标志位为 True，BN 层将更新内部的指数移动平均方法下的均值和方差，同时假设 BN 层学习了下级神经网络需要的特征数据的最佳均值 3 和最佳标准差 4。模拟训练过程的代码如下。

```
# ====第二阶段，训练完成============
for i in tqdm(range(steps)):
    feature_batch=feature_batches[:,i:i+1]
    y=model_addBN(feature_batch,training=True)
bn_weights_names=['gamma', 'beta', 'mean', 'variance']
bn_weights=model_addBN.get_layer('bn').get_weights()
_g,_b,mean,variance=bn_weights
print("\nphase 2 : after long time training ...")
learned_gama=np.array([4.0],dtype=np.float32);
learned_beta=np.array([3.0],dtype=np.float32)
model_addBN.get_layer('bn').set_weights(
    [learned_gama,learned_beta,mean,variance])
bn_weights=model_addBN.get_layer('bn').get_weights()
for bn_weight_name,bn_weight in zip(bn_weights_names,bn_weights):
    print('BN weight:',bn_weight_name,bn_weight)
```

此时 BN 层的内部变量输出如下。

```
phase 2 : after long time training ...
BN weight: gamma [4.]
BN weight: beta [3.]
BN weight: mean [106.99984]
BN weight: variance [3.0181055]
```

再次呼叫模型，但不设置 traing 标志位，让模型处于默认的推理阶段，输入数值为[[105],[110],[107],[106]]的特征数据，此时模型内的 BN 层将首先使用历史指数移动平均 mean 和历史指数移动方差 variance 对输入的特征数据进行白化，然后强行分布到均值 beta 为 3、标准差 gamma 为 4 的概率空间。代码如下。

```
print("phase 3 : inferencing")
feature_fake_inputs=tf.cast([[105],[110],[107],[106]],dtype=tf.float32)
model_outputs=model_addBN(feature_fake_inputs,training=False)
print('model_outputs:',model_outputs.numpy())
theorical_outputs=beta+gamma*(
    feature_fake_inputs-mean)/tf.sqrt(variance)
print('theorical outputs',theorical_outputs)
```

输出如下。

```
phase 3 : inferencing
model_outputs:
```

```
[[-1.6037903 ]
 [ 9.906616  ]
 [ 3.0003662 ]
 [ 0.69828796]]
theorical outputs tf.Tensor(
[[-1.6045585]
 [ 9.907761 ]
 [ 3.0003688]
 [ 0.6979053]], shape=(4, 1), dtype=float32)
```

可见，此时 BN 层处于推理阶段，其计算结果与之前的计算结果一致。

10.8 制作神经网络的资源开销函数

神经网络的设计阶段需要推导每层对于输入数据流的处理效果，计算输出数据流的形状，以及每层的内存开销和运算开销。为提高资源开销的监测效率，本节将制作一个资源开销计算类，命名为 Model_Inspector()。

10.8.1 整体框架

资源开销计算类 Model_Inspector()内部将设置 1 个层参数 layer_spec 及重要的成员函数。layer_spec 是 Python 的 namedtuple 字典，内部的 layer_no 字段表示在模型中的层序号，layer_type 表示层类型，layer_name 表示层名称，input_shape 表示层的输入形状，output_shape 表示层的输出形状，specs 表示层的配置参数（如 k3-s1-valid 表示卷积核尺寸 kernel_size 是 3、步长 strides 是 1、补零机制 padding 是 valid），memory_cost 表示本层的内存开销，FLOP_cost 表示层的运算开销。

定义资源开销计算类 Model_Inspector()的伪代码如下，代码中列出了该计算类的主要成员变量和成员函数名称，并在成员函数内部通过注释说明成员函数的用途。

```
class Model_Inspector():
    def __init__(self):
        import collections
        self.layer_spec = collections.namedtuple(
            typename='layer_spec',
            field_names=[
                'layer_no',
                "layer_type",
                "layer_name",
                "input_shape",
                "output_shape",
                "specs",
```

```
                "memory_cost",
                "FLOP_cost"])
    def model_inspect(self, model):
        #计算整个模型的参数，返回的model_details是列表
        return model_details
    def layer_inspect(self,layer,layer_no=-1):
        # 若判断是二维卷积层，则调用二维卷积层的资源开销算法
        # 若判断是全连接层，则调用全连接层的资源开销算法
        # 若判断是其他层，则返回 None
    def calc_detail_Conv2D(self,layer,layer_no=-1):
        # 执行二维卷积层的资源开销算法，返回层参数类型的对象 detail
        return detail
    def calc_detail_Dense(self,layer,layer_no=-1):
        # 执行全连接层的资源开销算法，返回层参数类型的对象 detail
        return detail
    def summary(self,model,keywords=None):
        # 返回模型的整体内存开销和运算开销
        # 若指定 keywords，则返回指定字段的模型分层资源开销
```

10.8.2 二维卷积层的资源开销算法

执行二维卷积层的资源开销算法的成员函数 calc_detail_Conv2D()时，接收层 layer 的输入，根据式（10-9）计算内存开销 mem_cost，根据式（10-10）计算运算开销 FLOP_cost，其他层元素的数值从 layer 的成员属性中提取，一同赋值给成员函数 calc_detail_Conv2D()返回的 detail。代码如下。

```
class Model_Inspector():
    def __init__(self):
        ……
    def calc_detail_Conv2D(self,layer,layer_no=-1):
        assert type(layer)== \
            tf.python.keras.layers.convolutional.Conv2D
        _,inp_H,inp_W,inp_channel = layer.input_shape
        _,out_H,out_W,out_channel = layer.output_shape
        kernel_H,kernel_W = layer.kernel_size
        strides_H,strides_W = layer.strides
        padding = layer.padding
        mem_cost = (kernel_H*kernel_W)*inp_channel*out_channel\
            +out_channel
        FLOP_cost = (kernel_H*kernel_W)*(out_H*out_W)*\
            inp_channel*out_channel
        spec_str = "k{}*{}-s{}*{}-{}".format(
            kernel_H,kernel_W,
```

```
            strides_H,strides_W,
            padding )
        detail = self.layer_spec(
            layer_no=layer_no,
            layer_type="Conv2D",
            layer_name=layer.name,
            input_shape=layer.input_shape,
            output_shape=layer.output_shape,
            specs=spec_str,
            memory_cost=mem_cost,
            FLOP_cost=FLOP_cost)
        return detail
```

10.8.3　全连接层的资源开销算法

执行全连接层的资源开销算法的成员函数 calc_detail_Dense()时，接收层 layer 的输入，根据式（10-1）计算内存开销 mem_cost，根据式（10-2）计算运算开销 FLOP_cost，其他层元素的数值均从 layer 的成员属性中提取，一同赋值给成员函数 calc_detail_Dense()返回的 detail。代码如下。

```
class Model_Inspector():
    def __init__(self):
        ……
    def calc_detail_Dense(self,layer,layer_no=-1):
        assert type(layer)== \
        tf.python.keras.layers.core.Dense
        _,inp_unit = layer.input_shape
        _,out_unit = layer.output_shape
        mem_cost = (inp_unit*out_unit)+out_unit
        FLOP_cost = inp_unit*out_unit
        spec_str = ""
        detail = self.layer_spec(
            layer_no=layer_no,
            layer_type="Dense",
            layer_name=layer.name,
            input_shape=layer.input_shape,
            output_shape=layer.output_shape,
            specs=spec_str,
            memory_cost=mem_cost,
            FLOP_cost=FLOP_cost)
        return detail
```

10.8.4 BN 层的资源开销算法

在 BN 算法中，计算方差时涉及多次乘法运算，乘法次数等于每个通道内的元素数。其他乘法运算的阶数比通道数小（类似于高阶无穷小）。例如，求平均值时，无论通道数为多少，都只需要 1 次乘法（除法）运算，当通道数足够多时，求均值的乘法运算属于高阶无穷小，因此计算乘法开销时不予考虑。

执行 BN 层资源开销算法的成员函数 calc_detail_BatchNormalization()，接受层 layer 的输入，根据 BN 层的资源开销计算原理，计算内存开销 mem_cost 和运算开销 FLOP_cost，其他层元素的数值均从 layer 的成员属性中提取，一同赋值给成员函数 calc_detail_BatchNormalization()返回的 detail。代码如下。

```
class Model_Inspector():
    def __init__(self):
        ……
    def calc_detail_BatchNormalization(self, layer,layer_no=-1):
        # 每个通道产生如下 4 个参数: [gamma weights, beta weights, moving_mean
(non-trainable), moving_variance(non-trainable)]。前两个参数参与训练，后两个参数是推理时的指数移动平均和指数移动方差
        assert type(layer)== \
            tf.python.keras.layers.normalization_v2.
                BatchNormalization
        assert layer.output_shape == layer.output_shape
        _,out_H,out_W,out_channel = layer.output_shape
        mem_cost = 4*out_channel
        beta_FLOP_cost =1
        sigma_FLOP_cost = out_H*out_W+1
        FLOP_cost = beta_FLOP_cost+sigma_FLOP_cost
        spec_str = ""
        detail = self.layer_spec(
            layer_no=layer_no,
            layer_type="BN",
            layer_name=layer.name,
            input_shape=layer.input_shape,
            output_shape=layer.output_shape,
            specs=spec_str,
            memory_cost=mem_cost,
            FLOP_cost=FLOP_cost)
        return detail
```

10.8.5 其他成员函数

一个模型含有多个层，所以需要设置层属性检查成员函数 layer_inspect()，根据层类型判断

调用成员函数 self.calc_detail_Conv2D()还是成员函数 self.calc_detail_Dense()。若层类型为非全连接层、非二维卷积层，则一律返回 None，因为其他层（如 Dropout 层、Pooling2D 层）不包含内部可训练变量，且不存在运算开销。代码如下。

```
class Model_Inspector():
    def __init__(self):
        ......
    def layer_inspect(self,layer,layer_no=-1):

        if type(layer)== \
            tf.python.keras.layers.convolutional.Conv2D:
            return self.calc_detail_Conv2D(layer)
        elif type(layer)==tf.python.keras.layers.core.Dense:
            return self.calc_detail_Dense(layer)
        else:
            return None
```

最后设置一个模型检查函数 model_inspect()，它将逐层遍历整个模型，调用层属性检查成员函数 layer_inspect()，逐个提取资源占用信息 layer_detail，将不同层的资源占用信息 layer_detail 组合成列表 model_details，代码如下。

```
class Model_Inspector():
    def __init__(self):
        ......
    def model_inspect(self, model):
        model_details = []
        for layer_no,layer in enumerate(model.layers):
            layer_detail =self.layer_inspect(
                layer,layer_no=-1)
            if layer_detail:
                layer_detail = layer_detail._replace(
                    layer_no=layer_no)
                model_details.append(layer_detail)
        return model_details
```

最后设置成员函数 summary()，输出汇总的整个模型的内存开销 mem_cost_total 和运算开销 FLOP_cost_total，同时根据输入的关键字 keywords，输出相应字段的模型摘要信息。若输入的关键字 keywords 为空，则默认只返回内存开销 mem_cost_total 和运算开销 FLOP_cost_total。代码如下。

```
class Model_Inspector():
    def __init__(self):
        ......
    def summary(self,model,keywords=None):
```

```
        import collections
        details=self.model_inspect(model)
        mem_cost_total = sum([x.memory_cost for x in details])
        FLOP_cost_total = sum([x.FLOP_cost for x in details])
        print(model.name, "总内存开销",
           mem_cost_total/1e6, "M variables")
        print(model.name, "总乘法开销",
           FLOP_cost_total/1e6,"M FLO")
        if keywords ==None:
           return (mem_cost_total,FLOP_cost_total)
        assert type(keywords)==list
        for keyword in keywords:
           assert keyword in ['layer_no',
                         "layer_type",
                         "layer_name",
                         "input_shape",
                         "output_shape",
                         "specs",
                         "memory_cost",
                         "FLOP_cost"]
        layer_spec_summary = collections.namedtuple(
           typename='layer_spec',
           field_names=keywords)
        details_summary = []
        for layer_detail in details:

           layer_detail_list = [ eval(
              'layer_detail.{}'.format(keyword),
{'layer_detail':layer_detail})
              for keyword in keywords]
           detail_summary = layer_spec_summary._make(layer_detail_list)
           details_summary.append(detail_summary)
        return details_summary
```

自定义的神经网络资源开销计算法的代码如下。

```
model_inspector = Model_Inspector()
整个模型的逐层详细信息 = model_inspector.model_inspect(模型名称)
(总内存开销,总乘法开销)= model_inspector.summary(模型名称)
感兴趣的模型参数字段 = model_inspector.summary(模型名称,感兴趣字段列表)
```

第 11 章
使用计算加速硬件加快神经网络的训练

使用计算加速硬件加快神经网络的训练需要两个前提条件：具备一个计算加速硬件（如支持 CUDA 计算的显卡），以及具备匹配硬件加速环境的软件计算框架（如 GPU 版本的 TensorFlow），下面将展开介绍。

11.1 人工智能的数据类型和运算能力

一般使用 FLOP（Float Point Operation）表示浮点运算，有的时候也使用 FLO（Float Point Operation）表示浮点运算，它们一般用来衡量机器学习模型的计算复杂度。一般使用 FLOPS（Float Point Operations Per Second）表示机器学习硬件的运算加速能力，含义是每秒的浮点运算量。每秒的浮点运算量等于单位时间的浮点运算量除以单位时间，浮点运算量的常用单位和中文名称如表 11-1 所示。

表 11-1 浮点运算量的常用单位和中文名称

英文简称	数字表达	英文全称	含义
MFLOPS	10^6	Mega FLOPS	每秒百万次的浮点运算
GFLOPS	10^9	Giga FLOPS	每秒十亿次的浮点运算
TFLOPS	10^{12}	Tera FLOPS	每秒一万亿次的浮点运算
PFLOPS	10^{15}	Peta FLOPS	每秒一千万亿次的浮点运算
EFLOPS	10^{18}	Exa FLOPS	每秒一百京次的浮点运算（亿亿为京）

IEEE 浮点运算标准（IEEE Standard for Floating-Point Arithmetic，IEEE 754）的数据类型包括 FP80、FP64、FP32、FP16 等。近年来，谷歌和英伟达还提出了人工智能计算的专有数据类型，如 BFLOAT16、BFLOAT19（或 TF32）等。

FP80 是 80 位浮点的英文简称，在 IEEE 754 标准中被称为扩展格式。它拥有 1 个符号位、15 个指数位、64 个分数位，合计 80 位表示一个浮点数，不考虑符号位的动态范围为 3.65e−4951~1.18e4932，其中，3.65e−4951 表示 3.65×10^{-4951}，以此类推。FP80 一般用于对精度要求较高的科学计算，较少用于深度学习。

FP64 是 64 位浮点的英文简称，在 IEEE 754 标准中被称为双精度浮点运算。它拥有 1 个符号位、11 个指数位、52 个分数位，合计 64 位表示一个浮点数。不考虑符号位，FP64 表示的比 0 大的最小数值为指数位取 0、分数位最后一位取 1 的情况，此时指数位代表的数值为 2^{-1022}，分数位“1”的含义是将指数位代表的数值等分为 2^{52} 份，那么此时 FP64 表示的比 0 大的最小数值为 $2^{-52}\times2^{-1022}=4.94066\times10^{-324}$，同理可以得到 FP64 表示的最大数值为指数位和分数位都取 1 的情况，此时表示的最大数值为 $(2-2^{-52})\times2^{1023}=1.79769\times10^{308}$，因此 FP64 的动态范围为 4.94×10^{-324}~1.80×10^{308}。有的计算方法会考虑指数位的最后一位取 1、分数位取 0 的情况，那么此时的 FP64 的动态范围为 2.23×10^{-308}–308~1.80×10^{308}，具体可参考 IEEE 754 标准。由于动态范围最小值的应用场景远远少于动态范围最大值的应用场景，因此不必深入追究不同计算方法。FP64 的最小分辨率相当于小数点后 15、16 位，即 $\log_{10}2^{52}=15.65$。FP64 一般用于对精度要求较高的科学计算，在桌面级计算加速处理器和服务器级计算加速处理器都有专门的硬件电路用于加速 FP64 双精度浮点运算。

FP32 是 32 位浮点的英文简称，在 IEEE 754 标准中称为单精度浮点运算，拥有 1 个符号位、8 个指数位、23 个分数位，合计 32 位表示一个浮点数，动态范围为 1.18×10^{-38}～3.40×10^{38}，相当于小数点后 6～9 位。FP32 被广泛运用于深度学习，适用于桌面级的计算加速处理器。

FP16 是 16 位浮点的英文简称，在 IEEE 754 标准中称为半精度浮点运算，拥有 1 个符号位、5 个指数位、10 个分数位，合计 16 位表示一个浮点数，动态范围为 5.96×10^{-8}（或 6.10×10^{-5}）～65504，相当于小数点后 4 位。FP16 也被广泛使用于对精度要求不高的深度学习训练阶段或深度学习的推理阶段。

在推理阶段广泛使用的数据类型还有 INT16 和 INT8，它们使用全整数量化技术，使用 16 位和 8 位二进制数表示一个整数。从整数到浮点数的映射需要通过缩放因子和零点实现。零点只能取 0 称为对称量化，零点可以取非零值称为非对称量化。全整数量化技术被广泛应用在边缘计算中。

BFLOAT16 是 Brain Floating Point Format 的简称，是谷歌提出的 FP32 的低精度版本，与 FP16 一样拥有 1 个符号位、8 个指数位、7 个分数位，合计 16 位表示一个浮点数，动态范围为 1.18×10^{-38}～3.40×10^{38}，相当于小数点后 3 位。谷歌提出 BFLOAT16 的意图是使用与 FP16 一样的位数达到与 FP32 一样的动态范围，允许损失一些精度，即用更少的分数位换取更多的指数位。支持 BFLOAT16 的硬件包括新款支持 AVX512 指令集的、X86 架构的 CPU 和 ARM 架构的 CPU，以及人工智能专用的计算加速硬件（如谷歌的 TPU 和英伟达的服务器硬件加速芯片）。

BFLOAT19 是 32 位张量浮点（Tensor Float-32）的简称，是谷歌提出的 FP32 的高精度版本，拥有 1 个符号位、8 个指数位、10 个分数位，合计 19 位表示一个浮点数，动态范围为 1.18×10^{-38}～3.40×10^{38}，相当于小数点后 4 位。谷歌提出 BFLOAT19 的意图是优先保证动态范围一致，确保神经网络可以计算传播，根据不同的计算硬件提供不同精度的数据规格。

总之，机器学习中较为常用的是 FP32，在最新的计算加速卡中也开始使用 FP64。机器学习为了与最常用的数据类型 FP32 对接，也设计了专有格式家族。家族中目前常用的是 BFLOAT16 和 BFLOAT19，它们损失了精度，但动态范围与 FP32 一致，可以与 FP32 一同运算。

人工智能的常用数据类型如图 11-1 所示。

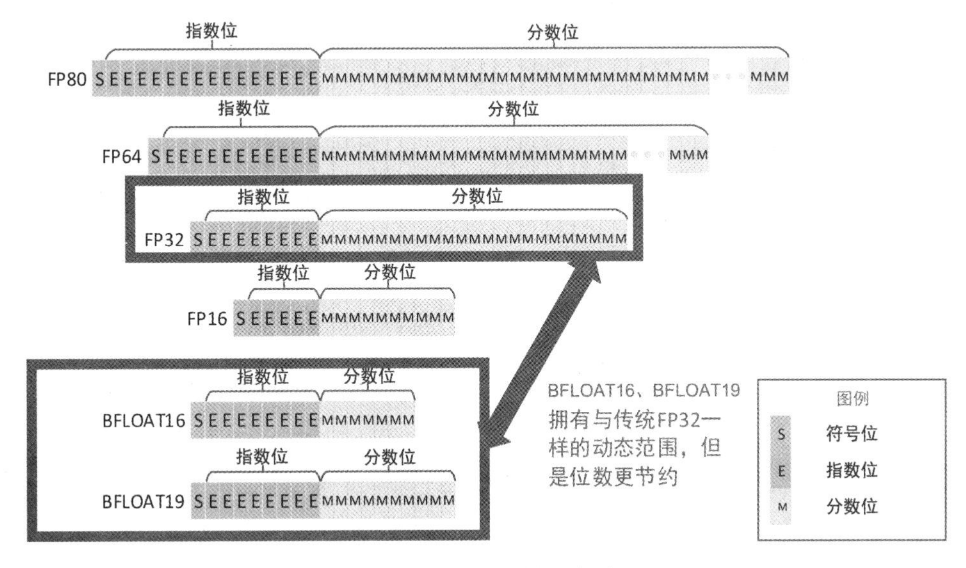

图 11-1　人工智能的常用数据类型

11.2　人工智能计算中的数据类型匹配

人工智能的科学计算要特别注意数据类型和计算逻辑的匹配关系。TensorFlow 使用 tf.cast 进行数据类型转换，在日常项目中的使用频率非常高，是初学者容易忽略和出错的知识点。例如，TensorFlow 中的除法运算要求除数和被除数必须是相同的数据类型，否则会引起数据类型错误。代码如下。

```
# 运行以下除法运算相关代码将引发数据类型不合法错误
n=tf.Variable(2,dtype=tf.int32)
y=x/n #引发数据类型不合法错误，错误提示为 x 与 y 必须是相同的数据类型，但它们的数据类型分别为 tf.float32 和 tf.int32
y=x / tf.cast(n,tf.float32) #将 n 改为 tf.float32 类型
print(y) # tf.Tensor(1.0, shape=(), dtype=float32)
```

TensorFlow 在进行矩阵拼接和矩阵堆叠时，也要求数据类型一致。代码如下。

```
# 运行以下矩阵拼接代码将引起数据类型错误
x0=tf.ones((3,3),dtype=tf.float32)*3
```

```
x1=tf.ones((3,3),dtype=tf.int32)*5
# x=tf.concat([x0,x1],axis=-1) #引起数据类型不合法错误
x=tf.concat([tf.cast(x0,tf.float32),
             tf.cast(x1,tf.float32)],
            axis=-1)
print(x.shape) #(3, 6)
# 运行以下矩阵堆叠代码将引起数据类型错误
# x=tf.stack([x0,x1],axis=-1) #引起数据类型不合法错误
x=tf.stack([tf.cast(x0,tf.float32),
            tf.cast(x1,tf.float32)],
           axis=-1)
print(x.shape) #(3, 3, 2)
```

TensorFlow 在提取矩阵元素时，也会对数据类型进行限制。代码如下。

```
# 运行以下提取矩阵切片或元素相关代码将引起数据类型错误
x=tf.ones((3,3,2))
m=tf.Variable(2.0,dtype=tf.float32)
#x_slice=x[m,m,...] #矩阵索引必须是 INT64 或者 INT32 类型的
x_slice=x[tf.cast(m,tf.int32),
          tf.cast(m,tf.int32),...]
#矩阵索引必须是 INT64 或者 INT32 类型的
print(x_slice)
# tf.Tensor([1. 1.], shape=(2,), dtype=float32)
```

例如，目标检测中经常要根据交并比进行排序，并将低于阈值的数据进行特殊处理。假设 5 个矩形框与真实矩形框的交并比值分别是[0.93,0.45,0.51,0.77,0.18]，将这 5 个交并比值从大到小进行排序，并设置阈值为 0.5，低于阈值的不参与排序。可以观察到第 0 个矩形框的交并比最高，即 0.93，第 3 个矩形框的交并比为 0.77，第 2 个矩形框交并比为 0.51，其余 2 个矩形框的交并比低于阈值不参与排序，用 inf 替换它们的序号，那么结果应是[0.0,3.0,2.0,inf,inf]。使用程序语言描述时，需要使用 TensorFlow 的 tf.where()函数，tf.where 函数接收三个矩阵输入，返回的也是一个矩阵，输入和输出的这四个矩阵具有完全相同的形状，第一个矩阵的数据类型为布尔类型，其他的三个矩阵具有相同的数据类型，其中输出的矩阵（第四个矩阵）的元素来自第二个矩阵或第三个矩阵。tf.where 函数会查找第一个矩阵上布尔变量为 True 的元素位置，提取第二个矩阵上该位置的元素，并复制到第四个矩阵上，同时查找第一个矩阵上布尔变量为 False 的元素位置，提取第三个矩阵上该位置的元素，并复制到第四个矩阵上。

在以下代码中，tf.where 函数的输出命名为 keeped_iou_arg_by_IOU_THRESH，tf.where 函数的输入是三个矩阵，第一个矩阵是 sorted_iou>IOU_THRESH 的计算结果，计算结果是一个布尔矩阵。若该布尔矩阵的某个元素为 True，说明该元素对应的矩形框交并比大于交并比阈值，则提取第二个矩阵（sorted_iou_arg）的相应元素，复制到输出矩阵中；反之，若布尔矩阵的某个元素为 False，则提取第三个矩阵的相应元素（INF），复制到输出矩阵中。以上操作相当

于让布尔判断（sorted_iou>IOU_THRESH）计算得到的 False 结果去指示那些需要“丢弃”的矩形框序号，“丢弃”行为即将矩形框序号替换为“INF”。由于矩形框序号 sorted_iou_arg 是 INT32 类型的，而准备替换的 INF 数据是 FP32 类型的，它们组合在一个矩阵中，必须拥有相同的数据类型，所以必须将矩形框序号 sorted_iou_arg 转化为 tf.float32 类型才能顺利执行。代码如下，注释中的代码无法执行，仅用于对比。

```
# 运行以下矩阵元素替换代码将引起数据类型错误
iou=tf.convert_to_tensor([0.93,0.45,0.51,0.77,0.18]) # FP32 类型
IOU_THRESH=0.5
sorted_iou=tf.sort(iou,direction='DESCENDING',axis=-1)# [batch, 100, 9]
sorted_iou_arg=tf.argsort(iou,direction='DESCENDING',axis=-1)
# keeped_iou_arg_by_IOU_THRESH=tf.where(
#     sorted_iou>IOU_THRESH,
#     sorted_iou_arg 替换矩阵元素时必须是相同的数据类型,即 INT64 或者 INT32
#     y=1.0/tf.zeros_like(sorted_iou_arg,dtype=tf.float32) )
keeped_iou_arg_by_IOU_THRESH=tf.where(
    sorted_iou>IOU_THRESH,
    x=tf.cast(sorted_iou_arg,tf.float32),
    y=1.0/tf.zeros_like(sorted_iou_arg,dtype=tf.float32) )
print(keeped_iou_arg_by_IOU_THRESH)
```

输出如下。

```
tf.Tensor([ 0.  3.  2. inf inf], shape=(5,), dtype=float32)
```

更多数据类型和计算逻辑的匹配关系无法一一列举，请读者在编写代码时关注数据类型，在遇到实际问题时，可以根据 TensorFlow 提供的错误提示来搜索解决方案。

11.3　人工智能硬件的运算能力评估

数据类型除了与计算逻辑有关，还与硬件的计算加速资源有关。每种数据类型的计算加速需要依靠计算加速硬件的专门计算单元，不同数据类型的运算能力不同。例如，桌面型显卡的运算能力主要集中在 FP32 数据类型的计算加速上，若将 FP64 类型的数据交给桌面型显卡计算，则计算速度会大幅下降。

人工智能的训练和推理计算一般可以选择通用中央处理器（CPU）和计算加速专用芯片（如 ASIC）。CPU 主要用于系统主控，适合通用计算。其内部的用于加法运算和乘法运算的算术逻辑单元（Arithmetic Logic Unit，ALU）数量有限。ASIC 又分为两类，显示处理器（GPU）和人工智能专用芯片（如 TPU、NPU），专门用于浮点运算，根据英伟达的 CUDA 文档，GPU 内部拥有适合矩阵计算的硬件架构，拥有更多的 ALU，数量规模远远超过 CPU。CPU 和 GPU 的加法、乘法单元数量和架构如图 11-2 所示。

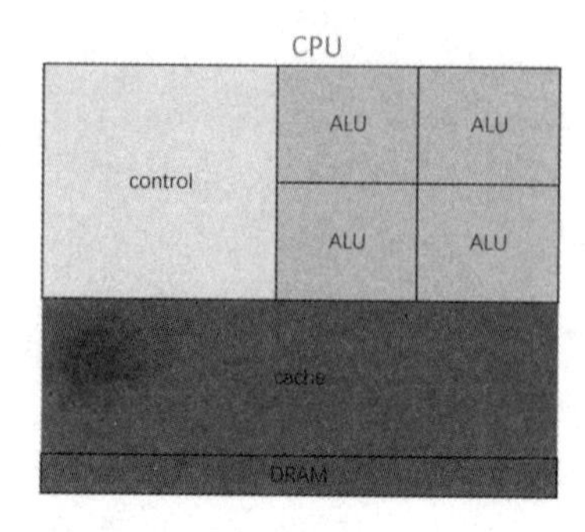

图 11-2　CPU 和 GPU 的加法、乘法单元数量和架构

CPU 一般采用多核结构，多核结构需要考虑逻辑核数 $\text{Cores}_{\text{Logical}}$ 和物理核数 $\text{Cores}_{\text{Physical}}$。根据英特尔的 CPU 架构说明，逻辑核数等于物理核数乘以每个时钟周期（Clock Cycle）执行的指令数 $\text{Instruction}_{\text{perClockCycle}}$，如下式所示。

$$\text{Cores}_{\text{Logical}}=\text{Cores}_{\text{Physical}}\times\text{Instruction}_{\text{perClockCycle}}$$

得知 CPU 的逻辑核数后，衡量 CPU 的运算能力还要考虑单核频率 $\text{Frequency}_{\text{perCore}}$ 和指令集寄存器宽度 $\text{Width}_{\text{Regitster}}$。CPU 的运算能力使用 FMA 来衡量，FMA 代表一次融合乘加（Fused Multiply-Add）运算，乘加运算能力越高，浮点运算能力越强。英特尔的 CPU 使用 $\dfrac{\text{Width}_{\text{Regitster}}}{\text{Width}_{\text{FMA}}}$ 来衡量 CPU 单指令的运算能力。其中，$\text{Width}_{\text{Regitster}}$ 表示指令集中单指令的寄存器宽度，而 $\text{Width}_{\text{FMA}}$ 表示乘加运算中乘法部分的位宽，如 FP64 的 FMA 运算的位宽是 64bit，FP32 的 FMA 运算的位宽是 32bit。英特尔的 CPU 在常规情况下的单指令宽度是 32bit，即单指令支持一次 32bit 的 FMA 运算；若 CPU 支持 SSE（Stream SIMD Extensions，其中，SIMD 是 Single Instruction Multiple Data 的简称）指令集，则单指令宽度是 128bit，单指令支持 4 个 32bit 的 FMA 运算或者 2 个 64bit 的 FMA 运算；若 CPU 支持 AVX2 指令集，则单指令宽度是 256bit，单指令支持 8 个 32bit 的 FMA 运算或者 4 个 64bit 的 FMA 运算；若 CPU 支持 AVX512 指令集，则单指令宽度是 512bit，单指令支持 16 个 32bit 的 FMA 运算或者 8 个 64bit 的 FMA 运算。

总的说来，可以用下式评估英特尔 CPU 的 FMA 运算能力。

$$\text{FLOPS}=\text{Frequency}_{\text{perCore}}\times\text{Cores}_{\text{Logical}}\times\frac{\text{Width}_{\text{Regitster}}}{\text{Width}_{\text{FMA}}}$$

根据上式选取桌面级和服务器级、性能从高到低的英特尔 CPU，FP32 和 FP64 数据类型下桌面级和服务器级 CPU 的理论浮点运算能力如表 11-2 所示。其他普通家用 CPU 的浮点运算能力一般等同于 1 个 TFLOPS 的运算能力。

表 11-2　FP32 和 FP64 数据类型下桌面级和服务器级 CPU 的理论浮点运算能力

CPU 分类和型号		逻辑核数	基本频率/GHz	指令集和寄存器宽度/bit	指令宽度除以 FP32 宽度	指令宽度除以 FP64 宽度	FP32 的运算能力/TFLOPS	FP64 的运算能力/TFLOPS
桌面酷睿	台式酷睿 CPU i9-10980XE	36	3	AVX512、512	16	8	1.728	0.864
	移动酷睿 CPU i5-8265U	8	1.6	AVX2、256	8	4	0.1024	0.0512
至强	至强铂金 8160	48	2.1	AVX512、512	16	8	1.6128	0.8064
	至强金牌 5218	32	2.3	AVX512、512	16	8	1.1776	0.5888
	至强 E5-2699 v4	44	2.2	AVX2、256	8	4	0.7744	0.3872
	至强 E5-1650 v4	12	3.6	AVX2、256	8	4	0.3456	0.1728

在 GPU 中，英伟达对于机器学习的支持能力最佳。它分为桌面级 GPU（如英伟达的 RTX 2080TI、RTX 3090Ti、RTX4090Ti 等）和服务器级计算加速处理器（例如英伟达的 P100、V100、A100、H100 等），其中服务器级计算加速处理器不支持视频输出。英伟达的计算加速处理器有两个指标：CUDA 单元（包括 TENSOR CORE 单元）和显存容量。CUDA 单元是英伟达计算加速处理器中负责处理乘加运算的单元，CUDA 单元数直接决定了显卡的浮点运算能力。据英伟达官方发布，从 2020 年开始为其计算加速处理器增加了 TENSOR CORE 单元作为机器学习的计算加速单元，其性能远远超过传统 CUDA 单元的 20 倍。因此，评估 GPU 的计算能力的时候，除评估 CUDA 单元数外，还需要考虑 TENSOR CORE 的数量。评估英伟达计算加速处理器时，还应关注显存容量，因为使用英伟达的计算加速处理器训练神经网络时，整个模型都会被装载进显存后再进行计算加速，并且神经网络训练阶段的梯度回传计算也需要将神经网络各节点的梯度计算结果缓存在显存中，所以显存应足够大，才能通过计算加速卡训练大型神经网络模型。

AI 专用芯片的厂家较多，名称较为杂乱，处理器内部架构也不统一。一般从宏观上以浮点运算能力评估专用芯片的性能。以谷歌的张量处理单元（Tensor Process Unit，TPU）为例，2021 年发布的 TPU V4 Pod 中有 4096 个 TPU V4 单芯片，这些单芯片互连后的运算能力为 1 EFlOPS，即实现每秒 10^{18} 的浮点运算能力。谷歌提供给开发者的 AI 开源编程平台 Colab 就是通过 TPU 为开发者提供免费的云计算能力支持。

除了关心训练阶段的计算加速，也要关心边缘端部署时推理阶段的计算加速。边缘端最常用的加速硬件一般是专用计算加速芯片。专用计算加速芯片封装为模块，模块通过焊接或 GPIO 接口与主控系统连接，为主控系统提供计算能力支持。以谷歌的 Edge TPU 计算加速卡为例，它既可以使用 GPIO 接口与 Linux 主控板连接，也可以使用 USB 接口与树莓派等物联网硬件连接。

上面提到的桌面级 GPU、服务器级计算加速处理器、AI 专用芯片、边缘端 AI 专用芯片如图 11-3 所示。

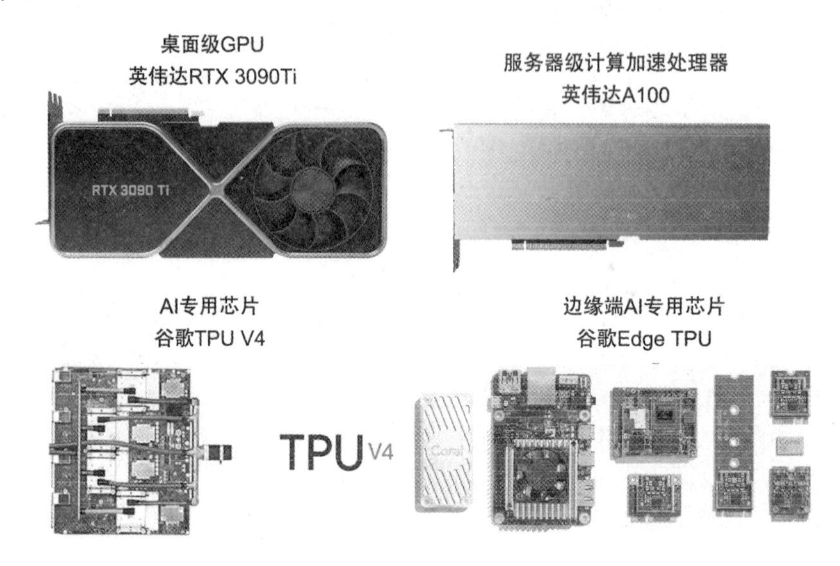

图 11-3　AI 计算加速硬件

关于运算能力，在训练阶段通常关注 32 位浮点运算能力，在边缘端通常关注 8 位浮点运算能力。根据 TechPowerUp 网站、英伟达官网、谷歌官网提供的数据，常用 AI 计算加速卡参数表如表 11-3 所示。

表 11-3　常用 AI 计算加速卡参数

	加速卡名称	架构	核心	CUDA 单元	TENSOR CORE 单元	显存 /GB	计算加速能力	显存带宽/GB/s
桌面级 GPU	RTX 3090Ti/24GB	Ampere	GA102	10752	336	24	单精度 FP32：40.00TFLOPS 双精度 FP64：0.625TFLOPS	1018
	RTX 2080Ti/11GB	Turing	TU102	4352	544	11	半精度 FP16：26.90TFLOPS 单精度 FP32：13.45TFLOPS 单精度 FP64：0.4202TFLOPS	616
	GTX 1080Ti/11G	Pascal	GP102	3584	—	11	半精度 FP16：0.1772TFLOPS 单精度 FP32：11.34TFLOPS 双精度 FP64：0.3544TFLOPS	—
	GTX 1060/6GB	Pascal	GP106	1280	—	6	单精度 FP32：4.375TFLOPS 双精度 FP64：0.136.7TFLOPS	192.2

续表

	加速卡名称	架构	核心	CUDA 单元	TENSOR CORE 单元	显存/GB	计算加速能力	显存带宽/GB/s
服务器级计算加速处理器	A100 80GB PCIe	Ampere	GA100	6912	432	80	双精度 FP64：9.7TFLOPS 双精度 FP64 Tensor Core：19.5TFLOPS 单精度 FP32：19.5TFLOPS 半精度 FP16 Tensor Core：312TFLOPS TF32 Tensor Core：156TFLOPS BFLOAT16 Tensor Core：312TFLOPS INT8 Tensor Core：624TFLOPS INT4 Tensor Core：1248TFLOPS	1935
	Tesla V100/32GB	Volta	GV100	5120	640	32	半精度 FP16：28.26TFLOPS 单精度 FP32：14.13TFLOPS 双精度 FP64：7.066TFLOPS	897
	Tesla P100/16G	Pascal	GP100	3584	无	16	半精度 FP16：19.05TFLOPS 单精度 FP32：9.526TFLOPS 双精度 FP64：4.763TFLOPS	732.2
AI 专用芯片	TPU V4 pod	一个 pod 包含 4096 个 TPU V4 芯片，每个芯片有 1 个 Core，每个 Core 有 8G 专用内存，计算能力为 275TFLOPS				32768	TF32：1126400TFLOPS（目前最快的 AI 计算加速硬件）	614
	TPU V3 Board（V3-8）	每个 Board 包含 4 个 TPU V3 芯片，每个芯片有 2 个 Core，每个 Core 有 16G 专用内存，计算能力为 52.5TFLOPS				128	TF32：420TFLOPS	900
边缘端 AI 专用芯片	Edge TPU	—	—	—	—	—	INT8：4TFLOPS	—

注：数据来自 TechPowerUp 网站的 GPU-Specs 版块。

专用的 AI 计算加速硬件的计算加速能力一般 1TFLOPS 以上，但应当格外注意 AI 计算加速硬件是通过硬件逻辑单元实现不同数据类型的加速，因此，只有合理设置神经网络的数据类型，最大化地利用 AI 计算加速硬件的内部加速单元，才能达到计算加速的作用。例如，RTX 3090Ti 的单精度 FP32 的运算能力为 40.00TFLOPS，但双精度 FP64 的运算能力为 0.625TFLOPS，如果将神经网络设计为 64 位浮点数据，那么神经网络的训练速率将大幅下降。以老款的 Tesla P100 为例，虽然单精度 FP32 的运算能力只有 9.526TFLOPS，但由于服务器端的定位，其内部配置了大量的双精度浮点运算单元，双精度 FP64 的运算能力为 4.763TFLOPS，性能依旧是后两代的桌面级显卡 RTX 3090Ti 的双精度 FP64 运算能力的 7～8 倍。

根据全连接层和二维卷积层的内存开销分析，输入图像的分辨率每扩大一倍，内存消耗扩大平方倍，因此选择 AI 计算加速硬件也要考虑显存的大小。专用的 AI 计算加速硬件一般都有 4GB 以上的显存，显存越大，支持的输入图像的分辨率越大，支持的模型复杂度越高，一次训练迭代使用的打包样本数越大。在同一批次、相同耗时的情况下，打包样本数扩大 N 倍，总的训练步数下降至原来的 $1/N$。因此，合理选择性价比最高的显存对于计算机视觉项目的训练效率至关重要。

在日常研发过程中，一般会预先估计神经网络显存消耗和乘法浮点运算开销，以预估计算加速硬件性能；使用计算加速硬件部署推理时，也会用一次推理的运算开销除以购买硬件的每秒浮点运算量，以评估计算机视觉项目运用到生产后的每秒（传输）帧数（Frame Per Second，FPS），从而选择最适合应用场景的计算加速卡。

11.4 安装 GPU 版本的 TensorFlow 计算框架

对于大规模的计算机视觉研发，购买或建设高性能的云计算是最佳选择。但对于小规模的计算机视觉研发，一般采用私有化部署机器学习工作站的方法，即在一台专用计算机上安装英伟达的桌面级或服务器级计算加速卡。下面以中、小规模的计算机视觉应用为例，简要介绍驱动的安装，以及 CUDA、cuDNN、TensorFlow-GPU 等软件的安装和配置。更详细的安装配置可参见相关指导手册和文章。

首先安装最新版本的显卡驱动，可以登录英伟达的官网下载合适的显卡的最新版驱动程序；然后，确定需要使用的 TensorFlow-GPU 版本，如 TensorFlow 从 2.4 版本开始将机器学习常用的 NumPy 函数包进行了封装，使用 TensorFlow 函数库内的 NumPy 和使用外部 NumPy 的效果一样，但速度却大幅提升。一旦确定了需要的 TensorFlow-GPU 版本，就可以登录 TensorFlow 的官网查看 TensorFlow 的版本与英伟达 CUDA、cuDNN 版本的依赖关系，详情可见 TensorFlow 官网的“从源码安装”章节。该网页提供了 TensorFlow-GPU 的版本和英伟达 CUDA、cuDNN 版本的匹配关系（见表 11-4）。

表 11-4　TensorFlow-GPU 的版本和英伟达 CUDA、cuDNN 的版本匹配关系

操作系统	版本	Python 版本	编译器	构建工具	cuDNN 版本号	CUDA 版本号
Windows	TensorFlow-GPU 2.6.0	3.6～3.9	MSVC 2019	Bazel 3.7.2	8.1	11.2
	TensorFlow-GPU 2.5.0	3.6～3.9	MSVC 2019	Bazel 3.7.2	8.1	11.2
	TensorFlow-GPU 2.4.0	3.6～3.8	MSVC 2019	Bazel 3.1.0	8	11

续表

操作系统	版本	Python 版本	编译器	构建工具	cuDNN 版本号	CUDA 版本号
Windows	TensorFlow-GPU 2.3.0	3.5～3.8	MSVC 2019	Bazel 3.1.0	7.6	10.1
	TensorFlow-GPU 2.2.0	3.5～3.8	MSVC 2019	Bazel 2.0.0	7.6	10.1
	TensorFlow-GPU 2.1.0	3.5～3.7	MSVC 2019	Bazel 0.27.1-0.29.1	7.6	10.1
	TensorFlow-GPU 2.0.0	3.5～3.7	MSVC 2017	Bazel 0.26.1	7.4	10
	TensorFlow-GPU 1.15.0	3.5～3.7	MSVC 2017	Bazel 0.26.1	7.4	10
	TensorFlow-GPU 1.14.0	3.5～3.7	MSVC 2017	Bazel 0.24.1-0.25.2	7.4	10
	TensorFlow-GPU 1.13.0	3.5～3.7	MSVC 2015 update 3	Bazel 0.19.0-0.21.0	7.4	10
	TensorFlow-GPU 1.12.0	3.5～3.6	MSVC 2015 update 3	Bazel 0.15.0	7.2	9
Linux	TensorFlow 2.6.0	3.6～3.9	GCC 7.3.1	Bazel 3.7.2	8.1	11.2
	TensorFlow 2.5.0	3.6～3.9	GCC 7.3.1	Bazel 3.7.2	8.1	11.2
	TensorFlow 2.4.0	3.6～3.8	GCC 7.3.1	Bazel 3.1.0	8	11
	TensorFlow 2.3.0	3.5～3.8	GCC 7.3.1	Bazel 3.1.0	7.6	10.1
	TensorFlow 2.2.0	3.5～3.8	GCC 7.3.1	Bazel 2.0.0	7.6	10.1
	TensorFlow 2.1.0	2.7、3.5～3.7	GCC 7.3.1	Bazel 0.27.1	7.6	10.1
	TensorFlow 2.0.0	2.7、3.3～3.7	GCC 7.3.1	Bazel 0.26.1	7.4	10
	TensorFlow-GPU 1.15.0	2.7、3.3～3.7	GCC 7.3.1	Bazel 0.26.1	7.4	10
	TensorFlow-GPU 1.14.0	2.7、3.3～3.7	GCC 4.8	Bazel 0.24.1	7.4	10
	TensorFlow-GPU 1.13.1	2.7、3.3～3.7	GCC 4.8	Bazel 0.19.2	7.4	10
	TensorFlow-GPU 1.12.0	2.7、3.3～3.6	GCC 4.8	Bazel 0.15.0	7	9

最后，根据表 11-4 的版本匹配关系，下载并安装英伟达的 CUDA 工具包和 cuDNN 深度神经网络库（CUDA Deep Neural Network，cuDNN），下载 cuDNN 时需要注册英伟达的开发者账号。下载 CUDA 软件和 cuDNN 软件的界面如图 11-4 所示。

安装 CUDA 后，可以立即在命令行界面输入 nvcc–V，确认安装的 CUDA 版本。笔者此处安装的是 CUDA V10.2.89 版本，命令行界面查看 CUDA 软件的版本如图 11-5 所示。

首先，下载 cuDNN 后得到一个压缩包，解压后会获得名为“cuda”的文件夹，为方便区分，应将文件夹改名为“cudnn”，将文件夹整体复制到 CUDA 的安装目录下。以笔者的计算机为例，复制的目标文件夹是 C:\Program Files\NVIDIA GPU Computing Toolkit\CUDA\v10.2。将 cuDNN 复制到 CUDA 软件的安装目录，如图 11-6 所示。

英伟达官网的developer模块的cuda-downloads页面

CUDA Toolkit 11.6 Update 1 Downloads

Select Target Platform

Click on the green buttons that describe your target platform. Only supported platforms will be shown. By downloading and using the software, you agree to fully comply with the terms and conditions of the CUDA EULA.

Operating System　Linux　Windows

Architecture　x86_64

Version　10　11　Server 2016　Server 2019　Server 2022

Installer Type　exe (local)　exe (network)

Download Installer for Windows 11 x86_64

The base installer is available for download below.

>Base Installer　CUDA Toolkit下载　Download (2.5 GB)

Installation Instructions:

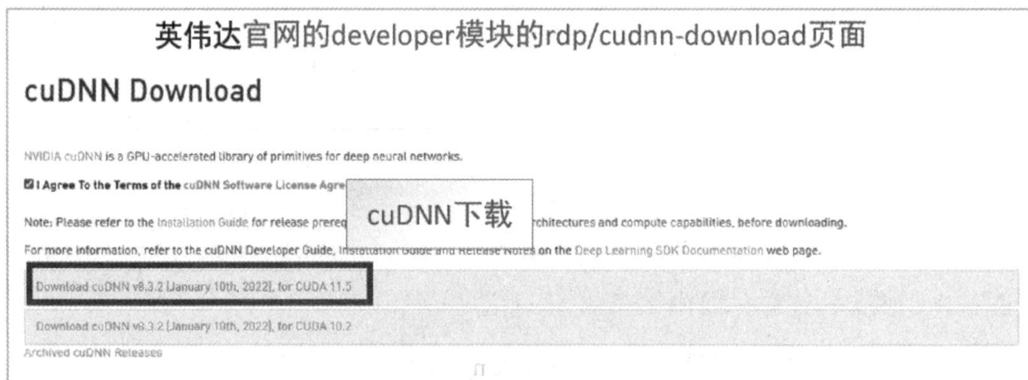

图 11-4　下载 CUDA 软件和 cuDNN 软件的界面

```
C:\Windows\system32\cmd.exe
Microsoft Windows [版本 10.0.18363.418]
(c) 2019 Microsoft Corporation。保留所有权利。

C:\Users\indeed>nvcc -V
nvcc: NVIDIA (R) Cuda compiler driver
Copyright (c) 2005-2019 NVIDIA Corporation
Built on Wed_Oct_23_19:32:27_Pacific_Daylight_Time_2019
Cuda compilation tools, release 10.2, V10.2.89
```

图 11-5　命令行界面查看 CUDA 软件的版本

› NVIDIA GPU Computing Toolkit › CUDA › v10.2　　搜索"v10.2"

名称	修改日期	类型
bin	2019/12/16 20:44	文件夹
cudnn	2019/12/17 1:07	文件夹
doc	2019/12/16 20:44	文件夹
extras	2019/12/16 20:44	文件夹
include	2019/12/16 20:44	文件夹
lib	2019/12/16 20:44	文件夹
libnvvp	2019/12/16 20:44	文件夹
nvml	2019/12/16 20:44	文件夹
nvvm	2019/12/16 20:44	文件夹
nvvmx	2019/12/16 20:44	文件夹
src	2019/12/16 20:44	文件夹
tools	2019/12/16 20:44	文件夹
CUDA_Toolkit_Release_Notes	2019/10/24 16:28	文本文档
EULA	2019/10/24 16:28	文本文档
version	2019/10/24 16:28	文本文档

图 11-6　将 cuDNN 复制到 CUDA 软件的安装目录

安装 CUDA 10.2 后，通常只包含以下两个路径。

```
C:\Program Files\NVIDIA GPU Computing Toolkit\CUDA\v10.2\bin
C:\Program Files\NVIDIA GPU Computing Toolkit\CUDA\v10.2\libnvvp
```

需要将 CUPTI 和 cuDNN 的目录手动添加到环境变量中，以笔者的计算机为例，CUPTI 和 cuDNN 的目录如下。将 CUPTI 和 cuDNN 的目录手动添加到环境变量如图 11-7 所示。

```
C:\Program Files\NVIDIA GPU Computing Toolkit\CUDA\v10.2\extras\CUPTI\lib64
C:\Program Files\NVIDIA GPU Computing Toolkit\CUDA\v10.2\cudnn\bin
```

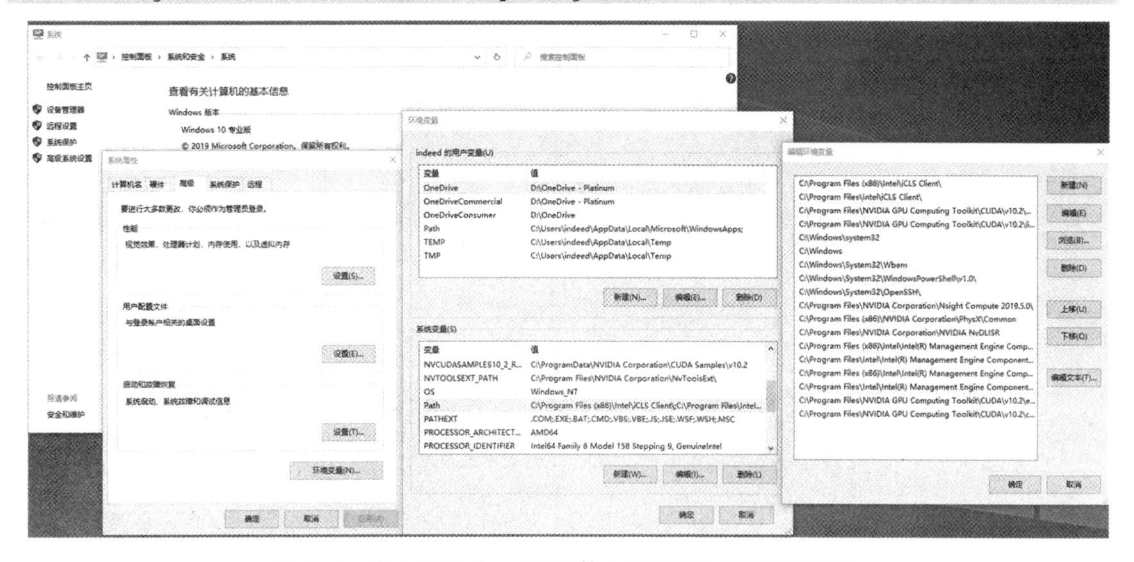

图 11-7　将 CUPTI 和 cuDNN 的目录手动添加到环境变量

在 cmd 窗口输入 path，以确认系统路径是否添加成功，如图 11-8 所示。

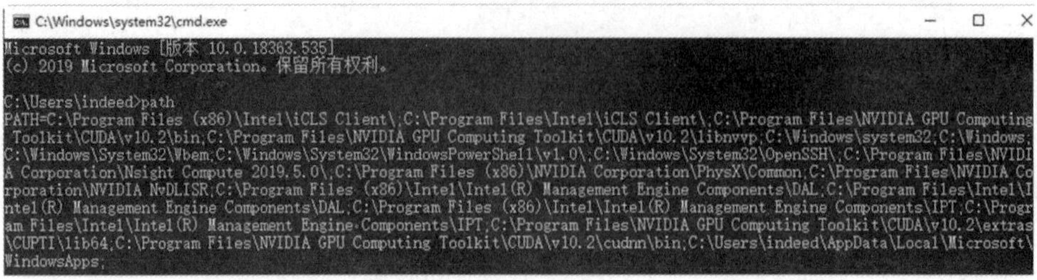

```
C:\Windows\system32\cmd.exe
Microsoft Windows [版本 10.0.18363.535]
(c) 2019 Microsoft Corporation。保留所有权利。

C:\Users\indeed>path
PATH=C:\Program Files (x86)\Intel\iCLS Client\;C:\Program Files\Intel\iCLS Client\;C:\Program Files\NVIDIA GPU Computing
 Toolkit\CUDA\v10.2\bin;C:\Program Files\NVIDIA GPU Computing Toolkit\CUDA\v10.2\libnvvp;C:\Windows\system32;C:\Windows;
C:\Windows\System32\Wbem;C:\Windows\System32\WindowsPowerShell\v1.0\;C:\Windows\System32\OpenSSH\;C:\Program Files\NVIDI
A Corporation\Nsight Compute 2019.5.0\;C:\Program Files (x86)\NVIDIA Corporation\PhysX\Common;C:\Program Files\NVIDIA Co
rporation\NVIDIA NvDLISR;C:\Program Files (x86)\Intel\Intel(R) Management Engine Components\DAL;C:\Program Files\Intel\I
ntel(R) Management Engine Components\DAL;C:\Program Files (x86)\Intel\Intel(R) Management Engine Components\IPT;C:\Progr
am Files\Intel\Intel(R) Management Engine Components\IPT;C:\Program Files\NVIDIA GPU Computing Toolkit\CUDA\v10.2\extras
\CUPTI\lib64;C:\Program Files\NVIDIA GPU Computing Toolkit\CUDA\v10.2\cudnn\bin;C:\Users\indeed\AppData\Local\Microsoft\
WindowsApps;
```

图 11-8　在 cmd 窗口输入 path，以确认系统路径添加成功

完成以上工作后就可以在虚拟环境的 Python 命令交互界面，通过 conda 或者 pip 安装 TensorFlow 的 GPU 版本，指定版本后，pip 或者 conda 会自动安装相应的依赖包。虚拟环境下安装 TensorFlow 的 GPU 版本的代码如下，pip 和 conda 的安装方式，二选一即可。

```
pip install TensorFlow-gpu==2.3  # pip GPU
conda install TensorFlow-gpu==2.3 # conda GPU
```

安装完成后就可以在集成开发工具中输入 TensorFlow 的 GPU 相关命令，以确认 TensorFlow 软件利用 GPU 计算加速卡的并行计算能力。相关代码如下。

```
import tensorflow as tf
gpu_available = tf.test.is_gpu_available()
print("是否有 GPU: ", gpu_available)
print("GPU 数量: ", len(tf.config.experimental.list_physical_devices('GPU')))
```

输出如下。

```
是否有 GPU: True
GPU 数量: 1
```

说明 TensorFlow 的 GPU 版本可以利用计算加速卡进行并行计算。本节的代码可在 TensorFlow 的 GPU 版本与 TensorFlow 的 CPU 版本下顺畅运行，开发者无须更改任何代码。笔者日常使用 TensorFlow 的 CPU 版本进行研发，虽然此时的训练十分缓慢，但不影响神经网络的设计和调试。待代码完全调试成功后，可以同步复制到安装了 GPU 版本的 TensorFlow 的环境下进行正式训练，这样大幅缩短了训练工作的耗时。

11.5　使用卷积层和全连接层构建经典神经网络 LeNet

本节的神经网络由若干二维卷积层组成，将消耗大量的算力，所以建议读者根据本节之前的指导配置一个计算加速卡，并安装 TensorFlow 的 GPU 版本。由于 CPU 版本和 GPU 版本的 TensorFlow 在使用上毫无差别，将很难发觉 GPU 加速失败，所以在开始本节的学习之前，请务必通过上一节提供的测试命令，确认 TensorFlow 可以利用硬件进行计算加速。

11.5.1　MNIST 手写数字数据集

可以通过 TensorFlow 提供的数据集工具将 MNIST 手写数字数据集下载到本地。代码如下。

```
mnist = tf.keras.datasets.fashion
(x_train, y_train), (x_test, y_test) = mnist.load_data()
```

在 spyder 的打印界面上查看数据集的下载过程，输出如下。

```
Downloading data from https://……/mnist.npz
11493376/11490434 [==============================] - 2s 0us/step
```

如果计算机无法连接网络，那么可以通过 Kaggle 网站手动下载 MNIST 手写数字数据集，下载页面如图 11-9 所示。

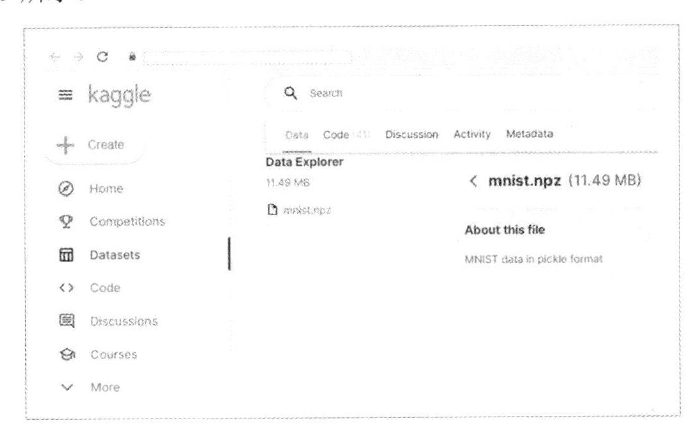

图 11-9　下载页面

将该数据集复制到用户文件夹下的.keras/datasets/文件夹内。手动下载 MNIST 手写数字数据集到本地磁盘如图 11-10 所示。再次运行载入数据集的命令，计算机将优先从本机文件夹内读取缓存数据，避免从外网进行下载。

C:\Users\indeed\.keras\datasets

名称	修改日期	类型	大小
boston_housing.npz	2022-02-21 19:52	NPZ 文件	56 KB
flower_photos.tar.gz	2020-02-25 16:21	GZ 压缩文件	223,452 KB
imdb.npz	2021-10-19 18:02	NPZ 文件	17,056 KB
imdb_word_index.json	2021-10-19 18:04	JSON 文件	1,603 KB
mnist.npz	2022-02-28 11:09	NPZ 文件	11,222 KB

图 11-10　手动下载 MNIST 手写数字数据集到本地磁盘

MNIST（Mixed National Institute of Standards and Technology）数据集是美国国家标准与技术研究院收集整理的大型手写数字数据库，包含 6 万幅手写数字灰度图像的训练数据集及 1 万幅手写数字灰度图像的测试数据集。MNIST 手写数字数据集概览如图 11-11 所示。

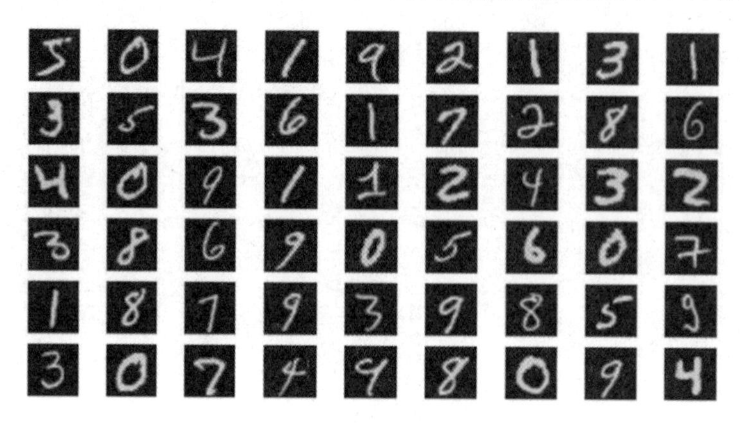

图 11-11　MNIST 手写数字数据集概览

加载数据集会返回 4 个 NumPy 数组：train_images 和 train_labels 是训练数据集，用于训练模型；test_images 和 test_labels 是测试数据集，用于测试模型。train_images 和 test_images 分别包含了 6 万个和 1 万个 28×28 的 NumPy 数组，元素数值介于 0 至 255 之间。将取值范围为 0～255 的图像数据进行归一化，让其分布于-1～1，代码如下。

```
#===============数据归一化====================
[x_train, x_test] = [ _/255*2-1 for _ in [x_train, x_test]]
```

利用 spyder 集成开发工具的内存数据查看功能，查看下载数据集的数据结构。观察 spyder 的右上区域，单击“Variable Explorer”按钮就可以看到加载在内存中的训练数据集和验证数据集。训练数据集有 6 万幅 28 像素×28 像素的灰度图像，其形状为[60000,28,28]，第一个维度表示样本数，第二、三个维度表示图像的分辨率，加载到内存的 MNIST 手写数字数据集如图 11-12 所示。

x_test	Array of float64	(10000, 28, 28)	Min: -1.0 Max: 1.0
x_train	Array of float64	(60000, 28, 28)	Min: -1.0 Max: 1.0
y_test	Array of uint8	(10000,)	Min: 0 Max: 9
y_train	Array of uint8	(60000,)	Min: 0 Max: 9

图 11-12　加载到内存的 MNIST 手写数字数据集

y_train 和 y_test 分别包含了 6 万个标签和 1 万个标签，元素数值是整数，数值范围 0～9。这些标签与图像一一对应，数值表示图像代表的服饰类别，Fashion-MNIST 数据集标签的含义如表 11-5 所示。

表 11-5　Fashion-MNIST 数据集标签的含义

标签	类别	标签	类别
0	手写数字 0	5	手写数字 5
1	手写数字 1	6	手写数字 6
2	手写数字 2	7	手写数字 7
3	手写数字 3	8	手写数字 8
4	手写数字 4	9	手写数字 9

由于输入神经网络的数据的最后一个维度是通道，所以对于单通道灰度图像的数据，需要在最后增加一个通道的维度，同时将图像的数据类型修改为单精度 FP32，将分类结果的数据类型修改为 32 位整数。代码如下。

```
x_train = x_train[:, :, :, np.newaxis].astype(np.float32)
y_train = y_train.astype(np.int32)
x_test = x_test[:, :, :, np.newaxis].astype(np.float32)
y_test = y_test.astype(np.int32)
```

修改数据形状后，数据集的数据格式和形状如图 11-13 所示。

x_test	Array of float32	(10000, 28, 28, 1)	Min: -1.0 Max: 1.0
x_train	Array of float32	(60000, 28, 28, 1)	Min: -1.0 Max: 1.0
y_test	Array of int32	(10000,)	Min: 0 Max: 9
y_train	Array of int32	(60000,)	Min: 0 Max: 9

图 11-13　数据集的数据格式和形状

最后将处理的 NumPy 数组转化为 TensorFlow 的数据集，并将数据集按照每 1024 样本为一个批次打包，代码如下。

```
ds_train = tf.data.Dataset.from_tensor_slices( (x_train,y_train))
ds_test  = tf.data.Dataset.from_tensor_slices((x_test,y_test))
print("训练数据集格式",ds_train)
print("验证数据集格式",ds_test)
BATCH_SIZE =1024
ds_train= ds_train.batch(BATCH_SIZE)
ds_test = ds_test.batch(BATCH_SIZE)
print("打包后训练数据集格式",ds_train)
print("打包后验证数据集格式",ds_test)
```

查看打包前、后的数据集格式，输出如下。

```
训练数据集格式 <TensorSliceDataset shapes: ((28, 28, 1), ()), types: (tf.float32, tf.int32)>
```

```
验证数据集格式 <TensorSliceDataset shapes: ((28, 28, 1), ()), types: (tf.float32, tf.int32)>
打包后训练数据集格式 <BatchDataset shapes: ((None, 28, 28, 1), (None,)), types: (tf.float32, tf.int32)>
打包后验证数据集格式 <BatchDataset shapes: ((None, 28, 28, 1), (None,)), types: (tf.float32, tf.int32)>
```

11.5.2 使用贯序方式建立极简神经网络 LeNet

Yan 等人提出的 LeNet 神经网络[5]是仅有 5 层的神经网络，打败了使用特征工程的手写数字识别技术，识别率达 98%。

LeNet5 神经网络由一系列层组成，包括卷积层、池化层、全连接层。虽然 LeNet 神经网络相对简单，甚至有些简陋，但这些层（特别是卷积层）是后续计算机视觉领域神经网络的重要组件，层与层之间的组织方式广泛应用于计算机视觉的神经网络设计中。LeNet5 神经网络内部最重要的 5 个核心层是卷积层 1、池化层 1、卷积层 2、池化层 2、全连接层（实际上有 2 个），输入全连接层后，就构成了一个完整的 LeNet5 神经网络。LeNet 神经网络结构如图 11-14 所示。

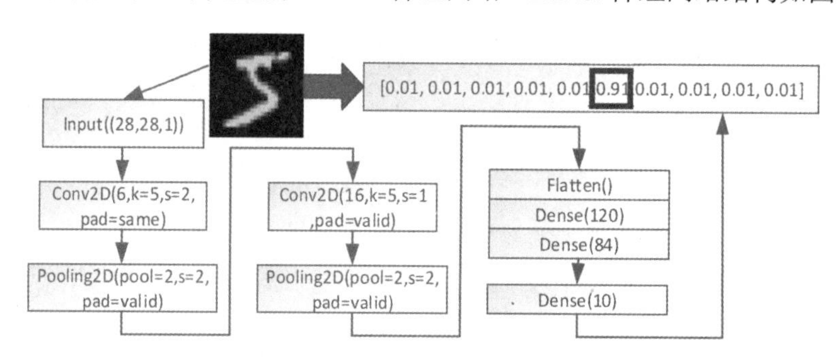

图 11-14 LeNet 神经网络结构

LeNet5 神经网络的第一部分是输入层定义。由于数据集中的手写数字图像都是尺寸为 28 像素×28 像素的单通道灰度图像，属于多分类单标签，所以定义输入层的形状为[None,28,28,1]，最终的输出是经过了 softmax 的概率序列，形状为[None,10]，None 表示打包的维度，代码如下。

```
input_shape = (None,28,28,1)
output_shape= (None,10)
output_dim = output_shape[-1]
model = tf.keras.Sequential(name='LeNet')
model.add(tf.keras.layers.Input(input_shape[1:], name="img_inp"))
```

LeNet5 神经网络的第二部分是第一套卷积层和池化层，命名为 C1 和 S2。

第一套卷积层和池化层中的 C1 层接收形状为[28,28,1]的训练数据集，卷积层的卷积核数量 filters 设置为 6，意味着输出特征图的通道数为 6；卷积核的尺寸 kernel_size 设置为 5，意味着对每个尺寸为 5 像素×5 像素的局部图像和每个尺寸为 5 像素×5 像素的卷积核进行二维卷积运算；卷积层的步长 strides 设置为 1，意味着卷积核以 1 个像素的步长横向和纵向扫描原始图像；卷积层的补零机制 padding 设置为 same，意味着输出尺寸等于输入尺寸除以步长，等于 28 像素×28 像素；卷积层的激活函数 activation 使用关键字 tanh，意味着经过式（10-6）的激活，卷积运算的输出动态范围锁定在−1～1。根据第 10 章关于二维卷积层的定义，此时 C1 层的输出形状是 [None,28,28,6]，内存开销是 (5×5)×1×6+6=156 个数值变量，运算开销是 5×5×28×28×1×6=0.1176MFLOPs。

LeNet5 神经网络的 C1 层的数据流如图 11-15 所示。

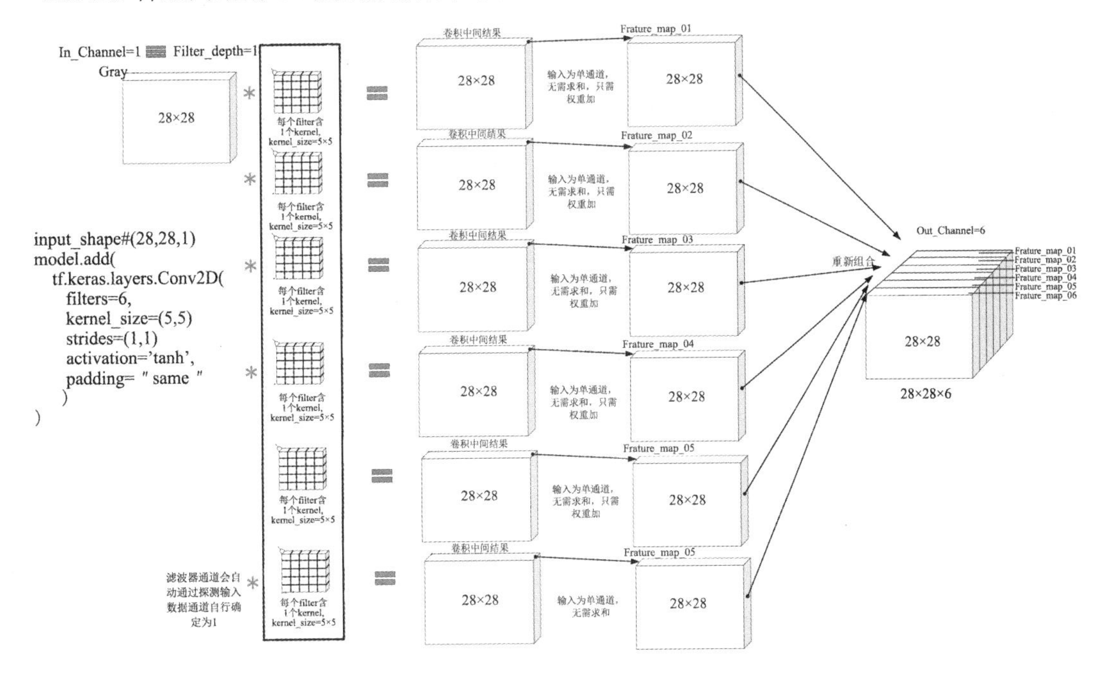

图 11-15　LeNet5 神经网络的 C1 层的数据流

S1 层是下采样（Down-Sampling）层，其作用机制将原始图像进行尺寸的缩小采样，扫描核尺寸用 pool_size 表示，扫描步长用 strides 表示，补零机制用 padding 表示，关键字含义与二维卷积层的关键字含义一致。LeNet5 神经网络的下采样层通过二维平均池化（AveragePooling2D）实现，二维池化层在 TensorFlow 中通过实例化 tf.keras.layers.AveragePooling2D 类实现。此时 S2 层的输出形状是[None,14,14,6]，无内存开销和乘法开销。

第一套二维卷积和二维池化层的代码如下。

```
model.add(tf.keras.layers.Conv2D(
    filters=6, kernel_size=(5,5),
```

```
        strides=(1,1), activation='tanh',
        padding='same', name='C1'))
    model.add(tf.keras.layers.AveragePooling2D(
        pool_size=(2,2),strides=(2, 2),
        padding='valid', name='S2'))
```

LeNet5 神经网络的第三部分是第二套卷积层和池化层，命名为 C3 和 S4。

C3 层与 C1 层的不同是卷积层的滤波器数设置为 16，即输出是 16 通道的特征图，补零机制采用 valid，意味着卷积核不会超出图像边缘进行卷积。根据二维卷积层的定义，C3 层的输出形状是 [None,10,10,16]，内存开销是（5×5）×6×16+16 = 2416，乘法开销是 5×5×10×10×6×16=0.24MFLOPs。LeNet5 神经网络 C3 层的数据流图如图 11-16 所示。Input_shape=[14,14,6]代表 6 通道，分辨率为 14 像素×14 像素，滤波器的深度自动设为 6，即 filter_depth=6。Filter=16 代表 16 个滤波器，意味着输出的 out_channel=16。

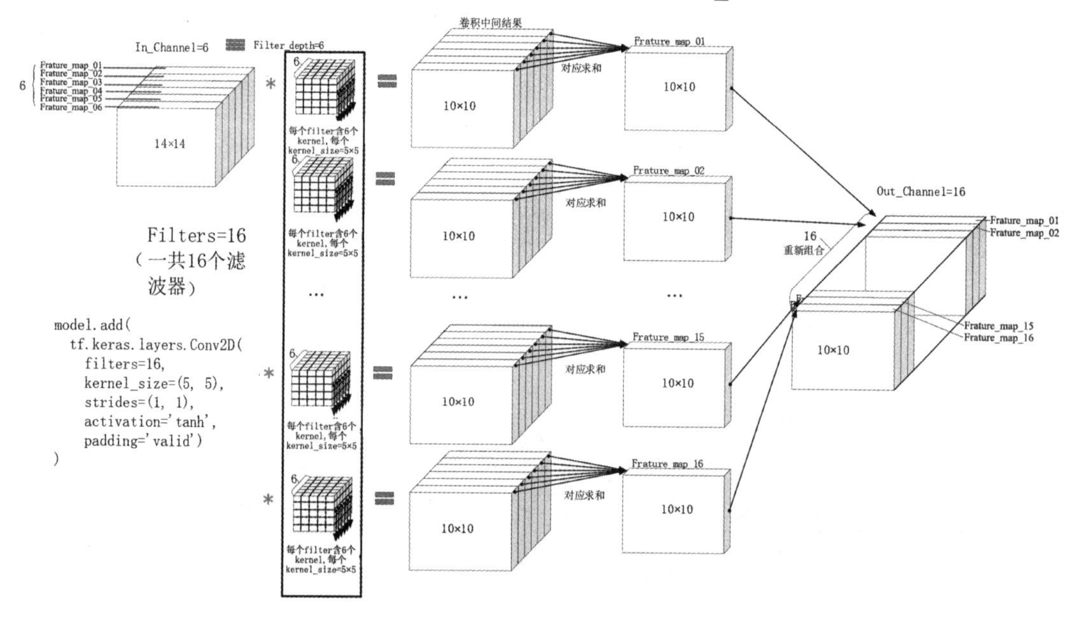

图 11-16　LeNet5 神经网络 C3 层的数据流图

S4 层与 S2 层的参数完全一致，S4 层的输出形状是[None,5,5,16]。

第二套卷积层和池化层的代码如下。

```
model.add(tf.keras.layers.Conv2D(
    filters=16, kernel_size=(5, 5),
    strides=(1, 1), activation='tanh',
    padding='valid',name='C3'))
model.add(tf.keras.layers.AveragePooling2D(
    pool_size=(2,2), strides=(2,2),
```

```
    padding='valid',name='S4'))
```

经过卷积层 C1、池化层 S2、卷积层 C3、池化层 S4 的输出，已经将图像的二维特征提取完毕。下面将找到这些特征的组合关系，即找到特征图每个像素与 0～9 这 10 个数字之间的线性关系。

首先，增加一个 Flatten 层（命名为 FL5 层），作用是将前一层的输出拉平为一维向量。由于 S4 层的输出形状是[None,5,5,16]，所以拉平后的形状是[None,400]。

然后，对该一维向量进行线性组合，即新建三个非线性激活函数的 Dense 层，对应的非线性激活函数分别是 tanh、tanh、softmax。三个全连接 Dense 层分别命名为 FC5_1、FC5_2、FC5_3_softmax。第一个 Dense 层对输入进行线性组合后，形成 120 个输出；第二个 Dense 层对输入进行线性组合后，形成 84 个输出；最后一个 Dense 层对输入进行线性组合后，形成 10 个 1 行、10 列的概率序列输出。

根据第 10 章关于全连接层的定义，此时 FC5_1、FC5_2、FC5_3_softmax 层的详情如下。

FC5_1 层的输入形状是[None,400]，输出形状是[None,120]，内存开销是 400×120+120＝48120，乘法开销是 400×120＝0.048MFLOPs。

FC5_2 层的输入形状是[None,120]，输出形状是[None,84]，内存开销是 120×84+84＝10164，乘法开销是 120×84＝0.01008MFLOPs。

FC5_3_softmax 层的输入形状是[None,84]，输出形状是[None,10]，内存开销是 84×10+10＝850，乘法开销是 84×10＝0.00084MFLOPs。

FL5、FC5_1、FC5_2、FC5_3_softmax 三个全连接层的代码如下。

```
model.add(tf.keras.layers.Flatten(name='FL5'))
model.add(tf.keras.layers.Dense(units=120,activation='tanh',
                                name='FC5_1'))
model.add(tf.keras.layers.Dense(units=84,activation='tanh',
                                name='FC5_2'))
model.add(tf.keras.layers.Dense(units=output_dim,
                                activation='softmax',
                                name='FC5_3_softmax'))
```

至此就完成了 LeNet5 神经网络的构建，LeNet5 神经网络的参数和开销简表如表 11-6 所示。

表 11-6　LeNet5 神经网络的参数和开销简表

层名	输入形状	算法摘要	输出形状	内存开销	乘法开销/MFLOPs
输入	—	—	[None,28,28,1]	0	0
C1	[None,28,28,1]	f6、k5、s1,same	[None,28,28,6]	156	0.1176

续表

层名	输入形状	算法摘要	输出形状	内存开销	乘法开销/MFLOPs
S2	[None,28,28,6]	k2、s2、valid	[None,14,14,6]	0	0
C3	[None,14,14,6]	f16、k5、s1,valid	[None,10,10,16]	2416	0.24
S4	[None,10,10,16]	k2、s2、valid	[None,5,5,16]	0	0
FL5	[None,5,5,16]	—	[None,400]	0	0
FC5_1	[None,400]	u120	[None,120]	48120	0.048
FC5_2	[None,400]	u84	[None,84]	10164	0.01008
FC5_3_softmax	[None,400]	u10	[None,10]	850	0.00084
合计	[None,28,28,1]	—	[None,10]	61706	0.41652

注：输入形状、输出形状的四个维度分别为打包 batch、高、宽、通道；算法摘要中，f 代表滤波器数量 filter、k 代表卷积核尺寸 kernel_size、s 代表步长 strides、valid 或者 same 表示补零机制，u 代表全连接层的输出维度

最后通过模型的 summary 方法，查看整个模型的代码和输出如下。

```
model.summary()
Model: "LeNet"
_________________________________________________________________
Layer (type)                 Output Shape              Param
=================================================================
C1 (Conv2D)                 (None, 28, 28, 6)         156
_________________________________________________________________
S2 (AveragePooling2D)        (None, 14, 14, 6)         0
_________________________________________________________________
C3 (Conv2D)                 (None, 10, 10, 16)        2416
_________________________________________________________________
S4 (AveragePooling2D)        (None, 5, 5, 16)          0
_________________________________________________________________
FL5 (Flatten)                (None, 400)               0
_________________________________________________________________
FC5_1 (Dense)                (None, 120)               48120
_________________________________________________________________
FC5_2 (Dense)                (None, 84)                10164
_________________________________________________________________
FC5_3_softmax (Dense)        (None, 10)                850
=================================================================
Total params: 61,706
Trainable params: 61,706
Non-trainable params: 0
```

由此可见，LeNet5 神经网络的内存开销主要来自全连接层，乘法开销主要来自二维卷积

层。开发者在后面的研发中要特别注意二维卷积层可能导致训练缓慢，全连接层数过多可能导致显存溢出。LeNet5 神经网络不同层的开销占比如图 11-17 所示。

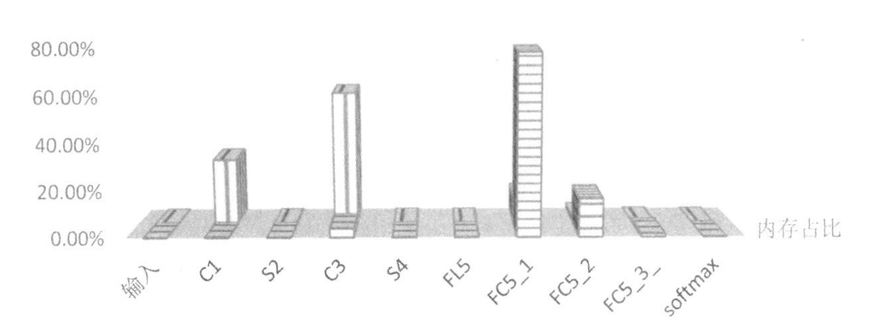

图 11-17　LeNet5 神经网络不同层的开销占比

11.5.3　使用 fit 方法在 MNIST 手写数字数据集上训练 LeNet5

编译神经网络时，优化器使用常用的梯度下降函数 Adam()，损失函数使用第 5 章介绍的稀疏交叉熵损失函数 SparseCategoricalCrossentropy()，评价函数使用最简单的准确率函数 accuracy()，代码如下。

```
loss_func = tf.keras.losses.SparseCategoricalCrossentropy()
model.compile(
    optimizer=tf.keras.optimizers.Adam(),
    loss = loss_func, metrics=["accuracy"])
```

设置回调函数 TensorBoard()记录训练过程，设置训练周期为 30，即全部样本循环 30 次。使用模型的 fit 方法指定训练数据集和验证数据集后开启训练，训练日志存储在变量 hist 中。代码如下。

```
EPOCH=30
call_back_list = [tf.keras.callbacks.TensorBoard(
    log_dir='P04_LeNet_logs')]
hist = model.fit(ds_train,
                 epochs=EPOCH,
                 callbacks=call_back_list,
                 validation_data = ds_test)
```

开启训练后，可以看到 Python 的交互界面逐条打印训练过程，输出如下。

```
Epoch 1/30
59/59 [==============================] - 14s 235ms/step - loss: 0.7859 - accuracy:
0.7848 - val_loss: 0.3416 - val_accuracy: 0.9008
```

```
Epoch 2/30
59/59 [==============================] - 15s 249ms/step - loss: 0.3071 - accuracy: 0.9089 - val_loss: 0.2470 - val_accuracy: 0.9267
Epoch 3/30
59/59 [==============================] - 15s 262ms/step - loss: 0.2312 - accuracy: 0.9301 - val_loss: 0.1911 - val_accuracy: 0.9450
……
Epoch 29/30
59/59 [==============================] - 16s 264ms/step - loss: 0.0140 - accuracy: 0.9968 - val_loss: 0.0497 - val_accuracy: 0.9836
Epoch 30/30
59/59 [==============================] - 15s 258ms/step - loss: 0.0132 - accuracy: 0.9969 - val_loss: 0.0482 - val_accuracy: 0.9847
```

查看训练过程，可以发现每个周期的训练耗时是15s左右，验证数据集的准确率可以达到98.47%。

根据TensorBoard记录的训练日志，可以在命令行界面通过以下命令指定日志存储的文件夹（本案例的文件夹名为'P04_LeNet_logs'），打开TensorBoard服务，实时查看训练过程，代码如下。

```
(CV_TF23_py37)  D:\OneDrive\AI_Working_Directory\prj_quickstart>tensorboard --logdir='P04_LeNet_logs'
```

使用TensorBoard对LeNet5的训练过程进行可视化如图11-18所示。

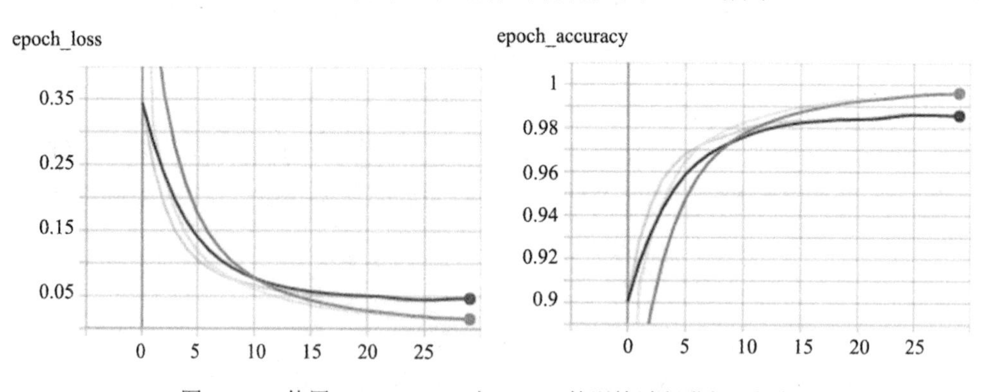

图11-18　使用TensorBoard对LeNet5的训练过程进行可视化

训练完成后，可以使用第2章使用的可视化源代码，查看预测结果的准确率，查看测试数据集中的15幅手写数字图像的预测结果和真实标签。LeNet5训练完成后的推理结果可视化如图11-19所示。可见第三行、第三列手写数字的正确标签是3，但是被错误预测为8，预测概率为63%。

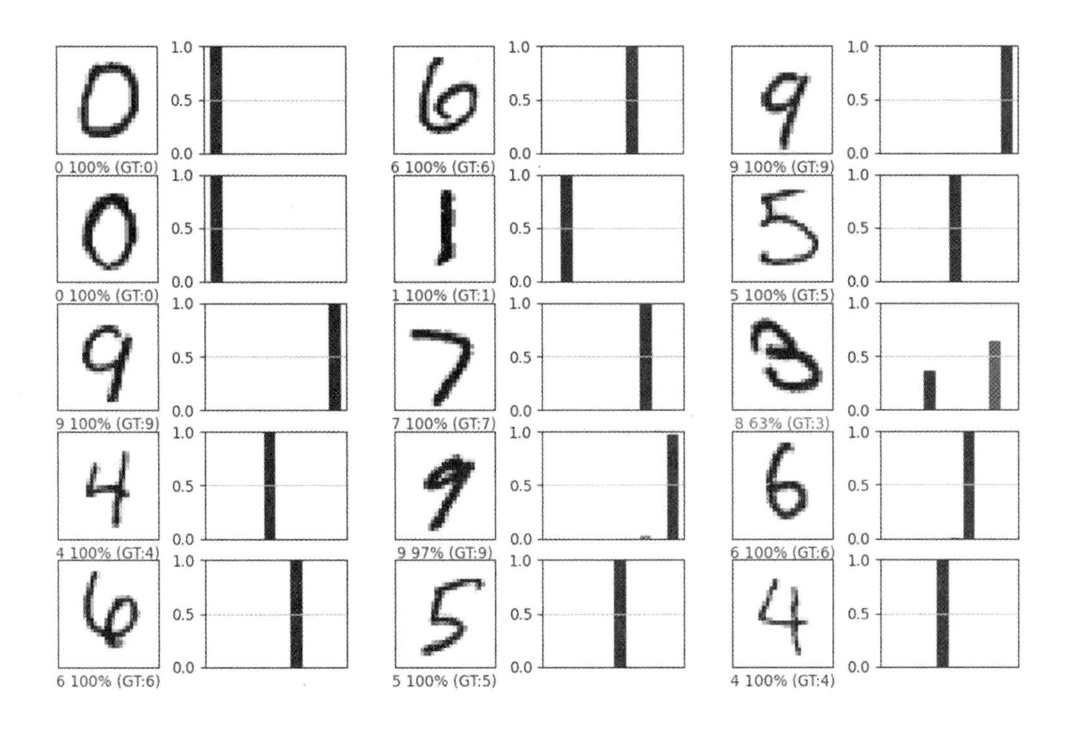

图 11-19　LeNet5 训练完成后的推理结果可视化

根据 11.5.2 节的计算，LeNet5 神经网络单次前向推理的乘法开销是 0.41652 MFLOPs，笔者使用的是英特尔移动 CPU 的 i5-8265U 版本，该 CPU 多线程并行后有 8 个逻辑核心，单核基本频率是 1.6GHz，支持 AVX2 指令集的 256 位寄存器，理论上单精度 FP32 的浮点计算能力是 0.1024GFLOPs。根据在测试数据集（1 万幅图像）上进行 100 次推理的耗时，可以推算出前向运算 1 个样本实际消耗的系统计算能力是 0.5806MFLOPs。考虑到系统运行开销、加法开销，当前神经网络推理对于系统计算能力的利用率是 0.4165/0.5806 ≈ 71.74%。

神经网络训练的运算开销理论上是正向传播的开销加上梯度反向计算的开销，应当是推理开销的 2 倍左右。但是训练数据集（6 万幅图像）在每个周期的训练耗时为 15s，从而推算出一幅图像训练一次的浮点运算（乘法）开销大约是 26.84MFLOPs，这大约是推理开销的 60～100 倍。这是因为训练时的 TensorFlow 不仅要进行正向和反向传播，还需要计算评估指标、处理回调函数，打印输出等操作，耗时大幅增加。

预估运算开销的代码如下。

```
LOOPS=100
MY_PC_TFLOPS=0.1024
LENET_TFLOP_OneSample=0.41652
SAMPLE_CNT_ds_test = 10000
```

```
TIME_EPOCH_TRAINING=15
SAMPLE_CNT_ds_train = 60000
print("训练 1 个样本的实际算力总耗(MFLOP): {:05f}".format(
      TIME_EPOCH_TRAINING*MY_PC_TFLOPS/
      SAMPLE_CNT_ds_train*1024*1024))
t1=time.time()
for i in range(LOOPS):
    ds_tmp = ds_test.map(lambda x,y: model(x))
t2=time.time()
print("前向运算 1 个样本的实际算力总耗(MFLOP): ",
      (t2-t1)*MY_PC_TFLOPS*1024*1024
      /LOOPS/SAMPLE_CNT_ds_test)
print("前向运算 1 个样本的理论算力需求(MFLOP): ",LENET_TFLOP_OneSample)
```

输出如下。

```
训练 1 个样本的实际算力总耗(MFLOP): 26.843546
前向运算 1 个样本的实际算力总耗(MFLOP):  0.58058758144
前向运算 1 个样本的理论算力需求(MFLOP):  0.41652
```

11.5.4 使用 eager 方法在 MNIST 手写数字数据集上训练 LeNet5

除使用 Keras 模型自带的 fit 方法进行训练外，还可以使用 eager 方法逐行编写代码，计算损失函数和梯度，并运用下降算法优化模型的可训练变量。好处在于开发者可以控制训练的每个细节，完成训练之外的额外工作时，只需要在循环体中增加相应代码。

同样以 LeNet5 神经网络为例，使用继承子类方式建立 LeNet 模型子类，子类名称为 LeNet_Model，代码如下。

```
class LeNet_Model(tf.keras.Model):
    def __init__(self, name=None, output_dim = None,
                 **kwargs):
        self.model_name = name
        self.output_dim = output_dim
        super().__init__(name=name,**kwargs)
        self.C1 = tf.keras.layers.Conv2D(
            filters=6,kernel_size=(5,5),strides=(1, 1),
            activation='tanh',padding='same',name='C1')
        self.S2 = tf.keras.layers.AveragePooling2D(
            pool_size=(2, 2),strides=(2, 2),
            padding='valid',name='S2')
        self.C3 = tf.keras.layers.Conv2D(
            filters=16, kernel_size=(5, 5),strides=(1, 1),
            activation='tanh', padding='valid',name='C3')
        self.S4 = tf.keras.layers.AveragePooling2D(
```

```
            pool_size=(2,2), strides=(2,2),
            padding='valid',name='S4')
        self.FL5 = tf.keras.layers.Flatten(name='FL5')
        self.FC5_1 = tf.keras.layers.Dense(
            units=120, activation='tanh', name='FC5_1')
        self.FC5_2 = tf.keras.layers.Dense(
            units=84, activation='tanh', name='FC5_2')
        self.FC5_3 = tf.keras.layers.Dense(
            units=self.output_dim, activation='softmax',
            name='FC5_3_softmax')
    def call(self, x, training=False):
        x = self.C1(x)
        x = self.S2(x)
        x = self.C3(x)
        x = self.S4(x)
        x = self.FL5(x)
        x = self.FC5_1(x)
        x = self.FC5_2(x)
        x = self.FC5_3(x)
        return x
```

使用自定义的 LeNet5 模型子类，生成一个模型 model。首先调用模型 model，使用继承自 keras 模型基础类的 build 方法建立静态图，使用 summary 方法查看模型的输入、输出形状，代码如下。

```
model = LeNet_Model(name='LeNet',output_dim=10)
model.build((None,28,28,1))
model.summary(line_length=60)
```

可见 LeNet 神经网络的结构符合要求，输出如下。

```
Model: "LeNet"
____________________________________________________________
Layer (type)             Output Shape           Param
============================================================
C1 (Conv2D)              multiple              156
____________________________________________________________
S2 (AveragePooling2D)     multiple               0
____________________________________________________________
C3 (Conv2D)              multiple              2416
____________________________________________________________
S4 (AveragePooling2D)     multiple               0
____________________________________________________________
FL5 (Flatten)            multiple              0
____________________________________________________________
```

```
FC5_1 (Dense)              multiple                48120
_________________________________________________________________
FC5_2 (Dense)              multiple                10164
_________________________________________________________________
FC5_3_softmax (Dense)      multiple                850
=================================================================
Total params: 61,706
Trainable params: 61,706
Non-trainable params: 0
```

新建为模型搭配的损失函数，损失函数使用稀疏分类交叉熵 SparseCategoricalCrossentropy，损失函数命名为 loss_func。优化器选用常用的优化器 tf.keras.optimizers.Adam，优化器命名为 optimizer。评估指标采用稀疏分类交叉熵 SparseCategoricalCrossentropy 和准确率 Accuracy，这两个指标使用中括号进行组合。由于训练数据集和验证数据集都需要评估指标，所以评估指标函数需要新建两个列表，分别命名为 train_metric 和 val_metric。代码如下。

```
loss_func = tf.keras.losses.SparseCategoricalCrossentropy()
optimizer = tf.keras.optimizers.Adam()
train_metric = [
    tf.keras.metrics.SparseCategoricalCrossentropy(),
    tf.keras.metrics.SparseCategoricalAccuracy()]
val_metric = [
    tf.keras.metrics.SparseCategoricalCrossentropy(),
    tf.keras.metrics.SparseCategoricalAccuracy()]
```

首先将训练周期 EPOCH 设置为 50，然后开启周期循环，在每个周期循环内分别进行训练数据集循环和验证数据集循环。在训练数据集的循环体内分六步进行处理：

第一步，让模型处理一个批次的训练数据，形成一次推导输出作为预测数据；

第二步，利用损失函数计算预测数据和真实数据的具体损失值；

第三步，将此时的损失函数看作神经网络内可训练变量的函数，于是可以计算得到损失函数对于神经网络可训练变量的导数（梯度）；

第四步，利用梯度下降方法将梯度作用于可训练变量上，获得优化后的神经网络内部可训练变量的数值；

第五步，利用评价函数计算预测数据和真实数据的具体评估指标数值；

第六步，打印每次迭代的损失函数值、评价函数值及其他感兴趣的数据。

在训练数据集的全部数据循环完毕后，提取本周期内的整体评估指标，并为下一个训练数据集的循环进行评估指标存储变量的初始化。在验证数据集的循环体内，不需要进行梯度的计算和可训练变量的更新，只需要完成神经网络推导、损失函数计算、评估指标计算这三步即可。

在验证数据集的全部数据循环完毕之后，一般需要进行本周期内的整体评估指标计算、评估指标存储变量的初始化、训练数据集和验证数据集的数据存储和打印。代码如下。

```
EPOCH=50
for epoch in range(EPOCH):
    for step, (data, label) in enumerate(ds_train):
       ......

    for val_data, val_label in ds_test:
       ......
```

对于每步内部需要完成的梯度下降算法，开发者必须手动逐行进行代码编写。计算的神经网络推理结果存储为 pred，损失计算结果存储为 loss，模型全部的可训练变量存储为 vars_list，梯度计算结果存储在 grads 中，最后使用优化器的 apply_gradients 方法修正可训练变量 vars_list，梯度下降算法的相关代码如下。

```
for epoch in range(EPOCH):
    for step, (data, label) in enumerate(ds_train):
        with tf.GradientTape() as tape:
            pred = model(data)
            loss = loss_func(label,pred)
        vars_list = model.trainable_variables
        grads = tape.gradient(loss, vars_list)
        optimizer.apply_gradients(zip(grads,vars_list))
```

每步内部不仅要完成梯度下降算法，还需要进行评估指标的计算和必要的打印输出。由于评估指标超过一个，但评估指标列表只有一个，所以需要逐一调用 update_state 方法计算评估指标的数值，并使用 result 方法提取并打印，代码如下。

```
for epoch in range(EPOCH):
    for step, (data, label) in enumerate(ds_train):
        ......
        for train_metric in train_metrics:
            train_metric.update_state(label, pred)
        step_metric = ["{:.4f}".format(train_metric.result())
                       for train_metric in train_metrics]
        print("\repoch={:3d}, step={:3d}, \
               step_loss={:.4f}, step_metric={}".format(
            epoch, step, loss, step_metric), end = '')
```

至此就完成了一个周期内训练数据集的一个步数内的算法逻辑编写。完成一个周期内的全部步数后，需要使用 result 方法提取本周期的训练数据集的评估指标结果，提取完毕后使用 reset_states 方法重置评估指标。提取本周期训练数据集评估指标的平均值，并在本周训练结束前将训练数据集的评估指标初始化，代码如下。

```
for epoch in range(EPOCH):
    for step, (data, label) in enumerate(ds_train):
        ......
    epoch_metric = ["{:.4f}".format(train_metric.result())
                    for train_metric in train_metrics]
    for train_metric in train_metrics:
        train_metric.reset_states()
```

至此就完成了一个周期内的训练数据集的全部代码编写。下面开始编写一个周期内验证数据集的相关工作，验证数据集不需要计算和应用梯度下降算法，其他操作与训练数据集一致。最后，综合训练数据集和验证数据集的信息，另起一行，进行打印输出，代码如下。

```
for epoch in range(EPOCH):
    for step, (data, label) in enumerate(ds_train):
        ......
for val_data, val_label in ds_test:
        # 模型推导
        val_pred = model(val_data, training=False)
        # 计算验证数据集的评估指标
        for val_metric in val_metrics:
            val_metric.update_state(val_label, val_pred)
    # 提取本周期的验证数据集的评估指标并初始化重置
    val_epoch_metric = ["{:.4f}".format(val_metric.result())
                        for val_metric in val_metrics]
    for val_metric in val_metrics:
        val_metric.reset_states()
    # 最后综合训练数据集和验证数据集信息，另起一行，进行打印输出
    print("\n"+"="*40+"\n"+\
          "epoch={:3d}, ".format(epoch)+\
          "loss={:.4f}, metric={}, \n".format(
              loss, epoch_metric)+\
          "val_metric={}".format(val_epoch_metric)+\
              "\n"+"="*40)
```

最后，添加每个周期的计时代码，监测每个周期的耗时。由于训练数据集训练和评估的相关代码和验证数据集推理和评估的相关代码在前文中已经描述，因此此处略去，代码如下。

```
epoch_t1 = time.time()
for epoch in range(EPOCH):
......
    print("epoch={:3d}, time_cost={:.4f}".format(
        epoch,time.time()-epoch_t1))
    epoch_t1 = time.time()
```

执行训练后，打印输出如下。

```
epoch=  0, step= 58, step_loss=0.2999, step_metric=['0.8070', '0.7756']
```

```
========================================
epoch=  0, loss=0.2999, metric=['0.8070', '0.7756'],
val_metric=['0.3443', '0.9030']
========================================
epoch=  0, time_cost=22.4955
epoch=  1, step= 58, step_loss=0.2149, step_metric=['0.3058', '0.9097']
========================================
epoch=  1, loss=0.2149, metric=['0.3058', '0.9097'],
val_metric=['0.2457', '0.9289']
========================================
epoch=  1, time_cost=20.7545
epoch=  2, step= 58, step_loss=0.1689, step_metric=['0.2292', '0.9321']
========================================
epoch=  2, loss=0.1689, metric=['0.2292', '0.9321'],
val_metric=['0.1892', '0.9454']
========================================
epoch=  2, time_cost=19.2004
```

可见神经网络正常收敛。使用 eager 方法训练略显麻烦，但对于训练前的调试至关重要，可以在设置断点或者算法逻辑和数据形状发生错误的时候，通过集成开发工具查看数据流，解决算法和程序问题。使用 eager 方法调试神经网络为正常收敛后，可以改用 fit 方法进行实现，以大幅提升训练速度。以本案例的经验，fit 方法的每个周期耗时是 15s 左右，eager 方法的每个周期耗时是 21s 左右，约是 fit 方法的 1.5 倍。

第 12 章 自定义 fit 方法和回调机制

TensorFlow 计算框架的设计思路是为开发者提供渐进式复杂性。从模型的函数支持来看，底层的基础模块类 tf.Module、高阶的基础层类 tf.keras.layers.Layer、高阶的基础模型类 tf.keras.Mode 让开发者能够从容地控制细节，同时保留与之相称的便利性。

对于神经网络的训练，TensorFlow 也提供了最简单的 fit 方法、传递回调函数的 fit 方法、重载训练评估步骤的 fit 方法、最复杂但能控制每个细节的 eager 方法，保持了训练过程的渐进式复杂性。

fit 方法是 Keras 模型自带的默认方法，该方法为开发者提供梯度下降算法，具有代码量小、抽象程度高、执行速度快的优点，但控制内部的执行细节需要使用 fit 方法的回调机制或重载 fit 方法实现。

eager 方法是指首先使用 TensorFlow 的 with 关键字，在 with 关键字的上下文管理内使用 tf.GradientTape()函数监视损失函数，并计算损失函数相对于所有可训练变量的梯度，然后运用梯度下降算法手动优化神经网络内部可训练变量的取值。这种方法编程语句多，但具有自主程度高、方便调式的特点。使用 eager 方法训练神经网络时，开发者如果还需要完成训练之外的其他工作，那么只需要在循环体中增加相应代码。

12.1 fit 方法的执行机制和自定义 fit 方法

fit 方法的调用应当输入一个数据集，如 fit（data,...），也可输入两个 NumPy 数组对象，如 fit（x,y,...）。研究 TensorFlow 源代码会发现，调用模型的 fit 方法，其实最终调用的是模型继承自 TensorFlow 的 keras 基础类 tf.keras.Mode 的 train_step 方法，该方法定义了模型训练的算法逻辑。

train_step 方法接收两个输入，如 train_step（self,data），其中，self 是模型本身，data 是数据集的一个打包样本。train_step 方法内部的算法逻辑：在 tf.GradientTape()函数的上下文作用范围内，先调用 self 模型的成员函数 call()，进行一次前向传递的计算，再调用 self 模型的损失计算成员函数 self.compiled_loss()计算损失，self.compiled_loss()函数实际上会将数据传递给 model.compile()函数所定义的具体损失函数）。然后 train_step 方法会跳出 tf.GradientTape()函数的上下文作用范围，使用 tape.gradient 方法计算损失函数对模型自身全部可训练变量的偏导数，最后使用模型自身的优化器 self.optimizer，运用梯度下降算法对模型自身的全部可训练变量进行优化。对于配置了评估指标的神经网络模型，train_step 方法还将调用成员函数 self.compiled_metrics()更新 metric。特别地，由于 TensorFlow 采用静态图的计算机制，所以要在 train_step 方法的定义代码前加上@tf.function 的装饰，确保 TensorFlow 将该函数制作为静态图，以提高训练效率。train_step 方法的代码如下。

```
    @tf.function
    def train_step(self, data):
        # 接收数据
        x, y = data
        # 跟踪梯度 d_loss
        with tf.GradientTape() as tape:
            # 前向传播
            y_pred = self(x, training=True)
            # 计算损失
            loss = self.compiled_loss(y, y_pred,
                regularization_losses=self.losses)
        # 计算梯度
        trainable_vars = self.trainable_variables
        gradients = tape.gradient(loss, trainable_vars)
        # 手动梯度下降算法
        self.optimizer.apply_gradients(
            zip(gradients, trainable_vars))
        # 更新 compile()函数中的评估指标
        self.compiled_metrics.update_state(y, y_pred)
        # 将评估指标格式转化为字典格式返回
        return {m.name: m.result() for m in self.metrics}
```

调用模型的 fit 方法时，如果定义了参数 validation_data 指向的验证数据集，那么模型的 fit 方法会经过层层调用，最终调用模型继承自 TensorFlow 的 keras 基础类 tf.keras.Model 的 test_step 方法，该方法定义了模型验证的算法逻辑。test_step 方法的算法逻辑与 train_step 方法内部的算法逻辑基本一致，只是少了损失函数计算、梯度监视、梯度更新等操作。test_step 方法的代码如下。

```
    @tf.function
    def test_step(self, data):
        # 接收数据
        x, y = data
        # 前向传播
```

```
        y_pred = self(x, training=False)
        # 计算损失
        self.compiled_loss(
            y, y_pred, regularization_losses=self.losses)
        # 更新 compile()函数中的评估指标
        self.compiled_metrics.update_state(y, y_pred)
        # 将评估指标格式转化为字典格式返回
        return {m.name: m.result() for m in self.metrics}
```

需要自定义 fit 方法的算法逻辑的开发者可以参照以上算法框架编写代码，重载自定义模型的 train_step 方法和 test_step 方法。以第 11 章介绍的神经网络 LeNet5 为例，使用继承子类的模型构建方法，定义一个模型类，命名为 LeNet_Model，自定义模型中重载了 train_step 方法和 test_step 方法，自定义模型 LeNet_Model 的代码如下。

```
class LeNet_Model(tf.keras.Model):
    def __init__(self, name=None, output_dim = None,
                 **kwargs):
        self.model_name = name
        self.output_dim = output_dim # 10
        super().__init__(name=name,**kwargs)
        #自定义模型初始化组件的相关代码，此处省略
    def call(self, x, training=False):
        #自定义前向传播行为的相关代码，此处省略
    @tf.function
    def train_step(self, data):
        #自定义梯度下降算法的相关代码，此处省略
    @tf.function
    def test_step(self, data):
        #自定义测试算法的相关代码，此处省略
```

TensorFlow 支持自定义 fit 方法，并且随着 TensorFlow 的升级，支持重载的函数在不断增加。keras 基础类 tf.keras.Model 中常用于重载的成员函数如表 12-1 所示。

表 12-1　keras 基础类 tf.keras.Model 中常用于重载的成员函数

成员函数名称	用途
'train_step'	定义了训练的算法逻辑
'test_step'	定义了测试的算法逻辑
'predict_step'	定义了推理的算法逻辑
'compiled_loss'	定义了损失值计算的算法逻辑
'compiled_metrics'	定义了评估指标计算的算法逻辑

使用自定义模型 LeNet5，首先调用 keras 基础类的 build 方法建立静态图，然后可以使用 summary 方法查看模型输入、输出形状，最后调用 fit 方法进行训练，代码如下。

```
model = LeNet_Model(name='LeNet',output_dim=10)
model.build((None,28,28,1))
model.summary(line_length=60)
loss_func = tf.keras.losses.SparseCategoricalCrossentropy()
model.compile( optimizer=tf.keras.optimizers.Adam(),
   loss = loss_func, metrics=["accuracy"])
EPOCH=30
hist = model.fit(ds_train, epochs=EPOCH,
            validation_data = ds_test)
```

输出如下。

```
Model: "LeNet"
____________________________________________________________
Layer (type) Output Shape Param
============================================================
C1 (Conv2D) multiple 156
____________________________________________________________
S2 (AveragePooling2D) multiple 0
____________________________________________________________
C3 (Conv2D) multiple 2416
____________________________________________________________
S4 (AveragePooling2D) multiple 0
____________________________________________________________
FL5 (Flatten) multiple 0
____________________________________________________________
FC5_1 (Dense) multiple 48120
____________________________________________________________
FC5_2 (Dense) multiple 10164
____________________________________________________________
FC5_3_softmax (Dense) multiple 850
============================================================
Total params: 61,706
Trainable params: 61,706
Non-trainable params: 0
____________________________________________________________
Epoch 1/30
59/59 [==============================] - 25s 429ms/step - loss: 0.7526 -
accuracy: 0.7956 - val_loss: 0.3347 - val_accuracy: 0.9063
```

12.2　fit 方法的回调机制和自定义回调函数

神经网络的漫长训练过程中，除了等待神经网络算法收敛，还有以下工作。

（1）干预训练。根据损失函数的下降情况动态调整学习率，根据过拟合现象适时停止训练，当损失函数出现异常（如 INF 或者 NaN）时停止训练。

（2）保存权重。保存最新的 *n* 个权重，保留最佳权重，过期的权重全部删除或保存整个模型。

（3）获取进度数据，如实时打印关键参数指标，绘制损失函数的变化曲线、评估指标的变化曲线，即时评估发现的易错样本、耗时等其他参数。

因为 Python 是单线程的执行方式，在 fit 方法执行完毕之前，无法从外部干预 fit 方法，也无法让 TensorFlow 执行训练之外的工作。为解决这一问题，TensorFlow 为 fit 方法设计了回调机制。

根据 TensorFlow 的官方定义，回调函数是一种可以在训练、评估或推断过程中自定义 keras 模型的强大工具。TensorFlow 支持多回调函数，只需要将若干回调函数组成列表 list，传递给 fit 方法的 callbacks 关键字。TensorFlow 支持回调机制的方法不仅仅包括训练方法 fit，还有评估方法 evaluate、推理方法 predict。

从触发的条件来看，目前 TensorFlow 支持迭代周期的触发，触发时间点从大到小有以下 14 种，TensorFlow 回调函数基础类的成员函数如表 12-2 所示。

表 12-2　TensorFlow 回调函数基础类的成员函数

级别	时机	行为	成员函数名称	获得输入
全局级别	第一个周期	训练	on_train_begin()	self，logs
		评估	on_test_begin()	
		推理	on_predict_begin()	
	最后一个周期	训练	on_train_end()	
		评估	on_test_end()	
		推理	on_predict_end()	
周期级别	每个周期开始	训练	on_epoch_begin()	self，epoch，logs
	每个周期结束	训练	on_epoch_end()	
每步级别	每步开始	训练	on_train_batch_begin()	self，batch,logs
		评估	on_test_batch_begin()	
		推理	on_predict_batch_begin()	
	每步结束	训练	on_train_batch_end()	
		评估	on_test_batch_end()	
		推理	on_predict_batch_end()	

self 是模型自身；epoch 是每个周期对应的周期编号；batch 是每步对应的步数编号；logs 是训练方法 fit 返回的日志内存变量，它是一个字典 dict。

下面设计一个使用了回调机制的定时器，命名为 timer_callback()，继承自 tf.keras.callbacks.Callback 类，该类可以在训练和验证的每步结束时记录每步的执行时间，在训练的每个周期结束时记录本周期的执行时间。自定义回调函数 timer_callback()的代码如下。

```
class Timer_callback(tf.keras.callbacks.Callback):
    def on_epoch_begin(self,epoch,logs = None):
        # 开始每周期计时、初始化每步计时
    def on_train_batch_begin(self,batch,logs = None):
        # 开始训练的每步计时
    def on_train_batch_end(self,batch,logs = None):
        # 结束训练的每步计时
    def on_test_batch_begin(self,batch,logs = None):
        # 开始验证的每步计时
    def on_test_batch_end(self,batch,logs = None):
        # 结束验证的每步计时
    def on_epoch_end(self,epoch,logs = None):
        # 将训练的每步计时结果上传给 logs,将验证的每步计时结果上传给 logs,结束每周期计时,
将结果上传给 logs
```

对于周期开始的成员函数 on_epoch_begin()，将每个周期开始的时间存储在 self.epoch_t1 中，将每个周期内全部步数需要存储的列表初始化存储在 self.test_batch_times 和 self.train_batch_times 中，以确保类内部可以正常访问。代码如下。

```
    def on_epoch_begin(self,epoch,logs = None):
        self.epoch_t1 = tf.timestamp()
        self.test_batch_times = []
        self.train_batch_times = []
```

对于 on_train_batch_begin 和 on_train_batch_end 这两个步数开始和结束时的成员函数，将开始时间和结束时间存储在 train_batch_t1 和 train_batch_t2 中，将二者相减的结果存储在列表 self.train_batch_times 中，使用最新的时间 train_batch_t2 覆盖开始时间 self.train_batch_t1。代码如下。

```
    def on_train_batch_begin(self,batch,logs = None):
        self.train_batch_t1 = tf.timestamp()
    def on_train_batch_end(self,batch,logs = None):
        train_batch_t2=tf.timestamp()
        self.train_batch_times.append(
            (train_batch_t2-self.train_batch_t1).numpy())
        self.train_batch_t1 = train_batch_t2
```

对于 on_test_batch_begin 和 on_test_batch_end 这两个步数开始和结束时的成员函数，修改开始时间和结束时间，并修改二者相减的结果存储在 test_batch_times 列表中，最后将新的计时起点存储在 test_batch_t1 中。代码如下。

```
    def on_test_batch_begin(self,batch,logs = None):
```

```
        self.test_batch_t1 = tf.timestamp()
    def on_test_batch_end(self,batch,logs = None):
        test_batch_t2=tf.timestamp()
        self.test_batch_times.append(
            (test_batch_t2-self.test_batch_t1).numpy())
        self.test_batch_t1 = test_batch_t2
```

对于周期结束时的成员函数 on_epoch_end()，首先将记录了训练和验证全部步数耗时的两个列表传递给日志字典 logs，日志字典 logs 通过键名和键值存储日志数据，键名分别为"train_batch_times"和"test_batch_times"，然后清空即将存储下一周期内全部步数耗时的列表 self.train_batch_times 和 self.test_batch_times。最后停止周期计时，将周期计时结果传递给日志字典 logs，日志字典存储周期计时的键名为 epoch_times，完成这些存储工作后，可以用计时 epoch_t2 覆盖计时 epoch_t1，计时覆盖意味着新周期的计时开始。代码如下。

```
    def on_epoch_end(self,epoch,logs = None):
        logs["train_batch_times"]=self.train_batch_times
        self.train_batch_times = []
        logs["test_batch_times"]=self.test_batch_times
        self.test_batch_times = []
        epoch_t2 = tf.timestamp()
        logs["epoch_times"]= (epoch_t2-self.epoch_t1).numpy()
        self.epoch_t1 = epoch_t2
```

保留原有的模型编译参数，在模型使用 fit 方法进行训练之前，新建一个回调函数列表 callbacks，列表内有新建的计时回调函数 timer_callback()，把这个回调函数列表 callbacks 传递给 fit 方法的关键字 callbacks，执行 5 个周期的训练，代码如下。

```
loss_func = tf.keras.losses.SparseCategoricalCrossentropy()
model.compile(optimizer=tf.keras.optimizers.Adam(),
    loss = loss_func, metrics=["accuracy"])
callbacks = [Timer_callback()]
EPOCH=5
hist = model.fit(ds_train,
                 epochs=EPOCH,
                 callbacks=callbacks,
                 validation_data = ds_test)
```

输出如下。

```
    Epoch 1/5
    59/59 [==============================] - 19s 319ms/step - loss: 0.7331 - accuracy: 0.8095 - val_loss: 0.3178 - val_accuracy: 0.9095
    Epoch 2/5
    59/59 [==============================] - 20s 331ms/step - loss: 0.2853 - accuracy: 0.9155 - val_loss: 0.2293 - val_accuracy: 0.9347
```

```
    Epoch 3/5
    59/59 [==============================] - 20s 343ms/step - loss: 0.2116 -
accuracy: 0.9373 - val_loss: 0.1750 - val_accuracy: 0.9477
    Epoch 4/5
    59/59 [==============================] - 20s 339ms/step - loss: 0.1635 -
accuracy: 0.9511 - val_loss: 0.1390 - val_accuracy: 0.9580
    Epoch 5/5
    59/59 [==============================] - 19s 327ms/step - loss: 0.1313 -
accuracy: 0.9605 - val_loss: 0.1155 - val_accuracy: 0.9656
    Traceback (most recent call last):
```

执行完毕后，fit 方法会返回一个日志内存 hist，hist 存储了代码中字典 logs 的内容，打印内存日志 hist 的字典的全部键值，发现除训练使用的损失函数值和评估指标外，还增加了之前代码中新增的每轮耗时'train_batch_times'、验证每轮耗时'test_batch_times'和每周期耗时'epoch_times'，并全部打印，代码如下。

```
print(hist.history.keys())
train_batch_times=tf.Variable(
    hist.history["train_batch_times"])
test_batch_times=tf.Variable(
    hist.history["test_batch_times"])
epoch_times=tf.Variable(hist.history["epoch_times"])
print("epoch_times:",epoch_times.numpy())
print("train_batch_times:",tf.reduce_mean(
    train_batch_times,-1).numpy())
print("test_batch_times:",tf.reduce_mean(
    test_batch_times,-1).numpy())
```

输出如下。

```
    dict_keys(['loss', 'accuracy', 'val_loss', 'val_accuracy', 'train_batch_times',
'test_batch_times', 'epoch_times'])
    epoch_times:
    [19.60449886 19.85369992 20.53717399 20.3125329  19.57838702]
    train_batch_times:
    [0.30542254 0.31150212 0.32218786 0.32126281 0.30611604]
    test_batch_times:
    [0.13914189 0.12686038 0.13253341 0.11724668 0.1296149 ]
```

TensorFlow 回调机制的功能十分强大，如可以设置 self.model.stop_training = True 立即中断训练，可以设置 self.model.optimizer.learning_rate 等于某数值调整下一阶段的学习率，甚至可以设置 self.model.optimizer 等于其他优化器来动态转变优化器等。

12.3 TensorFlow 的高阶回调函数

TensorFlow 不仅提供较为低阶的回调函数类，还提供了大量预制的高阶回调函数，预制的回调函数具有“开箱即用”的特点。这些高阶的回调函数都继承自 tf.keras.callbacks.Callback 类，并在继承的基础上开发常用的功能。根据用途和常用程度，不同训练方式下的 fit 方法回调函数如表 12-3 所示。

表 12-3 fit 训练方法下的高阶回调函数

<table>
<tr><th>用途</th><th>具体用途</th><th>高阶 API 方法</th></tr>
<tr><td rowspan="3">实时干预</td><td>自定义学习率</td><td>向 fit 方法传递回调函数 tf.keras.callbacks.LearningRateScheduler()
向 fit 方法传递回调函数 tf.keras.callbacks.ReduceLROnPlateau()</td></tr>
<tr><td>早期停止</td><td>向 fit 方法传递回调函数 tf.keras.callbacks.EarlyStopping()以防止过拟合</td></tr>
<tr><td>异常停止</td><td>向 fit 方法传递回调函数 tf.keras.callbacks.TerminateOnNaN()以应对出现 INF 时将其转变为 NaN，防止造成后续训练的时间浪费</td></tr>
<tr><td rowspan="2">模型保存</td><td>保存权重</td><td rowspan="2">向 fit 方法传递回调函数 tf.keras.callbacks.ModelCheckpoint()</td></tr>
<tr><td>保存模型</td></tr>
<tr><td colspan="2">数据保存（包含与训练相关的 loss、metrics，多媒体数据及其他）</td><td>（1）fit 方法默认使用高阶回调函数 tf.keras.callbacks.History()，保存为日志内存变量 history
（2）向 fit 方法传递高阶回调函数 tf.keras.callbacks.TensorBoard()，保存为磁盘日志文件（可供 TensorBoard 打开）
（3）向 fit 方法传递高阶回调函数 tf.keras.callbacks.CSVLogger()，保存为磁盘 CSV 文件
（4）向 fit 方法传递高阶回调函数 tf.keras.callbacks.RemoteMonitor()，保存于远程服务器</td></tr>
</table>

下面介绍常用的三个高阶回调函数，包括早期停止回调函数、检查点保存回调函数、快速自定义回调函数。

实际使用中，开发者可以将自定义的回调函数与希望使用的高阶回调函数组合成列表 list 传递给 fit 方法，即可实现多回调函数的同步调用。

12.3.1 早期停止回调函数与过拟合

神经网络训练是针对训练数据集的，训练完成的神经网络会使用验证数据集进行推理，并查看与验证数据集的真实标签之间的损失值。当神经网络的拟合能力很强、泛化能力较弱的时候，神经网络在训练数据集上的损失函数值逐渐下降，但在验证数据集上的损失函数值不降反升，这就叫作过拟合现象。过拟合现象发生以后，神经网络在训练数据集上具有很好的预测能力，但这个能力无法泛化到一般的预测场景，一旦遇到真实世界的其他图像，就无法预测准确。过拟合现象的一个案例就是前面的时尚数据集的分类神经网络，如图 6-4(b)所示的损失函数，在第 5 个周期后，验证数据集上的损失函数值上升，应当在这个阶段停止训练，保存神经网络的训练结果。

早期停止回调函数EarlyStopping()就是为了及早发现过拟合现象，在经历一定的忍耐期后，强行停止神经网络的训练。EarlyStopping()的参数关键字有patience、monitor、mode、min_delta，含义如下。

关键字patience最为常用，表示能够容忍连续多少个epoch周期内的评估指标没有改善。早期停止回调函数EarlyStopping()监控的数据会不可避免地发生抖动，为避免监控数据发生正常抖动时模型被强行停止训练，就需要在数据接口抖动和真正的准确率下降之间寻求折中。如果patience的数值过大，那么发生过拟合时回调函数做出强行停止训练的决策将会偏晚；如果patience的数值过小，那么很容易将监控数据的正常抖动误判为过拟合，从而错误地做出强行停止训练的决策。实际中，一般会先进行预训练，根据观察到的损失函数变化曲线，预估patience的数值。

关键字monitor指定用于监控的数据接口。关键字monitor可以选择训练准确率acc、验证准确率val_acc、训练损失值loss、验证损失值val_loss等字符串。关键字monitor的默认值是验证损失值val_loss，一般情况下不做改变，也可以根据需要调整为验证准确率val_acc。

关键字mode可以设置为auto、min、max。若设置为min，则表示监控的数据接口不再下降时，训练自动停止；若设置为max，则表示监控的数据接口不再上升时，训练自动停止。例如，如果选择验证损失值val_loss为监控的数据接口，那么mode应设置为min，因为验证损失值val_loss是逐渐减小的，如果验证损失值val_loss停止减小，那么应该触发训练停止；如果选择验证准确率val_acc作为监控的数据接口，那么mode应设置为max，因为验证准确率val_acc是逐渐增大的。如果验证准确率val_acc停止变大，那么应该触发训练停止。一般情况下并不设置此项，TensorFlow会根据关键字monitor自动设置mode。

关键字min_delta用于设置数据监控的敏感度，若数据监控变化小于min_delta，则被认为没有改善。一般情况下，需要一起调整min_delta和patience，即如果min_delta设置得较大，那么回调函数可以较早发现过拟合趋势，此时需要适当增加容忍度patience；如果min_delta设置得较小，那么回调函数会将较小的改进认为是有效的，从而推迟过拟合现象的捕获时间。此时可以适当降低容忍度patience。一般情况下先使用默认的min_delta=0，设置patience，尝试几轮后针对实际的问题，再一起调整min_delta和patience的数值。

以下展示了通过监控验证损失值val_loss（默认）实现早期停止回调的案例。设置min_delta=0（默认）、最大容忍度为10个周期的早期停止回调函数，函数命名为ES_callback()。将回调函数ES_callback()加入回调函数列表callbacks，输入fit方法的关键字callbacks，即可及时发现过拟合。代码如下。

```
# 设置模型自动停止
ES_callback = tf.keras.callbacks.EarlyStopping(patience=20)
callbacks=[……, ES_callback,……]
```

```
hist = model.fit(
    ......
    callbacks = callbacks,
    ......)
```

12.3.2 检查点保存回调函数

TensorFlow 提供的检查点保存回调函数 tf.keras.callbacks.ModelCheckpoint()用于在训练期定期保存模型。检查点保存回调函数需要配置三个重要参数。

第一个是检查点保存的地址 filepath，它应当是一个纯文本的本地文件地址，一般使用字符串的 format 方法定义随着 epoch、loss、val_loss 数值变化的文件地址。

第二个是 save_weights_only，它应当是一个布尔变量，设置为 True 时仅保存模型的检查点，设置为 False 时保存检查点及整个模型。一般情况下设置为 True，表示仅保存检查点，用于降低模型保存的时耗。

第三个是 save_freq，它应当是一个正整数或者字符串“epoch”，默认为字符串“epoch”。如果设置为“epoch”，那么回调函数会在每个周期结束后都保存一次；如果设置为数值 n，那么 save_freg 每隔 n 个步数保存一次。

此外，检查点保存回调函数还支持关键字 save_best_only，设置为 True 时，回调函数仅保存最佳检查点，保存方式为覆盖保存。

下面设计一个检查点保存回调函数，将保存的检查点文件名的关键字 file_path 设置为包含 epoch、loss、val_loss 数值的字符串，保存的检查点文件名可以体现训练效果。此外，将关键字 save_weights_only 设置为仅保存检查点，save_freq 默认为字符串“epoch”，这样每个周期结束都会保存一次检查点，生成的回调函数命名为 CP_callback()。把回调函数 CP_callback()加入回调函数列表 callbacks，传递给 fit 方法的关键字 callbacks，让 fit 方法在训练的时候自动按照设计保存检查点。代码如下。

```
# 设置为自动保存检查点
CP_callback =tf.keras.callbacks.ModelCheckpoint(
    filepath=' P04_Ckpts_CallBack/cpkt_{epoch:03d}_loss{loss:.5f}_valloss
{val_loss:.5f}.tf',
    verbose=1, save_weights_only=True)
callbacks=[......, CP_callback,......]
hist = model.fit(
    ......
    callbacks = callbacks,
    ......)
```

12.3.3 检查点管理器和快速自定义回调函数

机器学习往往需要多次训练。首次训练后一般会验证是否成功收敛，二次训练查看收敛速度，三次训练往往会设置较大的训练周期数。在神经网络的乘法运算量巨大时，每次训练总会消耗短则数小时、长则数十小时\若干星期的时间。此时如果使用检查点保存回调函数，则每次都要事先查找需要加载的检查点，手动编写加载代码，但检查点数量的增多会带来管理问题。

为解决检查点的管理问题，TensorFlow 提供了检查点管理器 CheckpointManager，具有智能保存最新的 N 个检查点、保存最佳检查点、智能加载最新检查点等功能。

如果希望在 LeNet 的 fit 方法的训练代码中增加 TensorFlow 提供的检查点高级管理功能，那么需要在完成模型构建及编译工作后，生成一个训练检查点类 tf.train.Checkpoint 的实例，命名为 ckpt。在生成的参数中输入检查点对应的模型和优化器，代码如下。

```
model = LeNet_Model(name='LeNet',output_dim=10)
loss_func = tf.keras.losses.SparseCategoricalCrossentropy()
model.compile(
    optimizer=tf.keras.optimizers.Adam(),
    loss = loss_func, metrics=["accuracy"])
# 训练与检查点
ckpt = tf.train.Checkpoint(
    model=model,
    optimizer=tf.keras.optimizers.Adam())
```

将检查点实例 ckpt 输入检查点管理器 CheckpointManager 进行管理，同时设置检查点的存储地址为"./P04_Ckpts_Manager"，设置为仅存储最新的 max_to_keep 个检查点，这里将 max_to_keep 设置为 3，意味着当第 4 个检查点生成的时候，将会删除第 1 个检查点，以保证最多只有 3 个检查点存储在目录内。代码如下。

```
# 创建检查点的路径和检查点管理器，在每 n 个周期保存检查点
checkpoint_path = "./P04_Ckpts_Manager"
max_to_keep=3
ckpt_manager = tf.train.CheckpointManager(
    checkpoint  = ckpt,
    directory  = checkpoint_path,
    max_to_keep= max_to_keep)
```

检查点管理器 CheckpointManager 的高级功能可以简化检查点的管理工作。这里使用它的 latest_checkpoint 属性提取最新的检查点，判断是否进行加载。第一次运行代码时，这个检查点管理器显然无法提取最新的检查点，但在第二次运行代码时，检查点管理器的 restore 方法会加载其管理的检查点。加载完成后，立即使用模型的 evaluate 方法验证模型损失值和准确率是否已恢复到检查点保存时的性能。谨慎起见，重新加载检查点的模型需要进行二次编译，即再次定义损失函数 loss 和优化器 optimizer，以确保模型参数和编译信息没有被覆盖。代码如下。

```
# 若检查点存在，则恢复最新的检查点
if ckpt_manager.latest_checkpoint:
    ckpt.restore(ckpt_manager.latest_checkpoint)
    # 加载检查点后，需要重新编译
    model.compile(
        optimizer=tf.keras.optimizers.Adam(),
        loss = loss_func, metrics=["accuracy"])
    print ('Latest checkpoint restored and compile again !!')
    # 加载检查点后，立即验证检查点是否已恢复到保存时的性能
    model.evaluate(ds_test)
```

第二次运行代码时，if 判断将加载最新的检查点，可以看到该模型的准确率重新恢复到96.38%，输出如下。

```
    Latest checkpoint restored and compile again !!
   10/10 [==============================] - 1s 76ms/step - loss: 0.1212 - accuracy:
0.9638
```

检查点管理器不仅可以用于管理检查点，还可以融入模型的训练过程中。具体方法是建立检查点管理器 ckpt_manager，设置其是否为模型加载检查点的开关，训练的过程中使用快速自定义回调函数功能调用检查点管理器 ckpt_manager 的 save 方法，在每个周期结束时保存检查点。

下面介绍 TensorFlow 提供的快速自定义回调函数功能，它可以免去新建自定义回调函数类的编码工作，结合检查点管理器，可以自定义检查点保存回调函数。快速自定义回调函数类名为 tf.keras.callbacks.LambdaCallback，它支持在训练的 6 个特定时间点（每个周期开始、每个周期结束、每步开始、每步结束、训练开始、训练结束）触发回调函数。快速自定义回调函数在调用定义的实际回调函数时，分别自动输入参数 epoch、logs、batch、logs、logs，代码如下。

```
tf.keras.callbacks.LambdaCallback(
on_epoch_begin=None, on_epoch_end=None,
    on_batch_begin=None, on_batch_end=None,
on_train_begin=None, on_train_end=None,
    **kwargs
)
```

假设需要在每个周期结束时调用检查点管理器 ckpt_manager 的 save 方法，将它设置在参数 on_epoch_begin 内，设置为 ckpt_manager.save，从而生成一个快速自定义回调函数 CPMgr_callback()。将 CPMgr_callback()和之前生成的检查点保存回调函数 CP_callback()一起存入回调函数列表 callbacks 中，最后将回调函数列表 callbacks 输入 fit 方法等待触发执行。代码如下。

```
CPMgr_callback = tf.keras.callbacks.LambdaCallback(
    on_epoch_end=lambda epoch, logs: ckpt_manager.save())
callbacks = [……, CP_callback, CPMgr_callback ]
```

```
hist = model.fit(
    ......
    callbacks = callbacks,
    ......)
```

设置周期为 5，第一次运行以上代码，可以发现，常规的检查点保存回调函数将保存 5 个检查点，当周期超过 100 时，检查点目录将会存储超过 100 个检查点，而早期的检查点会浪费磁盘空间。反观检查点管理器的目录，仅保存了第 3、4、5 个周期的检查点，第 1、2 个周期的检查点已经被检查点管理器删除，大幅节约了磁盘空间。常规的检查点保存回调函数和检查点管理器的检查点保存逻辑如图 12-1 所示。

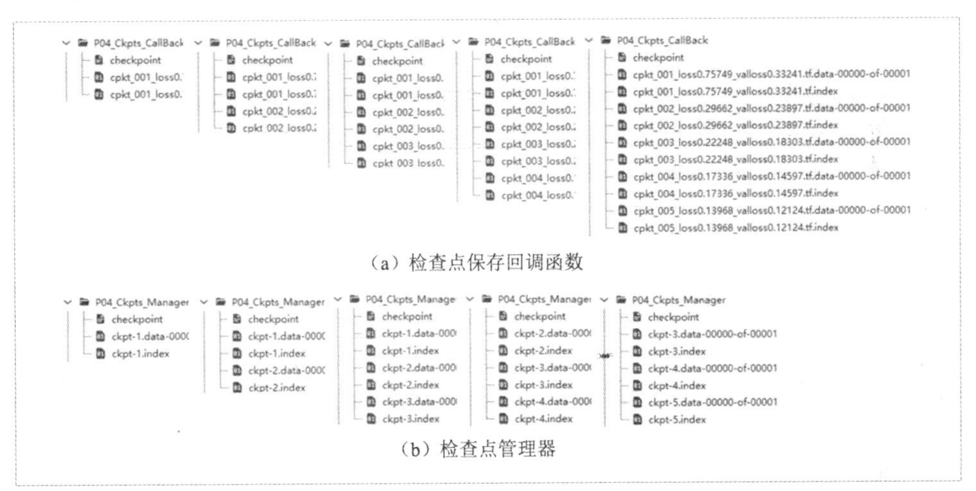

（a）检查点保存回调函数

（b）检查点管理器

图 12-1　常规的检查点保存回调函数和检查点管理器的检查点保存逻辑

第二次运行代码时，设置运行周期仍为 5，此时检查点管理器将提取并加载最新的检查点，同时立即进行性能测试。可见，神经网络训练的第一个周期不是从极低的准确率开始优化的，而是已经恢复到上一轮训练结束时的性能状态。代码和输出如下。

```
Epoch 1/5
59/59 [=======] - ETA: 0s - loss: 0.1212 - accuracy: 0.9640
Epoch 00001: saving model to P04_Ckpts_CallBack\cpkt_001_loss0.12115_valloss0.11744.tf
59/59 [=======] - 16s 272ms/step - loss: 0.1212 - accuracy: 0.9638 - val_loss: 0.1174 - val_accuracy: 0.9643
......
Epoch 5/5
59/59 [=======] - ETA: 0s - loss: 0.0595 - accuracy: 0.9829
Epoch 00005: saving model to P04_Ckpts_CallBack\cpkt_005_loss0.05949_valloss0.09041.tf
59/59 [=======] - 16s 279ms/step - loss: 0.0595 - accuracy: 0.9829 - val_loss: 0.0904 - val_accuracy: 0.9725
```

再次查看两个检查点保存方案的目录，可以发现常规的检查点保存回调函数将会重新从第

1 个检查点开始保存，此时目录下出现了第 1 个检查点的 2 个文件，最终形成了 2 套第 1～5 个（合计 10 个）检查点文件，进而造成混乱。反观检查点管理器的目录，删除了第 3 个周期的检查点，新增了第 6 个周期的检查点，不仅检查点的数量仍为 3，而且检查点也支持断点继续编号。二次运行代码时 2 种检查点保存方案的检查点数量对比如图 12-2 所示。

实际工程中，可以根据经验选择检查点管理器的最大保存检查点数。一般 100 个训练周期的神经网络，保存的检查点数为 5～10。遇到需要迭代超过 300 个周期的神经网络，一般设置为 5～20。

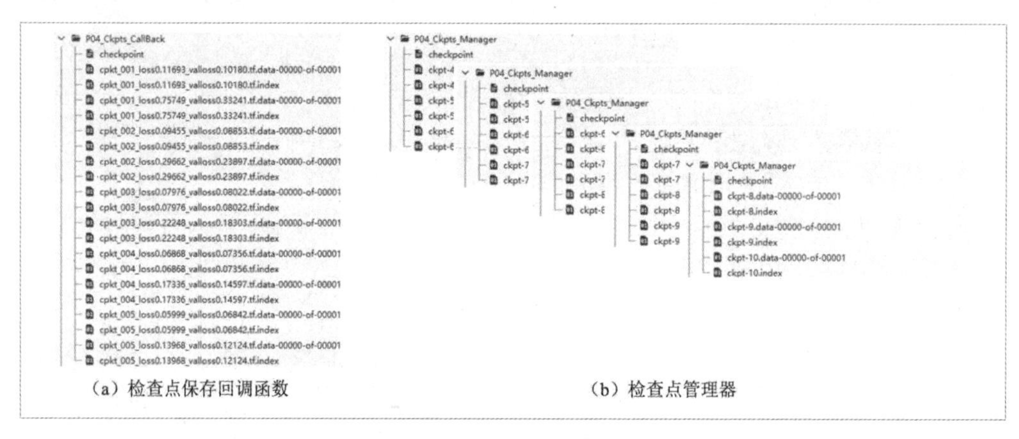

（a）检查点保存回调函数　　（b）检查点管理器

图 12-2　二次运行代码时两种检查点保存方案的检查点数量对比

12.3.4　其他高阶回调函数类

本地日志保存回调函数 TensorBoard()用于定期将训练过程中每个周期的损失值和评估指标保存在本地日志文件中，供 TensorBoard 读取并进行可视化展示。设计一个将日志文件存储在本地文件夹 P04_logs 的本地日志保存回调函数 TB_callback()，并将其加入回调函数列表，输入 fit 方法的代码如下。

```
# 保存日志文件到本地，供 TensorBoard 打开
TB_callback = tf.keras.callbacks.TensorBoard(
    log_dir='./P04_logs')
callbacks=[……, TB_callback, ……]
hist = model.fit(
    ……
    callbacks = callbacks,
    ……)
```

自动降低学习率回调函数 ReduceLROnPlateau()用于在某个评估指标停止变好时，自动降低学习率。举例来说，当梯度下降算法让神经网络参数达到损失函数的理论最小值附近时，神经网络的评估指标会“忽高忽低”，可以理解为神经网络在损失函数最小值的附近徘徊。此时

需要降低学习率让神经网络通过更小的“步伐”（学习率）对内部参数进行更新，让损失函数继续逼近理论最小值。自动调整学习率需要使用回调函数 ReduceLROnPlateau()。开发者可以通过该回调函数的关键字设置指标监测数据 monitor、容忍度 patience、指标缩放因子 factor、敏感度 min_delta 等（类似于回调函数 EarlyStopping()的关键字 min_delta），具体参见 TensorFlow 官方网站。以下代码设计了一个极简的自动降低学习率的回调函数 ReduceLR_callback()，设置方法和使用方法如下。

```
# 设置自动降低学习率
ReduceLR_callback=tf.keras.callbacks.ReduceLROnPlateau(verbose=1)
callbacks=[……, TB_callback, ……]
hist = model.fit(
    ……
    callbacks = callbacks,
    ……)
```

自定义学习率高阶回调函数 tf.keras.callbacks.LearningRateScheduler()用于自定义改变优化器 optimizer 的学习率。假设需要让学习率 lr 从第 10 个周期开始按照指数比例 $e^{-0.1}$ 下降，即下个周期的学习率降低至本周期学习率的 $e^{-0.1}$，可以设计一个函数 scheduler()，并把该函数传递给自定义学习率高阶回调函数，生成回调函数 LR_callback()。先将该回调函数实例加入回调函数列表，再把回调函数列表传递给 fit 方法的关键字 callbacks。代码如下。

```
# 设置自动调整学习率
def scheduler(epoch, lr):
    lr= lr * tf.math.exp(-0.1) if epoch>=10 else lr
    return lr
LR_callback = tf.keras.callbacks.LearningRateScheduler(
    scheduler)
callbacks=[……, LR_callback, ……]
hist = model.fit(
    ……
    callbacks = callbacks,
    ……)
```

TensorFlow 提供的高阶回调函数随着 TensorFlow 版本的更新而完善，最新的高阶回调函数 API 可在 TensorFlow 的官网主页上查看，位于 API 接口的 tf.keras.callbacks 下。

12.4　训练过程监控和回调函数

不论是过拟合的监控还是自定义神经网络和损失函数的调试，都需要密切监控训练过程，特别是监控关键指标如何随着训练步数和周期的推移发生收敛变化，这时要用到 TensorFlow 提供的日志监控工具 TensorBoard。

12.4.1 TensorBoard 和日志文件的原理和接口

由于 Python 采用单线程执行机制，所以在神经网络训练完成之前，开发者很难查看训练形成的过程文件，因为要关闭文件才可以读写句柄。

为了方便实时记录神经网络的设计和训练，TensorFlow 提供了一个十分强大的日志文件格式——Summary Data，以及日志写入工具 tf.summary。Summary Data 格式的日志文件以目录为整体进行存储，日志文件目录下存储了多次训练的不同结果。日志文件不仅可以存储神经网络的静态图信息，还可以存储训练过程中形成的各种标量，甚至可以存储训练过程中实时形成的多媒体数据和其他数据。TensorFlow 提供与之配套的日志写入工具 tf.summary 也十分简洁明了，开发者在 TensorFlow 的代码中向 tf.summary 指示需要保存的相关数据，日志文件就会在神经网络训练的过程中源源不断地写入磁盘，开发者无须关心文件输入、输出接口（I/O 接口）的复杂操作。

tf.summary 支持记录为日志文件的数据类型包括神经网络的静态图结构、标量（Scalar）、图像（Image）、语音（Audio）、文本（Text）、超参数（Hyperparameter）、嵌入映射（Embedding Projector）、公平性指标（Fairness Indicators）、性能监控等。其中，默认记录的是标量指标中的损失函数值、评估指标值。tf.summary 中常用的 API 接口函数及其用途如表 12-4 所示。

表 12-4　tf.summary 中常用的 API 接口函数及其用途

API 接口函数	函数用途
tf.summary.create_file_writer()	新建日志文件，返回句柄
tf.summary.flush()	强行将缓存文件写入磁盘
tf.summary.scalar()	将标量写入日志（TensorBoard 会进行二维绘图）
tf.summary.histogram()	将向量写入日志（TensorBoard 对向量内所有元素统计频率后形成直方图，进行三维绘图）
tf.summary.image()	将图片写入日志（TensorBoard 会显示为图片）
tf.summary.text()	将文本写入日志
tf.summary.audio()	将音频写入日志
注：更多接口函数见 TensorFlow 官方网站	

为了方便阅读神经网络的训练日志，TensorFlow 还提供了日志管理工具 TensorBoard。只需要在命令行输入一行指令，TensorBoard 就会读取这个日志所在的文件夹，以 Web 服务器的方式提供交互式访问服务（默认开启在 6006 端口）。开发者在浏览器中输入服务地址和端口号就可以通过浏览器交互式查看存储的日志文件。TensorBoard 的网页交互方式支持神经网络的静态图可视化，支持数据的曲线可视化。

更重要的是，由于 tf.summary 的文件日志写入机制是特殊的缓冲写入机制，只需要在代码中添加 tf.summary.flush()，日志文件就支持立即更新，也就是说，开发者不必等待日志文件的句柄释放，就可以在写入日志的同时，查看训练过程数据，有利于开发者监控训练过程。

TensorBoard 运作机制示意图如图 12-3 所示。

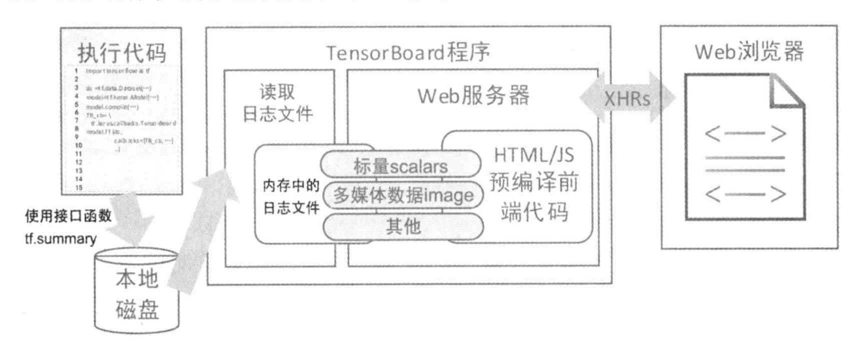

图 12-3　TensorBoard 运作机制示意图

TensorFlow 的神经网络训练可以使用 fit 方法和 eager 方法。对于 eager 方法，开发者需要使用 tf.summary 提供的各种接口函数，逐行编写日志新建、日志追加、日志刷新、日志关闭的代码。

谷歌从 TensorFlow 2.X 版本开始，推荐用 with 关键字指示上下文的日志写入方式，代码如下。

```
log_dir = './logs'
file_writer = tf.summary.create_file_writer(log_dir)
with file_writer.as_default():
        tf.summary.scalar(…)
        tf.summary.histogram(…)
        tf.summary.image(…)
        tf.summary.flush(…)
```

开发者也可以使用顺序方法写入日志。代码如下。

```
log_dir = './logs'
file_writer = tf.summary.create_file_writer(log_dir)
file_writer.set_as_default()
for epoch in range(EPOCH):
    for step, (data, label) in enumerate(ds_train):
        tf.summary.scalar(…)
        tf.summary.histogram(…)
        tf.summary.image(…)
        tf.summary.flush(…)
```

对于 fit 方法，开发者无须调用 tf.summary 的任何方法，只需要向 fit 方法的关键字 callbacks 传递回调函数 tf.keras.callbacks.TensorBoard()，该回调函数会自动调用 tf.summary 的各种方法保存训练过程数据。只有保存自定义数据时，才使用 tf.summary 提供的各种接口函数，用于自定义回调函数。下面将展开介绍。

12.4.2 TensorBoard 的可视化查看

TensorBoard 是日志查看工具，开发者需要进入安装了 TensorBoard 的虚拟环境，通过命令行启动 TensorBoard 程序。启动命令格式如下。

```
D:\OneDrive\AI_Working_Directory >tensorboard --logdir '日志文件所在目录'
```

对于一个目录下存在多个日志文件的情况，开发者也无须担心，TensorBoard 会自动识别多个日志文件的文件夹名，并将来自不同文件夹的同类数据绘制在一幅曲线图上，供开发者对比查看。假设 D:\OneDrive\AI_Working_Directory >目录有多个子目录，其中一个目录为 prj_quickstart，每个子目录都存储了日志文件。运行 TensorBoard 后，TensorBoard 会在 6006 端口启动网络服务，代码如下。

```
(CV_TF23_py37)  D:\OneDrive\AI_Working_Directory\prj_quickstart>tensorboard --logdir=./
......
TensorBoard 2.8.0 at http://localhost:6006/ (Press CTRL+C to quit)
```

此时开发者打开浏览器的 http://localhost:6006/，就可以看到 TensorBoard 的交互界面。由于此时尚未生成任何日志文件，所以当前网页交互界面的最上方导航栏是空的，内容交互区也没有任何内容。TensorBoard 运行界面如图 12-4 所示。

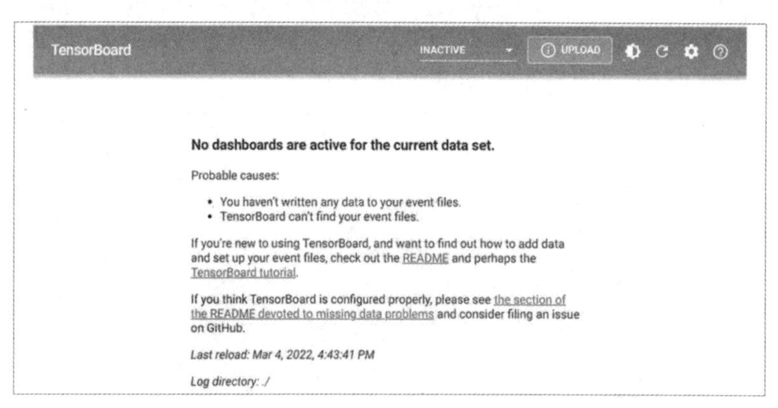

图 12-4　TensorBoard 运行界面

运行一段训练代码后，prj_quickstart 目录下将新增一个存储了日志文件的子目录（目录名为 P04_LeNetEager_Tblogs），该子目录存储了日志文件信息。相应地，刷新 TensorBoard 页面，页面的左侧导航栏和上方导航栏都将发生变化。左侧导航栏的下方显示了目录 prj_quickstart 下的全部日志文件名称，此时只有一个日志文件保存在目录 P04_LeNetEager_TBlogs 中，所以只显示了一个日志文件。上方导航栏增加了 SCALARS、IMAGES、DISTRIBUTIONS、HISTOGRAMS、TIMESERIES 等标签，分别用于查看标量、图像、向量、直方图、时序等。TensorBoard 的交互区示意图如图 12-5 所示。

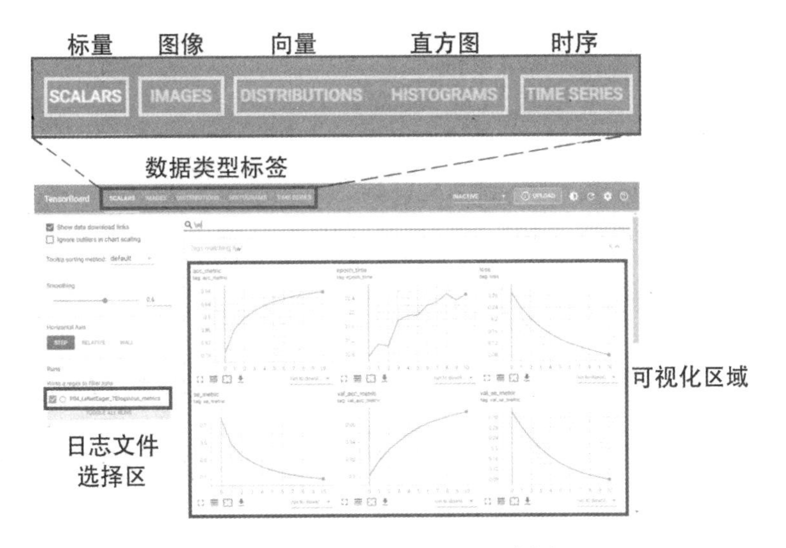

图 12-5 TensorBoard 的交互区示意图

TensorBoard 默认将界面停留在标量的显示界面，此时会显示训练代码中记录的全部标量：训练数据集的损失值 loss、训练数据集的准确率 acc_metric、训练数据集的交叉熵 se_metric、测试数据集的准确率 val_acc_metric、测试数据集的交叉熵 val_se_metric。鼠标停留在测试数据集的准确率 acc_metric 的第 25 轮的数据点上，可以看到此轮的准确率指标已经达到 99.66%，TensorBoard 的标量标签交互区如图 12-6 所示。

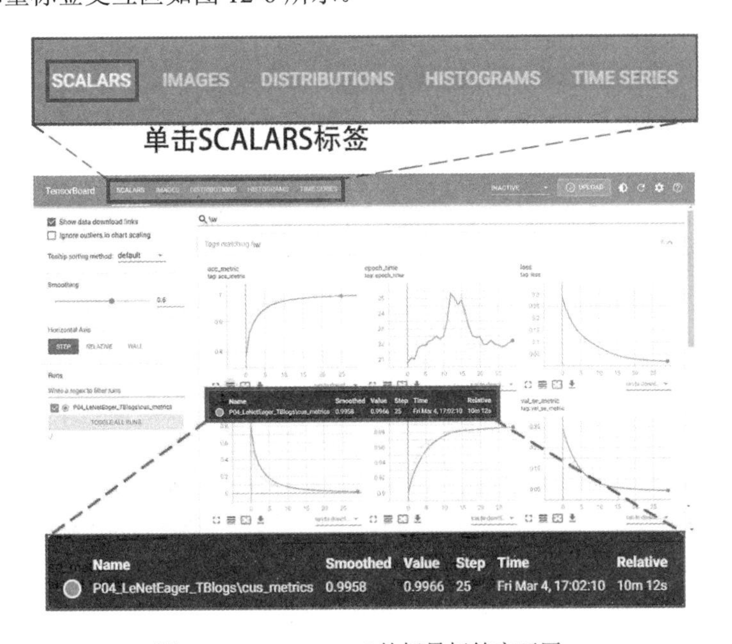

图 12-6 TensorBoard 的标量标签交互区

单击“IMAGES”按钮可以看到保存的最多 8 幅预测错误的图像，预测错误的图像的确很难辨别，TensorBoard 的图像标签交互区如图 12-7 所示。

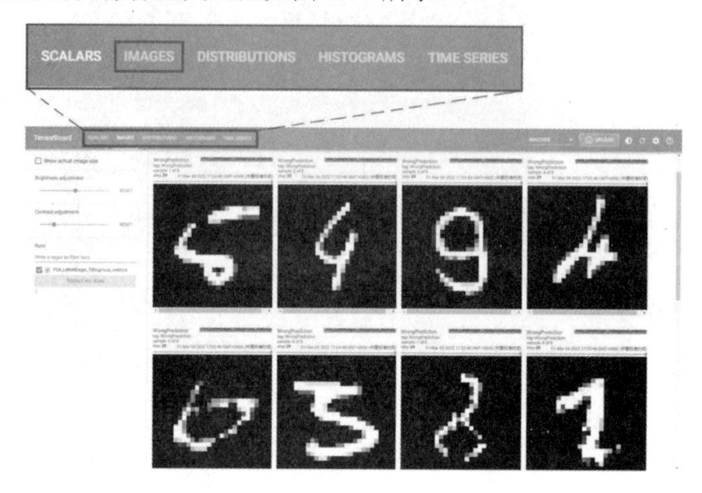

图 12-7 TensorBoard 的图像标签交互区

单击“DISTRIBUTIONS”或者“HISTOGRAMS”按钮，可以查看向量的相关信息。TensorBoard 对于向量的处理机制是基于统计算法的，DISTRIBUTIONS 标签存储了每个周期内的向量的多个元素的分布关系，横坐标轴是周期，纵坐标轴是元素取值，颜色深浅表示概率的高低。HISTOGRAMS 标签以三维的方式展示了向量内元素直方图随周期的变化，横坐标轴表示元素取值，高度坐标轴表示统计频次，纵坐标轴是周期。可见，一个周期内的训练步数的耗时基本为 0.3～0.5s，测试的每步的耗时基本为 0.10～0.14s，TensorBoard 的向量元素分布标签交互区如图 12-8 所示。

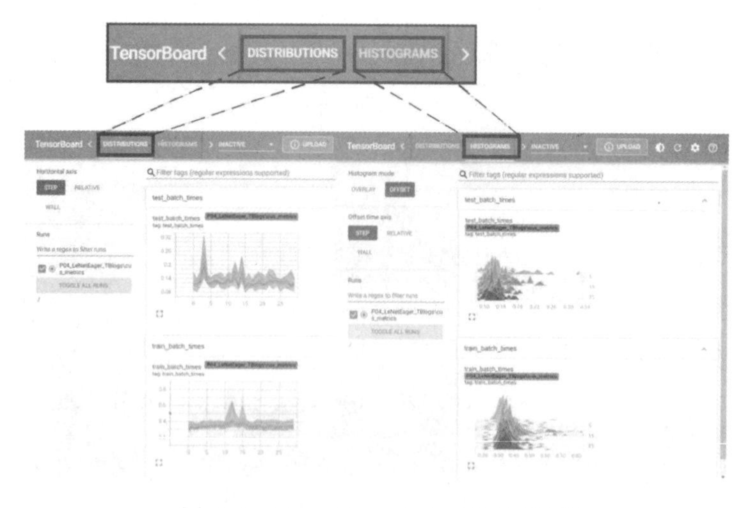

图 12-8 TensorBoard 的向量标签交互区

最后的 Time Series 标签存储了全部的标量、向量、图像数据。可以单击向下箭头展开，也可以单向上箭头回收，TensorBoard 的时序标签交互区如图 12-9 所示。

图 12-9　TensorBoard 的时序标签交互区

此外，在 TensorBoard 的可视化绘图的界面上，支持数据下载为 CSV 格式，具有调整平滑率等丰富调节功能。这里不再赘述，读者可以自行探索。

12.4.3　eager 方法下使用 tf.summary 存储日志

在 eager 方法下，需要按照以下顺序使用 tf.summary 提供的各式接口函数，逐行编写代码：日志新建、日志追加、日志刷新、日志关闭。

假设需要将训练数据集的三个关键标量（损失值、交叉熵评估指标、准确率评估指标）和评估数据集的两个关键标量（交叉熵评估指标、准确率评估指标）存储于日志文件供实时查看，显然这是 tf.summary 的标量类型。同时，我们还希望监控每个周期的运行耗时，对于一个周期，这是 tf.summary 的标量类型；监控训练数据集每步耗时和验证数据集每步耗时，由于一个周期有多步，所以对于一个周期，显然是 tf.summary 的向量类型；监控预测错误的图像（最多 8 幅），显然是 tf.summary 的图片类型。

首先使用 tf.summary 的 create_file_writer 方法新建日志文件句柄 file_writer，指示日志文件存储在'./P04_LeNetEager_TBlogs'下。并使用日志文件句柄的 set_as_default 方法将其启用。初学

者很容易忘记调用 set_as_default 方法，这会导致日志无法写入，且无告警错误，初学者需要格外注意。

```
log_dir = './P04_LeNetEager_TBlogs'
file_writer = tf.summary.create_file_writer(log_dir+"/cus_metrics")
file_writer.set_as_default()
```

在周期循环开始时，首先完成训练数据的梯度下降算法，计算评估指标并打印输出每步的训练信息，然后存储训练耗时。将存储训练数据集每步耗时的空列表命名为 train_batch_times，将存储训练数据集每步耗时的列表定义为 test_batch_times;，初始化记录步数开始时间的两个存储器 train_batch_t1 和 test_batch_t1。在周期的训练步数的最后，将计时结果加入列表 train_batch_times 后，重置 train_batch_t1；在本周期的验证数据集的循环体内，也进行类似的模型推导、评估指标计算操作，记录验证数据集下每步的耗时；在周期结束之前，再次将周期开始时间 epoch_t1 重置为当前时间，代码如下。

```
EPOCH=50
epoch_t1 = time.time()
for epoch in range(EPOCH):
    train_batch_times=[]
    train_batch_t1 = time.time()
for step, (data, label) in enumerate(ds_train):
        ……
        train_batch_times.append(time.time()-train_batch_t1)
        train_batch_t1 = time.time()
    test_batch_times =[]
    test_batch_t1 = time.time()
    for val_data, val_label in ds_test:
        ……
        test_batch_times.append(time.time()-test_batch_t1)
        test_batch_t1 = time.time()
……
epoch_t1 = time.time()
```

有了这些基础数据之后，可以使用 tf.summary 的各种接口函数，将各标量、向量及图像存储于日志文件中。

对于训练数据集的标量、向量，在重置训练数据集的评估指标之前，分别使用 tf.summary 的接口函数存储于日志中。损失函数对应日志数据名称 loss，数据来源是 loss，交叉熵评估指标的日志数据名称是 se_metric，数据来源是评估指标列表的第一个评估指标函数，准确率指标的日志数据名称是 acc_metric，数据来源是评估指标列表的第二个评估指标函数，以上这些都是标量，所以使用 tf.summary.scalar()作为接口函数写入日志。由于训练阶段的每步耗时是一个向量，所以使用 tf.summary.histogram()作为接口函数写入日志，日志数据名称是

train_batch_times，数据来源是 train_batch_times。最后，将列表 train_batch_times 清空，准备接收下一周期的每批次耗时。代码如下。

```
EPOCH=50
epoch_t1 = time.time()
for epoch in range(EPOCH):
    for step, (data, label) in enumerate(ds_train):
        ……
    tf.summary.scalar(name = "loss",
                      data = loss,
                      step = epoch)
    tf.summary.scalar(name = "se_metric",
                      data = train_metrics[0].result(),
                      step=epoch)
    tf.summary.scalar(name = "acc_metric",
                      data = train_metrics[1].result(),
                      step=epoch)
    tf.summary.histogram(name = "train_batch_times",
                         data = train_batch_times,
                         step=epoch)
    train_batch_times = []
```

对于验证数据集的标量、向量，在重置验证数据集的评估指标之前，分别使用 tf.summary 的接口函数存储于日志中。代码如下。

```
    for val_data, val_label in ds_test:
        ……
    tf.summary.scalar(name = "val_se_metric",
                      data = val_metrics[0].result(),
                      step=epoch)
    tf.summary.scalar(name = "val_acc_metric",
                      data = val_metrics[1].result(),
                      step=epoch)
    tf.summary.histogram(name = "test_batch_times",
                     data = test_batch_times,
                     step=epoch)
    train_batch_times = []
```

同时，我们还希望存储神经网络预测错误的图像，需要使用存储图像的函数 tf.summary.image()，由于训练的初期有太多预测错误，所以向函数 tf.summary.image()传递的参数 max_outputs 等于 8，表示只保存最多 8 幅预测错误的图像。最后每个周期耗时的标量也使用 tf.summary.scalar()作为接口函数写入日志，日志数据名称为 epoch_time，数据来源为当前时间 time.time()减去周期开始时间 epoch_t1。代码如下。

```
for epoch in range(EPOCH):
```

```
    for step, (data, label) in enumerate(ds_train):
        ......
    for val_data, val_label in ds_test:
        ......
    test_pred_raw = model.predict(x_test)
    test_pred = tf.argmax(test_pred_raw, axis=1)
    wrong_indices=tf.where(
        tf.not_equal(test_pred,y_test))
    wrong_indices = tf.squeeze(wrong_indices)
    wrong_img = tf.gather(params=x_test,
                          indices = wrong_indices)
    tf.print(wrong_indices.shape)
    wrong_pred=tf.gather(params=test_pred,
                        indices = wrong_indices)
    wrong_GT = tf.gather(params=y_test,
                        indices = wrong_indices)
    tf.summary.image(name = "WrongPrediction",
                    data = wrong_img,
                    max_outputs=8, step=epoch)
    tf.summary.scalar(name = "epoch_time",
                      data = time.time()-epoch_t1,
                      step=epoch)
```

填写完训练数据集及验证数据集的循环体代码和记录训练过程的标量、向量、图像代码后，不要忘记使用 tf.summary.flush 方法缓存写入日志文件句柄。增加这条代码后，开发者可以立即看到当前训练周期的可视化数据，如果不增加此行代码，那么以笔者的经验，一般会延迟 5～10 个周期左右才能在 TensorBoard 上看到可视化的数据。代码如下。

```
for epoch in range(EPOCH):
    for step, (data, label) in enumerate(ds_train):
        ......
    for val_data, val_label in ds_test:
        ......
    tf.summary.flush(writer=file_writer)
```

12.4.4 fit 方法下的 TensorBoard 日志存储回调函数

在 fit 方法下，TensorFlow 提供了方便的 TensorBoard 回调函数供开发者使用。开发者只需要编写一行代码指定日志文件的存储位置，就可以新建 TensorBoard 回调函数，把它加入回调函数列表输入 fit 方法。代码如下。

```
model = LeNet_Model(name='LeNet',output_dim=10)
loss_func = tf.keras.losses.SparseCategoricalCrossentropy()
model.compile(
```

```
        optimizer=tf.keras.optimizers.Adam(),
    loss = loss_func, metrics=["accuracy"])
    TB_callback = tf.keras.callbacks.TensorBoard(
        log_dir='./P04_LeNetFit_SimpleTBlogs')
    callbacks = [ TB_callback ]
    EPOCH=3
    hist = model.fit(ds_train,
                     epochs=EPOCH,
                     callbacks=callbacks,
                     validation_data = ds_test)
```

此时日志文件只会默认可视化展示 model 模型的神经网络静态图，同时默认记录 model.compile 涉及的损失函数值、评估指标值这些必要的监控数据。运行以上代码，TensorFlow 将在当前 Python 程序目录生成一个存储日志信息的文件夹 P04_LeNetFit_SimpleTBlogs。刷新 TensorBoard 交互界面可以看到有两个标签：SCALATS 和 GRAPHS。SCALARS 标签将损失函数值和评估指标值可视化，将鼠标停留在准确率的第 30 轮，可以看到训练和评估的准确率分别为 94.11%和 91.72%。GRAPHS 标签将神经网络的结构信息可视化展示，可以在可视化的静态图上查看按照继承子类方式设计的神经网络，单击具体的层还可以查看相关细节。TensorBoard 的神经网络静态图交互区如图 12-10 所示。

图 12-10　TensorBoard 的神经网络静态图交互区

fit 方法下的日志文件记录采用极简的编程方式：fit 方法调用 TensorBoard 回调函数只会记录 fit 方法接收的损失函数值和评估指标值，自定义的数据无法记入日志文件。遇到这种情况，就必须自定义回调函数，在回调函数内使用 tf.summary 方法将数据存储于日志文件中。

对比而言，fit 方法下的训练阶段和评估阶段的损失函数值和准确率评估指标都已经被 TensorBoard 回调函数记录，无须在自定义的回调函数中重复记录。需要通过自定义回调函数记录的只有训练阶段和评估阶段每步耗时，由于是一个向量，所以要以 tf.summary.histogram()为接口函数写入日志，日志数据名称是 train_batch_times 和 test_batch_times。而每个周期（包含了训练阶段和评估阶段）的耗时是一个标量，因此要用 tf.summary.scalar()作为接口函数写入日志，日志数据名称是 epoch_time。另外，由于拟保存的每个周期预测错误的图像属于图像数据，所以要使用存储图像的 tf.summary.image()函数。而训练的初期有太多预测错误，因此向 tf.summary.image()函数传递的参数 max_outputs 等于 8，表示最多保存 8 幅预测错误的图像。

自定义一个回调函数，将其命名为 Timer_callback，它继承自 TensorFlow 的回调函数基础类。

重载回调函数基础类的成员函数 on_epoch_begin()，在周期开始时，初始化周期计时起点和本周期下训练阶段和评估阶段的每批次耗时空列表。代码如下。

```
class Timer_callback(tf.keras.callbacks.Callback):
    def on_epoch_begin(self,epoch,logs = None):
        self.epoch_t1 = tf.timestamp()
        self.test_batch_times = []
        self.train_batch_times = []
```

重载四个成员函数，它们分别是与训练开始相关、与训练结束相关、与评估开始相关、与评估结束相关的四个成员函数。在训练的每步开始和每步结束的时候，分别设置每步耗时的计时起点和终点，并将二者的差追加在每批次耗时列表后。对评估阶段的成员函数也进行的相同操作。代码如下。

```
    def on_train_batch_begin(self,batch,logs = None):
        self.train_batch_t1 = tf.timestamp()
    def on_train_batch_end(self,batch,logs = None):
        train_batch_t2=tf.timestamp()
        self.train_batch_times.append(
            (train_batch_t2-self.train_batch_t1).numpy())
        self.train_batch_t1 = train_batch_t2
    def on_test_batch_begin(self,batch,logs = None):
        self.test_batch_t1 = tf.timestamp()
    def on_test_batch_end(self,batch,logs = None):
        test_batch_t2=tf.timestamp()
        self.test_batch_times.append(
            (test_batch_t2-self.test_batch_t1).numpy())
        self.test_batch_t1 = test_batch_t2
```

重载成员函数 on_epoch_end()，在周期结束的时候，首先将 train_batch_times 和 test_batch_times 存为向量，将周期时间差（epoch_t2-self.epoch_t1）存为标量；然后可以将存储周期内每步耗时的两个列表 self.train_batch_times 和 self.test_batch_times 清空，并将周期计时起点重置为当前时间。代码如下。

```
    def on_epoch_end(self,epoch,logs = None):
        tf.summary.histogram(name = "train_batch_times",
                             data=self.train_batch_times,
                             step=epoch)
        logs["train_batch_times"]=self.train_batch_times
        self.train_batch_times = []
        tf.summary.histogram(name = "test_batch_times",
                             data=self.test_batch_times,
                             step=epoch)
        logs["test_batch_times"]=self.test_batch_times
        self.test_batch_times = []
        epoch_t2 = tf.timestamp()
        logs["epoch_time"]= (epoch_t2-self.epoch_t1).numpy()
        tf.summary.scalar(name='epoch_time',
                          data=(epoch_t2-self.epoch_t1),
                          step=epoch)
        self.epoch_t1 = epoch_t2
```

在重载成员函数 on_epoch_end()的时候，可以在函数的最后添加预测错误图像的日志保存代码。输入测试数据集的全部图像 x_test，经过神经网络推理后形成的预测存储在 test_pred 中，真实的图像标签存储在 y_test 中，二者对比，提取预测错误的图像存储在 wrong_img 中，最后使用 tf.summary.image 存储最多 8 幅预测错误图像。代码如下。

```
    def on_epoch_end(self,epoch,logs = None):
        ……
        test_pred_raw = model.predict(x_test)
        test_pred = tf.argmax(test_pred_raw, axis=1)
        wrong_indices=tf.where(
           tf.not_equal(test_pred,y_test))
        wrong_indices = tf.squeeze(wrong_indices)
        wrong_img = tf.gather(params=x_test,
                              indices = wrong_indices)
        wrong_pred=tf.gather(params=test_pred,
                             indices = wrong_indices)
        wrong_GT = tf.gather(params=y_test,
                             indices = wrong_indices)
        tf.summary.image(name = "WrongPrediction",
                         data = wrong_img,
```

```
                    # description = "Pred:{}-GT:{}".format()
                    max_outputs=8, step=epoch)
        #只有立即写入磁盘才能立即查看；也可以让 TB 自动强制更新，但会滞后
        tf.summary.flush(writer=file_writer)
```

最后，重载成员函数 on_epoch_end()后，使用 tf.summary.flush()函数强行将缓存数据写入日志文件。代码如下。

```
    def on_epoch_end(self,epoch,logs = None):
        ......
        tf.summary.flush(writer=file_writer)
```

至此就完成了写入日志文件的自定义回调函数的代码编写。在训练前，新建日志文件句柄，开启日志文件记录，新建自定义的回调函数类 Timer_callback 的实例，命名为 timer_callback；新建 TensonBoard 回调函数的实例，命名为 TB_callback。在 model.fit 方法中将常规回调函数对象 timer_callback 与 TB_callback 一起加入回调函数列表，即可开启日志文件记录。代码如下。

```
model = LeNet_Model(name='LeNet',output_dim=10)
loss_func = tf.keras.losses.SparseCategoricalCrossentropy()
model.compile(
    optimizer=tf.keras.optimizers.Adam(),
    loss = loss_func, metrics=["accuracy"])
timer_callback = Timer_callback()
log_dir = './P04_LeNetFit_TBlogs'
TB_callback = tf.keras.callbacks.TensorBoard(
    log_dir=log_dir,profile_batch = 3)
file_writer = tf.summary.create_file_writer(
    log_dir + "/cus_metrics")
file_writer.set_as_default()
callbacks = [
     timer_callback,
     TB_callback
            ]
EPOCH=50
hist = model.fit(ds_train,
                 epochs=EPOCH,
                 callbacks=callbacks,
                 validation_data = ds_test)
```

刷新 TensorBoard 的网页，在左侧选择本节代码生成的日志文件'./P04_LeNetFit_TBlogs'，可以通过切换标签查看代码保存的数据。TensorBoard 的多日志文件勾选如图 12-11 所示。

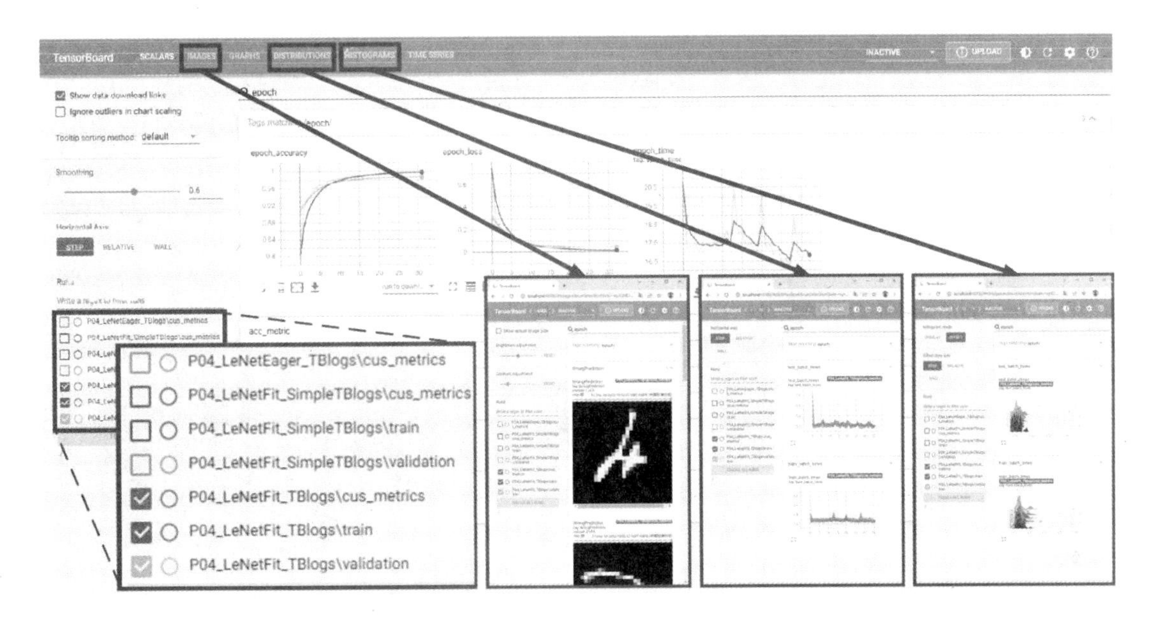

图 12-11　TensorBoard 的多日志文件勾选

第 5 篇 目标检测中的骨干网络

目标检测神经网络一般分为骨干网络和下游网络两部分：骨干网络负责提取图像的特征；下游网络是若干网络的统称，负责目标检测或者图像分割等具体任务。骨干网络的优劣直接决定下游任务是否能获得足够的图像特征信息，也决定了目标检测神经网络的整体性能。

上一篇介绍了基于 TensorFlow 进行计算机视觉深度神经网络编程的基本技能，下面将使用基本技能进行若干经典骨干网络的设计，这些骨干网络的复杂程度虽然超过了在波士顿房产数据集上使用的单层神经网络，也超过了在 MNIST 手写数字数据集上使用的经典神经网络 LeNet5，但它们使用的数学基础知识和 TensorFlow 编程的基本技能是完全一样的。

本篇将指导开发者建立目前工程中常用的骨干网络，这要求开发者不仅具备深度学习的理论基础，还需要具备 TensorFlow 深度学习编程框架的实践技能。只有了解骨干网络原理并具备构建若干经典骨干网络的能力，才能理解互联网上大量的开源神经网络的代码、设计思路和特点，进一步随心所欲地设计神经网络模型。如果难以理解本篇介绍的基础原理和 TensorFlow 的编程技能，可以先阅读第 3 篇和第 4 篇。

第 13 章
经典骨干网络 AlexNet 的原理解析

2012 年，Hinton 的学生 Alex Krizhevsky 提出神经网络 AlexNet，在 ImageNet 大赛上一举夺魁。虽然 AlexNet 现在看来极其简陋，但它的卷积、池化、ReLU 非线性激活的微观结构完整，堪称“教科书式”的神经网络。虽然后续的神经网络为卷积层搭配了其他具有更多可能性的辅助层（如 BatchNormalization 层、非线性激活层），但 AlexNet 使用的二维卷积层依旧处于核心的地位。

本篇将介绍神经网络 AlexNet 的原理及代码实现，并通过理论计算评估该网络的参数量和运算量。在实践方面，本篇将使用 TensorFlow 设计自定义的局部响应归一化（Local Response Normalization，LRN）层。

13.1 整体结构和数据增强

AlexNet 一共有 8 层，包括 5 层卷积层和 3 层全连接层。AlexNet 在区分 1000 类数据集的环境下，共有将近 6×10^7 个可训练变量（或称为参数），650000 个神经元数，占用内存大于 200MB，进行一次前向传播的运算量大约为 720MFLOPs。

AlexNet 的输入层和数据增强是结合在一起的。根据相关论文，AlexNet 处理的原始图像尺寸为 256×256×3，表示分辨率为 256 像素×256 像素的图像，具有 RGB 三色通道。但神经网络输入层接收的图像尺寸是 227×227×3。这是 AlexNet 在有限数据集的情况下为增加样本数量而采用的数据扩充（Data Augmentation）策略。该策略包括四个步骤。第一，裁剪，AlexNet 将 256 像素×256 像素的原始图像尺寸变为 224 像素×224 像素，这样横、纵方向上都减少了 32 个像素，合计 32^2 个不同的裁剪策略，从而让 1 个样本变成了 32^2 个样本；第二，水平翻转，将每幅图像都进行水平翻转，样本数量相当于翻了一倍；第三，先对左上、右上、左下、右下、中间分别进行 5 次裁剪，再翻转，共计 10 次裁剪，最后对结果求平均；第四，首先对 RGB 空间进行主成分分析（PCA），然后对主成分做一个均值为 0、方差为 0.1 的高斯扰动，目的是对颜色、光照进行变换。AlexNet 是一个可训练变量超过 5000 万的大型神经网络，样本不足很容易造成过拟合，这样进行数据增强后，神经网络的性能可以大幅提升。最后，将 224×224×3 的图像尺寸调整为 227×227×3。

13.2 负责特征提取的第一、二层卷积层

AlexNet 的第一层主要是一个卷积层（C1），但实际上额外会搭配上一个局部响应归一化层（L1）和一个池化层（S1）。

C1 卷积层负责对图像进行特征提取。C1 卷积层接收的图像尺寸为 227×227×3，即输入尺寸为(None,227,227,3)，其中 None 代表输入图像的打包数。

AlexNet 的 C1 卷积层设置了 96 个尺寸为 11×11×3 的滤波器，即 C1 卷积层的权重矩阵尺寸为(11,11,3,96)。其中，卷积核尺寸 kernel_size 为 11×11，一个滤波器内的卷积核数量等于输入通道数 3。AlexNet 的 C1 卷积层的卷积步长为 4，补零方式为 valid。因此，计算可得输出特征图的分辨率为 55 像素×55 像素，由于设置了 96 个滤波器，所以输出是 96 通道的，输出的矩阵尺寸为(None,55,55,96)，其中 None 代表输入图像的打包数。AlexNet 的 C1 卷积层的输出激活函数采用 ReLU 函数。

C1 卷积层的参数量来自 96 个尺寸为 11×11×3 的滤波器。每个滤波器含有的参数量为 11×11×3 = 363，96 个滤波器的参数量为 363×96 = 34848，最后加上每个滤波器内共享的 96 个偏置参数，参数量共计 34848+96 = 34944。

C1 卷积层的运算量来自滤波器和图像之间的卷积运算。根据二维卷积的原理，总的乘法运算量等于以下三部分的乘积：输出的图像尺寸的平方、卷积核尺寸的平方、输入通道数和输出通道数的乘积，即 55×55×11×11×3×96 = 105415200 = 105.4152MFLOPs。

C1 卷积层的输出紧接着一个局部响应归一化层，命名为 LRN1。由于 C1 卷积层采用的激活函数 ReLU 函数不像 tanh 和 sigmoid 一样具有有限的值域，所以在 ReLU 的处理后需要进行归一化处理，局部响应归一化的思想来源于神经生物学中的“侧抑制”，指的是被激活的神经元抑制周围的神经元。2015 年发表的论文 *Very Deep Convolutional Networks for Large-Scale Image Recognition* 中提到局部响应归一化的用处不大，后续的神经网络使用较多的是具有类似用途的批次归一化层。

一般的池化层算法下，相邻的池化窗口是不重叠的，即池化区域的窗口长度与步长相同，但 AlexNet 采用了重叠池化。在 AlexNet 中使用的池化层命名为 S1，池化尺寸为 3×3，每次池化移动的步长为 2，即每次移动的步长小于池化的窗口长度，这样相邻的池化窗口之间有重叠部分。据论文分析，重叠池化可以避免过拟合，这个策略使 top-1 和 top-5 判断标准下的错误率下降了 0.4%和 0.3%（与使用不重叠的池化相比）。

S1 重叠池化层的输入尺寸是(None,55,55,96)。它在池化的过程中起到了下采样的作用，输出特征图的分辨率为 27 像素×27 像素，因此输出尺寸是(None,27,27,96)。S1 层的参数量为 0，乘法运算量为 0。

AlexNet 神经网络模型（C1 层+L1 层+S1 层）的代码如下。

```
alexnet_model = tf.keras.models.Sequential()
#=============第一层==================
alexnet_model.add(
    tf.keras.layers.Conv2D(
        filters=96,kernel_size=(11,11),
        strides=4,activation='relu',
        padding='valid',name='C1'))
class LRN(tf.keras.layers.Layer):
    def __init__(self,name=None):
        super(LRN, self).__init__(name=name)
        self.depth_radius=2
        self.bias=1
        self.alpha=1e-4
        self.beta=0.75
    def call(self,x, training=False):
        return tf.nn.lrn(x,depth_radius=self.depth_radius,
                         bias=self.bias,alpha=self.alpha,
                         beta=self.beta)
alexnet_model.add(LRN(name='LRN1'))
alexnet_model.add(tf.keras.layers.MaxPool2D(
    pool_size=(3,3),strides=2,name="S1"))
```

AlexNet 的第二层主要是卷积层，但实际上会额外搭配局部响应归一化层和池化层，总体结构与第一层完全一致，只是具体参数有所变化。

AlexNet 的 C2 卷积层负责对图像进行特征提取。C2 卷积层接收到的特征图尺寸是 27×27×96，对应的输入尺寸为(None,27,27,96)。

AlexNet 的 C2 卷积层设置了 256 个尺寸为 5×5×96 的滤波器，即 C2 卷积层的权重矩阵尺寸为(5,5,96,256)，卷积核尺寸为 5×5，一个滤波器内的卷积核数量等输入通道数，定为 96。AlexNet 的 C2 卷积层的卷积步长为 1，补零方式为 same，因此输出特征图的尺寸将保持不变，也是 27 像素×27 像素，由于设置了 256 个滤波器，所以输出是 256 通道的，输出尺寸为(None,27,27,256)。AlexNet 的 C2 卷积层的输出激活函数采用 ReLU 函数。

C2 卷积层的参数量来自 256 个尺寸为 5×5×96 的滤波器。每个滤波器的参数量为 5×5×96 = 2400，256 个滤波器的参数量为 2400×256 = 614400，最后加上每个滤波器内共享的 256 个偏置参数，参数量共计 614400+256 = 614656。

C2 卷积层的运算量来自滤波器和图像之间的卷积运算。乘法的总运算量等于以下三部分的乘积：输出的图像尺寸的平方、卷积核尺寸的平方、输入通道数和输出通道数的乘积，即 27×27×5×5×96×256 = 447897600 = 447.8976 MFLOPs。

C2 卷积层的输出紧接着一个局部响应归一化层，命名为 LRN2。LRN2 层的输出连接一个重叠池化层 S2。池化尺寸为 3×3，每次池化移动的步长为 2。S2 层的输入尺寸是(None,27,27,256)，它在池化的过程中起到了下采样的作用，输出特征图的分辨率为 13 像素×13 像素[(27−3)/2+1 = 13]，因此输出尺寸是(None,13,13,256)。S2 层的参数量为 0，乘法运算量为 0。

AlexNet 神经网络模型（C2+L2+S2）的代码如下。

```
#=============第二层==================
alexnet_model.add(
    tf.keras.layers.Conv2D(
        filters=256,kernel_size=(5,5),strides=1,
        activation='relu',padding='same',name="C2"))
alexnet_model.add(LRN(name='LRN2'))
alexnet_model.add(tf.keras.layers.MaxPool2D(
   pool_size=(3,3),strides=2,name ="S2"))
```

AlexNet 的第一层和第二层数据流如图 13-1 所示。

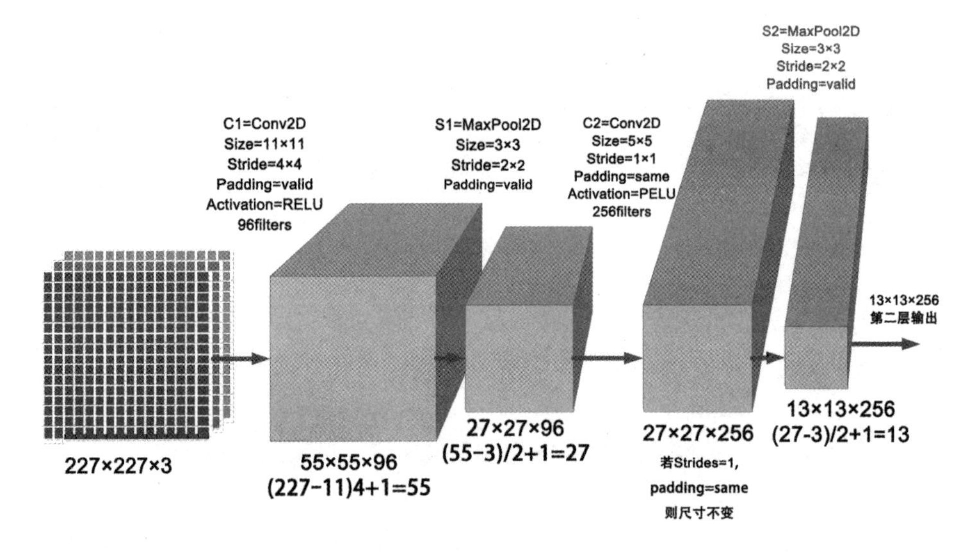

图 13-1　AlexNet 的第一层和第二层数据流

13.3　负责特征提取的第三、四、五层卷积层

AlexNet 的第二个卷积层的输出连接着连续的 3 个卷积层，命名为 C3、C4、C5，并且这 3 个卷积层之间没有添加下采样层，只是在最后一个卷积层 C5 之后增加一个下采样层 S5。

C3 卷积层负责更深层次的特征提取，C3 层接收的输入尺寸为(None,13,13,256)。

AlexNet 的 C3 卷积层设置了 384 个尺寸为 3×3×256 的滤波器，即 C3 层的权重矩阵尺寸为(3,3,256,384)，其中，卷积核尺寸为 3×3，一个滤波器内有 256 个卷积核，卷积核数量等于输入特征图的通道数量。

AlexNet 的 C3 卷积层的卷积步长为 1，补零方式为 same，输出分辨率等于 ceil(13/1)= 13（ceil 表示向上取整）。由于设置了 384 个滤波器，所以输出是的 384 通道的特征图，输出尺寸为(None,13,13,384)。AlexNet 的 C3 卷积层的输出激活函数是 ReLU 函数。

C3 卷积层参数量来自 384 个尺寸为 3×3×256 的滤波器。每个滤波器的参数量为 2304，384 个滤波器的参数量为 2304×384 = 884736，最后加上每个滤波器内共享的 384 个偏置参数，参数量共计 884736+384 = 885120。

C3 卷积层的运算量来自滤波器和图像之间的卷积运算。总的乘法运算量等于以下三部分的乘积：输出的图像尺寸的平方、卷积核尺寸的平方、输入通道数和输出通道数的乘积，即 13×13×3×3×256×384 = 149520384 = 149.520384 MFLOPs。

AlexNet 的 C4 卷积层同样负责更深层次的特征提取。C4 卷积层接收到的图像尺寸为 13×13×384，即对应的输入尺寸为(None,13,13,384)。

AlexNet 的 C4 卷积层设置了 384 个尺寸为 3×3×384 的滤波器，即 C4 卷积层的权重矩阵尺寸为(3,3,384,384)，其中卷积核的尺寸是 3×3，一个滤波器内有 384 个卷积核，对应输入 384 通道的特征图。

AlexNet 的 C4 卷积层的卷积方式的步长为 1，补零方式为 same。因此，输出分辨率等于 ceil(13/1)= 13（ceil 表示向上取整）。由于设置了 384 个滤波器，所以输出是 384 通道的，输出尺寸为(None,13,13,384)。AlexNet 的 C4 卷积层的输出激活函数采用 ReLU 函数。

C4 卷积层的参数量来自 384 个尺寸为 3×3×384 的滤波器。每个滤波器的参数量为 3456，384 个滤波器的参数量合计 3456×384 = 1327104，最后加上每个滤波器内共享的 384 个偏置参数，参数量共计 1327104+384 = 1327488。

C4 卷积层的运算量来自滤波器和图像之间的卷积运算。总的乘法运算量等于以下三部分的乘积：输出的图像尺寸的平方、卷积核尺寸的平方、输入通道数和输出通道数的乘积，即 13×13×3×3×384×384 = 224280576 = 224.280576 MFLOPs。

AlexNet 的 C5 卷积层同样负责更深层次的特征提取。C5 卷积层接收到的图像尺寸为 13×13×384，即对应的输入尺寸为(None,13,13,384)。

C5 卷积层设置了 256 个尺寸为 3×3×384 的滤波器，即 C5 层的卷积核尺寸为(3,3,384,256)，其中 3×3 代表卷积核的分辨率是 3 像素×3 像素的，384 代表一个滤波器有 384 个卷积核，对应输入 384 通道的特征图。

C5 卷积层的卷积方式为步长为 1、补零方式为 same。因此，输出尺寸等于 ceil(13/1)= 13。由于设置了 256 个滤波器，所以输出是 256 通道的，输出尺寸为(None,13,13,256)。C5 卷积层的输出激活函数采用 ReLU 函数。

C5 卷积层参数量来自 256 个尺寸为 3×3×384 的滤波器，每个滤波器的参数量为 3×3×384 = 3456，256 个滤波器的参数量合计 3456×256 = 884736，最后加上每个滤波器内共享的 256 个偏置参数，参数量共计 884736+256 = 884992。

C5 卷积层的运算量来自滤波器和图像的卷积运算，总的乘法运算量等于以下三部分的乘积：输出的图像尺寸的平方、卷积核尺寸的平方、输入通道数和输出通道数的乘积，即 13×13×3×3×384×256 = 149520384 = 149.520384MFLOPs。

C5 卷积层的输出连接一个下采样的重叠池化层 S5。AlexNet 的 S5 重叠池化层负责接收 C5 卷积层的输出。这个池化层采用了重叠池化，池化尺寸为 3×3，每次池化移动的步长为 2。

S5 重叠池化层的输入尺寸是(None,13,13,256)，它在池化的过程中起到了下采样的作用，特征图分辨率下降为 6 像素×6 像素[(13−3)/2+1 = 6]，因此输出尺寸是（None,6,6,256)。S5 层的参数量为 0，运算量为 0。

AlexNet 神经网络模型（C3+C4+C5+S5）的代码如下。

```
#=============第三、四、五层==================
alexnet_model.add(
    tf.keras.layers.Conv2D(
        filters=384,kernel_size=(3,3),strides=1,
        activation='relu', padding='same',name='C3'))
alexnet_model.add(
    tf.keras.layers.Conv2D(
        filters=384,kernel_size=(3,3),strides=1,
        activation='relu', padding='same',name='C4'))
alexnet_model.add(
    tf.keras.layers.Conv2D(
        filters=256,kernel_size=(3,3),strides=1,
        activation='relu', padding='same',name="C5"))
alexnet_model.add(tf.keras.layers.MaxPool2D(
   pool_size=(3,3),strides=2,name="S5"))
```

AlexNet 的第三、四、五层数据流如图 13-2 所示。

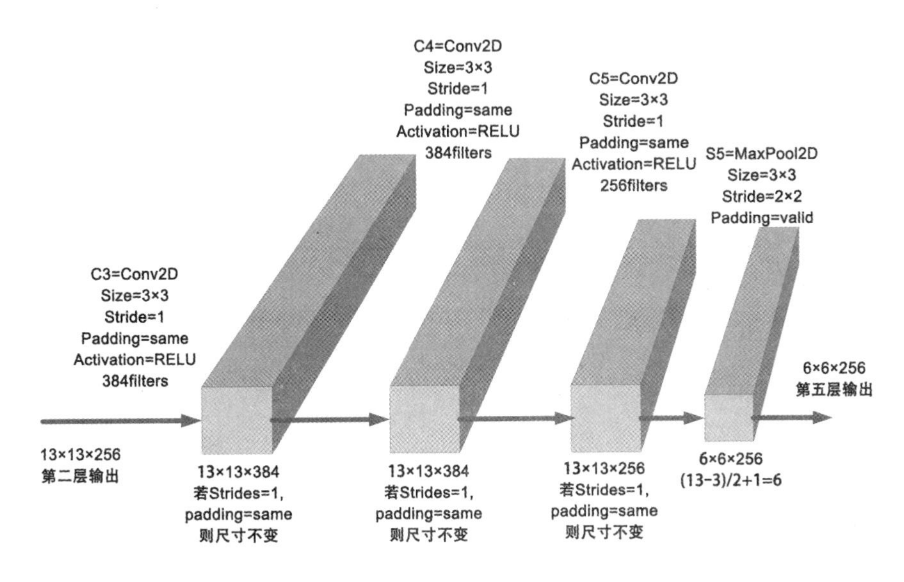

图 13-2　AlexNet 的第三、四、五层数据流

13.4　负责特征线性组合的第六、七、八层

AlexNet 的第六、七、八层主要是 3 个全连接层，分别命名为 FC6、FC7、FC8。

为了让第五层的输出能够接上第一层全连接层 FC6，AlexNet 设置了一个压平层（Flatten Layer），命名为 FL6。AlexNet 的 FL6 层的作用是把 S5 重叠池化层的输出数据“压平”为一个向量，即面向 S5 重叠池化层的输出尺寸为(None,6,6,256)，压平后是尺寸为(None,9216）的向量，其中 6×6×256 = 9216，方便后面全连接层的逻辑判断。

AlexNet 的 FC6 层的作用是先将 FL6 层输出的向量的 9216 个元素的数据进行线性组合，再进行 ReLU 非线性激活。FC6 层设置为拥有 4096 个元素的单向量输出，所以内部拥有的权重矩阵尺寸是(9216,4096)，偏置向量尺寸是(None,4096），进而得出其内存开销为 9216×4096+4096 = 37752832 个参数，乘法运算量为 9216×4096 = 37748736 = 37.748736MFLOPs。

AlexNet 在 FC6 层后增加了一个避免过拟合的随机失活层，命名为 Dropout6，丢弃概率设置为 50%。它仅仅是对数值进行处理，没有任何可训练参数，也不消耗浮点运算资源。

AlexNet 的全连接层 FC7 和 Dropout7 层的作用和设置与 FC6 层、Dropout6 层完全一致。只是 FC7 接收的输入尺寸是(None,4096)，其内部的权重矩阵尺寸是(4096,4096)，偏置向量的尺寸是(None,4096)。内存开销是 4096×4096+4096 = 16781312 个参数，乘法运算量是 4096×4096 = 16777216 = 16.8MFLOPs。

AlexNet 的 FC8 层是为了形成输出的全连接层。根据图像分类的类别总数设置其输出维度，若图像共有 10 类，则输出维度 units 设置为 10。由于 FC8 层是最后一层，所以输出的应当是概率序列，激活函数使用 softmax。根据全连接层的计算原理，其内部权重矩阵尺寸为(4096,5)，偏置向量的尺寸为(None,5)，内存开销是 4096×5+5 = 20480 个参数，乘法运算量是 4096×5 = 20480KFLOPs。

AlexNet 的 FL6 层、FC6 层、Dropout6 层、FC7 层、Dropout7 层、FC8 层的代码如下。

```
alexnet_model.add(tf.keras.layers.Flatten(name="FL6"))
alexnet_model.add(tf.keras.layers.Dense(
    units=4096, activation='relu',name="FC6"))
alexnet_model.add(
    tf.keras.layers.Dropout(0.5,Training=True,
                            name="Dropout6"))
alexnet_model.add(tf.keras.layers.Dense(
    units=4096,activation='relu',name="FC7"))
alexnet_model.add(
tf.keras.layers.Dropout(0.5,Training=True,
                            name="Dropout7"))
alexnet_model.add(tf.keras.layers.Dense(
    units=10,activation="softmax",name="FC8"))
```

AlexNet 的第六、七、八层数据流如图 13-3 所示。其中，Flatten 表示压平层，Dense 表示全连接层，unit 表示全连接层的输出维度，随机失活层不改变数据尺寸，因此在图中被省略。

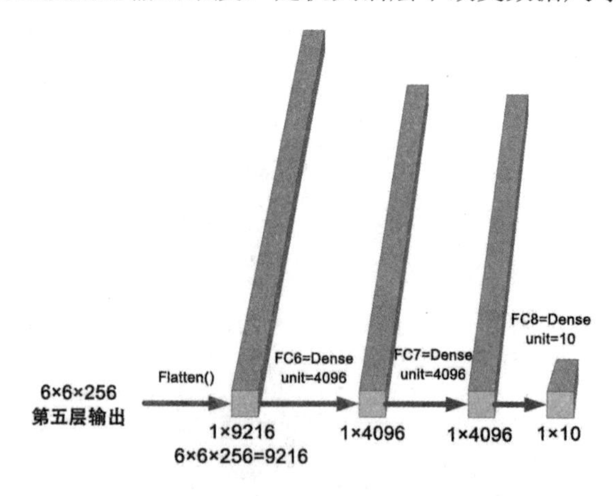

图 13-3　AlexNet 的第六、七、八层数据流

13.5　使用继承子类方式建立的 AlexNet 神经网络

因为训练阶段和推理阶段拥有不同算法的神经网络，所以推荐使用继承子类的方式新建模型。例如，AlexNet 的随机失活层是一个会根据训练阶段和推理阶段产生不同算法行为的层。

训练阶段的随机失活层设置为 training = True，推理阶段可以默认为 training = False。

使用继承子类方式新建神经网络 AlexNet 时，可以在呼叫函数上设置参数 training，默认为 False。在训练阶段呼叫模型的时候，带上 training = True 的标志位，这样神经网络中所有随机失活层的训练都会执行随机失活算法。在推理阶段，如果不带任何 training 标签，那么随机失活层会默认工作在推理模式下，该模式下的随机失活层相当于一个数据透传的层。至此实现了同一神经网络在不同场景下的算法分支。

使用继承子类方式定义 AlexNet 神经网络模型类，类继承自 tf.keras.Model，命名为 AlexNet。继承的时候，重新定义初始化函数__init__和呼叫函数 call，其中呼叫函数默认传入 training = False。这样就可以实现在训练阶段和推理阶段下的不同算法，代码如下。

```
class AlexNet(tf.keras.Model):
    # 定义新建成员时的分支参数和输出维度
    def __init__(self, output_dim, name=None, **kwargs):
        super().__init__(name=name,**kwargs)
        # 定义层成员
    def call(self, x, training=False):
        # 定义算法逻辑
        return x
```

其中，初始化函数中，定义了第一层（C1、LRN1、S1），第二层（C2、LRN2、S2），第三～五层（C3、C4、C5、S5），第六层（FL6、FC6、Dropout6），第七、八层（FC7、Dropout7、FC8、Dropout8）。代码如下。

```
class AlexNet(tf.keras.Model):
    # 定义新建成员时的分支参数和输出维度
    def __init__(self, output_dim, name=None, **kwargs):
        super().__init__(name=name,**kwargs)
        self.C1 = tf.keras.layers.Conv2D(
            filters=96,kernel_size=(11,11),
            strides=4,activation='relu',
            padding='valid',name='C1')
        class LRN(tf.keras.layers.Layer):
            def __init__(self,name=None):
                super(LRN, self).__init__(name=name)
                self.depth_radius=2
                self.bias=1
                self.alpha=1e-4
                self.beta=0.75
            def call(self,x):
                return tf.nn.lrn(
                    x,depth_radius=self.depth_radius,
                    bias=self.bias,alpha=self.alpha,
```

```
                beta=self.beta)
        self.LRN1 = LRN(name='LRN1')
        self.S1 = tf.keras.layers.MaxPool2D(
            pool_size=(3,3),strides=2,name="S1")
        self.C2 = tf.keras.layers.Conv2D(
                filters=256,kernel_size=(5,5),strides=1,
                activation='relu',padding='same',name="C2")
        self.LRN2 = LRN(name='LRN2')
        self.S2 = tf.keras.layers.MaxPool2D(
            pool_size=(3,3),strides=2,name ="S2")
        self.C3 = tf.keras.layers.Conv2D(
                filters=384,kernel_size=(3,3),strides=1,
                activation='relu', padding='same',name='C3')
        self.C4 = tf.keras.layers.Conv2D(
                filters=384,kernel_size=(3,3),strides=1,
                activation='relu', padding='same',name='C4')
        self.C5 = tf.keras.layers.Conv2D(
                filters=256,kernel_size=(3,3),strides=1,
                activation='relu', padding='same',name="C5")
        self.S5 = tf.keras.layers.MaxPool2D(
            pool_size=(3,3),strides=2,name="S5")
        self.FL6 = tf.keras.layers.Flatten(name="FL6")
        self.FC6 = tf.keras.layers.Dense(
            units = 4096, activation='relu',name="FC6")
        self.Dropout6 = tf.keras.layers.Dropout(
            rate = 0.5, name="Dropout6")
        self.FC7 = tf.keras.layers.Dense(
            units=4096,activation='relu',name="FC7")
        self.Dropout7 = tf.keras.layers.Dropout(
            rate = 0.5,name="Dropout7")
        self.FC8 = tf.keras.layers.Dense(
            units = output_dim,activation="softmax",name="FC8")
```

呼叫函数接收训练标志位 training 的输入，默认为 False，即默认处于推理状态。算法逻辑则是首先让最原始数据 x 依次流过每层，然后返回计算结果 x，代码如下。

```
class AlexNet(tf.keras.Model):
    def __init__(self, output_dim, name=None, **kwargs):
        ......
    def call(self, x, training=False):
        x = self.C1(x)
        x = self.LRN1(x)
        x = self.S1(x)
        x = self.C2(x)
        x = self.LRN2(x)
```

```
        x = self.S2(x)
        x = self.C3(x)
        x = self.C4(x)
        x = self.C5(x)
        x = self.S5(x)
        x = self.FL6(x)
        x = self.FC6(x)
        x = self.Dropout6(x,training=training)
        x = self.FC7(x)
        x = self.Dropout7(x,training=training)
        x = self.FC8(x)
        return x
```

AlexNet 的数据流如图 13-4 所示。

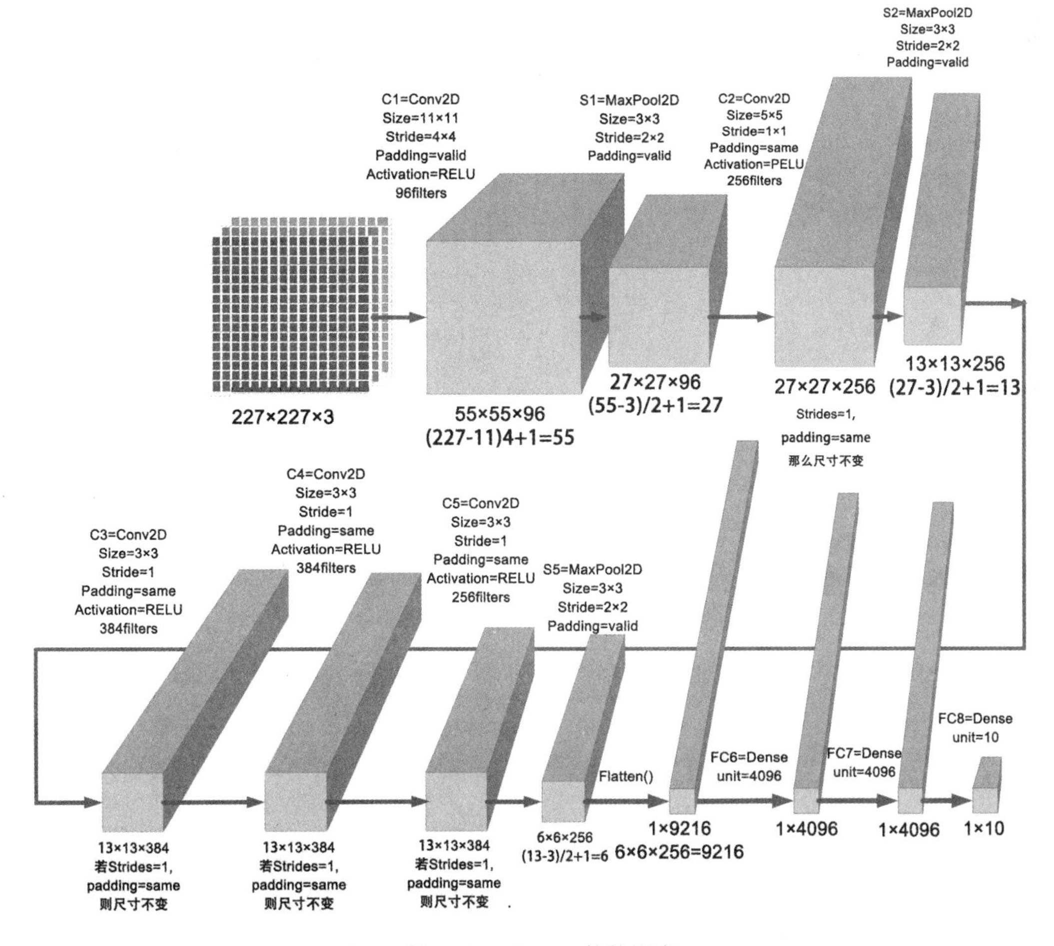

图 13-4　AlexNet 的数据流

最后使用自定义的 AlexNet 模型类，定义一个实例，实例命名为 alexnet_model，代码如下，使用尺寸为(None,227,227,3)的输入占位符作为激励，强制该网络构建静态图，并查看神经网络结构，代码如下。

```
alexnet_model = AlexNet(output_dim=10,name='AlexNet')
x = tf.keras.layers.Input(shape=(227, 227, 3))
y = alexnet_model(x)
alexnet_model.summary(line_length=50)
```

输出如下。

```
Model: "AlexNet"
Layer (type)          Output Shape        Param
==================================================
C1 (Conv2D)           (None, 55, 55, 96)  34944
LRN1 (LRN)            (None, 55, 55, 96)  0
S1 (MaxPooling2D)     (None, 27, 27, 96)  0
C2 (Conv2D)           (None, 27, 27, 256) 614656
LRN2 (LRN)            (None, 27, 27, 256) 0
S2 (MaxPooling2D)     (None, 13, 13, 256) 0
C3 (Conv2D)           (None, 13, 13, 384) 885120
C4 (Conv2D)           (None, 13, 13, 384) 1327488
C5 (Conv2D)           (None, 13, 13, 256) 884992
S5 (MaxPooling2D)     (None, 6, 6, 256)   0
FL6 (Flatten)         (None, 9216)        0
FC6 (Dense)           (None, 4096)        37752832
Dropout6 (Dropout)    (None, 4096)        0
FC7 (Dense)           (None, 4096)        16781312
Dropout7 (Dropout)    (None, 4096)        0
FC8 (Dense)           (None, 10)          40970
==================================================
Total params: 58,322,314
Trainable params: 58,322,314
Non-trainable params: 0
```

13.6 AlexNet 的资源开销

最后使用本书设计的模型资源开销测算函数 model_inspector，查看该模型的资源开销，代码如下。

```
model_inspector = Model_Inspector()
detail_lenet5_model = model_inspector.model_inspect(alexnet_model)
detail = model_inspector.summary(alexnet_model,
                        keywords = [
```

```
                        'layer_no',
                        "layer_type",
                        "layer_name",
                        "input_shape",
                        "output_shape",
                        "specs",
                        "memory_cost",
                        "FLOP_cost"]
                        )
    print(detail)
```

输出如下。

```
    总内存开销 58.322314 M variables
    总乘法开销 1131.201056 MFLO
    [layer_spec(layer_no=0, layer_type='Conv2D', layer_name='C1', specs='k11*11-s4*4-valid', memory_cost=34944, FLOP_cost=105415200), layer_spec(layer_no=3, layer_type='Conv2D', layer_name='C2', specs='k5*5-s1*1-same', memory_cost=614656, FLOP_cost=447897600), layer_spec(layer_no=6, layer_type='Conv2D', layer_name='C3', specs='k3*3-s1*1-same', memory_cost=885120, FLOP_cost=149520384), layer_spec(layer_no=7, layer_type='Conv2D', layer_name='C4', specs='k3*3-s1*1-same', memory_cost=1327488, FLOP_cost=224280576), layer_spec(layer_no=8, layer_type='Conv2D', layer_name='C5', specs='k3*3-s1*1-same', memory_cost=884992, FLOP_cost=149520384), layer_spec(layer_no=11, layer_type='Dense', layer_name='FC6', specs='', memory_cost=37752832, FLOP_cost=37748736), layer_spec(layer_no=13, layer_type='Dense', layer_name='FC7', specs='', memory_cost=16781312, FLOP_cost=16777216), layer_spec(layer_no=15, layer_type='Dense', layer_name='FC8', specs='', memory_cost=40970, FLOP_cost=40960)]
```

可见 AlexNet 的内存开销和乘法开销都远大于 LeNet5。经过分析可以发现，AlexNet 与 LeNet 类似，主要的内存开销来自全连接层，主要的乘法开销来自二维卷积层。AlexNet 的资源开销如表 13-1 所示。

表 13-1　AlexNet 的资源开销

主要层名称	输入通道数	输入尺寸	输出尺寸	卷积核尺寸	步长	补零方式	参数量 (10^6)	参数量占比	浮点运算量 /MFLOPs	浮点运算量占比
输入层	3		227×227	—	—	—	—	—	—	—
C1 卷积层	96	227×227	55×55	11×11	4	valid	0.03	0.06%	105.42	9.32%
S1 池化层	96	55×55	27×27	3×3	2	—	—	—	—	—
C2 卷积层	256	27×27	27×27	5×5	1	same	0.61	1.05%	447.90	39.59%
S2 池化层	256	27×27	13×13	3×3	2	—	—	—	—	—
C3 卷积层	384	13×13	13×13	3×3	1	same	0.89	1.52%	149.52	13.22%

续表

主要层名称	输入通道数	输入尺寸	输出尺寸	卷积核尺寸	步长	补零方式	参数量（10^6）	参数量占比	浮点运算量/MFLOPs	浮点运算量占比
C4 卷积层	384	13×13	13×13	3×3	1	same	1.33	2.28%	224.28	19.83%
C5 卷积层	256	13×13	13×13	3×3	1	same	0.88	1.52%	149.52	13.22%
S5 池化层	256	13×13	6×6	3×3	2	—	—	—	—	—
FL6 压平层	256	6×6	9216	—	—	—	—	—	—	—
FC1 全连接层	—	9216	4096	—	—	—	37.75	64.73%	37.75	3.34%
FC2 全连接层	—	4096	4096	—	—	—	16.78	28.77%	16.78	1.48%
FC3 全连接层	—	4096	10	—	—	—	0.04	0.07%	0.04	0.00%

AlexNet 的各层资源开销占比如图 13-5 所示。

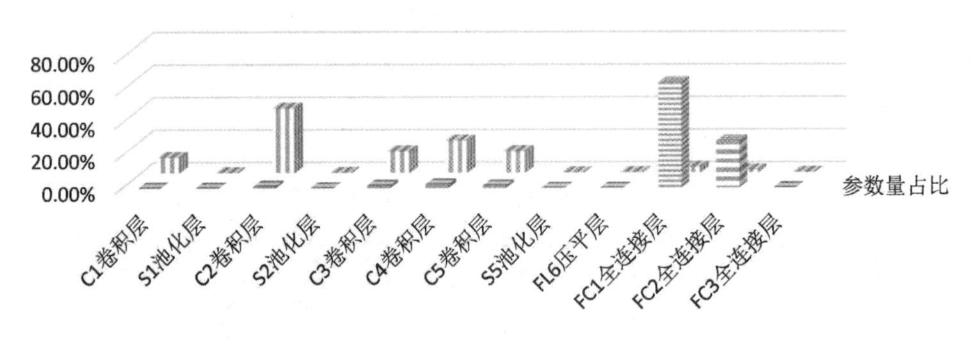

图 13-5　AlexNet 的各层资源开销占比

由于 AlexNet 相关文献发表时显卡的显存和计算能力有限，神经网络是在两张显卡上进行分布式计算的，所以网上存在不少错误的资源开销计算文档。受限于当时较小的显存，AlexNet 的 58.32M 个参数无法全部放在 1 张显卡上操作，当时 AlexNet 是分别在 2 张各有 3GB 显存的 GTX580 显卡上进行计算的，不同层会出现 2 张显卡之间数据通道的合并和拆分操作，所以网上相关文档的算力计算结果大多是选取 2 张显卡中的 1 张显卡，计算这张显卡上所分配的内存开销和乘法开销。显卡的计算能力和显存容量今非昔比，现在完全可以将 AlexNet 放到 1 张显卡上进行计算。

第 14 章 经典小核卷积神经网络 VGG 的原理解析

本章将介绍卷积神经网络中一个非常经典的深度学习模型——VGG 神经网络模型。VGG 模型由牛津大学视觉几何组的 Simonyan 和 Zisserman 在文献 *Very Deep Convolutional Networks for Large Scale Image Recognition* 中提出，其名称来自作者所在的牛津大学视觉几何组（Visual Geometry Group）的缩写 VGG。VGG 于 2014 年在 ImageNet 图像分类与定位挑战赛上获得分类任务的第二名和定位任务的第一名的殊荣。介绍 VGG，不仅因为其知名度高，更因为其提出的小核卷积神经网络已得到广泛应用。小核卷积的含义是神经网络内部以三个连续的卷积层为一组，不断将多组这种结构进行首尾相接。小核卷积的卷积核尺寸设置得较小，分别是 1×1、3×3 和 1×1。

14.1 VGG 的宏观结构和微观特点

根据卷积核尺寸和卷积层数的不同，VGG 可分为 A、A-LRN、B、C、D、E 共 6 个配置。VGG 的配置 A 和 A-LRN 的差别仅为一个局部响应归一化层，因此常归为一类。配置 B、C、D、E 分别有 11 层、13 层、16 层、19 层。D 和 E 较为常用，就是大家熟知的 VGG16 和 VGG19。VGG16 和 VGG19 的预训练模型最常见，侧面说明了这两种结构性能较为出色。

VGG 神经网络内部的卷积层采用独特的标识方式：conv{kernel_size}-{filters}。其中 kernel_size 表示卷积核的尺寸，filters 表示滤波器的数量。以 VGG16 第一个卷积层 conv3-64 为例，参数“3”代表了每个滤波器的尺寸是 3×3×channel，channel 的数值是根据上一层的通道数决定的，如果上一层是输入层，那么根据输入层的 RGB 三通道特点，channel = 3，每个滤波器的尺寸是 3×3×3。参数“64”代表了该层一共有 64 个滤波器。步长无须设置，因为 VGG 内部的步长全部默认为 1。最后，conv3-64 卷积层的参数决定了 VGG 这个二维卷积层的全部属性。

VGG 神经网络内部的池化层也采用独特的标识方式：maxpool {pool_size}*{pool_size}。其中，pool_size 表示池化层的池化尺寸 pool_size，池化层的步长默认等于池化尺寸。假设 VGG 使用 maxpool 2*2 的表示方式描述一个池化层，参数“2”表示池化层的池化尺寸为 2×2，步长默认等同于池化尺寸。这样，经过池化层的处理，图像分辨率下降了一半。如果原始图像的分辨率是 224 像素×224 像素，那么经过池化层后图像尺寸为 112 像素×112 像素。

VGG 神经网络内部的全连接层的标识方式为 FC-{units}。units 表示全连接层的输出向量的元素数，以 VGG 最后一个全连接层 FC-1000 为例，它接收上一层 4096 个元素的向量，输入尺寸为(None,4096)，经过全连接层后形成 1000 个元素的向量，输出尺寸为[None,1000]。

VGG 的 6 种配置和内部层属性对比如图 14-1 所示。

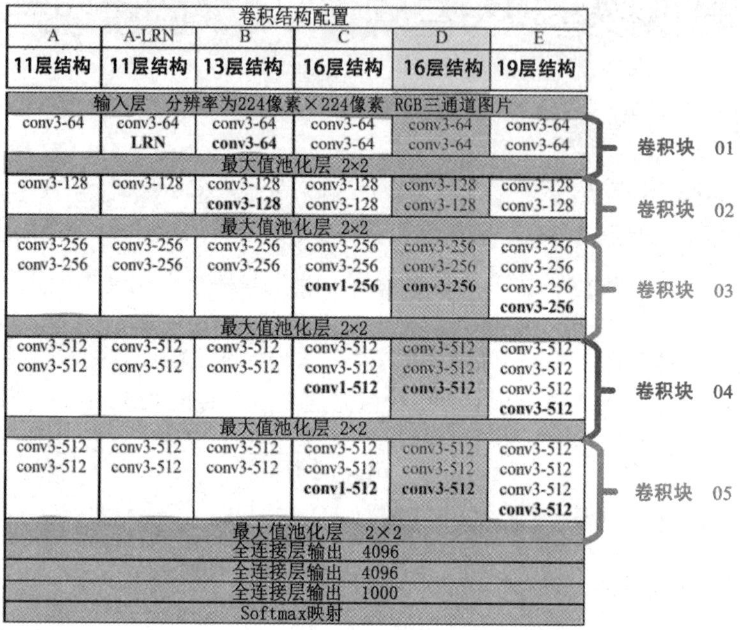

卷积结构配置						
A	A-LRN	B	C	D	E	
11层结构	**11层结构**	**13层结构**	**16层结构**	**16层结构**	**19层结构**	
输入层 分辨率为224像素×224像素 RGB三通道图片						
conv3-64	conv3-64 **LRN**	conv3-64 **conv3-64**	conv3-64 conv3-64	conv3-64 conv3-64	conv3-64 conv3-64	卷积块 01
最大值池化层 2×2						
conv3-128	conv3-128	conv3-128 **conv3-128**	conv3-128 conv3-128	conv3-128 conv3-128	conv3-128 conv3-128	卷积块 02
最大值池化层 2×2						
conv3-256 conv3-256	conv3-256 conv3-256	conv3-256 conv3-256	conv3-256 conv3-256 **conv1-256**	conv3-256 conv3-256 **conv3-256**	conv3-256 conv3-256 conv3-256 **conv3-256**	卷积块 03
最大值池化层 2×2						
conv3-512 conv3-512	conv3-512 conv3-512	conv3-512 conv3-512	conv3-512 conv3-512 **conv1-512**	conv3-512 conv3-512 **conv3-512**	conv3-512 conv3-512 conv3-512 **conv3-512**	卷积块 04
最大值池化层 2×2						
conv3-512 conv3-512	conv3-512 conv3-512	conv3-512 conv3-512	conv3-512 conv3-512 **conv1-512**	conv3-512 conv3-512 **conv3-512**	conv3-512 conv3-512 conv3-512 **conv3-512**	卷积块 05
最大值池化层 2×2						
全连接层输出 4096						
全连接层输出 4096						
全连接层输出 1000						
Softmax映射						

图 14-1 VGG 的 6 种配置和内部层属性对比

从微观上分析，VGG 网络的结构非常整洁，可以把 VGG 分成 5 个卷积块（Block），每个卷积块的内部包含了 3 种微观结构。VGG 的宏观结构让不同卷积块之间相互串接，这与 AlexNet 引入的“卷积层+池化层”的重复串接的宏观结构完全一致。但 VGG 的“卷积层*2+池化层”“卷积层*3+池化层”“卷积层*4+池化层”（*表示串接）的微观结构和 AlexNet 引入的单一的“卷积层+池化层”的微观结构又有所不同，这就是 VGG 网络的“小核”卷积特点，多个小核卷积等效于一个大核卷积，但小核卷积具有更好地拟合效果和更低的运算量。

VGG16 采用连续的若干个尺寸为 3×3 的卷积核代替 AlexNet 中尺寸为 11×11、7×7、5×5 的较大卷积核。例如，2 个 3×3 的小核卷积等效于 5×5 的大核卷积。假设输入是 1 个 5 像素×5 像素的图像，如果经过 1 个 5×5 的大核卷积，那么必然形成 1 个 1×1 的单像素输出。另一种情况是经过第一个 3×3 的卷积核处理，在步长为 1 的情况下，形成一个 3×3 的输出；经过第二个 3×3 的卷积核处理，在步长为 1 的情况下，形成 1 个 1×1 的输出。这样 2 个 3×3 的小核卷积等效于 5×5 的大核卷积（见图 14-2（a））。同理，3 个 3×3 的小核卷积等效于 7×7 的大核卷积（见图 14-2（b））。

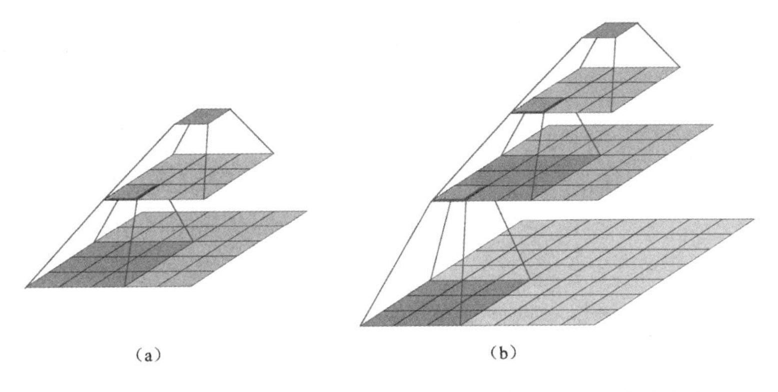

图 14-2　2、3 个 3×3 的小核卷积等效于 5×5 和 7×7 的大核卷积

VGG 相较于 AlexNet 拥有重要的性能改进。从参数数量上看，多层小核卷积的参数数量远小于大核卷积。1 个 5×5 的大核卷积需要 25 个参数，但是 2 个 3×3 的小核卷积只要 18 个参数，参数量压缩为原来的 72%；1 个 7×7 的大核卷积需要 49 个参数，但是 3 个 3×3 的小核卷积只要 27 个参数，参数量压缩为原来的 55%。叠加的小核卷积越多，压缩效果越好。在特征提取能力上，多层小核卷积的非线性拟合能力优于大核卷积。每次卷积运算处理的输入图像像素集合可以命名为感受野，每次卷积运算可以看作利用权重函数对感受野内的像素进行线性组合，如果仅进行一次大核卷积，那么这个线性组合的表达能力有限，只能模拟一阶函数；如果把一次大核卷积替换为多次的小核卷积，并且每次小核卷积后进行一次非线性的函数激活，那么多次"线性组合+非线性激活"的方式可以拟合高阶函数，这样网络的表达能力将大幅提升。每次卷积之间必须加入非线性激活函数，否则根据高等代数的线性组合性质，即多次线性组合等效于一次等价的线性组合，多次小核卷积的优良拟合性能将无法发挥。

VGG 神经网络共有 5 种，其中，VGG16 和 VGG19 都可以分为 5 个卷积块和 1 个全连接块。每个卷积块内部的卷积核尺寸（3×3）、步长（1）、补零方式（same）是完全一致的，唯一不同的是卷积层的堆叠数量和每个卷积层内部的滤波器数量。

步长和补零方式决定了每个卷积层的输入和输出都具有相同的分辨率。下面选择具有代表性的 D 配置，即性能和开销相对折中的 VGG16，计算不同卷积层堆叠数量和每个卷积层内部滤波器数量不同的情况下的网络微观结构和资源开销。

14.2　VGG16 的第一、二个卷积块结构

VGG16 的第一、二个卷积块 Block01 和 Block02 都由 3 个层组成，即 2 个卷积层和 1 个池化层。

第一个卷积块 Block01 的第一个卷积层命名为 B1C1，负责对图像进行特征提取。B1C1 层

接收到的输入是形状为(224,224,3)图像数据，对应的神经网络输入尺寸为(None,227,227,3)。B1C1 层设置了 64 个卷积核尺寸为 3×3 的滤波器，即 B1C1 层的权重矩阵尺寸为(3,3,3,64)，其中前两个“3”代表卷积核尺寸为 3×3，第三个“3”代表 1 个滤波器可处理 3 通道图像的输入。B1C1 层的内置滤波器有 64 个，所以输出是 64 通道的，输出的尺寸为(None,224,224,64)。

B1C1 层的卷积核尺寸为 3×3，输入通道数为 3，输出通道数为 64，因此滤波器的权重参数有 3×3×3×64 = 1728 个，加上每个滤波器内共享的 64 个偏置参数，合计 1728+64 = 1792 个参数。B1C1 层的乘法运算量来自滤波器和图像之间的卷积运算，由于输出的图像尺寸是 224 像素×224 像素，而每个输出图像的像素都要经历 1728 个权重矩阵参数的乘法运算，所以可以得出 B1C1 层的乘法运算量为 1728×224×224 = 86704128 = 86.704128MFLOPs。

第一个卷积块 Block01 的第 2 个卷积层命名为 B1C2，负责再次对特征图进行特征提取。B1C2 层接收到 B1C1 的形状为(224,224,64)的图像数据，对应的输入尺寸为(None,224,224,64)。B1C2 层设置了 64 个卷积核尺寸为 3×3 的滤波器，即 B1C2 层的权重矩阵尺寸为(3,3,64,64)，其中前两个“3”代表卷积核的尺寸是 3×3，第一个“64”代表输入的是“64”通道图像，第二个“64”代表 B1C2 层设置了 64 个滤波器，所以输出是 64 通道的，输出的尺寸为(None,224,224,64)。

B1C2 层的卷积核尺寸是 3×3，输入通道数为 64，输出通道数为 64，因此滤波器权重矩阵参数有 64×3×3×64 = 36864 个，最后加上每个滤波器内共享的 64 个偏置参数，合计 36864+64 = 36928 个参数。B1C2 层的运算量来自滤波器和图像之间的卷积运算，由于输出的图像尺寸是 224 像素×224 像素，而每个输出图像的像素都要经历一次 36864 个权重矩阵参数的计算，所以 B1C2 层的乘法运算量为 36864×224×224 = 1849688064 = 1849.688064MFLOPs。

第一个卷积块 Block01 的池化层命名为 B1S1，负责对上一级的特征图进行下采样。B1S1 池化层收到的输入尺寸为(None,224,224,64)，在池化尺寸为 2×2 和步长为 1 的情况下，特征图的分辨率在长度和宽度上都缩减为原来的一半，即输出尺寸是(None,112,112,64)。B1S1 池化层仅使用运算法则，因此参数量为 0，运算量为 0。

VGG16 的第一个卷积块 Block01 的数据流如图 14-3 所示。

第二个卷积块 Block02 由 3 个层组成，包括 2 个卷积层和 1 个池化层，分别命名为 B2C1、B2C2、B2S1。第二个卷积块 Block02 的 B2C1、B2C2 卷积层与第一个卷积块 Block01 的 B1C1、B1C2 卷积层几乎完全一致，只是滤波器数量从 64 提升至 128。

第二个卷积块 Block02 的第一个卷积层命名为 B2C1，输入尺寸为(None,112,112,64)，B2C1 层设置了 128 个滤波器，输出尺寸为(None,112,112,128)。

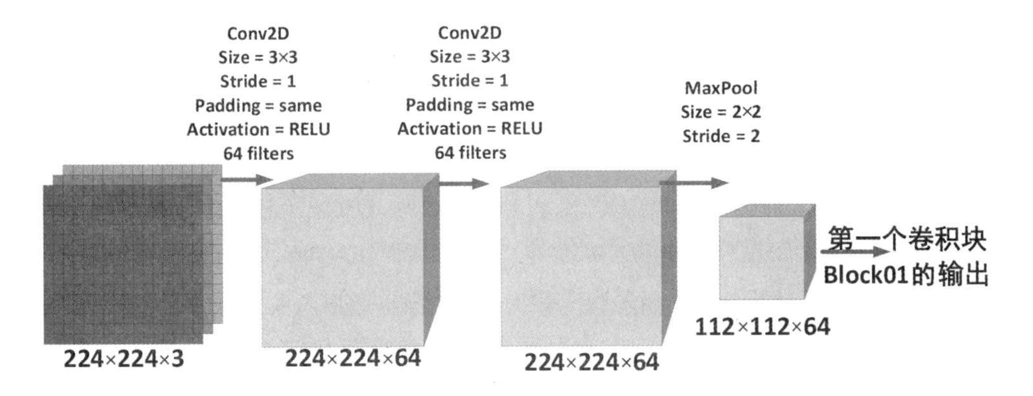

图 14-3　VGG16 的第一个卷积块 Block01 的数据流

B2C1 卷积层的卷积核尺寸为 3×3，输入通道数为 64，输出通道数为 128，因此滤波器权重矩阵参数有 64×3×3×128 = 73728 个，加上每个滤波器内共享的 128 个偏置参数，合计 73728+128 = 73856 个参数。B2C1 卷积层的乘法运算量为 73728×112×112 = 924844032 = 924.844032MFLOPs。

第二个卷积块 Block02 的第二个卷积层命名为 B2C2，输入尺寸为(None,112,112,128)。B2C2 层设置了 128 个滤波器，输出尺寸为(None,112,112,128)。

B2C2 层的卷积核尺寸是 3×3，输入通道数为 128，输出通道数为 128，因此滤波器权重矩阵参数有 128×3×3×128 = 147456 个，最后加上每个滤波器内共享的 128 个偏置参数，合计 147456+128 = 147584 个参数。B2C2 卷积层的乘法运算量为 147456×112×112 = 1849688064 = 1849.688064MFLOPs。

第二个卷积块 Block02 的池化层命名为 B2S1，负责对上一级的特征图进行下采样。B2S1 层的输入尺寸为(None,112,112,128)，在池化尺寸为 2×2 和步长为 2 的情况下，特征图的分辨率在长度和宽度上都缩减为原来的一半，即输出尺寸是(None,56,56,128)。B2S1 池化层仅使用运算法则，因此参数量为 0，运算量为 0。

VGG16 的第二个卷积块 Block02 的数据流如图 14-4 所示。

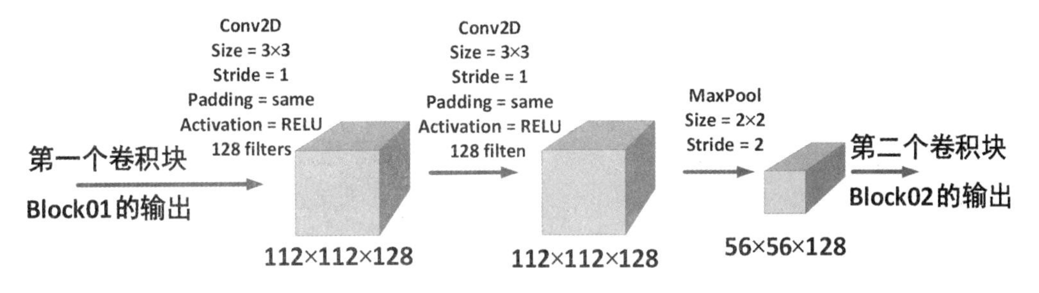

图 14-4　VGG16 的第二个卷积块 Block02 的数据流

14.3 VGG16 的第三、四、五个卷积块结构

VGG16 的第三、四、五个卷积块 Block03、Block04 和 Block05 都由 4 个层组成，即 3 个卷积层和 1 个池化层。

第三个卷积块 Block03 的第一个卷积层命名为 B3C1。B1C1 层的输入尺寸为(None,56,56,128)。B1C1 层设置了 256 个滤波器，输出尺寸为(None,56,56,256)。

B3C1 层的卷积核尺寸为 3×3，输入通道数为 128，输出通道数为 256，因此滤波器权重矩阵参数有 128×3×3×256 = 294912 个，加上每个滤波器内共享的 256 个偏置参数，合计294912+256 = 295168 = 295168 个参数。B3C1 层的乘法运算量来自滤波器和图像之间的卷积运算，输出的图像分辨率是 56 像素×56 像素，而每个输出图像的像素都要经历 294912 个权重矩阵参数的乘法运算，所以 B3C1 卷积层的乘法运算量为 294912×56×56 = 924844032 = 924.844032MFLOPs。

第三个卷积块 Block03 的第 2 个卷积层命名为 B3C2，负责再次对特征图进行特征提取。B3C2 层接收到 B3C1 层的形状为（56,56,256)的图像数据，即对应的输入尺寸为(None,56,56,256)。B3C2 层设置了 256 个滤波器，输出尺寸为(None,56,56,256)。

B3C2 层的卷积核尺寸是 3×3，输入通道数为 256，输出通道数为 256，因此滤波器权重矩阵参数有 256×3×3×256 = 589824 个，加上每个滤波器内共享的 256 个偏置参数，合计 589824+256 = 590080 个参数。B3C2 层的运算量来自滤波器和图像之间的卷积运算，输出图像的分辨率是 56 像素×56 像素，而每个输出图像的像素都要经历一次 589824 个权重矩阵参数的乘法运算，所以B3C2 层的乘法运算量为 589824×56×56 = 1849688064 = 1849.688064MFLOPs。

第三个卷积块 Block03 的第 3 个卷积层命名为 B3C3，负责再次对特征图进行特征提取。B3C3 层接收到 B3C2 层的形状为(56,56,256)的图像数据，即对应的输入尺寸为(None,56,56,256)。B3C2 层设置了 256 个滤波器，输出尺寸为(None,56,56,256)。

B3C3 层的卷积核尺寸是 3×3，输入通道数为 256，输出通道数为 256，因此滤波器权重矩阵参数有 256×3×3×256 = 589824 个，最后加上每个滤波器内共享的 256 个偏置参数，合计589824+256 = 590080 个参数。B3C2 层的运算量来自滤波器和图像之间的卷积运算，输出图像的分辨率是 56 像素×56 像素，而每个输出图像的像素都要经历一次 589824 个权重矩阵参数的乘法运算，所以 B3C2 层的乘法运算量为 589824×56×56 = 1849688064 = 1849.688064MFLOPs。

第三个卷积块 Block03 的池化层命名为 B3S1，负责对上一级的特征图进行下采样。B1S1层接收到的输入尺寸为(None,56,56,256)，在池化尺寸为 2×2 和步长为 2 的情况下，特征图的分辨率在长度和宽度上都缩减为原来的一半，即输出尺寸是(None,28,28,256)。B3S1 层仅使用运算法则，因此参数数量为 0，运算量为 0。

VGG16 的第三个卷积块 Block03 的数据流如图 14-5 所示。

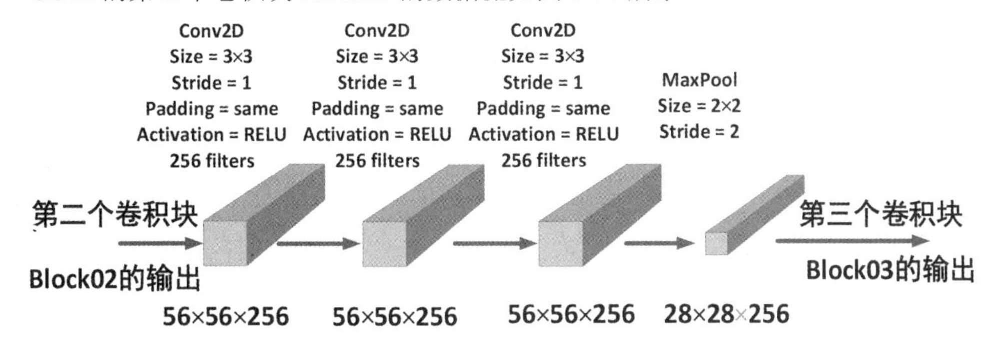

图 14-5　VGG16 的第三个卷积块 Block03 的数据流

第四个卷积块 Block04 由 4 个层组成，包括 3 个卷积层和 1 个池化层，分别命名为 B4C1、B4C2、B4C3、B4S1。第四个卷积块 Block04 的 B4C1、B4C2、B4C3 卷积层与第三个卷积块 Block03 的 B3C1、B3C2、B3C3 卷积层几乎一致，只是滤波器数量从 256 提升至 512。

第四个卷积块 Block04 的第一个卷积层命名为 B4C1，输入尺寸为(None,28,28,256)，B4C1 层设置了 512 个滤波器，输出的尺寸为(None,28,28,512)，其中 None 代表输入图像的打包数。B4C1 层卷积核尺寸为 3×3，输入通道数为 256，输出通道数为 512，因此滤波器权重矩阵参数有 256×3×3×512 = 1179648 个，加上每个滤波器内共享的 512 个偏置参数，合计 1179648+512 = 1180160 个参数。B4C1 卷积层的乘法运算量为 1180160×28×28 = 924844032 = 924.844032MFLOPs。

第四个卷积块 Block04 的第二个卷积层命名为 B4C2，输入尺寸为(None,28,28,512)。B4C2 层设置了 512 个滤波器，输出尺寸为(None,28,28,512)。B4C2 层的卷积核尺寸是 3×3，输入通道数为 512，输出通道数为 512，因此滤波器权重矩阵参数有 512×3×3×512 = 2359296 个，加上每个滤波器内共享的 512 个偏置参数，合计 2359296+512 = 2359808 个参数。B4C2 卷积层的乘法运算量为 2359296×28×28 = 1849688064 = 1849.688064MFLOPs。

第四个卷积块 Block04 的第三个卷积层命名为 B4C3，输入尺寸为(None,28,28,512)。B4C3 层设置了 512 个滤波器，输出尺寸为(None,28,28,512)。B4C3 层的卷积核尺寸是 3×3，输入通道数为 512，输出通道数为 512，因此滤波器权重矩阵参数有 512×3×3×512 = 2359296 个，加上每个滤波器内共享的 512 个偏置参数，合计 2359296+512 = 2359808 个参数。B4C2 卷积层的乘法运算量为 2359296×28×28 = 1849688064 = 1849.688064MFLOPs。

第四个卷积块 Block04 的池化层命名为 B4S1，负责对上一级的特征图进行下采样。B4S1 层的输入尺寸为(None,28,28,512)，在池化尺寸 2×2 和步长为 2 的情况下，特征图的分辨率在长度和宽度上都缩减为原来的一半，即输出尺寸是(None,14,14,512)。B4S1 池化层仅使用运算法则，因此参数量为 0，运算量为 0。

VGG16 的第四个卷积块 Block04 的数据流如图 14-6 所示。

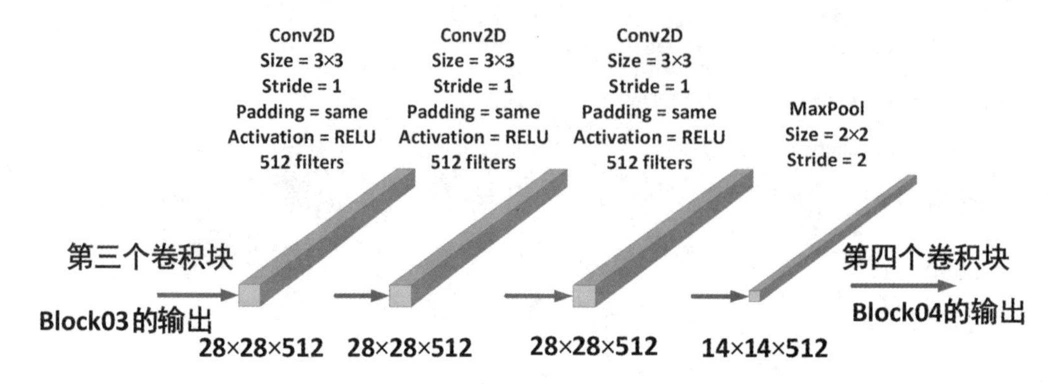

图 14-6　VGG16 的第四个卷积块 Block04 的数据流

第五个卷积块 Block05 由 4 个层组成，包括 3 个卷积层和 1 个池化层，分别命名为 B5C1、B5C2、B5C3、B4S1。第五个卷积块 Block05 的 B5C1、B5C2、B5C3 卷积层与第四个卷积块 Block04 的 B4C1、B4C2、B4C3 卷积层完全一致，滤波器数量都是 512。

第五个卷积块 Block05 的第一、二、三个卷积层 B5C1、B5C2、B5C3 的输入尺寸都是(None,14,14,512)，输出尺寸都是(None,14,14,512)。B5C1、B5C2、B5C3 层的卷积核尺寸为 3×3，输入通道数为 512，输出通道数为 512，因此滤波器权重矩阵参数有 512×3×3×512 = 2359296 个，加上每个滤波器内共享的 512 个偏置参数，合计 2359296+512 = 2359808 个参数。B5C1、B5C2、B5C3 层的乘法运算量为 2359296×14×14 = 462422016 = 462.422016MFLOPs。

VGG16 的第五个卷积块 Block05 的数据流如图 14-7 所示。

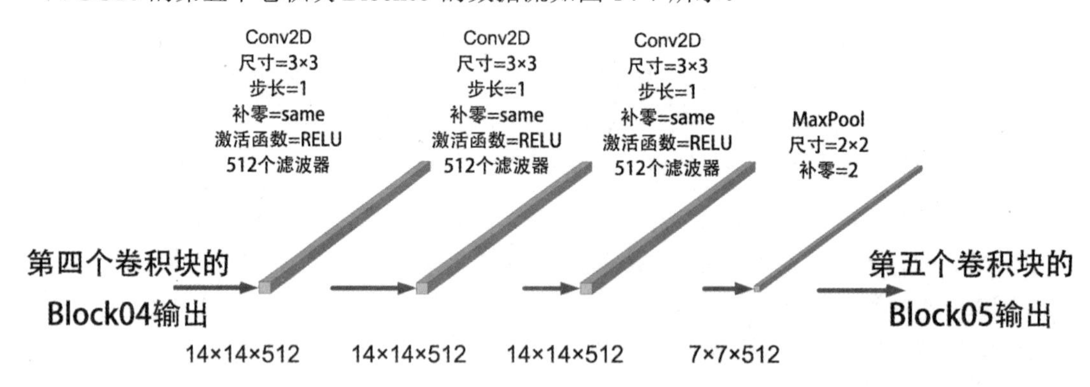

图 14-7　VGG16 的第五个卷积块 Block05 的数据流

至此，完成了 VGG16 神经网络的 5 个卷积块的设计，构成了 VGG 神经网络的最重要结构，称为骨干网络。骨干网络提取了图像的高维特征，基于 VGG 神经网络，配合各式各样的下游神经网络就可以实现图像分类、目标检测、图义分割等下游任务。

14.4　VGG 五个卷积块的代码实现

由于 VGG 的卷积块内部有很明显的若干个卷积层及下采样层的重复结构，所以首先构建函数，描述每个卷积块内部的输入和输出函数关系，然后使用 TensorFlow 的神经网络函数构建方式生成整个 VGG 神经网络。

描述卷积块的输入和输出关系的函数命名为 ConvBlock()。ConvBlock()函数接收 4 个输入，下面代码中 *x* 表示整个卷积块的输入，repeat 表示卷积块内部二维卷积层的堆叠数，block_name 表示卷积块的名称。

函数 ConvBlock()内部首先让二维卷积层反复生成 repeat 次，然后依次将输入 x 传递至生成的二维卷积层 tmp_Conv2D 中，并让二维卷积层的计算输出重新覆盖 x，重复 repeat 次以模拟二维卷积层的堆叠结构。由于 Python 使用动态图编程，所以每次循环中产生的 tmp_Conv2D 都是全新的二维卷积层。让最后一个二维卷积层的输出连接一个池化层 tmp_Pool2D，形成整个卷积块的输出 x，整个函数返回 x。代码如下。

```
def ConvBlock(x, repeat,filters,block_name):
    for conv_id in range(repeat):
        Convlayer_name = block_name+'C{}'.format(
            conv_id+1)
        tmp_Conv2D = tf.keras.layers.Conv2D(
            filters=filters, kernel_size=(3,3),
            strides=(1,1),activation='relu',
            padding='same', name=Convlayer_name
            )
        x=tmp_Conv2D(x)
    Poollayer_name = block_name + "S1"
    tmp_Pool2D = tf.keras.layers.MaxPooling2D(
        pool_size = (2, 2), strides=(2, 2),
        name=Poollayer_name)
    x=tmp_Pool2D(x)
    return x
```

经过这样的设计，一个卷积块的算法行为只需要从外部确定二维卷积层的堆叠数 repeat、卷积块内部堆叠在一起的若干二维卷积层的滤波器数 filters、卷积块的名称 block_name。

根据 VGG16 和 VGG19 的宏观架构图，可以看到堆叠数和滤波器数的配置如下。

```
VGG16_REPEAT_PARAM = [2,2,3,3,3]
VGG16_FILTER_PARAM = [64,128,256,512,512]
VGG19_REPEAT_PARAM = [2,2,4,4,4]
VGG19_FILTER_PARAM = [64,128,256,512,512]
```

下面将使用 ConvBlock()函数和 VGG16、VGG 19 配置常数，生成 VGG 骨干神经网络。

设计一个VGG骨干网络构建函数，命名为create_vgg_backbone()。它接收三个输入：vggtype表示需要新建的是VGG16还是VGG19；input_shape表示VGG需要处理的输入图像尺寸；model_name表示拟生成的VGG骨干网络的名称。

在create_vgg_backbone()函数内部，首先根据vggtype选择VGG的参数repeat和filter；其次根据输入图像尺寸，构建输入数据占位符inputs；然后遍历循环每个卷积块内的参数repeat和filter，针对每个卷积块形成专属的卷积块编号block_id、块内卷积层堆叠数repeat、块内卷积层滤波器数filters，有了这3个卷积块参数就可以调用ConvBlock()函数构建整个VGG骨干网络的输入和输出关系。

最后，将VGG骨干网络的输入inputs和输出x，输入TensorFlow的tf.keras.Model()函数，使用函数方法生成神经网络vgg_backbone_model，形成输出return。代码如下。

```
def create_vgg_backbone(vggtype="vgg16_backbone",
                    input_shape= (227, 227, 3),
                    model_name="VGG_backbone"):
   assert vggtype in {"vgg16_backbone","vgg19_backbone"}
   assert input_shape is not None
   if vggtype == "vgg16_backbone":
      repeat_param = VGG16_REPEAT_PARAM
      filters_param = VGG16_FILTER_PARAM
   elif vggtype == "vgg19_backbone":
      repeat_param = VGG19_REPEAT_PARAM
      filters_param = VGG19_FILTER_PARAM
   inputs=tf.keras.layers.Input(
      shape=input_shape,name="INPUTS")
   x=inputs
   for block_id, (repeat, filters) in enumerate(
         zip(repeat_param,filters_param)):
      # print(i, repeat, filters)
      Block_name = 'B{}'.format(block_id+1)
      x = ConvBlock(x,repeat=repeat,filters=filters,
               block_name=Block_name)
   vgg_backbone_model = tf.keras.Model(
      inputs=inputs, outputs=x, name=model_name)
   return vgg_backbone_model
```

使用自定义的VGG骨干网络构建函数create_vgg_backbone()分别制作VGG16和VGG19的骨干网络，命名为vgg16_backbone和vgg19_backbone。代码如下。

```
vgg16_backbone = create_vgg_backbone(input_shape=(224,224,3),
   vggtype="vgg16_backbone",model_name="vgg16_backbone")
vgg19_backbone = create_vgg_backbone(input_shape=(224,224,3),
   vggtype="vgg19_backbone", model_name="vgg19_backbone")
```

14.5　VGG 小核卷积技巧下的资源开销

使用前面介绍神经网络若干重要层的原理和资源开销时制作的神经网络检查函数类 Model_Inspector，查看两个骨干网络 VGG16 和 VGG19 的资源开销，代码如下。

```
from utility import Model_Inspector
model_inspector = Model_Inspector()
detail_vgg19_backbone = model_inspector.model_inspect(
    vgg19_backbone)
(mem_cost_total,FLOP_cost_total)= model_inspector.summary(
    vgg16_backbone)
detailSmry_vgg16_backbone = model_inspector.summary(
    vgg16_backbone,keywords = [
        'layer_no', "layer_name","memory_cost", "FLOP_cost"])
print(detailSmry_vgg16_backbone)
detail_vgg19_backbone = model_inspector.model_inspect(
    vgg19_backbone)
(mem_cost_total,FLOP_cost_total)= model_inspector.summary(
    vgg19_backbone)
detailSmry_vgg19_backbone = model_inspector.summary(
    vgg19_backbone,keywords = [
        'layer_no',"layer_name","memory_cost", "FLOP_cost"])
print(detailSmry_vgg19_backbone)
```

输出如下。

```
vgg16_backbone 总内存开销 14.714688 M variables
vgg16_backbone 总乘法开销 15346.630656 M FLO
[layer_spec(layer_no=1, layer_name='B1C1', memory_cost=1792, FLOP_cost=
86704128),
 layer_spec(layer_no=2, layer_name='B1C2', memory_cost=36928, FLOP_cost=
1849688064),
 layer_spec(layer_no=4, layer_name='B2C1', memory_cost=73856, FLOP_cost=
924844032),
 layer_spec(layer_no=5, layer_name='B2C2', memory_cost=147584, FLOP_cost=
1849688064),
 layer_spec(layer_no=7, layer_name='B3C1', memory_cost=295168, FLOP_cost=
924844032),
 layer_spec(layer_no=8, layer_name='B3C2', memory_cost=590080, FLOP_cost=
1849688064),
 layer_spec(layer_no=9, layer_name='B3C3', memory_cost=590080, FLOP_cost=
1849688064),
 layer_spec(layer_no=11, layer_name='B4C1', memory_cost=1180160, FLOP_cost=
924844032),
```

```
    layer_spec(layer_no=12, layer_name='B4C2', memory_cost=2359808, FLOP_cost=
1849688064),
    layer_spec(layer_no=13, layer_name='B4C3', memory_cost=2359808, FLOP_cost=
1849688064),
    layer_spec(layer_no=15, layer_name='B5C1', memory_cost=2359808, FLOP_cost=
462422016),
    layer_spec(layer_no=16, layer_name='B5C2', memory_cost=2359808, FLOP_cost=
462422016),
    layer_spec(layer_no=17, layer_name='B5C3', memory_cost=2359808, FLOP_cost=
462422016)]

   vgg19_backbone 总内存开销 20.024384 M variables
   vgg19_backbone 总乘法开销 19508.4288 M FLO
   [layer_spec(layer_no=1, layer_name='B1C1', memory_cost=1792, FLOP_cost=
86704128),
    layer_spec(layer_no=2, layer_name='B1C2', memory_cost=36928, FLOP_cost=
1849688064),
    layer_spec(layer_no=4, layer_name='B2C1', memory_cost=73856, FLOP_cost=
924844032),
    layer_spec(layer_no=5, layer_name='B2C2', memory_cost=147584, FLOP_cost=
1849688064),
    layer_spec(layer_no=7, layer_name='B3C1', memory_cost=295168, FLOP_cost=
924844032),
    layer_spec(layer_no=8, layer_name='B3C2', memory_cost=590080, FLOP_cost=
1849688064),
    layer_spec(layer_no=9, layer_name='B3C3', memory_cost=590080, FLOP_cost=
1849688064),
    layer_spec(layer_no=10, layer_name='B3C4', memory_cost=590080, FLOP_cost=
1849688064),
    layer_spec(layer_no=12, layer_name='B4C1', memory_cost=1180160, FLOP_cost=
924844032),
    layer_spec(layer_no=13, layer_name='B4C2', memory_cost=2359808, FLOP_cost=
1849688064),
    layer_spec(layer_no=14, layer_name='B4C3', memory_cost=2359808, FLOP_cost=
1849688064),
    layer_spec(layer_no=15, layer_name='B4C4', memory_cost=2359808, FLOP_cost=
1849688064),
    layer_spec(layer_no=17, layer_name='B5C1', memory_cost=2359808, FLOP_cost=
462422016),
    layer_spec(layer_no=18, layer_name='B5C2', memory_cost=2359808, FLOP_cost=
462422016),
    layer_spec(layer_no=19, layer_name='B5C3', memory_cost=2359808, FLOP_cost=
462422016),
```

```
    layer_spec(layer_no=20, layer_name='B5C4', memory_cost=2359808, FLOP_cost=
462422016)]
```

VGG16 骨干神经网络的各层资源开销的数值和比例如表 14-1 所示。

表 14-1　VGG16 骨干网络各层资源开销的数值和比例

层名称	参数量占比	乘法运算量占比	参数量	乘法运算量
B1C1 卷积层	0.00%	0.56%	1792	86704128
B1C2 卷积层	0.03%	11.96%	36928	1849688064
B1S1 池化层	0.00%	0.00%	0	0
B2C1 卷积层	0.05%	5.98%	73856	924844032
B2C2 卷积层	0.11%	11.96%	147584	1849688064
B2S2 池化层	0.00%	0.00%	0	0
B3C1 卷积层	0.21%	5.98%	295168	924844032
B3C2 卷积层	0.43%	11.96%	590080	1849688064
B3C3 卷积层	0.43%	11.96%	590080	1849688064
B3S1 池化层	0.00%	0.00%	0	0
B4C1 卷积层	0.85%	5.98%	1180160	924844032
B4C2 卷积层	1.71%	11.96%	2359808	1849688064
B4C3 卷积层	1.71%	11.96%	2359808	1849688064
B4S1 池化层	0.00%	0.00%	0	0
B5C1 卷积层	1.71%	2.99%	2359808	462422016
B5C2 卷积层	1.71%	2.99%	2359808	462422016
B5C3 卷积层	1.71%	2.99%	2359808	462422016
B5S1 池化层	0.00%	0.00%	0	0
FC1 全连接层	74.27%	0.66%	102764544	102760448
FC2 全连接层	12.13%	0.11%	16781312	16777216
FC3 全连接层	2.96%	0.03%	4097000	4096000
合计	100.00%	100.00%	138357544	15470264320

将表 14-1 和 AlexNet 的资源开销表对比，第一个卷积层的乘法运算量在 AlexNet 中占据了 39.59%，但在 VGG 中迅速下降到 11%～12%。可见 VGG 采用的小核卷积方式可以大幅降低乘法运算量。VGG16 的各层资源开销占比如图 14-8 所示。

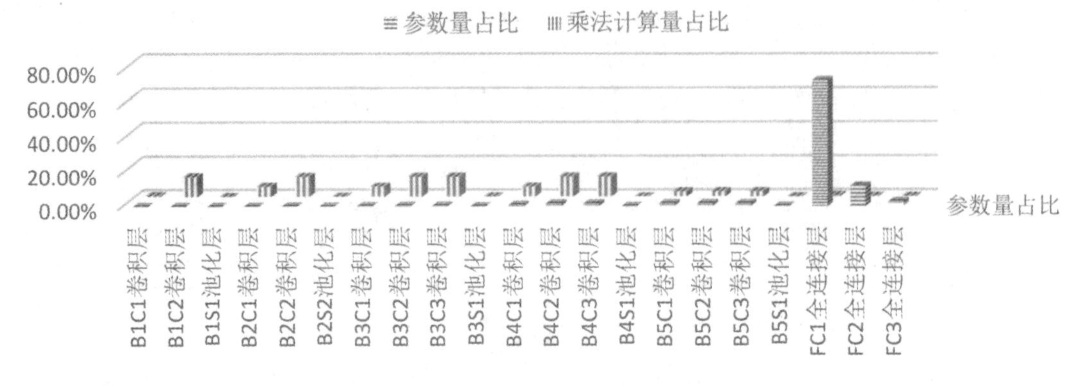

图 14-8　VGG16 的各层资源开销占比

14.6　VGG 预训练模型的加载和下游网络

VGG 骨干模型设计完毕就可以加载其预训练参数。例如，GitHub 上 fchollet 用户的主页就有大量已经训练过的模型可供下载。其中，带“tf”的文件名表示 TensorFlow 的模型参数，文件名带 notop 的表示模型参数是骨干网络模型的参数，VGG16 的预训练模型加载如图 14-9 所示。

文件	大小
resnet50_weights_tf_dim_ordering_tf_kernels.h5	98.1 MB
resnet50_weights_tf_dim_ordering_tf_kernels_notop.h5	90.3 MB
resnet50_weights_th_dim_ordering_th_kernels.h5	98.1 MB
resnet50_weights_th_dim_ordering_th_kernels_notop.h5	90.3 MB
vgg16_weights_tf_dim_ordering_tf_kernels.h5	528 MB
vgg16_weights_tf_dim_ordering_tf_kernels_notop.h5	56.2 MB
vgg16_weights_th_dim_ordering_th_kernels.h5	528 MB
vgg16_weights_th_dim_ordering_th_kernels_notop.h5	56.2 MB
vgg19_weights_tf_dim_ordering_tf_kernels.h5	548 MB
vgg19_weights_tf_dim_ordering_tf_kernels_notop.h5	76.4 MB

图 14-9　VGG16 的预训练模型加载

结合 VGG 神经网络和下载的参数，可以轻松搭建下游网络。

设计一个函数 create_vgg()，负责搭建 VGG 骨干网络并串接下游网络。该函数接收三个输入：input_shape 表示骨干网络需要处理的输入图像尺寸；output_dim 表示下游网络负责图像分类时的分类数量；vggtype 表示拟作为骨干网络的 VGG 类型。

函数 create_vgg()内首先判断 vggtype 类型，根据是否包含 vgg16 或 vgg19 关键字分别制作

VGG16 或者 VGG19 骨干网络，所制作的骨干网络命名为 vgg_backbone。若 vggtype 包含 backbone 关键字，则表示只需要骨干网络，直接返回 vgg_backbone。反之，采用贯序方法生成包含下游网络的整个网络，整个网络命名为 model。生成 model 的时候，将骨干网络 vgg_backbone 作为整个网络的第一层，下游可以搭配 1 个压平层和 3 个全连接层，其中最后一个全连接层输出维度为 output_dim 的向量，并且经过 softmax 激活函数的处理，神经网络输出的向量是一串取值范围是 0～1 的概率序列。代码如下。

```
def create_vgg(input_shape=(224,224,3),
               output_dim=1000,
               vggtype="vgg19"):
    assert vggtype in {
        'vgg16','vgg19', 'vgg16_backbone','vgg19_backbone'}
    if vggtype in {'vgg16','vgg16_backbone'}:
        vgg_backbone = create_vgg_backbone(
            input_shape=input_shape,
            vggtype="vgg16_backbone",
            model_name="vgg16_backbone")
    elif vggtype in {'vgg19','vgg19_backbone'}:
        vgg_backbone = create_vgg_backbone(
            input_shape=input_shape,
            vggtype="vgg19_backbone",
            model_name="vgg19_backbone")
    else:
        raise ValueError(
            'The vggtype must be one of following'
            '{vgg16,vgg19, vgg16_backbone,vgg19_backbone}')
    if 'backbone' in vggtype:
        return vgg_backbone
    else:
        model = tf.keras.Sequential([
            vgg_backbone,
            tf.keras.layers.Flatten(name = "B6FL"),
            tf.keras.layers.Dense(
                4096, activation='relu',name = "B6FC1"),
            tf.keras.layers.Dense(
                4096, activation='relu',name = "B6FC2"),
            tf.keras.layers.Dense(
                output_dim, activation='softmax',name = "B6FC3")
            ],name=vggtype)
        # print(model)
        return model
```

使用 create_vgg()函数分别生成 VGG16 和 VGG19 骨干网络，并搭配 1000 个分类的下游网络，组成完整的神经网络，整个神经网络分别命名为 VGG16 和 VGG19，并加载互联网上的神经网络预训练参数。最后查看网络结构，代码如下。

```
    vgg16 = create_vgg(input_shape=(224,224,3),output_dim=1000, vggtype="vgg16")
    weights_path="pretrain_weights/vgg16_weights_tf_dim_ordering_tf_kernels_not
op.h5"
    vgg16.layers[0].load_weights(weights_path)
    vgg16.summary(line_length=55)
    vgg19 = create_vgg(input_shape=(224,224,3),output_dim=1000, vggtype="vgg19")
    weights_path="pretrain_weights/vgg19_weights_tf_dim_ordering_tf_kernels_not
op.h5"
    vgg19.layers[0].load_weights(weights_path)
    vgg19.summary(line_length=55)
```

输出如下。

```
    Model: "vgg16"
    _______________________________________________________
    Layer (type)           Output Shape          Param
    =======================================================
    vgg16_backbone (Function (None, 7, 7, 512)     14714688
    _______________________________________________________
    B6FL (Flatten)          (None, 25088)         0
    _______________________________________________________
    B6FC1 (Dense)           (None, 4096)          102764544
    _______________________________________________________
    B6FC2 (Dense)           (None, 4096)          16781312
    _______________________________________________________
    B6FC3 (Dense)           (None, 1000)          4097000
    =======================================================
    Total params: 138,357,544
    Trainable params: 138,357,544
    Non-trainable params: 0
    _______________________________________________________

    Model: "vgg19"
    _______________________________________________________
    Layer (type)           Output Shape          Param
    =======================================================
    vgg19_backbone (Functio (None, 7, 7, 512)     20024384
    _______________________________________________________
    B6FL (Flatten)          (None, 25088)         0
    _______________________________________________________
    B6FC1 (Dense)           (None, 4096)          102764544
    _______________________________________________________
```

```
B6FC2 (Dense)            (None, 4096)          16781312
_________________________________________________________________
B6FC3 (Dense)            (None, 1000)          4097000
=================================================================
Total params: 143,667,240
Trainable params: 143,667,240
Non-trainable params: 0
_________________________________________________________________
```

仔细观察神经网络的第一层可以发现，它的名称为 vgg16_backbone(Function)，它将结构十分复杂的 VGG16 骨干网络作为整个网络的第一层，方便开发者查看骨干网络和下游网络的关系。固然，第一层并非真正意义上的层，而是一个神经网络模型，它只是被看作一个层。TensorFlow 中将由模型封装而成的层称为嵌套层。仔细观察 VGG16 和 VGG19 后发现，它们的内存开销主要集中在第一个全连接层，参数量都为 102.764544M 个，其骨干网络分别只有 14.714688M 个参数和 20.024384M 个参数，几乎可以忽略。但是从乘法运算量上看，主要的乘法开销集中在骨干网络，分别达到 15.346630656GFLOPs 和 19.5084288GFLOPs。所以，VGG19 的内存开销较高于 VGG16，但由于内部的二维卷积神经网络较多，所以乘法开销远超过 VGG16。

第 15 章 经典残差神经网络 ResNet 的原理解析

神经网络使用非线性的函数关系拟合复杂的识别函数，从 AlexNet 到 VGG，非线性的层数已经从 8 层增加至 19 层，性能也逐步提升。直观的感觉是非线性的层数越多，拟合能力越高，但实际并不尽然。ResNet 神经网络[3]的作者发现，在不太复杂的识别场景中，神经网络并非越深越好。实验显示，如果一个适当深度的神经网络已经很好地拟合了一个图像识别场景，那么人为增加一些层数，这个神经网络反而会出现退化问题。究其原因，非线性的神经网络很难拟合一个恒等变化。图 15-1 所示为 56 层和 20 层非线性神经网络在 CIFAR-10 数据集和 ImageNet 数据集上的错误率退化，即 56 层非线性神经网络的错误率反而更高。

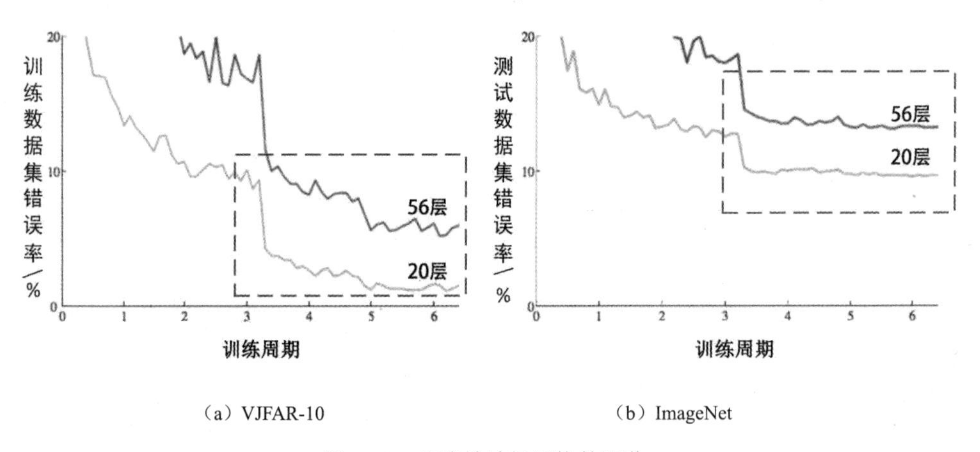

（a）VJFAR-10　　（b）ImageNet

图 15-1　非残差神经网络的退化

ResNet 神经网络内部的层不再是简单的堆叠，而是使用残差连接的方式，多层神经网络的性能得到了极大提升。现在所有的高性能神经网络都采用残差连接方式，只是残差连接方式上有着微小差异，如两阶段的目标检测网络 FasterRCNN 使用 ResNet 或者 VGG 作为骨干网络，YOLO 神经网络的就是用带有残差连接的 DarkNet 作为骨干网络。

ResNet 也经历了 2 个版本的改进，第二版较第一版在残差单元和残差堆叠上有细微差别，具体可参见论文 *Identity Mappings in Deep Residual Networks*（*CVPR 2016*）。

15.1　残差连接的原理和结构

ResNet 在神经网络结构上进行了较大创新，引入了残差单元，有效解决了神经网络的退化问题，2015 年推出后就在 ISLVRC 和 COCO 上获得冠军。现在几乎所有的神经网络都引入了残差连接，我们将使用残差连接的神经网络统称为残差神经网络。

残差神经网络借鉴了高速神经网络（Highway Network）的思想，在神经网络的旁边开个通道，使得输入可以直达输出，输入数据到达输出有两条路线：一条是前向路线，另一条则是残差捷径（Shortcut）。经过这样改造，神经网络拟合的目标由原来的拟合输出 $H(x)$变为 $F(x)$（输出和输入的差 $H(x)-x$，其中 $H(x)$是某层原始的期望映射输出，x 是输入。有了残差连接，即使神经网络超过百层，也不必担心过多的非线性层会引起退化问题。残差神经网络的线性直连原理如图 15-2 所示。

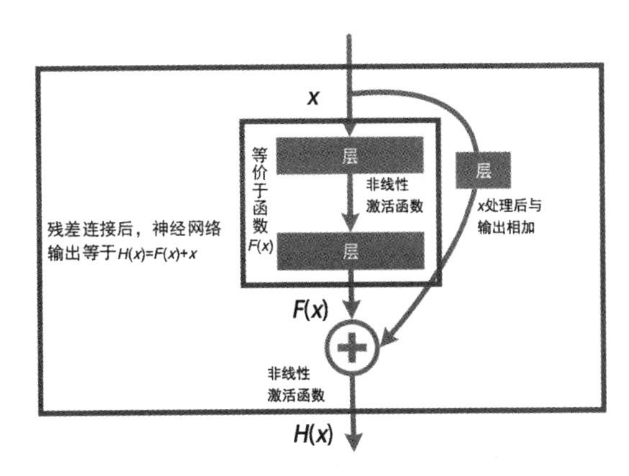

图 15-2　残差神经网络的线性直连原理

在 ResNet 的实践中，中间的残差卷积层模块有两种实现形式。一个是常规残差模块（Basic Residual Block），由 2 个卷积核尺寸为 3×3 的卷积层组成，输出的通道数为 filters。但常规残差模块并不适合深度神经网络结构，因此 ResNet 中又提出了瓶颈残差模块（Bottle neck Residual Block）。瓶颈残差模块由卷积核尺寸为 1×1、3×3、1×1 的三个卷积层堆叠而成。这里的卷积核尺寸为 1×1 的卷积层能够起到降维或升维的作用，从而令卷积核尺寸为 3×3 的卷积可以在较低维度的输入上进行，以达到提高计算效率的目的。瓶颈残差模块的输出通道数是 4*filters。ResNet 的常规残差模块和瓶颈残差模块如图 15-3 所示。

基于这两种残差模块，形成了 5 种深度的 ResNet 神经网络：18 层、34 层、50 层、101 层和 152 层。18 层、34 层模型均使用常规残差模块，目前应用场景较少。50 层、101 层、152 层模型使用瓶颈残差模块，目前应用场景较多。

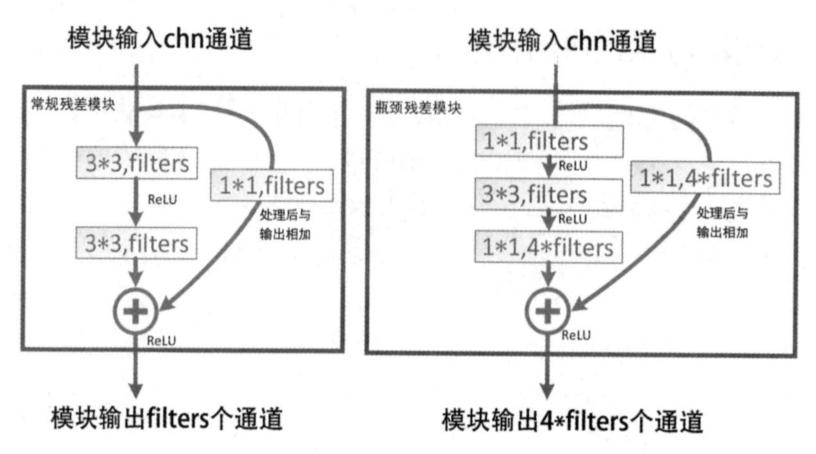

图 15-3 ResNet 的常规残差模块和瓶颈残差模块

5 种深度的 ResNet 神经网络的第一个卷积层命名为 Conv1。第一个卷积层 Conv1 的主要参数是通道数固定为 64，卷积核尺寸固定为 7×7，步长固定为 2，补零方式固定为 same，这样第一个卷积层 Conv1 的作用是让输出尺寸较输入尺寸减半，让输出的通道数固定为 64。第一个卷积层 Conv1 的输出会连接一个池化层，池化层的主要参数是池化尺寸固定为 3，步长固定为 2，这样池化层令第一个卷积层 Conv1 的输出尺寸减半，减少后续模块继续处理的运算量。

5 种深度的 ResNet 神经网络都有 4 个堆叠，命名为堆叠一 Stack1、堆叠二 Stack2、堆叠三 Stack3、堆叠四 Stack4。对于 18 层和 34 层结构的 ResNet，卷积块均采用常规残差模块进行堆叠，若干个常规残差模块组合而成的堆叠称作常规残差模块堆叠。对于 50 层、101 层、152 层结构的 ResNet，卷积块均采用瓶颈残差模块进行堆叠，若干个瓶颈残差模块组合而成的堆叠称作瓶颈残差模块堆叠。5 种深度的 ResNet 采用的残差模块堆叠数略有不同。

5 种深度的 ResNet 神经网络都有全局平均池化层，命名为 GloAvgPool。全局平均池化层的主要参数为默认，主要作用是保持通道数不变的情况下，将每个通道的特征图分辨率减少至最低的 1 像素×1 像素，这样可以大幅降低骨干网络连接的全连接层参数数量，方便后续的下游任务。

5 种 ResNet 结构的残差模块和堆叠数量对应图如图 15-4 所示。

5 种 ResNet 神经网络结构（忽略不占开销的池化层）均有第一个卷积层 Conv1 和下游任务的全连接层，合计 2 层。18 层结构有 4 个堆叠，每个堆叠有 2 个常规残差模块，每个残差模块有 2 个卷积层，合计 2+(2+2+2+2)×2 = 18 层。同理，152 层结构有 4 个卷积块堆叠，每个堆叠分别有 3、8、36、3 个瓶颈残差模块，每个残差模块有 3 个卷积层，合计 2+(3+8+36+3)×3 = 152 层。其他结构的层数不再赘述。

由于 18 层和 34 层的 ResNet 神经网络结构的应用场景较少，所以下面重点介绍 50 层、

101 层、152 层三种 ResNet 神经网络中使用的瓶颈残差模块与瓶颈残差模块的堆叠。

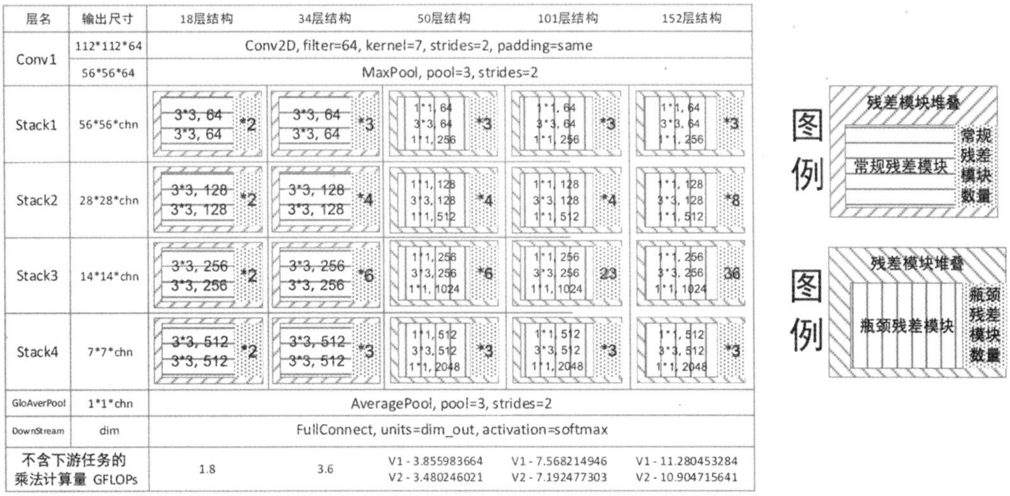

层名	输出尺寸	18层结构	34层结构	50层结构	101层结构	152层结构
Conv1	112*112*64	Conv2D, filter=64, kernel=7, strides=2, padding=same				
	56*56*64	MaxPool, pool=3, strides=2				
Stack1	56*56*chn	3*3, 64 3*3, 64 *2	3*3, 64 3*3, 64 *3	1*1, 64 3*3, 64 1*1, 256 *3	1*1, 64 3*3, 64 1*1, 256 *3	1*1, 64 3*3, 64 1*1, 256 *3
Stack2	28*28*chn	3*3, 128 3*3, 128 *2	3*3, 128 3*3, 128 *4	1*1, 128 3*3, 128 1*1, 512 *4	1*1, 128 3*3, 128 1*1, 512 *4	1*1, 128 3*3, 128 1*1, 512 *8
Stack3	14*14*chn	3*3, 256 3*3, 256 *2	3*3, 256 3*3, 256 *6	1*1, 256 3*3, 256 1*1, 1024 *6	1*1, 256 3*3, 256 1*1, 1024 23	1*1, 256 3*3, 256 1*1, 1024 36
Stack4	7*7*chn	3*3, 512 3*3, 512 *2	3*3, 512 3*3, 512 *3	1*1, 512 3*3, 512 1*1, 2048 *3	1*1, 512 3*3, 512 1*1, 2048 *3	1*1, 512 3*3, 512 1*1, 2048 *3
GloAverPool	1*1*chn	AveragePool, pool=3, strides=2				
DownStream	dim	FullConnect, units=dim_out, activation=softmax				
不含下游任务的乘法计算量 GFLOPs		1.8	3.6	V1 - 3.855983664 V2 - 3.480246021	V1 - 7.568214946 V2 - 7.192477303	V1 - 11.280453284 V2 - 10.904715641

图例：残差模块堆叠 / 常规残差模块 / 常规残差模块数量

图例：残差模块堆叠 / 瓶颈残差模块 / 瓶颈残差模块数量

图 15-4　5 种 ResNet 结构的残差模块和堆叠数量对应图

15.2　瓶颈残差模块堆叠的输入和输出函数关系

瓶颈残差模块堆叠主要完成高维特征的抽取，整体处理效果是让输出尺寸比输入尺寸缩小一半，输出的通道数则由堆叠内部的最后一个瓶颈残差模块的输出通道数决定。从瓶颈残差模块堆叠的宏观上看，可以把瓶颈残差模块堆叠 V2 版本看作复杂的加强版二维卷积层，它对于任意通道的数据流（假设形状为[None,size,size,channel]），通过配置通道数 filters、瓶颈残差模块数量 blocks 和步长 strides，可以让输出的数据流形状改变为[None,size/strides,size/strides,4*filters]。只是该复杂的二维卷积层具有残差连接的结构，即多个瓶颈残差模块堆叠首尾相连，不容易发生性能退化的现象。该残差连接思路广泛应用于目前大量的计算机视觉神经网络中。

瓶颈残差模块堆叠有 2 个版本，命名为 BottleNeckBlockSTACK_V2 和 BottleNeckBlockSTACK_V1，每个瓶颈残差模块堆叠内部拥有不同数量的瓶颈残差模块。

瓶颈残差模块堆叠的 V2 版本有 3 个配置参数：通道数 filters、瓶颈残差模块数量 blocks、步长 strides。向内部所有瓶颈残差模块传递参数的时候，所有的瓶颈残差模块都使用 filters 作为通道参数，所以它们的输出通道数都是一样的（4*filters）。第一个至第（blocks-1）个瓶颈残差模块采用的步长等于 1，所以分辨率不变，仅最后一个瓶颈残差模块采用等于 strides 的步长，所以分辨率下降到 size/strides。第一个瓶颈残差模块使用二维卷积残差方式，输出通道数为 4*filters，这样才能与第一个瓶颈残差模块内部的加法层另一输入端的数据流保持一致的通道数。中间若干瓶颈残差模块使用直连残差方式，因为中间这些瓶颈残差模块的输入形状和输出形状都是一样的。最后一个瓶颈残差模块使用最大值池化残差方式，这样才能与最后一个瓶颈残差模块的分辨率（size/strides）保持一致。瓶颈残差模块堆叠 V2 版本内的瓶颈残差模块配置方式如表 15-1 所示。

表 15-1 瓶颈残差模块堆叠 V2 版本内的瓶颈残差模块配置方式

模块堆叠方式	通道数	步长	残差方式	输出形状
第一个瓶颈残差模块	filter	1	conv_shortcut = True、通道数为 4*filters 的二维卷积残差	[None,size,size,4*filters]
中间若干瓶颈残差模块	filter	1	conv_shortcut = False 且 strides = 1 的直连残差	[None,size,size,4*filters]
最后一个瓶颈残差模块	filter	stride	conv_shortcut=False、strides>1、分辨率降为 size/strides 的最大值池化残差	[None,size/strides,size/strides,4*filters]

瓶颈残差模块堆叠 V2 版本最终的效果是使用 blocks 个瓶颈残差模块，让输出的分辨率下降至 1/strides；其中，前（blocks－1）个瓶颈残差模块都不改变分辨率，只有最后一个瓶颈残差模块使用步长为 strides 的参数，将分辨率下降至 1/strides。将瓶颈残差模块堆叠 V2 版本的通道数 filters、瓶颈残差模块数量 blocks、步长 strides 分别用 f、b、s 表示，用带箭头的虚线画出瓶颈残差模块堆叠 V2 版本向内部的瓶颈残差模块的参数传递情况，用中括号表示内部各模块的输入形状和输出形状，瓶颈残差模块堆叠 V2 版本向内部的瓶颈残差模块传递参数示意图如图 15-5 所示。图 15-5 是图 15-4 中的残差模块堆叠的解剖特写。

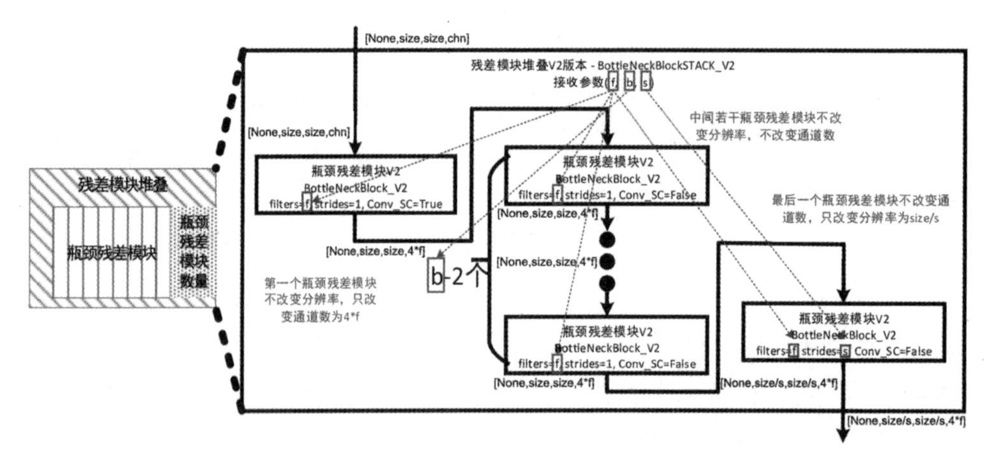

图 15-5 瓶颈残差模块堆叠 V2 版本向内部的瓶颈残差模块传递参数示意图

在编程上，瓶颈残差模块堆叠 V2 版本向内部所有瓶颈残差模块传递参数，使用一个常数：滤波器参数 BLOCKS_FILTERS_PARAM、步长参数 BLOCKS_STRIDES_PARAM、残差方式参数 BLOCKS_ConvSC_PARAM。在 blocks 个瓶颈残差模块的堆叠策略中，分别区分出第一个、中间若干和最后一个瓶颈残差模块，把这些常数提取后传递给相应的瓶颈残差模块。瓶颈残差模块的名称分别使用 block1、block2，命名以此类推，代码如下。

```
def BottleNeckBlockSTACK_V2(
        x, filters, blocks, stride, name=None):
    BLOCKS_FILTERS_PARAM = [filters]*blocks
    BLOCKS_STRIDES_PARAM =[1]*(blocks-1)+[stride]
    BLOCKS_ConvSC_PARAM = [True]+[False]*(blocks-1)
    BLOCKS_NAME_PARAM = [name+'_block'+str(i+1)
                         for i in range(blocks)]
    x=BottleNeckBlock_V2(
        x,
        filters =     BLOCKS_FILTERS_PARAM[0],
        stride =     BLOCKS_STRIDES_PARAM[0],
        conv_shortcut=BLOCKS_ConvSC_PARAM[0],
        name =           BLOCKS_NAME_PARAM[0])
    for i in range(1, blocks-1):
        x=BottleNeckBlock_V2(
            x,
            filters=     BLOCKS_FILTERS_PARAM[i],
            stride =     BLOCKS_STRIDES_PARAM[i],
            conv_shortcut=BLOCKS_ConvSC_PARAM[i],
            name =           BLOCKS_NAME_PARAM[i])
    x=BottleNeckBlock_V2(
        x,
        filters =     BLOCKS_FILTERS_PARAM[-1],
        stride =     BLOCKS_STRIDES_PARAM[-1],
        conv_shortcut=BLOCKS_ConvSC_PARAM[-1],
        name =           BLOCKS_NAME_PARAM[-1])
    return x
```

瓶颈残差模块堆叠 V1 版本同样有 3 个配置参数：通道数 filters、瓶颈残差模块数量 blocks、步长 strides。向内部所有瓶颈残差模块传递参数的时候，通道数与 V2 版本完全一致，但是部分工作放在第一个瓶颈残差模块 V1 版本内实现，如将通道数规整为 4*filters、分辨率下降至 size/strides，余下的瓶颈残差模块 V1 版本都将保持输入通道数和输出通道数不变，保持输入分辨率和输出分辨率不变。对应的第一个瓶颈残差模块使用二维卷积残差方式，这个二维卷积残差模式将通道数规整为 4*filters 的工作与分辨率下降至 size/strides 的工作合二为一，确保残差相加能保持一致的数据形状。余下的瓶颈残差模块 V1 版本都使用直连残差的方式，因为余下瓶颈残差模块 V1 版本的输入和输出通道数不变、输入和输出分辨率不变。瓶颈残差模块堆叠 V1 版本内的瓶颈残差模块配置方式如表 15-2 所示。

表 15-2 瓶颈残差模块堆叠 V1 版本内的瓶颈残差模块配置方式

模块堆叠方式	通道数	步 长	残差方式	输出形状
第一个瓶颈残差模块	filter	stride	conv_shortcut = True 、通道数为 4*filters、分辨率降为 size/strides 的二维卷积残差	[None,size/strides,size/strides,4*filters]
后面若干瓶颈残差模块	filter	1	conv_shortcut = False 的直连残差	[None,size/strides,size/strides,4*filters]

瓶颈残差模块堆叠 V1 版本的最终效果是使用 blocks 个瓶颈残差模块，让输出的分辨率下降至 1/strides，让输出的通道数固定在 4*filters。将瓶颈残差模块堆叠 V1 版本的通道数 filters、瓶颈残差模块数量 blocks、步长 strides 分别用 f、b、s 表示，用带箭头的虚线画出瓶颈残差模块堆叠 V1 版本向内部的瓶颈残差模块的参数传递情况，用中括号表示内部各模块的输入和输出形状，如图 15-6 所示。图 15-6 是图 15-4 中的残差模块堆叠的解剖特写。

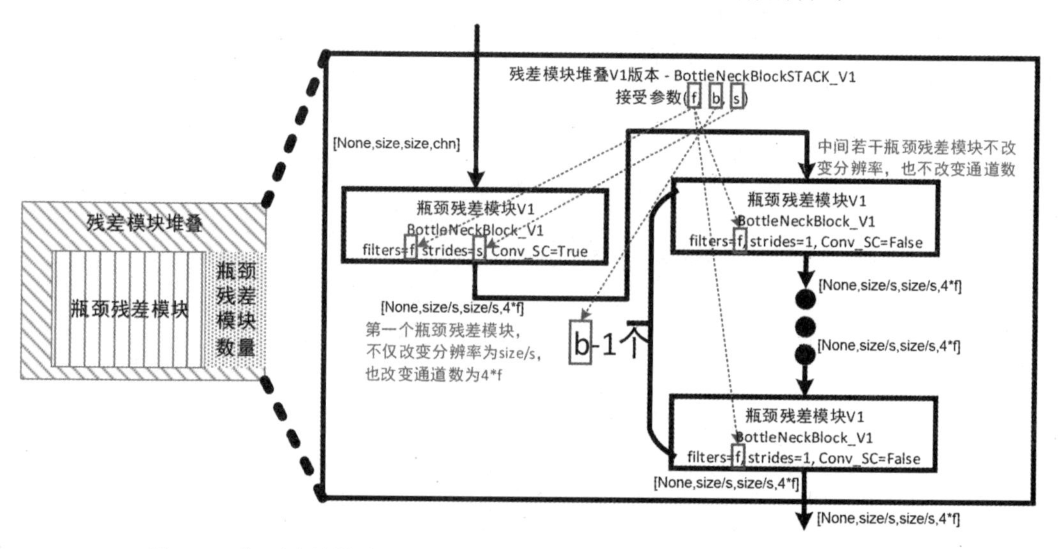

图 15-6 瓶颈残差模块堆叠 V1 版本向内部的瓶颈残差模块传递参数示意图

在编程上，瓶颈残差模块堆叠 V1 版本向内部所有瓶颈残差模块传递参数，使用以下常数：滤波器参数 BLOCKS_FILTERS_PARAM、步长参数 BLOCKS_STRIDES_PARAM、残差方式参数 BLOCKS_ConvSC_PARAM。在 blocks 个瓶颈残差模块的堆叠策略中，区分第一个和后面若干瓶颈残差模块，提取这些常数后传递给相应的瓶颈残差模块。瓶颈残差模块名称分别使用 block1、block2，以此类推命名，代码如下。

```
def BottleNeckBlockSTACK_V1(
        x, filters, blocks, stride, name=None):
    BLOCKS_FILTERS_PARAM = [filters]*blocks
    BLOCKS_STRIDES_PARAM =[stride1]+[1]*(blocks-1)
    BLOCKS_ConvSC_PARAM = [True]+[False]*(blocks-1)
    BLOCKS_NAME_PARAM = [name+'_block'+str(i+1)
```

```
                    for i in range(blocks)]
    x = BottleNeckBlock_V1(x,
             filters =      BLOCKS_FILTERS_PARAM[0],
             stride =       BLOCKS_STRIDES_PARAM[0],
             conv_shortcut =BLOCKS_ConvSC_PARAM[0],
             name =            BLOCKS_NAME_PARAM[0])
    for i in range(1, blocks):
        x=BottleNeckBlock_V1(x,
              filters =      BLOCKS_FILTERS_PARAM[i],
              stride =       BLOCKS_STRIDES_PARAM[i],
              conv_shortcut=BLOCKS_ConvSC_PARAM[i],
              name=             BLOCKS_NAME_PARAM[i])
    return x
```

无论瓶颈残差模块堆叠 V2 版本或者 V1 版本，它们作用是将特征图的分辨率下降一半，通道数变为四倍，只是采用的策略不同。瓶颈残差模块堆叠 V2 版本的策略是先保持分辨率不变，让通道数变为四倍，最后才让分辨率下降一半；而 V1 版本的策略是第一时间同时让通道数变为四倍也让分辨率下降一半。瓶颈残差模块堆叠 V2 版本和 V1 版本的结构分别通过 BottleNeckBlockSTACK_V2()函数和 BottleNeckBlockSTACK_V1()函数定义，这个函数并不属于 TensorFlow 的任何层类或者模型类，而是一个函数关系式，因为后面将使用函数定义模型的方式生成 ResNet 模型。

15.3　瓶颈残差模块的输入和输出函数关系

瓶颈残差模块之所以称为瓶颈，是因为其数据处理的结果呈现出头尾宽大、中间小巧的特点。瓶颈残差模块具有多种形态，多种形态有机结合以构成完整的瓶颈残差模块堆叠。

瓶颈残差模块的 V2 版本命名为 BottleNeckBlock_V2，它接收 3 个配置参数：通道数 filters、步长 stride、是否启用卷积残差 conv_shortcut，其内部由两部分构成，即前向分支和残差分支。

前向分支固定配置 3 个二维卷积层，其参数较为固定。通道数固定采用 filters、filters、4*filters 的组合，卷积核尺寸固定采用 1×1、3×3、1×1 的组合，步长固定采用 1、strides、1 的组合，补零方式全部采用 valid。特别地，这三个二维卷积层的第一、二个二维卷积层都不使用偏置参数，只有最后一个二维卷积层采用偏置参数。前向分支数据处理的宏观用途是用通道数 filters 和步长 stride 这两个参数，将任何输入的数据处理为形状为[None,size/stride,size/stride,4*filter]的数据。

残差分支则具有三种形态：二维卷积残差分支、直连残差分支、最大值池化残差分支，分别对应瓶颈残差模块堆叠 V2 版本的第一个瓶颈残差模块、第二个～倒数第二个瓶颈残差模块、最后一个瓶颈残差模块。

第一个瓶颈残差模块使用的二维卷积残差分支由于不确定输入数据的通道数，所以必须模仿前向分支进行一次二维卷积，数据的通道数为 4*filters 后，与前向分支相加。对于第二个～倒数第二个瓶颈残差模块使用的直连残差分支，已经确定输入是通道数 4*filters，所以残差分支可以是直连残差。对于最后一个瓶颈残差模块使用的最大值池化残差分支，由于此时的前向分支缩小了分辨率，缩小为 1/stride，所以最后一个瓶颈残差模块的残差分支也要进行分辨率的缩小，缩小为 1/stride。

将瓶颈残差模块的 V2 版本的通道数 filters、步长 stride、是否启用卷积残差 conv_shortcut，分别用 f、s、Conv_SC 表示，用带箭虚线画出瓶颈残差模块 V2 版本向内部的参数传递情况，用中括号标识前向分支和残差分支的输入形状和输出形状（见图 15-7）。图 15-7 是图 15-4 中的瓶颈残差模块的解剖特写。

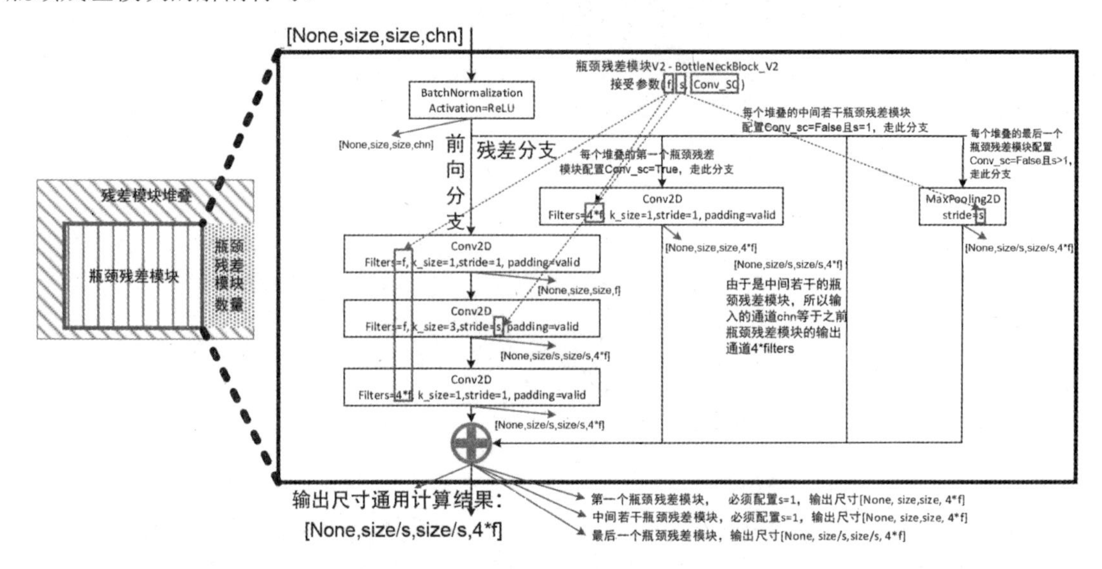

图 15-7　瓶颈残差模块 V2 版本向内部传递参数和输入和输出尺寸示意图

瓶颈残差模块 V2 版本的前向分支内，通道数为 filters、filters、4*filters，依次递增，步长为 1、stride、1，呈现出先增加后恢复的状态，导致前向分支的第一层输出具有分辨率最高的特点，第三层的输出具有通道数最多的特点，而第二层的输出具有分辨率较第一层低、通道数比第三层少的特点。因此，三层的输出数据呈现出头尾大、中间小的特征，这也是 ResNet 的内部瓶颈残差模块称为瓶颈的原因。

在编程上，瓶颈残差模块 V2 版本使用常数向内部所有层传递参数。二维卷积残差分支采用以下 4 个常数：通道数参数 CONV_SC_FILTERS_PARAM 等于 4*filters、卷积核常数 CONV_SC_K_SIZE_PARAM 恒为 1、步长常数 CONV_SC_STRIDES_PARAM 恒为 1，补零方式恒为 valid。最大值池化残差分支采用 1 个常数：步长 MAXP_SC_STRIDES_PARAM 等于 stride。前向分支使用以下常数：通道参数 FILTERS_PARAM 设置为[filters,filters,4*filters]，卷积核尺寸参数固定为[1,3,1]，步长参数 STRIDES_PARAM 固定为[1,stride,1]，是否使用偏置变量参数 USE_BIAS_PARAM 设置为[False,False,True]，补零方式全部设置为 valid，代码如下。

```
def BottleNeckBlock_V2(
        x, filters, stride, conv_shortcut, name=None):
    channel_at_dim = 3
    preact = tf.keras.layers.BatchNormalization(
        axis=channel_at_dim, epsilon=1.001e-5,
        name=name + '_preact_bn')(x)
    preact = tf.keras.layers.Activation(
        activation='relu',
        name=name + '_preact_relu')(preact)
    if conv_shortcut:
        # 第一个模块走此分支
        CONV_SC_FILTERS_PARAM = 4*filters
        CONV_SC_K_SIZE_PARAM = 1
        CONV_SC_STRIDES_PARAM = 1
        CONV_SC_PADDING_PARAM = 'valid'
        CONV_SC_ConvNAME_PARAM = name + '_0_conv'
        shortcut = tf.keras.layers.Conv2D(
            filters =    CONV_SC_FILTERS_PARAM,
            kernel_size = CONV_SC_K_SIZE_PARAM,
            strides =    CONV_SC_STRIDES_PARAM,
            padding =    CONV_SC_PADDING_PARAM,
            name =      CONV_SC_ConvNAME_PARAM)(
                preact)
    else:
        if stride >1:
            # 最后一个模块走此分支
            MAXP_SC_STRIDES_PARAM = stride
            MAXP_SC_NAME_PARAM = name + '_0_POOL'
            shortcut = tf.keras.layers.MaxPooling2D(
                pool_size = 1,
                strides=MAXP_SC_STRIDES_PARAM,
                name =    MAXP_SC_NAME_PARAM)(x)
        else:
        # 第二个和倒数第二个模块走此分支
            shortcut = x
    FILTERS_PARAM = [filters, filters, 4*filters]
    K_SIZE_PARAM =  [      1,       3,         1]
    STRIDES_PARAM = [      1,  stride,         1]
    USE_BIAS_PARAM= [  False,   False,      True]
    PADDING_PARAM = ['valid', 'valid',   'valid']
    CONV_NAME_PARAM = [
        name+'_1_conv',name+'_2_conv',name+'_3_conv']
    BN_NAME_PARAM = [ name+'_1_bn',name+'_2_bn']
    x=tf.keras.layers.Conv2D(
```

```
        filters =    FILTERS_PARAM[0],
        kernel_size = K_SIZE_PARAM[0],
        strides =    STRIDES_PARAM[0],
        use_bias =  USE_BIAS_PARAM[0],
        name =     CONV_NAME_PARAM[0])(preact)
    x=tf.keras.layers.BatchNormalization(
        axis=channel_at_dim, epsilon=1.001e-5,
        name =       BN_NAME_PARAM[0])(x)
    x=tf.keras.layers.Activation(
        activation='relu', name=name + '_1_relu')(x)
    x=tf.keras.layers.ZeroPadding2D(
        padding=((1, 1), (1, 1)),
        name=name+'_2_pad')(x)
    x=tf.keras.layers.Conv2D(
        filters =  FILTERS_PARAM[1],
        kernel_size=K_SIZE_PARAM[1],
        strides =  STRIDES_PARAM[1],
        use_bias= USE_BIAS_PARAM[1],
        name =   CONV_NAME_PARAM[1])(x)
    x=tf.keras.layers.BatchNormalization(
        axis=channel_at_dim, epsilon=1.001e-5,
        name =     BN_NAME_PARAM[1])(x)
    x=tf.keras.layers.Activation('relu', name=name + '_2_relu')(x)

    x=tf.keras.layers.Conv2D(
        filters =  FILTERS_PARAM[2],
        kernel_size=K_SIZE_PARAM[2],
        strides =  STRIDES_PARAM[2],
        use_bias= USE_BIAS_PARAM[2],
        name=CONV_NAME_PARAM[2])(x)
    x=tf.keras.layers.Add(name=name + '_out')([shortcut, x])
    return x
```

瓶颈残差模块的 V1 版本接收 3 个配置参数：通道数 filters、步长 stride、是否启用卷积残差 conv_shortcut，其内部由两部分构成，即前向分支和残差分支。

前向分支固定配置 3 个二维卷积层，其参数较为固定。通道数固定采用 filters、filters、4*filters 的组合，卷积核尺寸固定采用 1×1、3×3、1×1 的组合，步长固定采用 strides、1、1 的组合，补零方式分别采用 valid、same、valid，这三个二维卷积层全部使用偏置参数。前向分支数据处理的宏观用途是用通道数 filters 和步长 stride 这两个参数将任何输入的数据处理为形状[None,size/stride,size/stride,4*filter]的数据。

V1 版本的残差分支较 V2 版本简单，只有 2 种形态：二维卷积残差分支、直连残差分支。分别对应瓶颈残差模块堆叠 V1 版本的第一个瓶颈残差模块、第二个至最后一个瓶颈残差模块。

第一个瓶颈残差模块使用的二维卷积残差分支必须跟随第一个直连分支，将数据通道数变为 4*filters，将分辨率缩小至与直连分支分辨率一样的 size/stride。至于第二个至最后一个瓶颈残差模块，由于已经确定输入的通道数是 4*filters 且分辨率是 size/stride，所以残差分支可以采用直连残差。

将瓶颈残差模块的 V1 版本的通道数 filters、步长 stride、是否启用卷积残差 conv_shortcut，分别用 f、s、Conv_SC 表示，使用带箭头虚线表示参数传递情况，用中括号标识画出瓶颈残差模块 V1 版本向内部的前向分支和残差分支的输入和输出形状，如图 15-8 所示。图 15-8 是图 15-4 中的瓶颈残差模块的解剖特写。

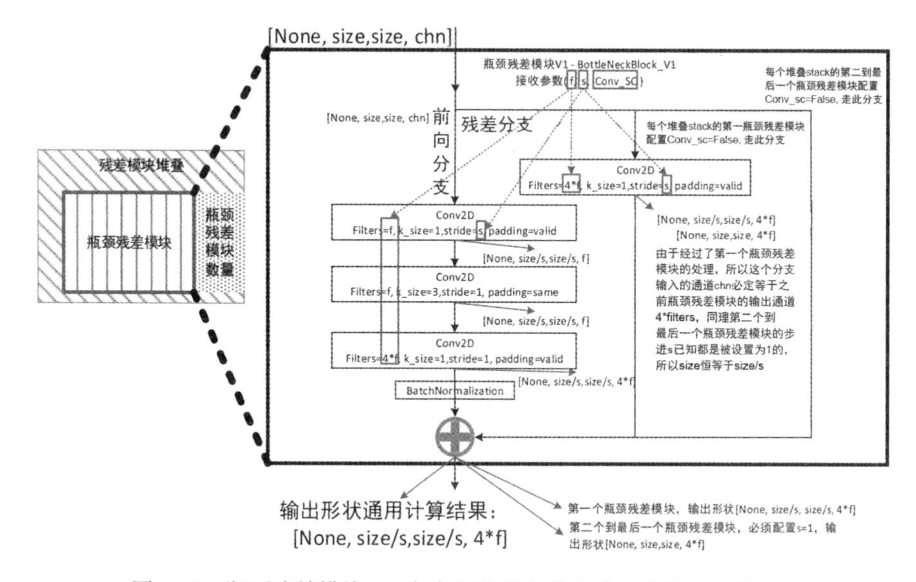

图 15-8　瓶颈残差模块 V1 向内部传递参数和输入输出尺寸示意图

在编程上，瓶颈残差模块 V1 版本使用常数向内部所有层传递参数。二维卷积残差分支采用以下常数：通道数参数 CONV_SC_FILTERS_PARAM 等于 4*filters、卷积核常数 CONV_SC_K_SIZE_PARAM 恒为 1、步长常数 CONV_SC_STRIDES_PARAM 等于 stride，补零方式 CONV_SC_PADDING_PARAM 恒为 valid。直连残差分支无须参数。

前向分支使用以下常数：通道参数 FILTERS_PARAM 设置为[filters,filters,4*filters]；卷积核尺寸参数固定[1,3,1]；步长参数 STRIDES_PARAM 固定为[stride,1,1]；是否使用偏置变量参数 USE_BIAS_PARAM 设置为[True,True,True]；补零参数设置为['valid','same','valid']。代码如下。

```
def BottleNeckBlock_V1(x, filters, stride, conv_shortcut, name=None):
    channel_at_dim = 3
    if conv_shortcut:
        CONV_SC_FILTERS_PARAM = 4*filters
        CONV_SC_K_SIZE_PARAM = 1
```

```
        CONV_SC_STRIDES_PARAM = stride
        CONV_SC_PADDING_PARAM = 'valid'
        CONV_SC_ConvNAME_PARAM = name + '_0_conv'
        CONV_SC_BnNAME_PARAM = name + '_0_bn'
    FILTERS_PARAM = [filters, filters, 4*filters]
    K_SIZE_PARAM =  [      1,       3,         1]
    STRIDES_PARAM = [ stride,       1,         1]
    USE_BIAS_PARAM= [   True,    True,      True]
    PADDING_PARAM = ['valid',  'same',   'valid']
    CONV_NAME_PARAM = [
        name+'_1_conv',name+'_2_conv',name+'_3_conv']
    BN_NAME_PARAM = [
        name+'_1_bn',name+'_2_bn',name+'_3_bn']
    if conv_shortcut:
        shortcut = tf.keras.layers.Conv2D(
            filters =    CONV_SC_FILTERS_PARAM,
            kernel_size = CONV_SC_K_SIZE_PARAM,
            strides=    CONV_SC_STRIDES_PARAM,
            padding =    CONV_SC_PADDING_PARAM,
            name=       CONV_SC_ConvNAME_PARAM)(
                x)
        shortcut = tf.keras.layers.BatchNormalization(
            axis=channel_at_dim, epsilon=1.001e-5,
            name=         CONV_SC_BnNAME_PARAM)(
                shortcut)
    else:
        shortcut = x
    x=tf.keras.layers.Conv2D(
        filters =    FILTERS_PARAM[0],
        kernel_size = K_SIZE_PARAM[0],
        strides =    STRIDES_PARAM[0],
        padding =    PADDING_PARAM[0],
        name =     CONV_NAME_PARAM[0])(x)
    x=tf.keras.layers.BatchNormalization(
        axis=channel_at_dim, epsilon=1.001e-5,
        name =       BN_NAME_PARAM[0])(x)
    x=tf.keras.layers.Activation(
        'relu', name=name + '_1_relu')(x)
    x=tf.keras.layers.Conv2D(
        filters =    FILTERS_PARAM[1],
        kernel_size = K_SIZE_PARAM[1],
        strides =    STRIDES_PARAM[1],
        padding =    PADDING_PARAM[1],
        name=     CONV_NAME_PARAM[1])(x)
```

```
    x=tf.keras.layers.BatchNormalization(
        axis=channel_at_dim, epsilon=1.001e-5,
        name =       BN_NAME_PARAM[1])(x)
    x=tf.keras.layers.Activation(
        'relu', name=name + '_2_relu')(x)
    x=tf.keras.layers.Conv2D(
        filters =    FILTERS_PARAM[2],
        kernel_size = K_SIZE_PARAM[2],
        strides =    STRIDES_PARAM[2],
        padding =    PADDING_PARAM[2],
        name =    CONV_NAME_PARAM[2])(x)
    x=tf.keras.layers.BatchNormalization(
        axis=channel_at_dim, epsilon=1.001e-5,
        name =       BN_NAME_PARAM[2])(x)
    x = tf.keras.layers.Add(name=name + '_add')(
        [shortcut, x])
    x = tf.keras.layers.Activation(
        'relu', name=name + '_out')(x)
    return x
```

这里需要特别注意的是，瓶颈残差模块 V2 版本内部的二维卷积层，除最后一层使用偏置变量外，第一层、第二层都没有使用偏置变量，所以在计算内存开销时需要扣除。另外，两个版本的瓶颈残差模块都使用了批次归一化层，该层有在训练阶段可以学习的可训练参数，也有在推理阶段才用到的不可训练参数，在计算内存开销时也要格外注意。

15.4　堆叠函数关系和通用的 ResNet 网络结构

根据图 15-4 所示的 ResNet 堆叠结构，我们重点关注使用较多的 50 层、101 层、152 层的 ResNet 神经网络，构建一个堆叠函数的生成函数。

对于 50 层、101 层、152 层的 ResNet 网络，有 4 个堆叠，每个堆叠的滤波器数量分别为 64、128、256、512。

对于 50 层、101 层、152 层的 ResNet 网络，V1 版本的 4 个堆叠的步长分别为 1、2、2、2，堆叠内使用 V1 版本的瓶颈残差模块；V2 版本的 4 个堆叠的步长分别为 2、2、2、1，堆叠内使用 V2 版本的瓶颈残差模块。这里特别关注的是，V1 版本的 4 个堆叠的第 1 个堆叠的步长为 1，说明在第 1 个堆叠内，特征图的分辨率没有减半；而 V2 版本的 4 个堆叠的第 1 个堆叠的步长为 2，说明在第 1 个堆叠内，特征图的分辨率将会减半。

对于 50 层的 ResNet 网络，每个堆叠内部的瓶颈残差模块数量分别为 3、4、6、3；对于 101 层的 ResNet 网络，每个堆叠内部的瓶颈残差模块数量分别为 3、4、23、3；对于 152 层的 ResNet 网络，每个堆叠内部的瓶颈残差模块数量分别为 3、8、36、3。

以上配置作为 ResNet 堆叠结构函数生成器 Stack_Fn_Generator 的第一部分，设置为常数。代码如下。

```
def Stack_Fn_Generator(model_type):
    assert model_type in {'resnet50','resnet50v2',
                          'resnet101','resnet101v2',
                          'resnet152','resnet152v2'}
    if model_type == 'resnet50':
        STACK_FUNC_PARAM = "V1"
        STACKS_FILTERS_PRARAM = [64,128,256,512]
        STACKS_BLK_NUM_PRARAM = [ 3,  4,  6,  3]
        STACKS_STRIDES_PRARAM = [ 1,  2,  2,  2]
    if model_type ==  "resnet50v2":
        STACK_FUNC_PARAM = "V2"
        STACKS_FILTERS_PRARAM = [64,128,256,512]
        STACKS_BLK_NUM_PRARAM = [ 3,  4,  6,  3]
        STACKS_STRIDES_PRARAM = [ 2,  2,  2,  1]
    if model_type == 'resnet101':
        STACK_FUNC_PARAM = "V1"
        STACKS_FILTERS_PRARAM = [64,128,256,512]
        STACKS_BLK_NUM_PRARAM = [ 3,  4, 23,  3]
        STACKS_STRIDES_PRARAM = [ 1,  2,  2,  2]
    if model_type == "resnet101v2":
        STACK_FUNC_PARAM = "V2"
        STACKS_FILTERS_PRARAM = [64,128,256,512]
        STACKS_BLK_NUM_PRARAM = [ 3,  4, 23,  3]
        STACKS_STRIDES_PRARAM = [ 2,  2,  2,  1]
    if model_type == 'resnet152':
        STACK_FUNC_PARAM = "V1"
        STACKS_FILTERS_PRARAM = [64,128,256,512]
        STACKS_BLK_NUM_PRARAM = [ 3,  8, 36,  3]
        STACKS_STRIDES_PRARAM = [ 1,  2,  2,  2]
    if model_type == "resnet152v2":
        STACK_FUNC_PARAM = "V2"
        STACKS_FILTERS_PRARAM = [64,128,256,512]
        STACKS_BLK_NUM_PRARAM = [ 3,  8, 36,  3]
        STACKS_STRIDES_PRARAM = [ 2,  2,  2,  1]
```

STACKS_NAMES_PRARAM=['stack1','stack2','stack3','stack4']使用以上配置的常数，生成 ResNet 堆叠结构函数 stack_fn()，并将其作为 ResNet 堆叠结构函数生成器 Stack_Fn_Generator 的返回，代码如下。

```
def Stack_Fn_Generator(model_type):
    ......
```

```
    def stack_fn(x):
        for i in range(4):
            if STACK_FUNC_PARAM == "V1":
                x=BottleNeckBlockSTACK_V1(
                    x,
                    filters = STACKS_FILTERS_PRARAM[i],
                    blocks =  STACKS_BLK_NUM_PRARAM[i],
                    stride = STACKS_STRIDES_PRARAM[i],
                    name =     STACKS_NAMES_PRARAM[i])
            elif STACK_FUNC_PARAM == "V2":
                x=BottleNeckBlockSTACK_V2(
                    x,
                    filters = STACKS_FILTERS_PRARAM[i],
                    blocks =  STACKS_BLK_NUM_PRARAM[i],
                    stride = STACKS_STRIDES_PRARAM[i],
                    name =     STACKS_NAMES_PRARAM[i])
        return x
    return stack_fn
```

使用函数方法构建 ResNet 神经网络，编写 ResNet 神经网络构建函数分为 5 步。

第一步，使用 ZeroPadding2D()函数对输入图像进行上、下、左、右的补零处理，并对所有 ResNet 都有的 64 个通道，尺寸为 7×7 的卷积核进行二维卷积处理。

第二步，使用 ZeroPadding2D()函数对第一步处理结果进行二次补零，进行池化尺寸为 3×3、步长为 2 的池化处理。

第三步，构造 ResNet 堆叠结构函数 stack_fn()对第二步的结果进行处理。

第四步，使用全局平均池化层，降低数据量，确保下游任务的全连接层不会因为变量过多而造成的极大内存开销。

特别地，对于 ResNet 的 V1 版本，需要在第一、二步之间插入 1 个批量归一化层，并通过 1 个 ReLU 的激活层；对于 ResNet 的 V2 版本，需要在第三步之后，插入 1 个批量归一化层，并通过 1 个 ReLU 的激活层；对于需要立即生成、用于图像分类的 ResNet 神经网络，需要在第五步之后，增加 1 个全连接层，用于对接最后的图像分类输出。

第五步，锁定 ResNet 神经网络的输入 inputs 和输出 x，使用 tf.keras.Model 构建神经网络，返回的神经网络命名为 model。ResNet 网络构建函数接收以下输入：堆叠结构函数 stack_fn()、是否添加预处理 preact（V1 版本为 False，V2 版本为 True）、是否使用偏置变量 use_bias（ResNet 的 5 个版本全部为 True，ResNeXt 版本为 False）、模型名称 model_name、是否包含图像分类下游网络 include_top、网络输入张量形状 input_shape。若配置为包含图像分类下游网络 include_top，即 True，则需要再配置种类数量 classes。代码如下。

```
def ResNet(stack_fn, preact, use_bias, model_name='resnet',
```

```
        include_top=True, input_shape=None, classes=1000):
    img_input = tf.keras.layers.Input(shape=input_shape)
    channel_at_dim = 3
    # 第一步
    x=tf.keras.layers.ZeroPadding2D(
       padding=((3, 3), (3, 3)), name='conv1_pad')(img_input)
    x=tf.keras.layers.Conv2D(
       filters=64, kernel_size=7, strides=2,
       use_bias=True, name='conv1_conv')(x)
    if preact==False:
       x=tf.keras.layers.BatchNormalization(
          axis=channel_at_dim, epsilon=1.001e-5,
          name='conv1_bn')(x)
       x=tf.keras.layers.Activation('relu',
          name='conv1_relu')(x)
    # 第二步
    x=tf.keras.layers.ZeroPadding2D(
       padding=((1, 1), (1, 1)), name='pool1_pad')(x)
    x=tf.keras.layers.MaxPooling2D(
       pool_size=3, strides=2, name='pool1_pool')(x)
    # 第三步，生成堆叠函数关系
    x = stack_fn(x)
    if preact==True:
       x = tf.keras.layers.BatchNormalization(
          axis=channel_at_dim, epsilon=1.001e-5,
          name='post_bn')(x)
       x = tf.keras.layers.Activation('relu',
          name='post_relu')(x)
    # 第四步
    x = tf.keras.layers.GlobalMaxPooling2D(
       name='GloAvgPool')(x)
    if include_top:
       x=tf.keras.layers.Dense(
          units=classes, activation="softmax",
                  name='predictions')(x)
    # 第五步，锁定输入和输出关系，生成模型后返回
    inputs = img_input
    model = tf.keras.Model(inputs, x, name=model_name)
    return model
```

最后，构建适应 50 层、101 层、152 层的 V1 版本和 V2 版本的 ResNet 接口函数，model_type 的标志位只能从'resnet50'、'resnet50v2'、'resnet101'、'resnet101v2'、'resnet152'、'resnet152v2'中选择，根据选择情况配置 preact 开关，使用函数方法构建 ResNet 神经网络，代码如下。

```
def ResNet_inOne( model_type = None, include_top=True,
        input_shape=None, classes=1000, **kwargs):
    MODEL_NAME = model_type
    assert model_type in {'resnet50','resnet50v2',
                          'resnet101','resnet101v2',
                          'resnet152','resnet152v2'}
    if model_type in {'resnet50','resnet101','resnet152'}:
        PREACT_PARAM = False
    elif model_type in {
        'resnet50v2','resnet101v2','resnet152v2'}:
        PREACT_PARAM = True
    stack_fn = Stack_Fn_Generator(model_type)
    model = ResNet(
        stack_fn=stack_fn,
        preact=PREACT_PARAM ,
        use_bias=True,
        model_name=MODEL_NAME,
        include_top=include_top,
        input_shape=input_shape,
        classes=classes)
    return model
```

15.5 ResNet50 V2 模型的案例解析

计算机视觉的各种应用中，下游任务可以是图像分类、目标检测、图像分割，但其骨干网络都是相似或者可以替换的。下面将使用之前制作的 ResNet_inOne()函数，生成 ResNet50 V2 骨干神经网络，命名为 resnet50v2_backbone。

ResNet50 V2 骨干网络接收分辨率 224 像素×224 像素的 RGB 三通道图像，输入数据形状为[224,224,3]，输出数据形状为[None,2048]，即输出不再是特征图，而是 2048 个特征计算标量组成的拥有 2048 个元素的向量。代码如下。

```
resnet50v2_backbone = ResNet_inOne(
    model_type = 'resnet50v2',
    include_top=False,
    input_shape=[224,224,3])
resnet50v2_backbone.summary()
```

根据 ResNet50 的整体网络结构与之前设计的瓶颈残差模块堆叠，可以知道 ResNet50 的网络结构包含 4 个堆叠，每个堆叠内部有 3、4、6、3 个瓶颈残差模块。由于该神经网络是 V2 版本的，即 4 个堆叠的步长分别是 2、2、2、1，所以第一个～第三个瓶颈残差模块堆叠都会对数据分辨率进行减半处理，通道数相应增加，第四个瓶颈残差模块堆叠（Stack4）不改变分辨率，但通道数会翻倍。ResNet50 V2 版本的网络结构如图 15-9 所示。

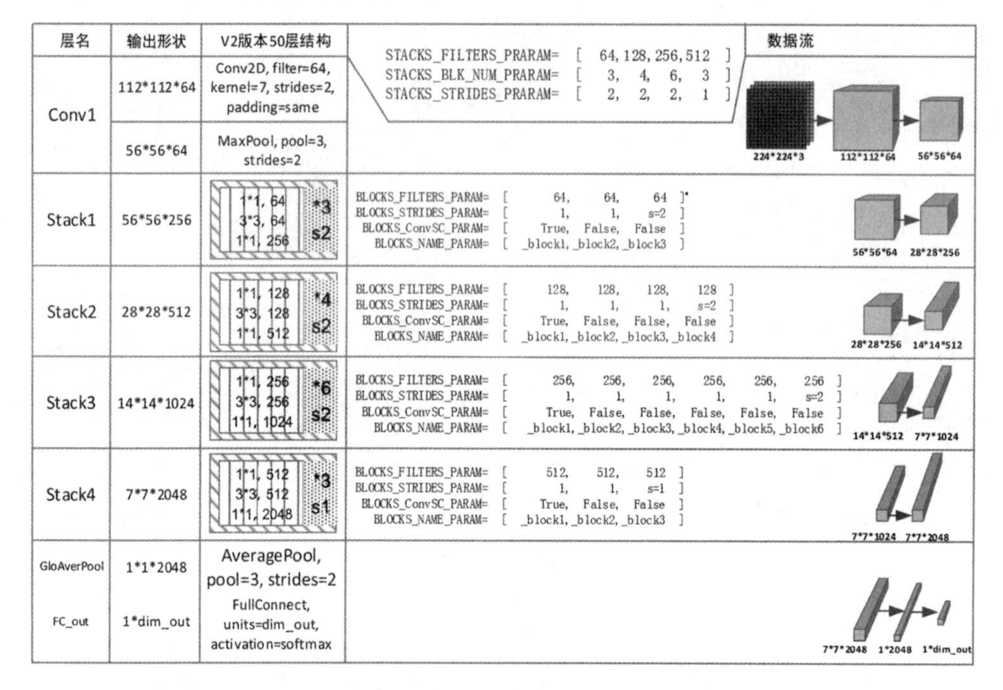

图 15-9　ResNet50 V2 版本的网络结构

ResNet50 V2 版本的网络结构代码如下。

```
Model: "resnet50v2"
__________________________________________________________________
Layer (type)                    Output Shape         Param
==================================================================
input_19 (InputLayer)           [(None, 224, 224, 3) 0
__________________________________________________________________
conv1_pad (ZeroPadding2D)       (None, 230, 230, 3)  0           input_19[0][0]
__________________________________________________________________
conv1_conv (Conv2D)             (None, 112, 112, 64) 9472        conv1_pad[0][0]
__________________________________________________________________
pool1_pad (ZeroPadding2D)       (None, 114, 114, 64) 0           conv1_conv[0][0]
__________________________________________________________________
pool1_pool (MaxPooling2D)       (None, 56, 56, 64)   0           pool1_pad[0][0]
......
post_relu (Activation)          (None, 7, 7, 2048)   0           post_bn[0][0]
__________________________________________________________________
GloAvgPool (GlobalMaxPooling2D) (None, 2048)         0           post_relu[0][0]
==================================================================
Total params: 23,564,800
Trainable params: 23,519,360
Non-trainable params: 45,440
```

下面将分析第一个堆叠的 3 个瓶颈残差模块，其他的堆叠可以参考类似分析方法。根据第一个堆叠的参数配置，展开为 3 个瓶颈残差模块的参数，ResNet50 V2 版本的第一个堆叠的 3 个瓶颈残差模块参数如图 15-10 所示。

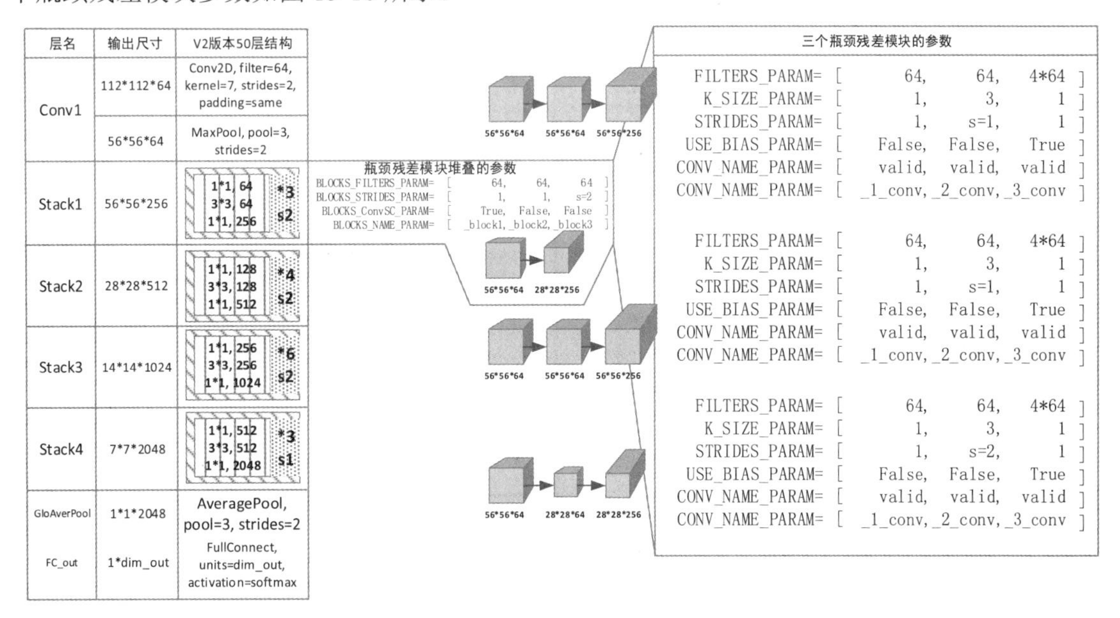

图 15-10　ResNet50 V2 版本的第一个堆叠的 3 个瓶颈残差模块参数

第一个瓶颈残差模块的输入数据形状是[None,56,56,64]，采用步长为 1 的二维卷积残差方式，输出数据形状为[None,56,56,256]，这是堆叠内部数据的通用流通形状。第一个瓶颈残差模块内部的前向分支和残差分支配置如图 15-11 所示。

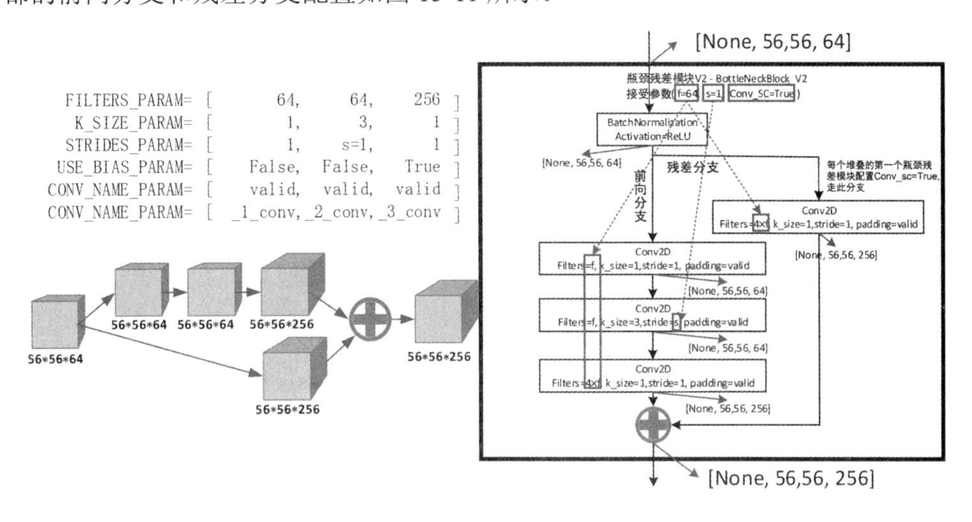

图 15-11　第一个瓶颈残差模块内部的前向分支和残差分支配置

第二个瓶颈残差模块的输入数据已经是堆叠内部的通用数据形状[None,56,56,256]，采用直连残差方式，输出数据形状为[None,56,56,256]。第二个瓶颈残差模块内部的前向分支和残差分支配置如图 15-12 所示。

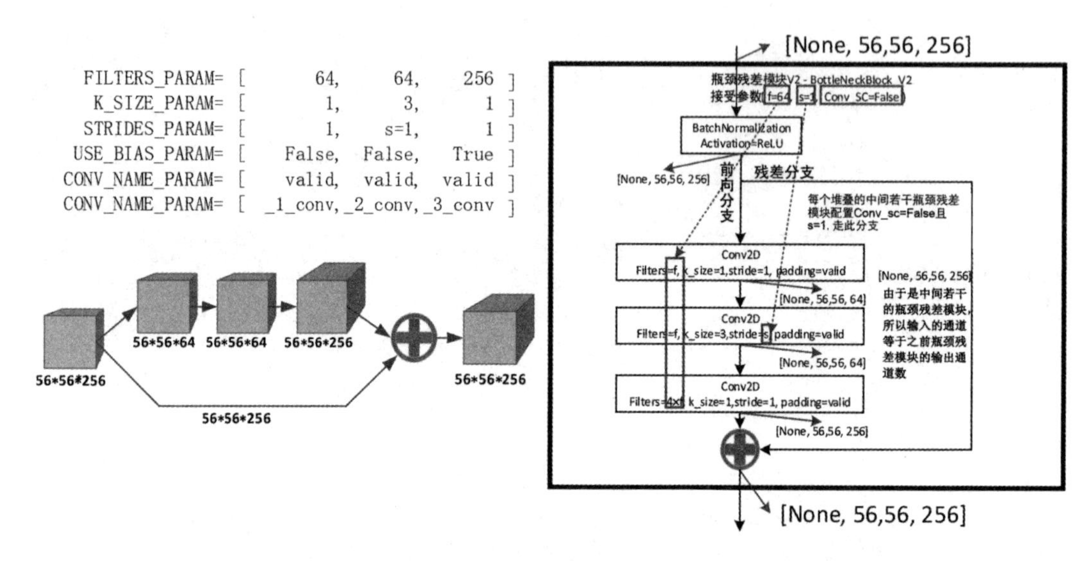

图 15-12　第二个瓶颈残差模块内部的前向分支和残差分支配置

第三个瓶颈残差模块的输入数据已经是堆叠内部的通用数据形状[None,56,56,256]，采用步长为 2 的平均池化残差方式，分辨率减半，输出数据形状为[None,28,28,256]。第三个瓶颈残差模块内部的前向分支和残差分支配置如图 15-13 所示。

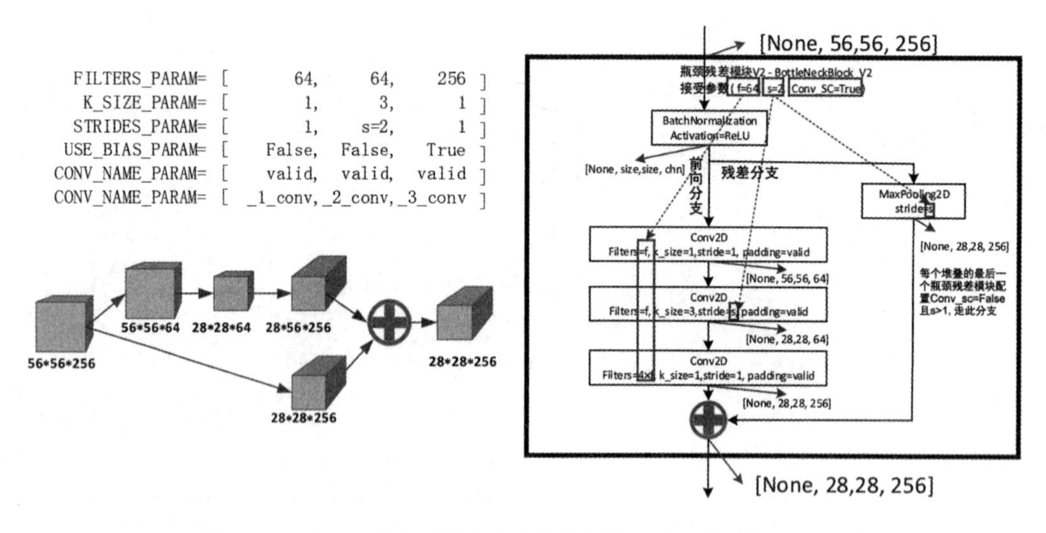

图 15-13　第三个瓶颈残差模块内部的前向分支和和残差分支配置

第一个堆叠的第三个瓶颈残差模块的输入数据形状是[None,56,56,64]，第一个卷积层处理后形成形状为[None,56,56,64]的输出，第二个卷积层处理后形成形状为[None,28,28,64]的输出，第三个卷积层处理后形成形状为[None,28,28,256]的输出，这三个数据形状呈现出头尾大、中间小的特征。

第一个堆叠的 3 个瓶颈残差模块的网络结构代码如下。

```
stack1_block3_1_conv (Conv2D)   (None, 56, 56, 64)   16384
_________________________________________________________________
stack1_block3_1_bn (BatchNormal (None, 56, 56, 64)   256
_________________________________________________________________
stack1_block3_1_relu (Activatio (None, 56, 56, 64)   0
_________________________________________________________________
stack1_block3_2_pad (ZeroPaddin (None, 58, 58, 64)   0
_________________________________________________________________
stack1_block3_2_conv (Conv2D)   (None, 28, 28, 64)   36864
_________________________________________________________________
stack1_block3_2_bn (BatchNormal (None, 28, 28, 64)   256
_________________________________________________________________
stack1_block3_2_relu (Activatio (None, 28, 28, 64)   0
_________________________________________________________________
stack1_block3_0_POOL (MaxPoolin (None, 28, 28, 256)  0
_________________________________________________________________
stack1_block3_3_conv (Conv2D)   (None, 28, 28, 256)  16640
_________________________________________________________________
stack1_block3_out (Add)         (None, 28, 28, 256)  0
```

15.6　ResNet 的资源开销评估

ResNet 的骨干网络和全连接层之间使用了 GlobalMaxPooling2D 层，将输入数据形状[None,7,7,2048]转化为[None,2048]的张量形状，进而通过全连接层转化为分类数量维度的张量。而 AlexNet 或 VGG 压平层将输入数据压平使用神经网络通常为 7×7×2048 = 100352 个元素组成的向量，通过全连接层转化为分类数量维度的张量（如 1000 种），这个全连接层的内存开销非常惊人，参数量达到 100352×1000 = 100.352M，而 GlobalMaxPooling2D 层的内存开销为 0，快速得到 2048 个元素组成的向量，通过全连接层获得以分类数量为元素数量的张量（如 1000 种），那么这个全连接层的参数量就骤降为原来的 1/49，只有 2048×1000 = 2.048M 个参数，具有明显的内存开销优势。

以 50 层 ResNet 的 V2 版本为例，使用前面介绍层原理和资源开销时制作的开销计算函数，计算 resnet50v2_backbone 的内存开销和乘法开销。输出如下。

```
(mem_cost_total,FLOP_cost_total)= model_inspector.summary(resnet50v2_backbone)
resnet50v2 总内存开销 23.5648 M variables
resnet50v2 总乘法开销 3480.246021 MFLO
```

ResNet 的 V2 版本的各层参数量如图 15-14 所示。

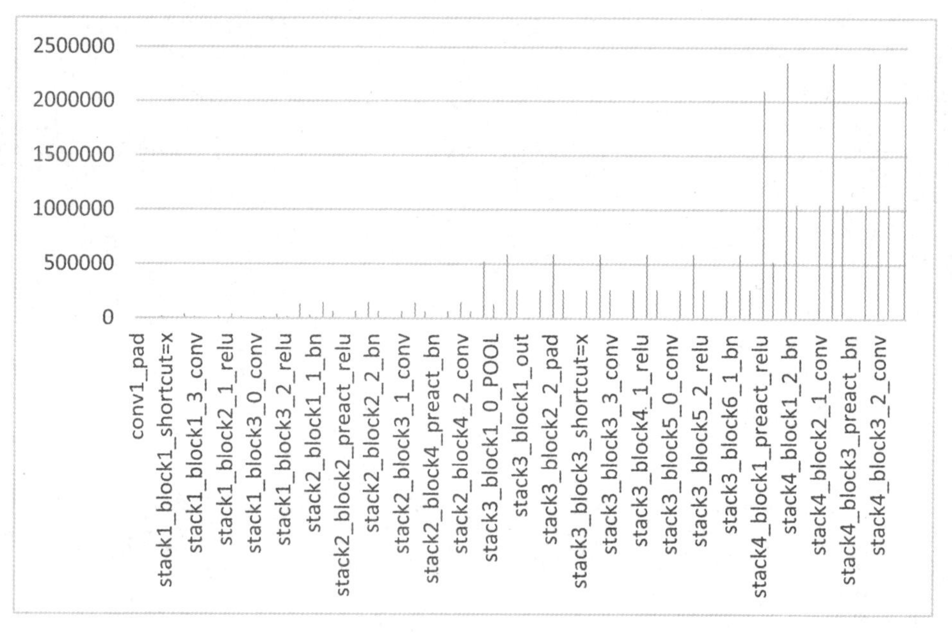

图 15-14　ResNet 的 V2 版本的各层参数量

ResNet 的 V2 版本的各层乘法运算量如图 15-15 所示。

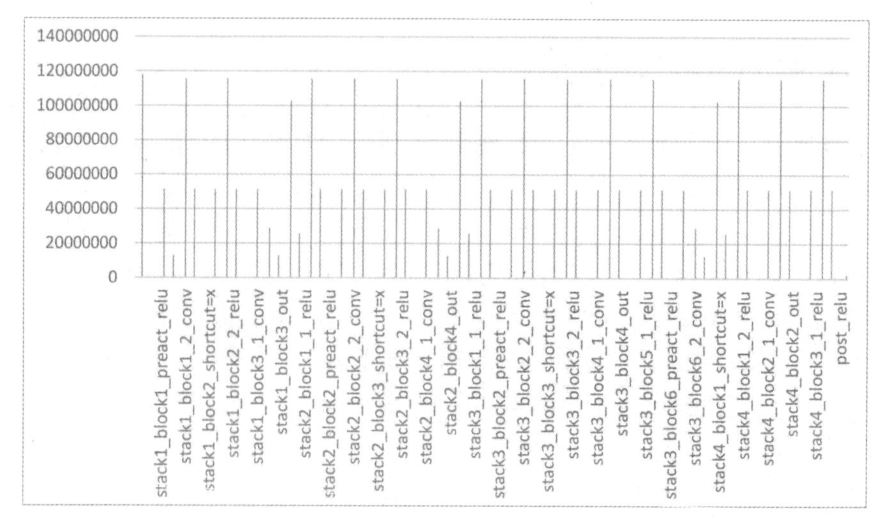

图 15-15　ResNet 的 V2 版本的各层乘法运算量

同理，可以计算不同版本的 ResNet 的内存开销和乘法开销，ResNet 骨干网络的资源开销如表 15-3 所示。

表 15-3　ResNet 骨干网络的资源开销

网络类型	V1 版本		V2 版本	
	内存开销/M 个参数	乘法开销/M 个参数	内存开销/M 个参数	乘法开销/M 个参数
resnet50	23.587712	3855.983664	23.5648	3480.246021
resnet101	42.658176	7568.214946	42.62656	7192.477303
resnet152	58.370944	11280.453284	58.331648	10904.715641

ResNet 有着远超过 50、101、152 层的 AlexNet（8 层结构，内存开销为 58.322314 M 和乘法开销为 1131.201056 MFLOPs）的参数量，但是在骨干网络的最后一层与下游分类网络层之间使用二维全局平均池化层减少了骨干层与下游分类网络层之间的全连接层的参数量，使得整个网络的内存开销大幅下降。50 层、101 层、152 层和 ResNet 的内存开销仅为 8 层 AlexNet 的 40%、73%、100%。至于乘法开销，由于继承了 VGG 的多层小核卷积的特性，虽然层数是 AlexNet 的 6 倍、12 倍、19 倍，但乘法运算量只是 AlexNet 的 3.4 倍、6.7 倍、10.0 倍。

15.7　ResNet 的迁移学习和权重参数加载

如果使用 ResNet 作为神经网络的骨干网络，那么就需要加载预训练后的神经网络权重。TensorFlow 官网提供了大量的预训练模型，也可以在笔者的 GitHub 主页下载。ResNet 神经网络预训练模型的文件名如表 15-4 所示。

表 15-4　ResNet 神经网络预训练模型的文件名

层数	用途	文件名
50 层	骨干网络	resnet50_weights_tf_dim_ordering_tf_kernels_notop.h5 resnet50v2_weights_tf_dim_ordering_tf_kernels.h5
	分类网络	resnet50_weights_tf_dim_ordering_tf_kernels.h5 resnet50v2_weights_tf_dim_ordering_tf_kernels_notop.h5
101 层	骨干网络	resnet101_weights_tf_dim_ordering_tf_kernels_notop.h5 resnet101v2_weights_tf_dim_ordering_tf_kernels_notop.h5
	分类网络	resnet101_weights_tf_dim_ordering_tf_kernels.h5 resnet101v2_weights_tf_dim_ordering_tf_kernels.h5
152 层	骨干网络	resnet152_weights_tf_dim_ordering_tf_kernels_notop.h5 resnet152v2_weights_tf_dim_ordering_tf_kernels_notop.h5
	分类网络	resnet152_weights_tf_dim_ordering_tf_kernels.h5 resnet152v2_weights_tf_dim_ordering_tf_kernels.h5

将下载的权重文件存储在本地磁盘，使用模型的 load_weights 方法加载，代码如下。

```
    """============================================"""
    """测试 ResNet50 backbone load weights"""
    """============================================"""
    resnet50_backbone = ResNet_inOne(
        model_type = 'resnet50',include_top=False,
        input_shape=[224,224,3])
    resnet50_backbone.load_weights('P05_pretrain/resnet50_weights_tf_dim_orderi
ng_tf_kernels_notop.h5')
    """============================================"""
    """测试 ResNet101 backbone load weights"""
    """============================================"""
    resnet101_backbone = ResNet_inOne(
        model_type = 'resnet101',include_top=False,
        input_shape=[224,224,3])
    resnet101_backbone.load_weights('P05_pretrain/resnet101_weights_tf_dim_orde
ring_tf_kernels_notop.h5')
    """============================================"""
    """测试 ResNet152 backbone load weights"""
    """============================================"""
    resnet152_backbone = ResNet_inOne(
        model_type = 'resnet152', include_top=False,
        input_shape=[224,224,3])
    resnet152_backbone.load_weights('P05_pretrain/resnet152_weights_tf_dim_orde
ring_tf_kernels_notop.h5')
    """============================================"""
    """测试 ResNet50v2 backbone load weights"""
    """============================================"""
    resnet50v2_backbone = ResNet_inOne(
        model_type = 'resnet50v2', include_top=False,
        input_shape=[224,224,3])
    resnet50v2_backbone.load_weights('P05_pretrain/resnet50v2_weights_tf_dim_or
dering_tf_kernels_notop.h5')
    """============================================"""
    """测试 ResNet101v2 backbone load weights"""
    """============================================"""
    resnet101v2_backbone = ResNet_inOne(
        model_type = 'resnet101v2', include_top=False,
        input_shape=[224,224,3])
    resnet101v2_backbone.load_weights('P05_pretrain/resnet101v2_weights_tf_dim_
ordering_tf_kernels_notop.h5')
    """============================================"""
    """测试 ResNet152v2 backbone load weights"""
```

```
    """=========================================="""
    resnet152v2_backbone = ResNet_inOne(
        model_type = 'resnet152v2', include_top=False,
        input_shape=[224,224,3])
    resnet152v2_backbone.load_weights('P05_pretrain/resnet152v2_weights_tf_dim_
ordering_tf_kernels_notop.h5')
```

第 16 章 多尺度特征提取的神经网络 DarkNet

任何目标检测神经网络都需要使用骨干网络提取图像的高维特征，FasterRCNN 使用 ResNet 或者 VGG 作为骨干网络，而 YOLO 采用独有的 Darknet 神经网络作为骨干网络。

YOLO 从 V1 版本开始逐步升级，每代的性能提升几乎都归因于其骨干网络的性能提升，YOLO V3 版本的骨干网络采用的是 DarkNet53，YOLO V4 版本的骨干网络采用 CSP-DarkNet，它是从 YOLO V2 版本的 DarkNet-19 升级而来的。其中，跨阶段局部（Cross Stage Partial，CSP）技术采用了跨阶段局部的神经网络，可以增强 CNN 的学习能力，能够在轻量化的同时保持准确率、降低运算量、降低内存成本。YOLO 的 V3 和 V4 版本各自拥有简版骨干网络，分别命名为 DarkNet53-tiny 和 CSP-DarkNet-tiny。注意，DarkNet53-tiny 没有使用残差结构，也没有 53 层。

DarkNet 借鉴了 ResNet 的三个核心思想。第一，不再使用简单的二维卷积层，而是固化了 ResNet 使用的“卷积层+批次归一化层+激活层”的微观结构特点，称为 DarkNet 的专用卷积块（DarknetConv）；第二，使用前向分支和残差分支制作残差模块，称为 DarkNet 的残差模块（DarknetResidual）；第三，将大量的 DarkNet 残差模块前后堆叠，避免深度神经网络性能退化。

此外，YOLO 的 V4 版本还将 CSPNet 神经网络和 CSP-ResNeXt 神经网络的跨阶段局部结构，以及 SPP-Net 神经网络的空间金字塔池化（Spatial Pyramid Pooling）结构，用于 CSP-DarkNet 骨干网络中，这样可以让神经网络在更大的尺度上进行特征的残差融合，增加了感受野的感知能力。

16.1 DarkNet 的基本处理单元

DarkNet 拥有两个基本处理单元：DarkNet 的专用卷积块和 DarkNet 的残差模块，使用这两个基本处理单元反复组合连接就可以构成多尺度特征提取网络 DarkNet 的各种版本。DarkNet 的专用卷积块可以看作加强版的二维卷积层；DarkNet 的残差模块可以看作综合运用了小核卷积和残差连接的等分辨率、等通道数的二维卷积层（或在数据形状关系上的直连层）。

16.1.1　DarkNet 的专用卷积块 DarknetConv

深度卷积神经网络愈发流行，工程界越来越多地使用“Conv+BN+ReLU”这种基本组合方式，即首先在卷积层后紧跟着一个 BN 层，然后接着一个 sigmoid、tanh、ReLU、LeakyReLU 激活函数。由于二维卷积层的步长（若 strides>1）具有下采样的作用，所以现在的神经网络一般放弃使用大量池化层，进而将二维卷积层的步长设置为大于 1 的数值，从而得到和下采样池化层一样的效果。专用卷积块 DarknetConv 就是典型代表，专用卷积块 DarknetConv 是 DarkNet53 和 CSP-DarkNet 的通用基础模块。为方便读者理解，可以将 DarknetConv 理解为特别版本的二维卷积层，从输入和输出数据关系的层面考虑，这个特殊的二维卷积层等效于分辨率不变的卷积或分辨率减半的卷积。

专用卷积块 DarknetConv 主要由三部分组成：二维卷积层模块 Conv2D、BN 模块 BatchNormalization、激活函数 LeakyReLU，这三部分递进相接，形成一个专用的卷积层。DarknetConv 的输入形状和输出形状只与步长有直接关系。当步长等于 1 的时候，输入形状和输出形状不变；当步长等于 2 的时候，分辨率缩小一半。如果不考虑内部实现方式，仅考虑输入和输出的数据形状关系，那么可以把 DarknetConv 视作一个标准的二维卷积层，唯一不同的是 DarknetConv 引入了不影响张量流尺寸的两个辅助层结构（BN 层和激活层）。其中的 BN 层能有效避免神经网络的内部协变量漂移现象，让层与层之间的参数分布相互隔离。激活层的存在使得二维卷积层内部可以完全删除激活函数，非线性激活的工作完全交由激活层处理。DarknetConv 的网络结构图如图 16-1 所示，stride 等于 1 时命名为配置一，即输入和输出分辨率保持不变；stride 等于 2 时命名为配置二，即输出分辨率缩小一半的配置。设置一个开关，开关命名为 downsample，当开关为 False 的时候，数据流向“配置一”分支；当开关为 True 的时候，数据流向是否缩小分辨率“配置二”分支。

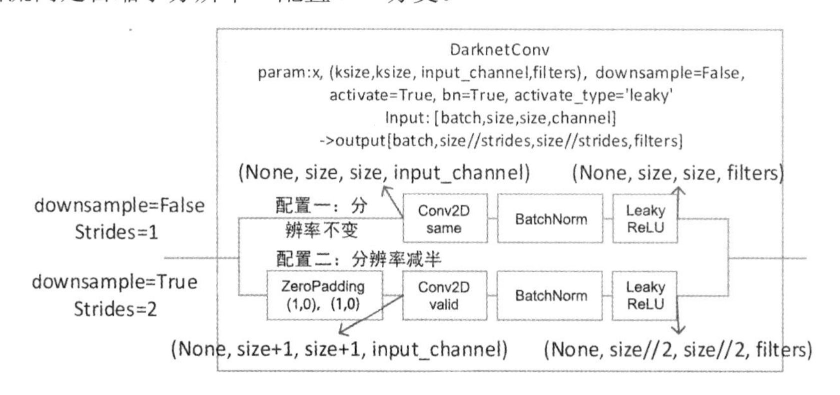

图 16-1　DarknetConv 的网络结构图

设计专用卷积块 DarknetConv 的函数，其输入配置及其含义如表 16-1 所示。

表 16-1　DarknetConv 的函数输入配置及其含义

配置	配置含义
filters_shape	控制二维卷积层行为，是有 4 个元素的元组，4 个元素分别是 kernel_size，kernel_size，input_channel，filters。kernel_size 表示卷积核尺寸；input_channel 表示输入数据的通道数，仅用于二次核对；filters 表示卷积层的输出通道数，也是整个 DarkNet 的专用卷积块的输出通道数
downsample	下采样开关，若为 True，则对输入数据进行补零操作，并且二维卷积层的步长设置为 2，补零机制设置为 valid，这样经过二维卷积后的数据分辨率会下降一半
bn	BN 层开关。若为 True，在二维卷积层后增加 BN 层，否则跳过
activate	是否在模块的最后加上一个非线性激活层
activate_type	若 activate 设置为 True，则非线性激活层的非线性激活函数有 2 种，即 leaky 和 mish

下面介绍算法逻辑。假设专用卷积块 DarknetConv 的输入张量为 x，形状为[size,size,channel]的矩阵。

首先，配置变量 filters_shape 中提取卷积核尺寸存入 kernel_size 中，提取输入通道数 input_channel，核对是否与输入数据 x 的通道数一致（否则报错），提取输出通道数存入 filters 中。

然后，若 downsample 标志位为 True，则进行下采样，步长等于 2，在补零层和二维卷积层的共同作用下，输出的分辨率变为输入的分辨率一半，通道数变为 filters，输出形状为(size/2，size/2，filters)；若 downsample 标志位为 False，则无须下采样，配置的步长等于 1，接着使用二维卷积层对输入数据进行二维卷积操作，输出的分辨率与输入的分辨率一致，但是通道数变为 filters，形状为(size,size,filters)。注意，如果 BN 层为开启，那么此时的二维卷积层不使用偏置变量。

最后根据 bn 标志位、activate 标志位、activate_type 标志位，判断是否开启 BN 层和非线性激活层，并选择合适的激活函数，返回张量 conv。

构建 DarknetConv 的代码如下。

```
def darknetconv(x, filters_shape, downsample=False,
                activate=True, bn=True, activate_type='leaky'):
    kernel_size = filters_shape[0]
    input_channel = filters_shape[-2]
    filters = filters_shape[-1]
    # assert x.shape[-1] == input_channel
    tf.debugging.assert_equal(x.shape[-1],input_channel)
    if downsample:
        # 在第一行前面加一行 0,第一列前面加一列 0。行数增 1,列数增 1
        x = tf.keras.layers.ZeroPadding2D(((1, 0), (1, 0)))(x)
        padding = 'valid'
        strides = 2
```

```
    else:
        strides = 1
        padding = 'same'
    conv = tf.keras.layers.Conv2D(
        filters=filters, kernel_size = kernel_size,
        strides=strides,
        padding=padding,use_bias=not bn, #BN 层和偏置变量二选一
        kernel_regularizer=tf.keras.regularizers.l2(0.0005),
        kernel_initializer=tf.random_normal_initializer(
            stddev=0.01),
        bias_initializer=tf.constant_initializer(0.))(x)
    if bn: conv = BatchNormalization()(conv)
    if activate == True:
        if activate_type == "leaky":
            conv = tf.nn.leaky_relu(conv, alpha=0.1)
        elif activate_type == "mish":
            conv = tf.keras.layers.Lambda(
                lambda x:*tf.math.tanh(
                    tf.math.softplus(x)))(conv)
    return conv
```

BN 层可以采用 TensorFlow 的 BN 层高阶 API 进行定义，也可以直接使用 Keras 封装的 BN 层类。它会综合判断呼叫本层的 training 标志位，同时判断当前层的训练状态，确定 BN 层的状态。若 training 标志位为 True，则更新层内的 gamma 和 beta；若 training 标志位为 False，则使用样本的移动平均 moving_mean 和移动方差 moving_var。代码如下。

```
BatchNormalization = tf.keras.layers.BatchNormalization
```

16.1.2　DarkNet 的残差模块 DarknetResidual

DarkNet 将 ResNet 的残差思路引入专用卷积块 DarknetConv。为此 DarkNet 设计了特有的残差模块，称为 DarkNet 的残差模块 DarknetResidual，其内部除拥有前向分支外，还在输入和输出之间增加一个直连通道，不仅可以学习图像的高维特征，还能学习输入和输出之间的残差。DarkNet 的残差模块是 DarkNet53 和 CSP-DarkNet 通用的基础模块。

1. 网络结构

残差模块 DarknetResidual 主要由两部分组成。第一部分是 2 个级联的专用卷积块 DarknetConv 组成的前向分支。前向分支的 2 个专用卷积块 DarknetConv 均设置为分辨率不变（不进行下采样，downsample = False）、开启非线性激活层和 BN 层（activate = True，bn = True），前向分支分别采用 2 个小核卷积，即 kernel_size = 1 和 kernel_size = 3，前向分支的专用卷积块 DarknetConv 分别将通道数配置为 filter_num1 和 filter_num2，一般情况下，filter_num1 =

filter_num2/2，这样可以实现通道数的减半和恢复。第二部分是直连残差模块，把输入和前向分支的输出相加，从而实现残差的学习。另外，从直连分支可以看出，残差模块 DarknetResidual 要求输入的通道数 input_channel 必须等于 filter_num2，否则直连通道和前向分支的数据形状的不一致会导致无法相加。因此，为方便读者理解，可以将 DarkNet 的残差模块理解为一个既不改变分辨率、也不改变通道数的直通层或等分辨率的二维卷积层，只不过这个特殊的二维卷积层具备学习残差的能力。残差模块 DarknetResidual 的结构如图 16-2 所示。

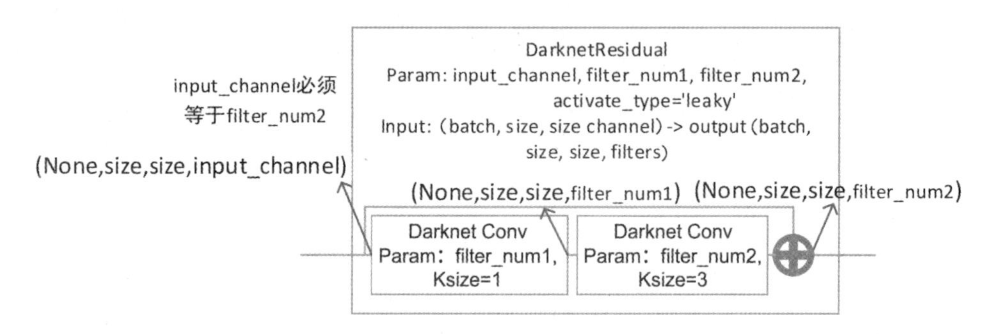

图 16-2　残差模块 DarknetResidual 的结构

下面根据残差模块 DarknetResidual 的网络结构设计算法函数。

2. 函数配置

残差模块 DarknetResidual 的输入配置及其含义如表 16-2 所示。

表 16-2　残差模块 Darknet Resiclual 的输入配置及其含义

配置	配置含义
input_channel	输入数据的通道数，仅用于 DarkNet 的专用卷积块的二次核对
filter_num1	2 个 DarkNet 的专用卷积块中的第一个的输出通道数，一般等于 filter_num2 或 filter_num2/2
filter_num2	2 个 DarkNet 的专用卷积块中的第二个的输出通道数，必须等于 input_channel
activate_type	2 个 DarkNet 的专用卷积块中的激活函数类型

3. 算法逻辑

从宏观上看，Darknet 的残差模块 DarknetResidual 不改变输入形状和输出形状，因此 filter_num2 必须等于 input_channel，不能随意配置，以确保残差模块 DarknetResidual 的输入和输出的矩阵形状相同。假设残差模块 DarknetResidual 的输入张量为 x，形状为(size,size,input_channel)的矩阵，那么首先判断输入数据的通道数 channel 是否等于配置的滤波器数量 filters_num2，若不一致则直接报错；然后依次让输入数据 x 通过第一个专用卷积块 DarknetConv 形成形状为(size,size,filter_num1)的矩阵，通过第二个专用卷积块 DarknetConv 形成形状为(size,size,filter_num2)矩阵，最后让数据和直连分支的形状为[size,size,input_channel]的变量 short_cut 相加，由于 input_channel 一定等于 filter_num2，所以相加可以形成张量 x。从设计方法上看，专用卷积块 DarknetConv 由一个函数定义，函数内部定义了网络的结构，最后输出张量 x。构建残差模块 DarknetResidual 的代码如下。

```
def darknetresidual(x,
                    input_channel, filter_num1, filter_num2,
                    activate_type='leaky'):
    short_cut = x
    assert short_cut.shape[-1] == filter_num2
    conv = darknetconv(
        x,
        filters_shape=(1, 1, input_channel, filter_num1),
        activate_type=activate_type,
        downsample=False,activate=True, bn=True,)
    conv = darknetconv(
        conv      ,
        filters_shape=(3, 3, filter_num1,   filter_num2),
        activate_type=activate_type,
        downsample=False,activate=True, bn=True,)
    residual_output = short_cut + conv
    return residual_output
```

DarkNet 的专用卷积块和残差模块是 YOLO 一阶段目标检测网络的基础网络组件。

16.2　YOLO V3 的骨干网络 DarkNet53

DarkNet53 是 YOLO V3 标准版的骨干网络，通过 5 次分辨率减半，实现了高维特征的提取，相比于其他骨干网络的 6、7 次的分辨率减半，具有分辨率损失小的特点，这对于小尺度目标检测有较大帮助。

16.2.1　YOLO V3 的残差模块堆叠

使用 DarkNet 的专用卷积块 DarknetConv 和残差模块 DarknetResidual 可以制作残差模块堆叠。区别于 YOLO V4 版本的堆叠结构，将 YOLO V3 的残差模块堆叠称为 DarknetBlockV1。

1. 网络结构

首先残差模块堆叠 DarknetBlockV1 使用专用卷积块 DarknetConv 调整输入数据形状（固定配置为卷积核尺寸等于 3，步长等于 2），然后堆叠若干残差模块 DarknetResidual 以获取图像的高维特征。虽然专用卷积块 DarknetConv 只有 1 个，但十分重要，相当于 1 个接口适配层。它不仅让特征图的分辨率下降一半，还会让数据的通道数调整为后面堆叠的残差模块要求的通道数 filter_num2。DarkNet 的残差模块堆叠 DarknetBlock V1 结构如图 16-3 所示。图中的“//”

表示先除后取整。

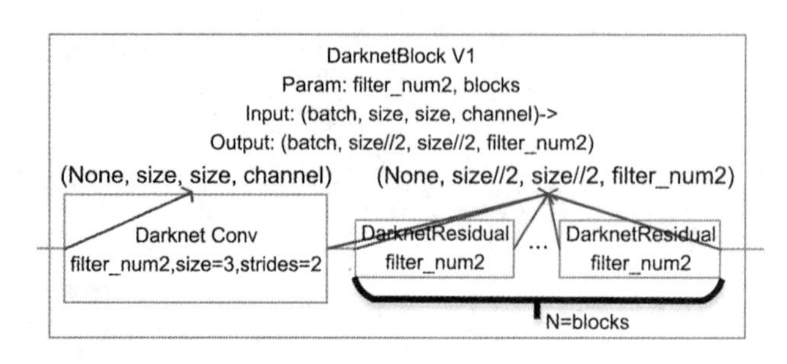

图 16-3　DarkNet 的残差模块堆叠 DarknetBlock V1 结构

2. 算法逻辑

残差模块堆叠 DarknetBlock V1 的配置只关注 2 个参数：blocks 和 filter_num2。blocks 表示堆叠内部的残差模块 DarknetResidual 的数量，filter_num2 表示堆叠内部的数据通道数，它被配置到堆叠内部的所有 DarkNet 残差模块的第二个专用卷积块上。假设 Darknet 的残差模块堆叠 DarknetBlock V1 的输入张量为 input_data，它是形状为(size,size,input_channel)的矩阵，那么首先经过一个专用卷积块 DarknetConv（downsample 设置为 True）的数据规整，形成一个分辨率减半、通道数规整的矩阵输出，形状为(size//2，size//2，filter_num2)；然后通过后续的残差模块 DarknetResidual，数据形状保持为(size//2，size//2，filter_num2)。DarkNet 残差模块的设计要求第一个专用卷积块 DarknetConv 的输出通道数必须等于残差模块 DarknetResidual 的 filter_num2，所以如果将 blocks 个残差模块 DarknetResidual 看作一个小的整体，那么这个小的整体的输入和输出数据形状将保持不变。代码如下。

```
# DarknetBlock V1 版本的第 N 个堆叠
input_data = darknetconv(
    input_data,
    (3,3,input_channel, filter_num2),
    downsample=True)
for i in range(blocks):
    input_data = darknetresidual(
        input_data, filter_num2, filter_num1, filter_num2)
```

后续若干残差模块堆叠 DarknetBlock V1 按照堆叠数递增和通道数翻倍的原则设计，一共设计 5 个堆叠，内部堆叠的残差模块 DarknetResidual 的数量分别为 1、2、8、8、4，通道数分别设计为 64、128、256、512、1024。这 5 个堆叠分别命名为 B1、B2、B3、B4、B5，下面将一一介绍它们的内部结构。

第一个残差模块堆叠命名为 B1，由于通道数 filters 等于 64，所以内部的数据以 64 通道的格式流转，分辨率减小一半。由于设置了堆叠数量等于 1，所以只有 1 个残差模块 DarknetResidual，命名为 R1，这样只考虑二维卷积，合计 1+1×2 = 3 层。

第一个残差模块堆叠 B1 的代码如下。

```
input_data = darknetconv(
    input_data, (3, 3, 32,  64), downsample=True)
for i in range(1):
    input_data = darknetresidual(
        input_data,  64,  32, 64)
```

输入数据预处理层命名为 PreC0 层，DarkNet 的第一个残差模块堆叠参数如表 16-3 所示。

表 16-3　DarkNet 的第一个残差模块堆叠参数

层数	模块名称和配置				层名称	层类型	层属性				输入形状	输出形状
							filters	kernel	stride	padding		
1	PreC0	DarknetConv (x,32,3,1)			_conv	卷积层	32	3	1	same	416×416×3	416×416×32
					_bn	BN 层	—				416×416×32	416×416×32
					_relu	LeakyReLU	—					
3	B1	C0	DarknetConv (x,64,3,2)		_pad	ZeroPadding 2D	(top,bottom),(left,right) = (1,0),(1,0)				416×416×32	417×417×32
					_conv	卷积层	64	3	2	valid	417×417×32	208×208×64
					_bn	BN 层	—				208×208×64	208×208×64
					_relu	LeakyReLU	—					
		R1	C1	DarknetConv (x,32,1,1)	_conv	卷积层	32	1	1	same	208×208×64	208×208×32
					_bn	BN 层	—				208×208×32	208×208×32
					_relu	LeakyReLU	—					
			C2	DarknetConv (x,64,3,1)	_conv	卷积层	64	3	1	same	208×208×32	208×208×64
					_bn	BN 层	—				208×208×64	208×208×64
					_relu	LeakyReLU	—					
			OUT		_out	Add	—				208×208×64	208×208×64

第二个残差模块堆叠命名为 B2，由于通道数 filters 等于 128，所以内部的数据以 128 通道的格式流转，分辨率减小一半。由于堆叠数量等于 2，所以有 2 个残差模块 DarknetResidual，分别命名为 R1 和 R2。在只考虑二维卷积的情况下，合计 1+2×2 = 5 层。第二个残差模块堆叠 B2 的代码如下。

```
input_data = darknetconv(
    input_data, (3, 3,  64, 128), downsample=True)
for i in range(2):
    input_data = darknetresidual(
        input_data, 128,  64, 128)
```

DarkNet 53 的第二个残差模块堆叠参数如表 16-4 所示，由于 R1 和 R2 的参数和数据流完全一致，所以不再赘述。

表 16-4　DarkNet 53 的第二个残差模块堆叠参数

层数	模块名称和配置参数				层名称	层类型	层属性				输入形状	输出形状
							filters	kernel	stride	padding		
5	B2	C0	DarknetConv (x,128,3,2)		_pad	ZeroPadding 2D	(top,bottom),(left,right) = (1,0),(1,0)				208×208×64	209×209×64
					_conv	卷积层	128	3	2	valid	209×209×64	104×104×128
					_bn	BN 层	—				104×104×128	104×104×128
					_relu	LeakyReLU	—					
		R1 R2	C1	DarknetConv (x,64,1,1)	_conv	卷积层	64	1	1	same	104×104×128	104×104×64
					_bn	BN 层	—				104×104×64	104×104×64
					_relu	LeakyReLU	—					
			C2	DarknetConv (x,128,3,1)	_conv	卷积层	128	3	1	same	104×104×64	104×104×128
					_bn	BN 层	—				104×104×128	104×104×128
					_relu	LeakyReLU	—					
			OUT		_out	Add	—				104×104×128	104×104×128

第三个残差模块堆叠命名为 B3，由于通道数 filters 等于 256，所以内部的数据以 256 通道的格式流转，分辨率减小一半。由于设置了堆叠数等于 8，所以有 8 个残差模块 DarknetResidual，分别命名为 R1～R8，在只考虑二维卷积的情况下，合计 1+8×2 = 17 层。第三个残差模块堆叠 B3 的代码如下。

```
input_data = darknetconv(
    input_data, (3, 3, 128, 256), downsample=True)
for i in range(8):
    input_data = darknetresidual
    (input_data, 256, 128, 256)
high_res_feaMap = input_data
```

代码最后将残差模块堆叠的输出暂存在 High_res_feaMap 变量中，以便作为骨干网络输出的一部分进行调用。DarkNet 53 的第三个残差模块堆叠参数如表 16-5 所示，由于 R1～R8 的参数和数据流完全一致，所以不再赘述。

表 16-5　DarkNet 53 的第三个残差模块堆叠参数

层数	模块名称和配置参数			层名称	层类型	层属性				输入形状	输出形状
						filters	kernel	stride	padding		
17	B3	C0	DarknetConv (x,256,3,2)	_pad	ZeroPadding 2D	(top,bottom),(left,right) = (1,0),(1,0)				104×104×128	105×105×128
				_conv	卷积层	256	3	2	valid	105×105×128	52×52×256
				_bn	BN 层	—				52×52×256	52×52×256
				_relu	LeakyReLU	—					

续表

层数	模块名称和配置参数				层名称	层类型	层属性				输入形状	输出形状
							filters	kernel	stride	padding		
		R1 R2 R3	C1	DarknetConv (x,128,1,1)	_conv	卷积层	128	1	1	same	52×52×256	52×52×128
					_bn	BN 层	—				52×52×128	52×52×128
					_relu	LeakyReLU	—					
		R4 R5 R6	C2	DarknetConv (x,256,3,1)	_conv	卷积层	256	3	1	same	52×52×128	52×52×256
					_bn	BN 层	—				52×52×256	52×52×256
					_relu	LeakyReLU	—					
		R7 R8	OUT		_out	Add	—				52×52×256	52×52×256

第四个残差模块堆叠命名为 B4，由于通道数 filters 等于 512，所以内部的数据以 512 通道的格式流转，分辨率减小一半。由于设置了堆叠数等于 8，所以有 8 个残差模块 DarknetResidual，分别命名为 R1～R8，在只考虑二维卷积的情况下，合计 1+8×2 = 17 层。第四个残差模块堆叠 B4 的代码如下。代码的最后将残差模块堆叠的输出暂存在 med_res_feaMap 变量中，以便作为骨干网络输出的一部分进行调用。

```
    input_data = darknetconv(
        input_data, (3, 3, 256, 512), downsample=True)
    for i in range(8):
        input_data = darknetresidual(
            input_data, 512, 256, 512)
    med_res_feaMap = input_data
```

DarkNet 的第四个残差模块堆叠参数如表 16-6 所示，由于 R1～R8 的参数和数据流完全一致，所以不再赘述。

表 16-6 DarkNet 的第四个残差模块堆叠参数

层数	模块名称和配置参数				层名称	层类型	层属性				输入形状	输出形状
							filters	kernel	stride	padding		
17	B4	C0		DarknetConv (x,512,3,2)	_pad	ZeroPadding 2D	(top,bottom),(left,right) = (1,0),(1,0)				52×52×256	53×53×256
					_conv	卷积层	512	3	2	valid	53×53×256	26×26×512
					_bn	BN 层	—				26×26×512	26×26×512
					_relu	LeakyReLU	—					
		R1 R2 R3	C1	DarknetConv (x,256,1,1)	_conv	卷积层	256	1	1	same	26×26×512	26×26×256

续表

层数	模块名称和配置参数				层名称	层类型	层属性				输入形状	输出形状
							filters	kernel	stride	padding		
		R4 R5 R6 R7 R8	C2	DarknetConv (x,512,3,1)	onv	卷积层	512	3	1	same	26×26×256	26×26×512
					_bn	BN 层	—				26×26×512	26×26×512
					_relu	LeakyReLU	—					
			OUT		_out	Add	—				26×26×512	26×26×512

第五个残差模块堆叠命名为 B5，由于通道数 filters 等于 1024，所以内部的数据以 1024 通道的格式流转，分辨率减小一半。由于设置了堆叠数等于 4，所以有 4 个残差模块 DarknetResidual，分别命名为 R1～R4，在只考虑二维卷积的情况下，合计 1+4×2＝9 层。第五个残差模块堆叠 B5 的代码如下。

```
input_data = darknetconv(
    input_data, (3, 3, 512, 1024), downsample=True)
for i in range(4):
    input_data = darknetresidual(
        input_data, 1024, 512, 1024)
            low_res_feaMap = input_data
```

代码的最后将此残差模块堆叠的输出暂存在变量 low_res_feaMap 中，以便作为骨干网络输出的一部分进行调用。DareNet 53 的第五个残差模块堆叠参数如表 16-7 所示。表中，由于 R1～R4 的参数和数据流完全一致，所以不再赘述。

表 16-7　DareNet 53 的第五个残差模块堆叠参数

层数	模块名称和配置参数				层名称	层类型	层属性				输入形状	输出形状
							filters	kernel	stride	padding		
9	B5		C0	DarknetConv (x,1024,3,2)	_pad	ZeroPadding2D	(top,bottom),(left,right) = (1,0),(1,0)				26×26×512	27×27×512
					_conv	卷积层	1024	3	2	valid	27×27×512	13×13×1024
					_bn	BN 层	—				13×13×1024	13×13×1024
					_relu	LeakyReLU	—					
		R1 R2 R3 R4	C1	DarknetConv (x,512,1,1)	_conv	卷积层	512	1	1	same	13×13×1024	13×13×512
					_bn	BN 层	—				13×13×512	13×13×512
					_relu	LeakyReLU	—					
			C2	DarknetConv (x,1024,3,1)	_conv	卷积层	1024	3	1	same	13×13×512	13×13×1024
					_bn	BN 层	—				13×13×1024	13×13×1024
					_relu	LeakyReLU	—					
			OUT		_out	Add	—				13×13×1024	13×13×1024

DarkNet53 的 5 个堆叠合计 51 层（3+5+17+17+9 = 51），加上输入数据预处理层（PreC0

层），共有 52 层。之所以称其为 53 层结构，是因为当 DarkNet53 骨干网络单独存在时，往往需要在最后增加全局池化层和全连接层（视为 1 层）才能用于图像分类。

16.2.2　DarkNet53 的整体结构和代码实现

根据 YOLO V3 的相关文献，DarkNet53 骨干网络在 ImageNet 数据集上的 Top-1 和 Top-5 准确率已经达到 77.2%和 93.8%，与 152 层的 ResNet（77.6%和 93.8%）和 101 层的 ResNet（77.1%和 93.7%）相当。但是由于层数少，所以变量数和乘法运算量远低于 ResNet。在 TitanX 计算加速卡的加速下，101 层的 ResNet 的推理速度是 53FPS，152 层的 ResNet 的推理速度是 37FPS，而 DarkNet53 的推理速度达到了 78FPS，是 101 层和 152 层 ResNet 的 1.5 倍和 2 倍。

DarkNet53 的网络结构由 1 个专用卷积块和后续 5 个残差模块的堆叠组成。第一个专用卷积块 DarknetConv 简称为 PreC0，它的卷积核尺寸根据经验一律设置为 3，步长等于 1、补零机制为 same，输出形状和输入形状保持不变。它的作用在于将输入的 RGB3 通道图片规整为 32 通道。第一个～第五个残差模块堆叠简称为 B1～B5。DarkNet53 的整体结构和堆叠细节图如图 16-4 所示。

层名	输出形状	53层结构
PreC0	416*416*32	Conv2D, filter=32, kernel=3, strides=1, padding=same
B1	208*208*64	Pad+Conv2D, filter=64, kernel=3, strides=2, padding=valid
	208*208*64	1*1, 32 3*3, 64 *1
B2	104*104*128	Pad+Conv2D, filter=128, kernel=3, strides=2, padding=valid
	104*104*128	1*1, 64 3*3, 128 *2
B3	52*52*256	Pad+Conv2D, filter=256, kernel=3, strides=2, padding=valid
	52*52*256	1*1, 128 3*3, 256 *8
B4	26*26*512	Pad+Conv2D, filter=512, kernel=3, strides=2, padding=valid
	26*26*512	1*1, 256 3*3, 512 *8
B5	13*13*1024	Pad+Conv2D, filter=1024, kernel=3, strides=2, padding=valid
	13*13*1024	1*1, 512 3*3, 1024 *4
不含DownStream的乘法计算量		参数总数量：40,620,640 可训练参数总数量：40,584,928 不可训练参数总数量：35,712 乘法计算量：24.516221197 GFLOPs

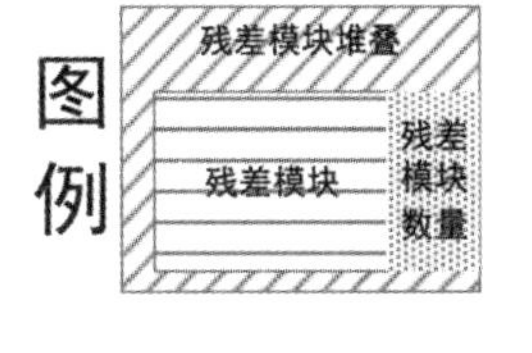

图 16-4　DarkNet53 的整体结构和堆叠细节图

之所以将 DarkNet53 称为多尺度特征提取神经网络，是因为 DarkNet53 的输出并不是一个矩阵，而是多个矩阵。它将 3 个残差模块堆叠 B3、B4、B5 的输出组合为 1 个元组后，进行输出。由于这三个残差模块的特征图分辨率逐级减半，通道数逐级翻倍，所以它们对应着更低分辨率和更高维度的特征图。多尺度特征图输出相比于单尺度特征图输出，可以提供更丰富的上下文信息，只要在下游网络中设计一定的上采样模块和矩阵拼接模块，就可以将不同尺度的特征图加以结合，提供更优的目标检测信息。事实证明，多尺度特征提取网络已经被广泛应用于目标检测、图像分割等领域。DarkNet53 的输出数据结构如图 16-5 所示。

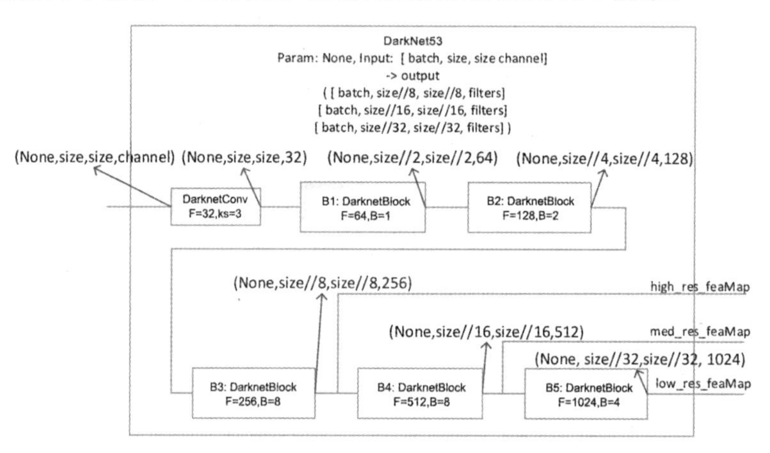

图 16-5　DarkNet53 的输出数据结构

下面设计神经网络 DarkNet53 的函数。假设多尺度特征提取网络 DarkNet53 的输入张量 input_data 是形状为(batch,size,size,channel)的矩阵，首先经过 1 个卷积块 DarknetConv 的数据规整，分辨率保持不变，通道数规整为 32，输出形状为(batch,size,size,32)；然后通过后续的多个残差模块堆叠 DarknetBlock，特征图分辨率逐级减半，通道数从 64 开始逐级翻倍至 1024。在定义神经网络内部数据传递的时候，将最后三个残差模块堆叠 DarknetBlock 的输出命名为 high_res_feaMap、med_res_feaMap 和 low_res_feaMap，这三个变量将代表 3 个形状的特征图。总之，多尺度特征提取网络 DarkNet53 由一个函数定义，函数的输入是 RGB 3 通道图像，函数内部定义了数据的处理逻辑，函数的输出是 high_res_feaMap、med_res_feaMap 和 low_res_feaMap 这 3 个尺度的特征图组成的元组。代码如下。

```
def darknet53(input_data):
    input_data = darknetconv(input_data, (3, 3,  3,  32))
    # 此处省略前两个残差模块堆叠的代码
    # 第三个堆叠
    input_data = darknetconv(
        input_data, (3, 3, 128, 256), downsample=True)
    for i in range(8):
        input_data = darknetresidual(
```

```
            input_data, 256, 128, 256)
    high_res_feaMap = input_data
    # 第四个堆叠
    input_data = darknetconv(
        input_data, (3, 3, 256, 512), downsample=True)
    for i in range(8):
        input_data = darknetresidual(
            input_data, 512, 256, 512)
    med_res_feaMap = input_data
    # 第五个堆叠
    input_data = darknetconv(
        input_data, (3, 3, 512, 1024), downsample=True)
    for i in range(4):
        input_data = darknetresidual(
            input_data, 1024, 512, 1024)
    low_res_feaMap = input_data
    return high_res_feaMap, med_res_feaMap, low_res_feaMap
```

16.2.3　DarkNet53 的资源开销

下面测试多尺度特征提取网络 DarkNet53。假设图像特征提取网络 Darknet 的输入是一个形状为 416×416×3 的彩色图片，经过神经网络的处理，简单计算可以得到 416/8 = 52，416/16 = 26，416/32 = 13，所以输出应该是由 3 个元素组成的元组，分别取自最后 3 个残差模块堆叠的输出。元组内的 3 个矩阵形状分别是[52,52,256]、[26,26,512]、[13,13,1024]。代码如下。

```
if __name__ == '__main__':
    input_shape = [416,416,3]
    input_layer = tf.keras.layers.Input(shape = input_shape)
    NUM_CLASS=80
    model_darknet53 = tf.keras.Model(
        input_layer,darknet53(input_layer))
    Total params: 40,620,640
    Trainable params: 40,584,928
Non-trainable params: 35,712
    high_res_feaMap, med_res_feaMap, low_res_feaMap= model_darknet53(input_layer)
    print(input_layer.shape,
          high_res_feaMap.shape,
          med_res_feaMap.shape,
          low_res_feaMap.shape)
```

输出如下。

```
(None, 416, 416, 3) (None, 52, 52, 256) (None, 26, 26, 512) (None, 13, 13, 1024)
```

最后使用前面介绍神经网络原理时设计的神经网络开销预估函数，计算 DarkNet53 的内存开销和乘法开销，代码如下。

```
from utility import Model_Inspector
model_inspector = Model_Inspector()
detail_darkent_model = model_inspector.model_inspect(
    darknet_model)
detail_darknet_summary = model_inspector.summary(
    model=darknet_model)
```

输出如下。

```
# 输入为416像素×416像素的RGB图像
yolo_darknet 总内存开销 40.62064 M variables
yolo_darknet 总乘法开销 24516.221197 MFLO
```

感兴趣的读者可以验证，如果让DarkNet处理与VGG、ResNet一样的分辨率为224像素×224像素的RGB图像，那么其乘法运算量会随着分辨率的下降而呈平方倍数下降，乘法开销迅速下降到7.1GFLOPs以内，而VGG16骨干网络的乘法开销为15.346630656GFLOPs，152层ResNet V2版本的总乘法开销为10.904715641GFLOPs，这也是多尺度特征提取网络DarkNet53适合嵌入式和边缘端处理的原因。

```
# 输入改为分辨率为224像素×224像素的RGB图像
yolo_darknet 总内存开销 40.62064 M variables
yolo_darknet 总乘法开销 7108.253557 MFLO
```

16.3 YOLO V3简版模型的骨干网络DarkNet53-tiny

DarkNet53虽然性能优异但运算量较大，一般用于YOLO V3的标准版中。YOLO V3的简版则采用低运算量的骨干网络，命名为DarkNet53-tiny。

16.3.1 DarkNet53-tiny的整体结构和代码

DarkNet53-tiny由三大部分组成：输入端DarkNet的专用卷积块、输出端的最大值池化层和DarkNet的专用卷积块，以及主体部分的“MaxPool2D+DarknetConv”的5个微观结构堆叠。

其中，输入端DarkNet的专用卷积块不改变分辨率，只是调整输入数据的通道数为16。输出端的最大值池化层和DarkNet的专用卷积块不改变分辨率，只是调整输入数据的通道数为1024。“MaxPool2D+DarknetConv”的5个微观结构堆叠的主要作用是逐级减小分辨率的同时逐级提高通道数，这就是特征提取的过程。这5个微观结构堆叠并没有使用残差模块和残差模块堆叠结构，而是使用1个DarkNet的专用卷积块和1个最大值池化层。其中，最大值池化层的池化尺寸设置为2×2，步长设置为2，它的作用是让输入的分辨率减半；DarkNet专用卷积块的卷积核尺寸一律设置为3×3，作用是提取高维特征。

多尺度特征提取网络 DarkNet53-tiny 的整体结构如图 16-6 所示。

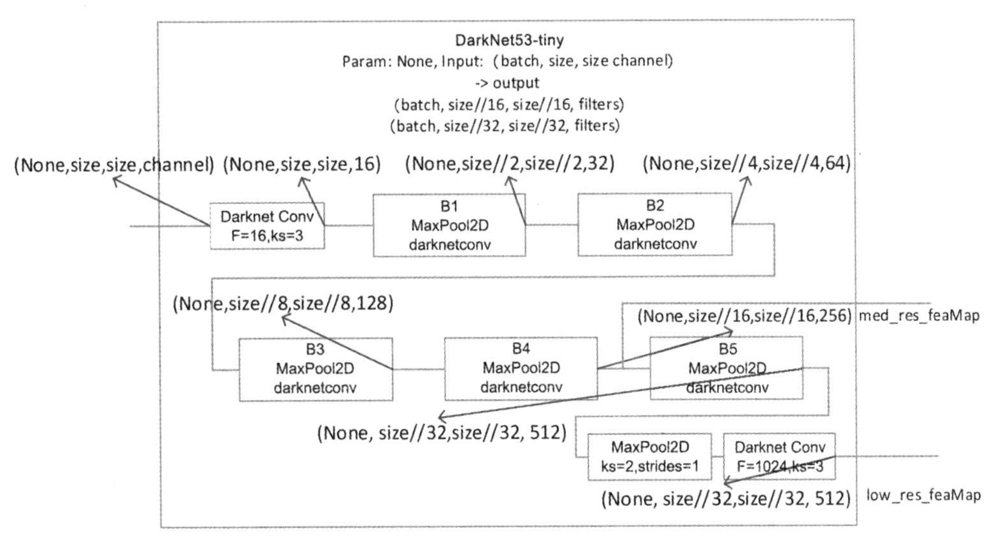

图 16-6　多尺度特征提取网络 DarkNet53-tiny 的整体结构

宏观上，每个“MaxPool2D+DarknetConv”的微观结构堆叠会产生分辨率减半的效果，5 个微观结构堆叠中的 DarkNet 专用卷积块的输出通道数依次设置为 32、64、128、256、512，所以会产生通道数倍增的效果。DarkNet53-tiny 骨干网络会形成分辨率下降为原来的 1/32、通道数提高至 32 倍的宏观效果。

假设输入的数据是形状为(None,size,size,3)的 RGB 三通道彩色图像，首先经过输入端 DarkNet 专用卷积块的处理形成形状为(None,size,size,16)的数据，然后输入 5 个“MaxPool2D+DarknetConv”的微观结构堆叠，得到形状为(None,size/32,size/32,512)的数据，最后经过输出端的最大值池化层和 DarkNet 专用卷积块的处理，形成形状为[None,size/32,size/32,1024]的数据，这个形状为(None,size/32,size/32,1024)的数据就是低分辨率特征图，第四个微观结构堆叠的输出是形状为(None,size/16,size/16,256)的中分辨率特征图。这两个分辨率的特征图结合为 1 个元组，作为整个 DarkNet53-tiny 的输出。

DarkNet53-tiny 骨干网络的代码如下。

```
def darknet53_tiny(input_data):
    input_data = darknetconv(input_data, (3, 3, 3, 16))
    # 第一个堆叠
    input_data = tf.keras.layers.MaxPool2D(2, 2, 'same',name='MaxP1')(input_data)
    input_data = darknetconv(input_data, (3, 3, 16, 32))
    # 第二个堆叠
    input_data = tf.keras.layers.MaxPool2D(2, 2, 'same',name='MaxP2')(input_data)
    input_data = darknetconv(input_data, (3, 3, 32, 64))
```

```
    # 第三个堆叠
    input_data = tf.keras.layers.MaxPool2D(2, 2, 'same',name='MaxP3')(input_data)
    input_data = darknetconv(input_data, (3, 3, 64, 128))
    # 第四个堆叠
    input_data = tf.keras.layers.MaxPool2D(
        2, 2, 'same',name='MaxP4')(input_data)
    input_data = darknetconv(input_data, (3, 3, 128, 256))
    med_res_feaMap = input_data
    # 第五个堆叠
    input_data = tf.keras.layers.MaxPool2D(
        2, 2, 'same',name='MaxP5')(input_data)
input_data = darknetconv(input_data, (3, 3, 256, 512))
    input_data = tf.keras.layers.MaxPool2D(
        2, 1, 'same',name='MaxP6')(input_data)
    input_data = darknetconv(input_data, (3, 3, 512, 1024))
    low_res_feaMap = input_data
    return med_res_feaMap, low_res_feaMap
```

DarkNet53-tiny 的层数计算方法与 DarkNet53 的计算方法类似，输入层记为 1 层，5 个堆叠结构记为 5 层，输出层记为 1 层，合计 7 层。若加上图像分类使用的全局池化层和全连接层（视为 1 层），则可以将 DarkNet53-tiny 视为 8 层的极简神经网络。

16.3.2 DarkNet53-tiny 的测试和资源开销

下面测试图像特征提取网络 DarkNet53-tiny。假设 DarkNet53-tiny 的输入是形状为 416×416×3 的彩色图像，那么经过神经网络的处理，空间分辨率下降为原来的 1/16 和 1/32，简单计算可以得到 416/16＝26，416/32＝13，所以输出是由 2 个元素构成的元组，元组内的 2 个矩阵形状分别是[26,26,512]、[13,13,1024]。生成的特征提取网络 DarkNet53-tiny 命名为 model_darknet53_tiny，代码如下。

```
if __name__ == '__main__':
    input_shape = [416,416,3]
    input_layer = tf.keras.layers.Input(shape = input_shape)
    NUM_CLASS=80
    model_darknet53_tiny = tf.keras.Model(
        input_layer,darknet53_tiny(input_layer),
        name='darknet53_tiny')
    print(input_layer.shape,
          med_res_feaMap.shape,
          low_res_feaMap.shape)
```

输入形状和输出形状如下。

```
(None, 416, 416, 3) (None, 26, 26, 256) (None, 13, 13, 1024)
```

使用此前制作的模型资源开销计算工具，代码如下。

```
model_inspector = Model_Inspector()
detail_darkent_model = model_inspector.model_inspect(
    model_darknet53_tiny)
detail_darknet_summary = model_inspector.summary(
    model=model_darknet53_tiny)
med_res_feaMap, low_res_feaMap= model_darknet53_tiny(
    input_layer)
```

输出如下。

```
# 输入分辨率为 416 像素×416 像素的 RGB 图像
darknet53_tiny 总内存开销 6.29848 M variables
darknet53_tiny 总乘法开销 1869.235668 MFLO
```

可见，特征提取网络 DarkNet53-tiny 虽然没有使用残差连接技巧，但优势在于资源开销极小，非常适合嵌入式系统和边缘计算。

16.4　YOLO V4 的骨干网络 CSP-DarkNet

YOLO V4 版本的骨干网络 CSP-DarkNet 有着与 YOLO V3 版本的骨干网络 DarkNet53 相同的专用卷积块 DarknetConv 和残差模块 DarknetResidual，但其残差模块堆叠采用了类似于 CSPNet（Cross Stage Partial Network）神经网络和 CSP ResNeXt 神经网络的跨阶段局部网络架构，并在骨干网络末端采用了类似 SPP-Net 神经网络的空间金字塔池化（Spatial Pyramid Pooling，SPP）结构，因此命名为 CSP-DarkNet。

16.4.1　残差模块堆叠结构

YOLO V4 版本的残差模块堆叠使用跨阶段局部网络架构，因此为了与 YOLO V3 的残差模块堆叠 DarknetBlock V1 区分，这里将 YOLO V4 版本的堆叠命名为 DarknetBlock V2。DarknetBlock V2 与 DarknetBlock V1 的最大区别在于多个残差模块之间采用了跨阶段局部网络架构，不同阶段的视觉特征使用矩阵拼接算子进行融合处理。

1. 网络结构

1 个残差模块堆叠 DarknetBlock V2 分为 4 个部分：第一部分是输入端的一个专用卷积块 DarkNet，作用是让输入数据的分辨率减小为一半（固定配置为卷积核尺寸等于 3×3，步长等于 2），同时将通道数固定在 2*filter_num2；第二部分是二维卷积残差分支，它不改变分辨率，只是将通道数规整为 filter_num2；第三部分是前向分支，它包含了 blocks 个 DarkNet 残差模块，并且在这些残差模块的前后分别使用 1 个 DarkNet 专用卷积块进行封装，确保前向分支的数据形状和二维卷积残差分支的数据形状完全一致；第四部分是输出端的矩阵拼接层和 DarkNet 的专用卷积块，作用是拼接 2 个分支的数据（CSP 结构中的先融合结构），将数据进行映射隔离。

输入端的 DarkNet 专用卷积块（第一部分）的作用与跨阶段局部网络结构无关，但二维卷积残差分支和前向分支与 DarknetBlock V1 有较大差别。DarknetBlock V1 只有前向分支，并且前向分支内部的若干残差模块内部会对通道数反复进行“减半后恢复”的操作，使用了跨阶段局部网络架构后，前向分支和二维卷积分支都已经是“减半后”的通道数，通道数保持不变，直至输出端的矩阵拼接层对通道数进行“恢复”操作。

残差模块堆叠 DarknetBlock V2 的网络结构如图 16-7 所示。

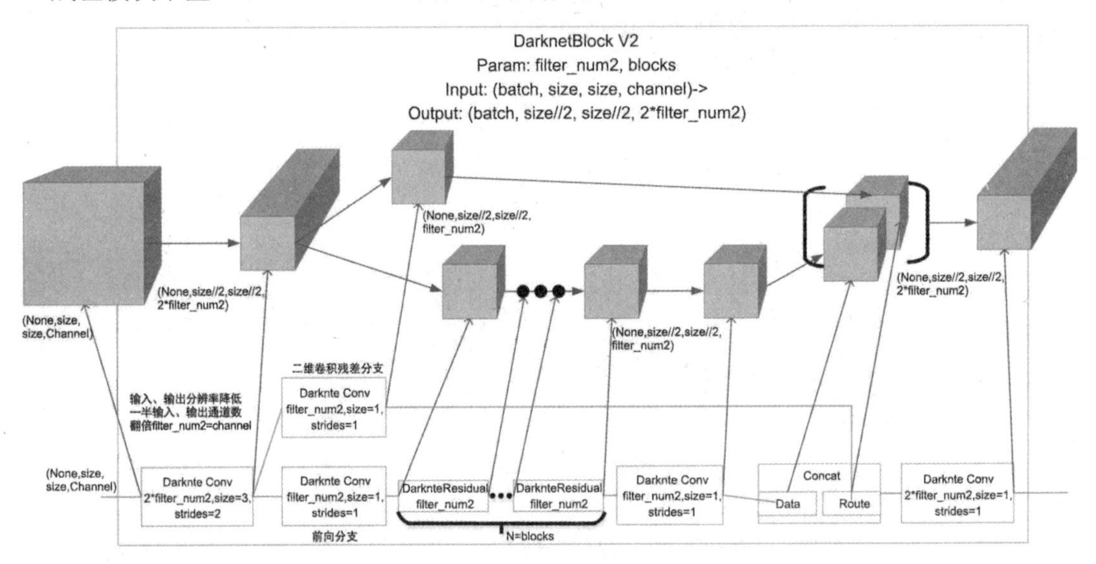

图 16-7　残差模块堆叠 DarknetBlock V2 的网络结构

2. 算法逻辑

残差模块堆叠 DarknetBlock 的配置只关注 2 个参数：blocks 和 filter_num2。blocks 表示本堆叠内部的残差模块 DarknetResidual 的数量，filter_num2 表示本堆叠内部的 2 个分支的数据通道数。假设 Darknet 的残差模块堆叠 DarknetBlock 的输入张量为 input_data，形状为(batch,size,size,input_channel)的矩阵，首先经过专用卷积块 DarknetConv（downsample 设置为 True）的数据规整，分辨率减半，通道数规整为 2*filter_num2，输出的矩阵形状为(batch,size//2,size//2,2*filter_num2)；然后数据分为 2 个分支：二维卷积残差分支和前向分支。二维卷积残差分支使用专用卷积块 DarknetConv 让数据通道数下降一半，分辨率不变，形状为(batch,size//2,size//2,filter_num2)。前向分支则让数据依次通过 1 个专用卷积块 DarkNetConv、若干残差模块 DarknetResidual 和 1 个专用卷积块 DarknetConv，让前向分支路径上的数据形状与二维卷积残差分支一样，均为(batch,size//2,size//2,filter_num2)。使用矩阵拼接层拼接 2 个分支，拼接后的矩阵形状恢复为(size//2,size//2,2*filter_num2)，最后通过 1 个专用卷积块 DarknetConv，保持输出形状为(size//2,size//2,2*filter_num2)。代码如下。

```
# DarknetBlock V2 版本的第 N 个堆叠
input_data = darknetconv(
    input_data, (3, 3, input_channel, 2*filter_num2),
    downsample=True, activate_type="mish")
route = input_data
route = darknetconv(
    route, (1, 1, 2*filter_num2, filter_num2),
    activate_type="mish")
input_data = darknetconv(
    input_data, (1, 1, 2*filter_num2, filter_num2),
    activate_type="mish")
for i in range(blocks):
    input_data = darknetresidual(
        input_data, filter_num2, filter_num1, filter_num2,
activate_type="mish")
input_data = darknetconv(
    input_data, (1, 1, filter_num2, filter_num2),
    activate_type="mish")
input_data = tf.keras.layers.Concatenate(axis=-1)(
    [input_data, route])
input_data = darknetconv(
    input_data, (1, 1, 2*filter_num2, 2*filter_num2),
    activate_type="mish")
```

后续若干残差模块堆叠 DarknetBlock 按照分辨率减半和通道数翻倍的原则设计，一共设计 5 个堆叠，它们内部堆叠的残差模块 DarknetResidual 的数量分别为 1、2、8、8 和 4，内部残差分支的通道数分别设计为 32、64、128、256、512（注意，第一个堆叠的残差分支按照规律设置为 32，但后面实际编程中会修改为 64），输出通道数分别设为 64、128、256、512、1024。

16.4.2　五个残差模块堆叠结构的代码实现

第一个残差模块堆叠命名为 B1，输入的通道数为 32，首先经过第一个 DarkNet 专用卷积块的处理后分辨率减半，通道数成 64；然后进入残差分支和前向分支，2 个残差分支的通道数按照规律设置为 32，但实际上设置为 64，2 个分支合并后的通道数为 128；最后经过 1 个 DarkNet 专用卷积块的处理后形成通道数为 64 的输出。第一个残差模块堆叠 B1 的代码如下。

```
input_data = darknetconv(
    input_data, (3,3,32,64), downsample=True,
    activate_type="mish")
route = input_data
```

```
    route = darknetconv(
        route,      (1, 1, 64, 64), activate_type="mish")
    input_data = darknetconv(
        input_data, (1, 1, 64, 64), activate_type="mish")
    for i in range(1):
        input_data = darknetresidual(input_data,64,32,64,
                              activate_type="mish")
    input_data = darknetconv(
        input_data, (1, 1, 64, 64), activate_type="mish")
    input_data = tf.keras.layers.Concatenate(axis=-1,
                                     name='B1_Concat')(
        [input_data, route])
    input_data = darknetconv(
        input_data, (1, 1, 128, 64), activate_type="mish")
```

第二个残差模块堆叠命名为 B2，输入的通道数为 64，首先经过第一个 DarkNet 专用卷积块的处理后，分辨率减半，通道数为 128。然后进入二维卷积残差分支和前向分支。二维卷积残差分支使用不改变分辨率、将通道数下降为 64 的 DarkNet 专用卷积块，二维卷积残差分支的输出变量为 route。前向分支立即进入若干（blocks = 2）残差模块 DarknetResidual 和 1 个 DarkNet 专用卷积块形成输出，处理过程中不改变分辨率，但是通道数下降为一半，即 64，2 个分支合并后的通道数为 128。最后，经过 1 个 DarkNet 专用卷积块的处理后形成通道数为 128 的输出。第二个残差模块堆叠 B2 的代码如下。

```
    input_data = darknetconv(
        input_data, (3, 3, 64, 128), downsample=True,
        activate_type="mish")
    route = input_data
    route = darknetconv(
        route,      (1, 1, 128, 64), activate_type="mish")
    input_data = darknetconv(
        input_data, (1, 1, 128, 64), activate_type="mish")
    for i in range(2):
        input_data = darknetresidual(input_data, 64,64,64,
                              activate_type="mish")
    input_data = darknetconv(
        input_data, (1, 1, 64, 64), activate_type="mish")
    input_data = tf.keras.layers.Concatenate(axis=-1,
                                     name='B2_Concat')(
        [input_data, route])
    input_data = darknetconv(
        input_data, (1, 1, 128, 128), activate_type="mish")
```

第三个残差模块堆叠命名为 B3，输入的通道数为 128，首先经过第一个 DarkNet 专用卷积块的处理，形成分辨率减半、但通道数为 256 的数据，然后进入二维卷积残差分支和前向分支。二维卷积残差分支使用 DarkNet 专用卷积块，不改变分辨率，但是通道数下降为一半，即 128，二维卷积残差分支的输出变量为 route。前向分支立即进入若干（blocks = 8）残差模块 DarknetResidual 和 1 个 DarkNet 专用卷积块形成输出，不改变分辨率，但是通道数下降为一半，即 128。2 个分支合并后的通道数为 256，最后经过 1 个 DarkNet 专用卷积块的处理，形成通道数为 256 的输出。注意，第三个残差模块堆叠的输出为高分辨率特征图，命名为 high_res_feaMap，将作为 CSP-DarkNet 整体输出的 3 个特征图中的第一个特征图。第三个残差模块堆叠的代码如下。

```
input_data = darknetconv(
   input_data, (3, 3, 128, 256), downsample=True,
   activate_type="mish")
route = input_data
route = darknetconv(
   route, (1, 1, 256, 128), activate_type="mish")
input_data = darknetconv(
   input_data, (1, 1, 256, 128), activate_type="mish")
for i in range(8):
   input_data = darknetresidual(input_data,128,128,128,
                                activate_type="mish")
input_data = darknetconv(
   input_data, (1, 1, 128, 128), activate_type="mish")
input_data = tf.keras.layers.Concatenate(axis=-1,
                                         name='B3_Concat')(
   [input_data, route])
input_data = darknetconv(
   input_data, (1, 1, 256, 256), activate_type="mish")
high_res_feaMap = input_data
```

第四个残差模块堆叠命名为 B4，输入的通道数为 256，先经过第一个 DarkNet 专用卷积块的处理，形成分辨率减半、通道数为 512 的数据，再进入二维卷积残差分支和前向分支。二维卷积残差分支使用 DarkNet 专用卷积块，不改变分辨率，但是通道数下降为一半，即 256，二维卷积残差分支的输出变量为 route。前向分支立即进入若干（blocks = 8）残差模块 DarknetResidual 和 1 个 DarkNet 的专用卷积块形成输出，不改变分辨率，但是通道数下降为一半，即 256。2 个分支合并后的通道数为 512，最后经过 1 个 DarkNet 专用卷积块的处理，形成通道数为 512 的输出。注意，第四个残差模块堆叠的输出为中分辨率特征图，命名为 med_res_feaMap，将作为 CSP-DarkNet 整体输出的 3 个特征图中的第二个特征图。第四个残差模块堆叠 B4 的代码如下。

```
input_data = darknetconv(
   input_data, (3, 3, 256, 512), downsample=True,
```

```
        activate_type="mish")
    route = input_data
    route = darknetconv(
        route, (1, 1, 512, 256), activate_type="mish")
    input_data = darknetconv(
        input_data, (1, 1, 512, 256), activate_type="mish")
    for i in range(8):
        input_data = darknetresidual(input_data, 256, 256, 256,
                                     activate_type="mish")
    input_data = darknetconv(
        input_data, (1, 1, 256, 256), activate_type="mish")
    input_data = tf.keras.layers.Concatenate(axis=-1,
                                             name='B4_Concat')(
        [input_data, route])
    input_data = darknetconv(
        input_data, (1, 1, 512, 512), activate_type="mish")
    med_res_feaMap= input_data
```

第五个残差模块堆叠命名为B5，输入的通道数为512，先经过第一个DarkNet专用卷积块的处理，形成分辨率减半、通道数为1024的数据，再进入二维卷积残差分支和前向分支。二维卷积残差分支使用DarkNet专用卷积块，不改变分辨率，但是通道数下降为一半，即512，二维卷积残差分支的输出变量为route。前向分支立即进入若干（blocks = 4）残差模块DarknetResidual和1个DarkNet专用卷积块形成输出，不改变分辨率，但是通道数下降为一半，即512。2个分支合并后的通道数为1024，最后经过1个DarkNet专用卷积块的处理，形成通道数为1024的输出。第五个残差模块堆叠B5的代码如下。

```
    input_data = darknetconv(
        input_data, (3, 3, 512, 1024), downsample=True,
        activate_type="mish")
    route = input_data
    route = darknetconv(
        route, (1, 1, 1024, 512), activate_type="mish")
    input_data = darknetconv(
        input_data, (1, 1, 1024, 512), activate_type="mish")
    for i in range(4):
        input_data = darknetresidual(
            input_data, 512, 512, 512, activate_type="mish")
    input_data = darknetconv(
        input_data, (1, 1, 512, 512), activate_type="mish")
    input_data = tf.keras.layers.Concatenate(
        axis=-1, name='B5_Concat')([input_data, route])
    input_data = darknetconv(
        input_data, (1, 1, 1024, 1024), activate_type="mish")
```

16.4.3　空间金字塔池化结构

CSP-DarkNet 将 SPP-Net 神经网络的空间金字塔池化结构用于 CSP-Darknet 骨干网络，让神经网络进行多尺度的特征融合，增加网络的感受野。论文“Spatial Pyramid Pooling in Deep Convolutional Networks for Visual Recognition”中首次提出空间金字塔池化结构，论文介绍了不受输入图像形状影响的神经网络结构，在卷积神经网络的末端使用空间金字塔池化技术，能够让神经网络在面对不同分辨率的特征图时，能够输出相同形状的矩阵。

空间金字塔池化的原理如下。假设某卷积神经网络接收形状为(batch,224,224,3)的 RGB 三通道图像，形成形状为（batch,13,13,256)的高维特征图，如果此时的形状更换为(batch,180,180,3)的 RGB 三通道图像，那么形成的特征图形状变为(batch,10,10,256)。为了形成分类输出，可以使用以下两种处理方法。

方法一，按照 VGG 或者 ResNet 的处理逻辑，先将形状为(batch,13,13,256)的高维特征图压平为(batch,169,256)的向量，再压平为(batch,43264)的向量，并使用全连接层进行处理。同理，需要将形状为(batch,10,10,256)的高维特征图压平为(batch,25600)的向量。全连接层在面对(batch,43264)的向量和(batch,25600)的向量时，需要完全不同的权重矩阵和偏置向量，这意味着参数无法共享，全连接层需要重新训练。

方法二，按照 MobileNet 的处理逻辑，需要对不同形状的高维特征图进行全局池化处理，形成形状为(batch,1,1,256)的特征图，并压平为(batch,256)的向量，交由全连接层进行处理，但进行全局池化操作的时候，大量神经元产生的信息将被丢弃。

当然，可以通过对输入端的图像进行缩放处理，将图像的分辨率从 180 像素×180 像素缩小至 224 像素×224 像素，但若图像的横纵比不一致，则必定会造成图像失真，神经网络也会丢失所有与形状比例相关的判断能力。既然方法一和方法二行不通，强制缩放图像会丢失形状比例的判断能力，且方法一和方法二的劣势明显，因此，一个更明智的做法是使用空间金字塔池化技术，让 10 像素×10 像素的特征图与 13 像素×13 像素的特征图产生形状完全一致的输出，以确保下一级全连接层能够在不改变参数的前提下进行处理。具体方法是将特征图切割为固定尺寸的块，如切割为 3 像素×3 像素、2 像素×2 像素，1 像素×1 像素三种分辨率的块（合计 3×3+2×2+1×1=14 块），每块都是拥有 256 个元素的向量，将 14 个“块”压平为(batch,14,256)的矩阵，最后压平为形状为(batch,3584)的向量，输入下一级全连接层进行处理。

例如，卷积神经网络的输出形状为(batch,size,size,filters)，那么空间金字塔池化结构可以设计为 3 个池化层，池化尺寸分别设置为 ceil(size/3)、ceil(size/2)、ceil(size/1)，3 个池化层的步长设置为 floor(size/3)、floor(size/2)、floor(size/1)，其中 ceil 表示向上取整操作，floor 表示向下取整操作。这样就能确保 3 个池化层的输出形状分别为(batch,3,3,filters)、(batch,2,2,filters)和(batch,1,1,filters)，它们都是四维矩阵，可以通过矩阵重组操作组合为形状为(batch,14,filters)的三维矩阵。这个形状为(batch,14,filters)的三维矩阵可以进一步压平为形状为(batch,14*filters)的二维矩阵，该矩阵第二个维度的自由度为14*filters，这样的二维矩阵便于下一级全连接层处理。空间金字塔池化结构如图16-8所示。

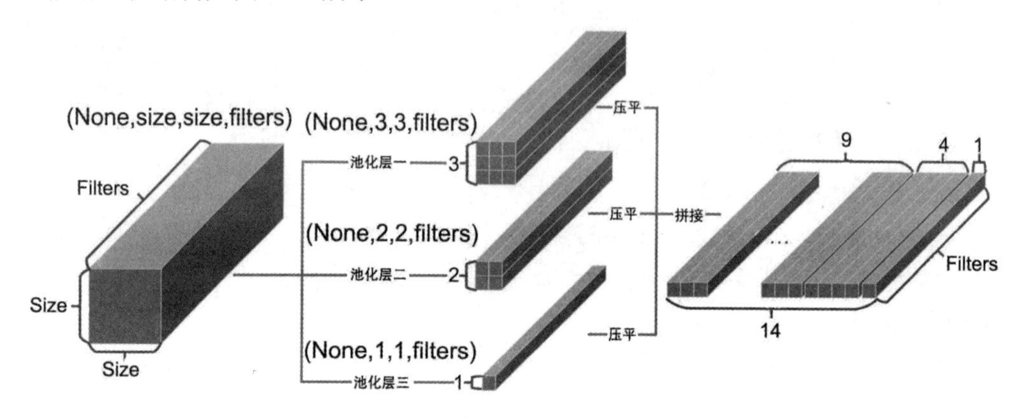

图 16-8 空间金字塔池化结构

例如，某个卷积神经网络接收形状为(batch,224,224,3)的RGB三通道图片，并形成形状为(batch,13,13,256)的高维特征图。可以设置3个池化层，池化尺寸分别为5×5、7×7、13×13，步长分别为4、6、13，处理后形成形状为(batch,3,3,256)、(batch,2,2,256)、(batch,1,1,256)的矩阵，这三个矩阵可以进一步处理为(batch,14,256)的矩阵，还可以进一步压平为形状为(batch,3584)的矩阵。当同样的卷积神经网络的输入矩阵更换为形状为(batch,180,180,3)的RGB三通道图片，此时形成的特征图形状变为(batch,10,10,256)，可以设置3个池化层，池化尺寸分别为4×4、5×5、10×10，步长分别为3、5、10，那么经过3个池化层的处理后形成形状为(batch,3,3,256)、(batch,2,2,256)、(batch,1,1,256)的矩阵，最终可以压平形状为(batch,3584)的矩阵。这样不论神经网络输入的图片矩阵的形状是(batch,224,224,3)或者是(batch,180,180,3)，也不论这两种情况下的特征图形状是(batch,13,13,256)或者是(batch,10,10,256)，经过空间金字塔池化后，最终输出的矩阵形状都是(batch,3584)，实现在不同输入分辨率下的一致输出。

使用空间金字塔池化技术，首先需要确定金字塔结构中的分辨率，进而可以确定最终的块数；然后根据实际输入图像的分辨率设计合理的池化层，让每个池化层的输出对应金字塔结构中的3个分辨率，以确保不同输入形状下的输出形状相同。后续操作不再展开，感兴趣的读者可以阅读相关文献。

CSP-DarkNet采用的空间金字塔池化网络用3个步长均为1，池化尺寸分别为13×13、9×9、5×5的池化层，产生分辨率不变、但空间感知能力不同的特征图。CSP-DarkNet将这三个池化层输出与原始特征图进行矩阵的拼接，形成空间金字塔池化结构的最终输出。

例如，空间金字塔池化结构的输入形状（原始特征图形状）为(batch,size,size,filters)，三个池化层输出的形状均为(batch,size,size,filters)，两者拼接为一个形状为(batch,size,size,4*filters)的矩阵。CSP-DarkNet 的空间金字塔池化网络的数据流如图 16-9 所示。

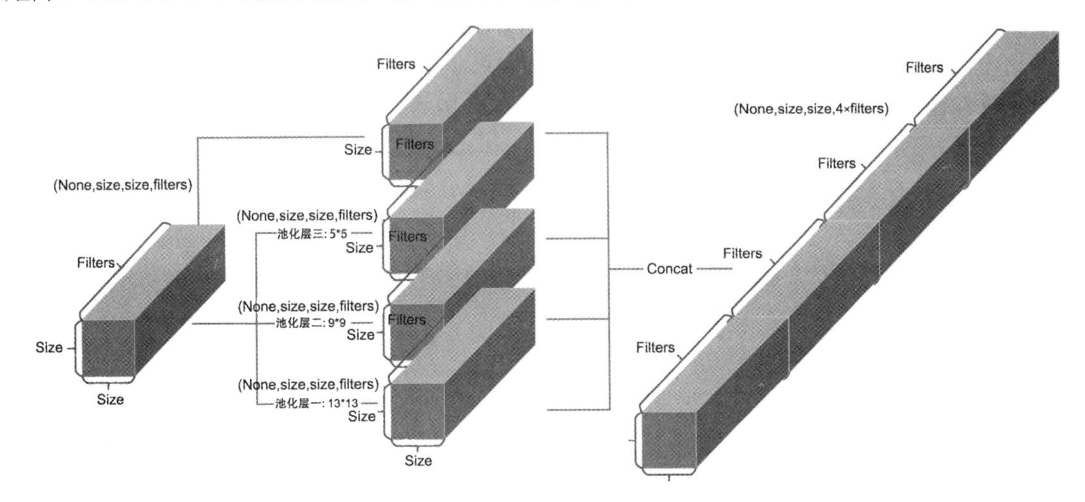

图 16-9　CSP-DarkNet 的空间金字塔池化网络的数据流

虽然 CSP-DarkNet 采用了空间金字塔池化结构，但目的和用途与 SPP-Net 略有不同，目的是让卷积神经网络的输出进行四个尺度空间的融合，使得下游网络在进行目标检测判定时，不仅考虑局部的视觉特征，还能与其他尺度空间的特征相互融合。实际上，查阅 YOLO 的官方 GitHub 可以发现，使用了空间金字塔池化结构后，目标检测的平均准确率能提高 1～2 个百分点。

CSP-DarkNet 的空间金字塔池化网络的实现代码如下。

```
def cspdarknet53(input_data):
    # 此处省略前五个残差模块堆叠的代码
    # SPP 子网络开始
    pool1=tf.keras.layers.MaxPool2D(
        pool_size=(13,13),strides=1,
        padding='same',name="MaxP1")(input_data)
    pool2=tf.keras.layers.MaxPool2D(
        pool_size=(9,9), strides=1,
        padding='same',name="MaxP2")(input_data)
    pool3=tf.keras.layers.MaxPool2D(
        pool_size=(5,5), strides=1,
        padding='same',name="MaxP3")(input_data)
    input_data = tf.keras.layers.Concatenate(
        axis=-1,name='SPP_concat')(
            [pool1, pool2, pool3,input_data])
    # SPP 子网络结束
```

```
    ......
    return high_res_feaMap, med_res_feaMap, low_res_feaMap
```

根据空间金字塔池化网络搭配的 3 个专用卷积块 DarknetConv，还可以衍生出 YOLO V4 的不同变种。例如，DarkNet 专用卷积块使用 LeakyReLU 激活函数（默认）的变种及 mish 激活函数的变种。更一般的做法是设置可选择的激活函数配置变量 SPP_activate_type，可选配置为"leaky"或者"mish"，用作 SPP 子网络前、后的 3 个专用卷积块 DarkNetConv 的激活函数。代码如下。

```
SPP_activate_type="leaky" #YOLO V4 默认使用 LeakyReLU 激活函数
# SPP_activate_type="mish" # YOLO V4-Mish 变种使用 mish 激活函数
input_data = darknetconv(input_data, (1, 1, 1024, 512),
                    activate_type=SPP_activate_type)
input_data = darknetconv(input_data, (3, 3, 512, 1024),
                    activate_type=SPP_activate_type)
input_data = darknetconv(input_data, (1, 1, 1024, 512),
                    activate_type=SPP_activate_type)
# 此处省略 SPP 子网络相关代码
......
input_data = darknetconv(input_data, (1, 1, 2048, 512),
                    activate_type=SPP_activate_type)
input_data = darknetconv(input_data, (3, 3, 512, 1024),
                    activate_type=SPP_activate_type)
input_data = darknetconv(input_data, (1, 1, 1024, 512),
                    activate_type=SPP_activate_type)
```

16.4.4 CSP-DarkNet 的整体结构和代码实现

CSP-DarkNet 的整体结构与 YOLO V3 的 DarkNet53 的整体结构类似。首先规整输入数据，使用卷积核为 3×3、步长为 1 的 DarkNet 专用卷积块，将输入通道为 RGB 三通道的数据处理为分辨率不变、通道数为 32 的特征图；然后启动 5 个 DarkNet 残差模块堆叠，第三个 DarkNet 残差模块堆叠的输出形成高分辨率特征图 high_res_feaMap，第四个 DarkNet 残差模块堆叠的输出形成中分辨率特征图 med_res_feaMap。第五个残差模块堆叠的输出还需要经过 3 个 DarkNet 专用卷积块和空间金字塔池化网络的处理，才形成低分辨率特征图。其中，前三个和后三个 DarkNet 专用卷积块的卷积核配置为 1、3 和 1，通道数分别配置为 512、1024 和 512，并且激活函数使用 YOLO 官方文档要求的 mish 激活函数。

CSP-DarkNet 的代码如下，省略了 5 个残差模块堆叠结构的代码，但在第三个、第四个残差模块堆叠的末尾增加了高分辨率特征图、中分辨率特征图输出的注释标记。低分辨率特征图的数据来源于 SPP 网络的末尾。代码如下。

```
def cspdarknet53(input_data):
    input_data = darknetconv(
```

```
    input_data, (3, 3, 3, 32), activate_type="mish")
# 此处省略前三个残差模块堆叠的代码
# high_res_feaMap 等于第三个残差模块堆叠的输出
# 第四个残差模块堆叠的相关代码省略
# med_res_feaMap 等于第四个残差模块堆叠的输出
# 第五个残差模块堆叠的相关代码省略
# 前三个专用卷积块
input_data = darknetconv(input_data, (1, 1, 1024, 512),
                        activate_type="mish")
input_data = darknetconv(input_data, (3, 3, 512, 1024),
                        activate_type="mish")
input_data = darknetconv(input_data, (1, 1, 1024, 512),
                        activate_type="mish")
......
# 后三个专用卷积块
input_data = darknetconv(input_data, (1, 1, 2048, 512),
                        activate_type="mish")
input_data = darknetconv(input_data, (3, 3, 512, 1024),
                        activate_type="mish")
input_data = darknetconv(input_data, (1, 1, 1024, 512),
                        activate_type="mish"
low_res_feaMap = input_data
return high_res_feaMap, med_res_feaMap, low_res_feaMap
```

多尺度特征提取网络 CSP-DarkNet 的整体结构如图 16-10 所示。

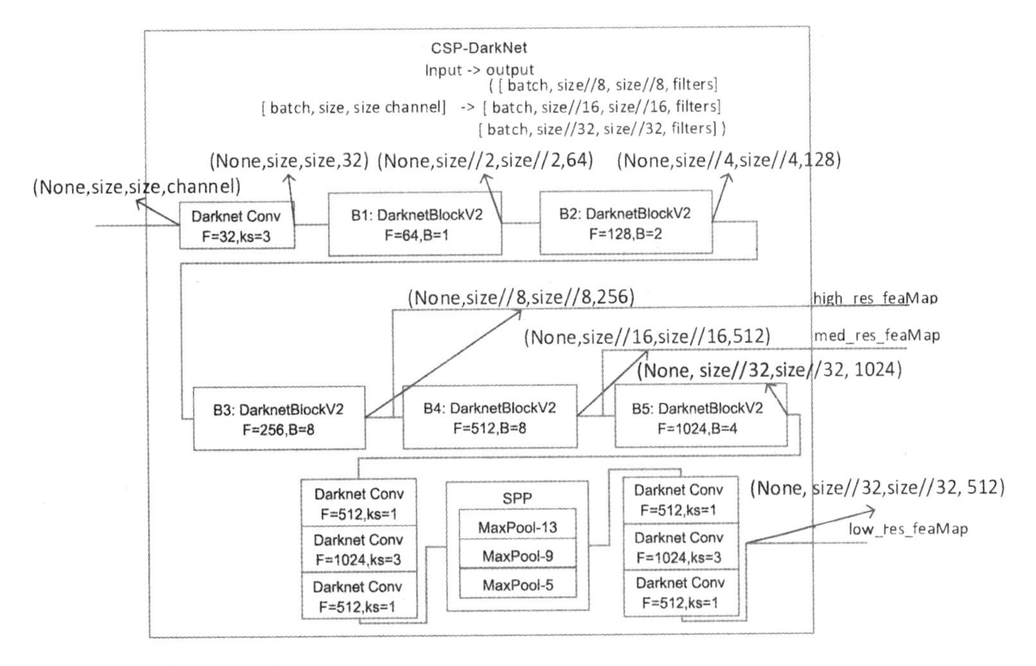

图 16-10　多尺度特征提取网络 CSP-DarkNet 的整体结构

16.4.5 CSP-DarkNet 的测试和资源开销

下面测试多尺度特征提取网络 CSP-DarkNet。这里假设图像特征提取网络的输入是一个 512 像素×512 像素的三通道彩色的图像，经过神经网络的处理，5 个残差模块堆叠产生 5 次分辨率减半，因此第三个残差模块堆叠的输出分辨率下降为原来的 1/8，第四个残差模块堆叠的输出分辨率下降为原来的 1/16，第五个残差模块堆叠的输出分辨率下降为原来的 1/32，于是这三个残差模块堆叠输出的分辨率分别是 64 像素×64 像素、32 像素×32 像素、16 像素×16 像素；也可以简单计算得到输出的通道数，第三个残差模块堆叠的输出通道数是 256，第四个残差模块堆叠输出通道数是 512，第五个残差模块堆叠的输出通道数是 1024，但其输出经过后续处理，通道数从 1024 下降为 512。最终，CSP-DarkNet 的整体输出应该是三元素组成的元组，元组内的 3 个矩阵的形状分别是(64,64,256)、(32,32,512)、(16,16,512)。代码如下。

```
if __name__ == '__main__':
    input_shape = [512,512,3]
    input_layer = tf.keras.layers.Input(shape = input_shape)
    NUM_CLASS=80
    model_CSPdarknet53 = tf.keras.Model(
        input_layer,cspdarknet53(input_layer),
        name='CSPdarknet53')
    high_res_feaMap, med_res_feaMap, low_res_feaMap= model_CSPdarknet53(input_layer)
    print(input_layer.shape,
          high_res_feaMap.shape,
          med_res_feaMap.shape,
          low_res_feaMap.shape)
    model_CSPdarknet53.summary()
```

输出如下。

```
(None, 512, 512, 3) (None, 64, 64, 256) (None, 32, 32, 512) (None, 16, 16, 512)
CSPdarknet53 总内存开销 38.72752 M variables
CSPdarknet53 总乘法开销 29218.502556 MFLO
Model: "CSPdarknet53"
……
Total params: 38,727,520
Trainable params: 38,684,000
Non-trainable params: 43,520
```

为了方便与 DarkNet53 进行对比，将 CSP-DarkNet 的输入图像改为 416 像素×416 像素的三通道彩色的图像，那么 CSP-DarkNet 的整体输出应该是三元素组成的元组，元组内 3 个矩阵的形状分别是(52,52,256)、(26,26,512)、(13,13,512)。测试得到内存开销不变，但运算量下降，代码如下。

```
if __name__ == '__main__':
```

```
    input_shape = [416,416,3]
```

输出如下。

```
(None, 416, 416, 3) (None, 52, 52, 256) (None, 26, 26, 512) (None, 13, 13, 512)
CSPdarknet53 总内存开销 38.72752 M variables
CSPdarknet53 总乘法开销 19288.777131 MFLO
Model: "CSPdarknet53"
......
Total params: 38,727,520
Trainable params: 38,684,000
Non-trainable params: 43,520
```

16.5　YOLO V4 简版模型的骨干网络 CSP-DarkNet-tiny

YOLO V4 简版模型使用 CSP-DarkNet-tiny 作为骨干网络，CSP-DarkNet-tiny 的主体部分也是若干残差模块堆叠，但残差模块堆叠的数量仅为 5，堆叠内部的结构和残差模块内部的结构都要比 CSP-DarkNet 简单很多，CSP-DarkNet-tiny 并没有使用空间金字塔池化子网络。

16.5.1　矩阵切片自定义层的算法和保存规范

CSP-DarkNet 的跨阶段局部网络架构采用 2 个 DarkNet 专用卷积块产生的前向分支和二维卷积残差分支，而 CSP-DarkNet-tiny 为了减少运算量，残差分支采用直连处理，而前向分支也采用了运算量为 0 的矩阵切片处理。

矩阵切片处理由 1 个自定义层实现，命名为 route_group_layer。该自定义层内部将输入数据进行矩阵切片，仅提取通道维度的一半进行输出。具体来说，矩阵切片层继承自 Keras 的基础层类，其内部定义了通道切割的份数（用 self.groups 表示）和提取的份数编号（用 self.group_id 表示），并将 keras 的基础层类内部的呼叫函数进行重载，呼叫函数内部调用 tf.split 算子完成矩阵的切片操作。自定义层 route_group_layer 的代码如下。

```
class route_group_layer(tf.keras.layers.Layer):
    def __init__(self,groups,group_id,**kwargs):
        super(route_group_layer, self).__init__(**kwargs)
        self.groups = groups
        self.group_id = group_id
    def call(self, input_layer):
        convs =tf.split(
            input_layer,
            num_or_size_splits=self.groups, axis=-1)
        return convs[self.group_id]
    def get_config(self):
        config = super().get_config().copy()
```

```
        config.update({
            'groups': self.groups,
            'group_id': self.group_id,
            })
        return config
```

根据 Keras 的自定义层保存和加载规范，需要增加 get_config 方法，并在其中定义需要串行保存的常量，否则无法保存格式为 H5 的模型文件。根据 Keras 的规范，增加的 get_config 方法需要将用到的常量封装为字典，关键字 groups 对应自定义类中的 self.groups，关键字 group_id 对应自定义类中的 self.group_id。

同样，假设磁盘上的模型文件 yolov4_xxx.h5 使用了自定义层 route_group_layer，那么在装载 H5 格式的模型时，需要在其字段 custom_objects 增加自定义层的名称和类名组成的字典，代码如下。

```
model_filename='./yolov4_xxx.h5'
from P06_yolo_core_common import route_group_layer
model= tf.keras.models.load_model(
    model_filename,
    custom_objects={'route_group_layer': route_group_layer})
```

16.5.2 简版残差模块和简版残差模块堆叠

CSP-DarkNet-tiny 的简版残差模块堆叠与 CSP-DarkNet 的残差模块堆叠相比在结构和组件上都进行了算力的减配，具体表现为以下三方面。

第一，CSP-DarkNet-tiny 内部的残差模块相对简单，残差模块内部只有一个 DarkNet 专用卷积块，并且输出端采用矩阵拼接而不是相加。CSP-DarkNet-tiny 的简版残差模块结构如图 16-11 所示。

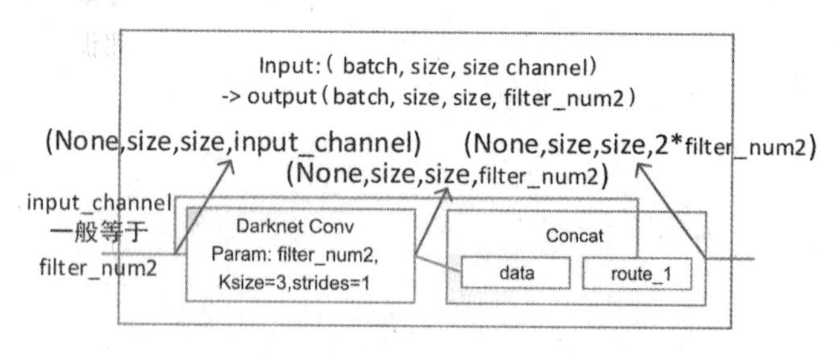

图 16-11　CSP-DarkNet-tiny 的简版残差模块结构

经过这种简版残差模块结构的处理，神经网络依旧可以学习非线性拟合输出，还可以将输入端的信息直接反馈至输出端，让线性信息得以保留。CSP-DarkNet-tiny 简版残差模块的数据流如图 16-12 所示。

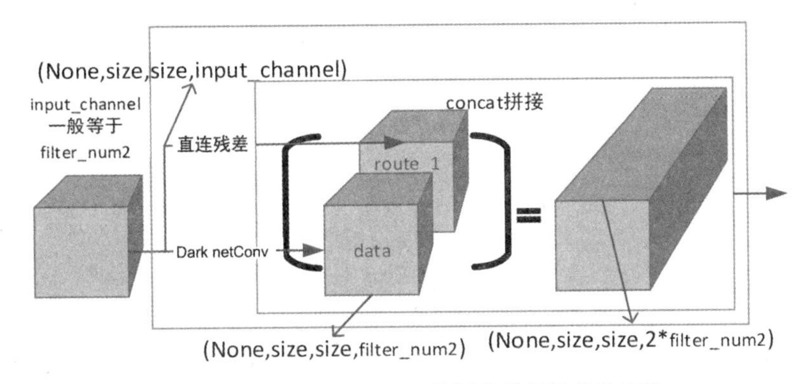

图 16-12　CSP-DarkNet-tiny 简版残差模块的数据流

第二，CSP-DarkNet-tiny 内部的简版残差模块堆叠虽然也采用跨阶段局部网络架构，但是无论在残差分支还是在前向分支上，都进行了算力的减配。简版残差模块堆叠的残差分支采用无运算开销的直连残差。简版残差模块堆叠的前向分支的数据来源是毫无特征提取能力的矩阵切片算子（自定义层），内部设置的堆叠数量也仅为 1。

假设简版残差模块堆叠的输入数据形状为(batch,size,size,channel)，那么数据首先通过 1 个 DarkNet 专用卷积块，该专用卷积块不改变通道数，不改变分辨率，由于输入通道数一般等于简版残差模块通道数的 2 倍(channel = 2×filter_num2)，所以输出数据形状为(None,size,size,2*filter_num2]。对于残差分支，简版残差模块堆叠的处理方法是直连，数据形状为(batch,size,size,2*filter_num2)；对于前向分支，通过矩阵切片层提取一半的通道数，数据形状为(batch,size,size,filter_num2)。前向分支的数据经历 1 个 DarkNet 专用卷积块、1 个简版残差模块、1 个 DarkNet 专用卷积块的三级处理，形成分辨率不变，通道数翻倍的矩阵输出，形状为(batch,size,size,2*filter_num2)。与 CSP-DarkNet 的残差模块堆叠一样，残差分支和前向分支使用矩阵拼接算子进行拼接，形成形状为(batch,size,size,4*filter_num2)的矩阵输出。最后通过 MaxPool2D 的下采样模块让分辨率减半，形成形状为(batch,size//2,size//2,4*filter_num)的数据。

简版残差模块堆叠结构和数据流如图 16-13 所示。

第三，CSP-DarkNet-tiny 内部的简版残差模块堆叠一共有 3 个，相比于 CSP-DarkNet 的 5 个残差模块堆叠，能节约运算量的同时降低性能。3 个简版残差模块堆叠的 filter_num2 参数分别为 32、64 和 128，它们的输出通道数分别为 128、256 和 512。

第一个简版残差模块堆叠的输入数据用 input_data 表示，通道数为 64。经过一个不改变分辨率、不改变通道数的 DarkNet 专用卷积块的处理后，形成形状为(batch,size/4,size/4,64)的矩阵。简版残差模块堆叠的残差分支用变量 route 表示，而前向分支则先经过名为'B1Split'的矩阵切片层的处理，形成通道数减半、形状为(batch,size/4,size/4,32)的矩阵，再经过一个不改变分辨率和通道数的 DarkNet 专用卷积块及一个简版残差模块的处理，形成通道数翻倍的、形状为

(batch,size/4,size/4,64)的矩阵，最后经过前向分支输出端的 DarkNet 专用卷积块的映射处理，保持分辨率和通道数不变。残差分支 route 和前向分支先通过矩阵拼接层'B1Concat2'完成两路分支的合并，形成形状为(batch,size/4,size/4,128)的矩阵，再通过名为'B1MaxP'的最大值池化层实现分辨率减半，最终形成形状为(batch,size/8,size/8,128)的矩阵输出。

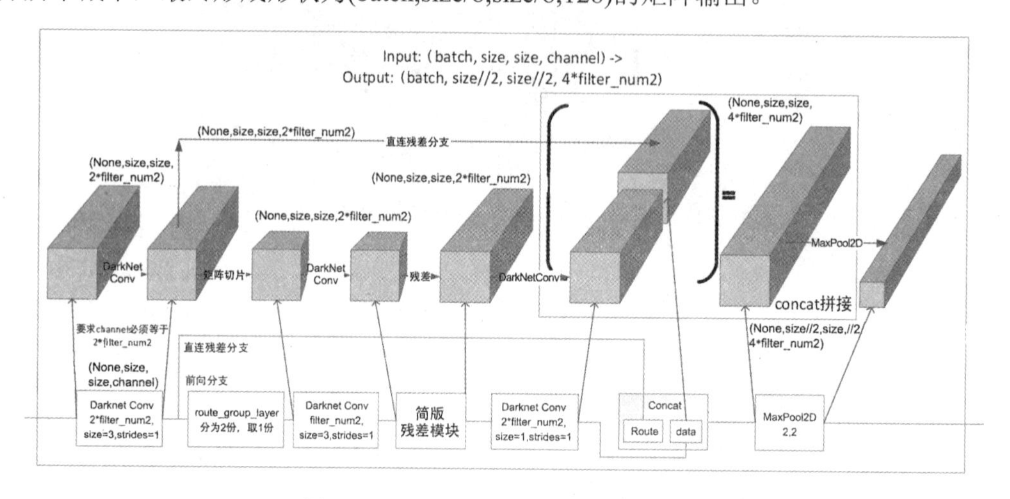

图 16-13　简版残差模块堆叠结构和数据流

第一个简版残差模块堆叠的代码如下。

```
# 第一个简版残差模块堆叠开始
input_data = darknetconv(input_data, (3, 3, 64, 64))
# 简版 CSP 结构开始
route = input_data
input_data = route_group_layer(2,1,name='B1Split')(
    input_data)
input_data = darknetconv(input_data, (3, 3, 32, 32))
# 简版残差模块开始
route_1 = input_data
input_data = darknetconv(input_data, (3, 3, 32, 32))
input_data = tf.keras.layers.Concatenate(
    axis=-1,name='B1Concat1')([input_data, route_1])
# 简版残差模块结束
input_data = darknetconv(input_data, (1, 1, 64, 64))
input_data = tf.keras.layers.Concatenate(
    axis=-1,name='B1Concat2')([route, input_data])
# 简版 CSP 结构结束
input_data = tf.keras.layers.MaxPool2D(
    2, 2, 'same',name='B1MaxP')(input_data)
# 第一个简版残差模块堆叠结束
```

第二个简版残差模块堆叠的输入数据来自第一个简版残差模块堆叠的输出，用 input_data

表示，通道数为 128。经过一个不改变分辨率、不改变通道数的 DarkNet 专用卷积块的处理后，形成形状为(batch,size/8,size/8,128)的矩阵。简版残差模块堆叠的残差分支用变量 route 表示，而前向分支则先经过名为'B2Split'矩阵切片层的处理，形成通道数减半的、形状为(batch,size/8,size/8,64)的矩阵，再经过一个不改变分辨率和通道数的 DarkNet 专用卷积块及一个简版残差模块的处理，形成通道数翻倍的、形状为(batch,size/8,size/8,128)的矩阵，最后经过前向分支输出端的 DarkNet 专用卷积块的映射处理，保持分辨率和通道数不变。残差分支 route 和前向分支先通过名为'B2Concat2'的矩阵拼接层实现两路分支的合并，形成形状为(batch,size/8,size/8,256)的矩阵，再通过名为'B2MaxP'的最大值池化层实现分辨率减半，最终形成形状为(batch,size/16,size/16,256)的矩阵输出。

第二个简版残差模块堆叠的代码如下。

```
# 第二个简版残差模块堆叠开始
input_data = darknetconv(input_data, (3, 3, 128, 128))
route = input_data
input_data = route_group_layer(2,1,name='B2Split')(
    input_data)
input_data = darknetconv(input_data, (3, 3, 64, 64))
# 简版残差模块开始
route_1 = input_data
input_data = darknetconv(input_data, (3, 3, 64, 64))
input_data = tf.keras.layers.Concatenate(
    axis=-1,name='B2Concat1')([input_data, route_1])
# 简版残差模块结束
input_data = darknetconv(input_data, (1, 1, 128, 128))
input_data = tf.keras.layers.Concatenate(
    axis=-1,name='B2Concat2')([route, input_data])
input_data = tf.keras.layers.MaxPool2D(
    2, 2, 'same',name='B2MaxP')(input_data)
input_data = darknetconv(input_data, (3, 3, 256, 256))
# 第三个简版残差模块堆叠结束
```

第三个简版残差模块堆叠的输入数据来自第二个简版残差模块堆叠的输出，用 input_data 表示，通道数为 256。经过一个不改变分辨率、不改变通道数的 DarkNet 专用卷积块的处理后，形成形状为(batch,size/16,size/16,256)的矩阵。简版残差模块堆叠的残差分支用变量 route 表示，而前向分支则先经过名为'B3Split'的矩阵切片层处理，形成通道数减半的、形状为(batch,size/16,size/16,128)的矩阵，再经过一个不改变分辨率和通道数的 DarkNet 专用卷积块及一个简版残差模块的处理，形成通道数翻倍的、形状为(batch,size/16,size/16,256)的矩阵，最后经过前向分支输出端的 DarkNet 专用卷积块的映射处理，保持分辨率和通道数不变。残差分支 route 和前向分支先通过名为'B3Concat2'的矩阵拼接层实现两路分支的合并，形成形状为

(batch,size/16,size/16,512)的矩阵，再通过名为'B3MaxP'的最大值池化层实现分辨率减半，最终形成形状为(batch,size/32,size/32,512)的矩阵输出。

第三个简版残差模块堆叠代码如下。

```
# 第三个简版残差模块堆叠开始
input_data = darknetconv(input_data, (3, 3, 256, 256))
# 简版 CSP 结构开始
route = input_data
input_data = route_group_layer(2,1,name='B3Split')(
    input_data)
# 简版残差模块开始
input_data = darknetconv(input_data, (3, 3, 128, 128))
route_1 = input_data
input_data = darknetconv(input_data, (3, 3, 128, 128))
input_data = tf.keras.layers.Concatenate(
    axis=-1,name='B3Concat1')([input_data, route_1])
# 简版残差模块结束
input_data = darknetconv(input_data, (1, 1, 256, 256))
med_res_feamap = input_data
input_data = tf.keras.layers.Concatenate(
    axis=-1,name='B3Concat2')([route, input_data])
input_data = tf.keras.layers.MaxPool2D(
    2, 2, 'same',name='B3MaxP')(input_data)
input_data = darknetconv(input_data, (3, 3, 512, 512))
```

16.5.3 CSP-DarkNet-tiny 的整体结构和代码

YOLO V4-tiny 使用的骨干网络 CSP-DarkNet-tiny 拥有两个具有下采样功能的 DarkNet 专用卷积块，作用是通过前置处理将输入图像的分辨率迅速下降为原来的 1/4，方便后面的三个残差模块堆叠的处理。这两个具有下采样功能的 DarkNet 专用卷积块的通道数分别是 32 和 64。假设骨干网络 CSP-DarkNet-tiny 的输入数据形状为(None,416,416,3)，那么经过这两个具有下采样功能的 DarkNet 专用卷积块的处理后，将形成形状为(None,104,104,64)的矩阵。

数据经过第一个简版残差模块堆叠，形成形状为(None,52,52,128)的矩阵；经过第二个简版残差模块堆叠，形成形状为(None,26,26,256)的矩阵；经过第三个简版残差模块堆叠，形成形状为(None,13,13,512)的矩阵。

骨干网络 CSP-DarkNet-tiny 的最后并没有采用任何空间金字塔池化结构，而是让数据通过一个不改变分辨率和通道数的 DarkNet 专用卷积块，形成低分辨率特征图输出，形状为(None,13,13,512)，命名为 low_res_feamap。中分辨率特征图输出则取自第三个简版残差模块堆叠的第二个 DarkNet 专用卷积块输出，形状为(None,26,26,256)，命名为 med_res_feamap。

骨干网络 CSP-DarkNet-tiny 的整体结构如图 16-14 所示。

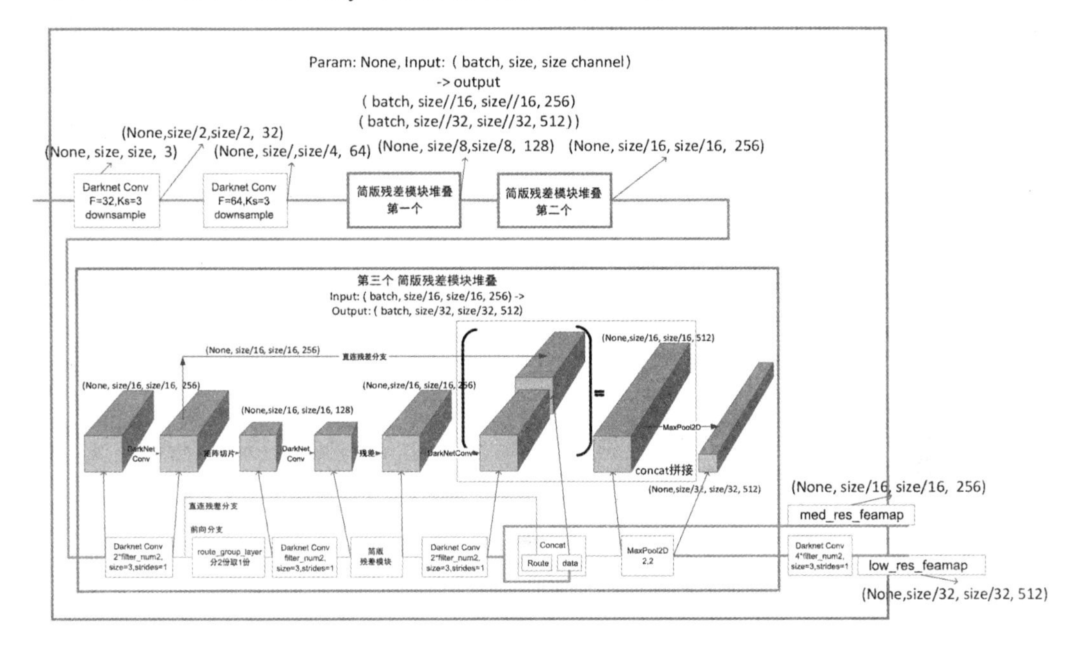

图 16-14　骨干网络 CSP-DarkNet-tiny 的整体结构

多尺度特征提取网络 CSP-DarkNet-tiny 的代码如下。

```
def cspdarknet53_tiny(input_data):
    input_data = darknetconv(
        input_data, (3, 3, 3, 32), downsample=True)
    input_data = darknetconv(
        input_data, (3, 3, 32, 64), downsample=True)
    ......
    med_res_feamap = input_data
    input_data = tf.keras.layers.Concatenate(
        axis=-1,name='B3Concat2')([route, input_data])
    input_data = tf.keras.layers.MaxPool2D(
        2, 2, 'same',name='B3MaxP')(input_data)
    input_data = darknetconv(input_data, (3, 3, 512, 512))
    low_res_feamap = input_data
    return med_res_feamap, low_res_feamap
```

16.5.4　CSP-DarkNet-tiny 的测试和资源开销

下面测试多尺度特征提取网络 CSP-DarkNet-tiny。这里假设输入的是一个分辨率为 416 像素×416 像素的三通道彩色图像，那么经过神经网络的处理，可以简单计算得到最开始的两个具有下采样功能的 DarkNet 专用卷积块和三个简版残差模块堆叠，一共产生 5 次的分辨率减半，最终输出低分辨率特征图和中分辨率特征图，分辨率分别为 13 像素×13 像素、26 像素×26 像素，通道数为 512、256。最终，CSP-DarkNet-tiny 的整体输出应该是由两个元素组成的元组，元组内的两个矩阵形状分别是[26,26,256]、[13,13,512]。代码如下。

```
if __name__ == '__main__':
    input_shape = [416,416,3]
    input_layer = tf.keras.layers.Input(shape = input_shape)
    model_CSPdarknet53_tiny = tf.keras.Model(
        input_layer,cspdarknet53_tiny(input_layer),
        name='CSPdarknet53_tiny')
    med_res_feaMap, low_res_feaMap= model_CSPdarknet53_tiny(
        input_layer)
    print(input_layer.shape,
          med_res_feaMap.shape,
          low_res_feaMap.shape)
    model_CSPdarknet53_tiny.summary()
```

输出如下。

```
(None, 416, 416, 3) (None, 26, 26, 256) (None, 13, 13, 512)
……
Total params: 3,633,632
Trainable params: 3,629,728
Non-trainable params: 3,904
```

测试 model_CSPdarknet53_tiny 模型资源开销的代码如下。

```
    detail_darkent_model = model_inspector.model_inspect(
        model_CSPdarknet53_tiny)
    detail_darknet_summary = model_inspector.summary(
        model=model_CSPdarknet53_tiny)
```

输出如下。

```
CSPdarknet53_tiny 总内存开销 3.633632 M variables
CSPdarknet53_tiny 总乘法开销 2562.724311 MFLO
```

可见，骨干网络 CSP-DarkNet-tiny 的内存开销和运算开销相比 CSP-DarkNet 大幅降低。

第 17 章
骨干网络预训练和大型图像数据集 ImageNet

骨干网络在目标检测中的作用是提取图像的特征，骨干网络是否具有强大的特征提取能力不仅与神经网络的结构设计有关，也与神经网络内部的权重训练有关。

一般情况下，完成目标检测网络的设计后，可以选择两种训练方式：从零开始和迁移学习。从零开始训练的意思是首先将骨干网络和下游网络都设置为随机权重，然后从随机权重开始不断调整神经网络内部的可训练变量，以达到损失函数收敛到最小的优化目标。迁移学习的含义是先将训练后的权重加载到骨干网络中，再冻结骨干网络，专注于下游网络的训练。

迁移学习是目前的主流训练方式。使用迁移学习之后，骨干网络可以使用在互联网上较为流行的模型，并加载公开的预训练权重并冻结骨干网络，专注于下游网络的设计和数据集的制作。之所以冻结这个加载权重的骨干网络，是因为这个预训练权重一般是在极大的数据集上训练收敛获得的。神经网络加载这个预训练权重以后就成为一个包含大量计算机视觉特征提取算子的集合，具有极强的特征提取能力，神经网络接收图像输入后，可以将大量的非线性特征信息，转化为有内涵的数字或者向量。下游网络只需要对这些数字和向量进行简单运算，就可以完成各种下游任务。

若要获得最佳的预训练权重，则需要让骨干网络在足够大的数据集上训练收敛，这个足够大的数据集一般指的是目前全球最大的公用图像数据集——ImageNet。本章将结合前面介绍的若干骨干网络，介绍 ImageNet 数据集，以及如何基于该数据集进行骨干网络的训练。

17.1 ImageNet 数据集和 ILSVRC 竞赛

ImageNet 是目前全球最大的图像识别数据集。2007 年，斯坦福华裔女教授李飞飞的团队开始建立 ImageNet，通过网络抓取、人工标注、亚马逊众包等方式搜集、制作数据集，并于 2009 年在美国迈阿密的 CVPR-2009 会议正式发布 ImageNet 数据集，它拥有超过 141.97122 万幅图像（合并计算多年份数据），其中有 103.4908 万幅图像具有对象位置的矩形框，用于图像分类和目标检测。ImageNet 数据集支持的分类数量为 1000，并采用 WordNet 的层次结构定义标注信息，确保标注数据与含义相互关联但又互不重叠。例如，ImageNet 使用 WordNet 中的编号 n02088364 代表比格犬（beagle），使用 n01443537 代表金鱼（goldfish）。需要特别注意的是，每年的编号可能发生细微变化，官网的数据集需要与对应年份的 WordNet 编号对应。具体某年份的 WordNet 编号与英文名称、中文名称的关系，可以登录笔者的 GitHub 主页查看和下载。

正是因为具备了庞大的数据集，2010—2017 年间组织了多次年度性的 ImageNet 视觉识别挑战赛（ILSVRC），竞赛期间会发布一定数量的数据集更新。例如，2012 年的挑战赛发布了 1281167 幅图像构成的训练数据集、50000 幅图像构成的验证数据集、100000 幅图像构成的测试数据集。这些数据集已逐渐成为深度学习领域常用的数据集。感兴趣的读者可以登录 ImageNet 官网下载历年数据集。

每年的 ILSVRC 竞赛都会发布计算机视觉任务。从最为基础的图像分类到分类定位、目标检测、场景分类、场景分割。目前最常见的三个任务是单标签图像分类、单标签分类和定位、目标检测。其中，单标签图像分类指的是输入一幅图像，输出对这个图像类别的判定，由于一幅图像唯一地属于某个分类，一幅图像只能有一个标签，固而称为单标签图像分类任务；单标签分类和定位任务指的是输入一幅图像（该图像只包含一个对象），判定该图像的分类并绘制这个分类对象的矩形框；目标检测指的是输入一幅图像（该图像包含多个对象），算法需要把所有对象的分类和矩形框位置信息全部标出。目前影响深远、应用广泛的神经网络都是历年 ILSVRC 竞赛某项任务的冠军，如 AlexNet、VGG、GoogLeNet、ResNet、ResNeXt、SENet 等。ILSVRC 竞赛举办期间见证了图像分类的准确率从 70%提升至 95%以上，见证了机器的图像识别能力超过人类平均水平。

由于每次 ILSVRC 竞赛都有多个计算机视觉任务同时发布，所以会产生多个冠军，这里不逐一列出，感兴趣的读者可以登录官网或者查阅文献了解每届前三名及其最终的性能指标。下面结合 ILSVRC 竞赛的全部任务类型，介绍 ImageNet 数据集结构和挑战赛采用的计算机视觉神经网络的性能评估方法。

17.1.1 单标签图像分类任务

在 ILSVRC 竞赛的单标签图像分类任务中，算法以一幅图像为输入，输出对这个图像类别的判定。单标签表示一幅图像只有一个标签。Imagenet 使用 WordNet 的层次结构对图像分类进行定义，使用 n15075141 对应 WordNet 的编号 toilet tissue，对应的中文翻译是卷筒纸。打开 2012 年的训练数据集可以看到以 n15075141 命名的压缩包，打开该压缩包后可以看到若干以 n15075141 命名的 JPEG 图像，包含卷筒纸的图像。ImageNet 的单标签图像分类数据集结构如图 17-1 所示。

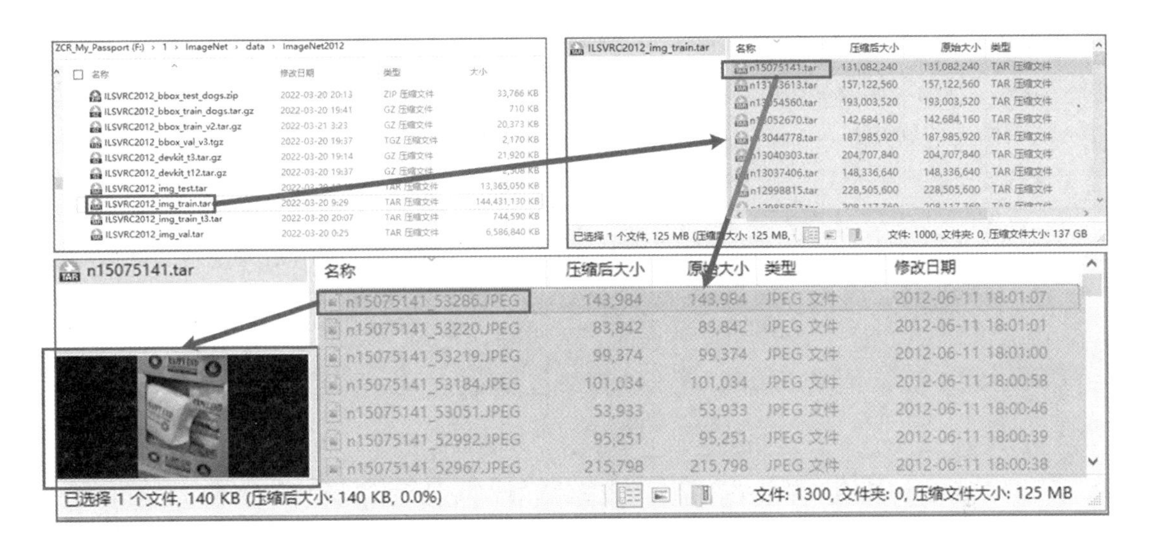

图 17-1 ImageNet 的单标签图像分类数据集结构

ILSVRC 竞赛的单标签图像分类任务仅在 2010—2012 年举办，单标签图像分类数据集可以在 2010—2012 这三年的 ImageNet 数据集中获得，其中以 2012 年的单标签图像分类数据集最为流行，用于预训练任务。2010—2012 年的单标签图像分类数据集内样本数量如表 17-1 所示。

表 17-1 2010—2012 年的单标签图像分类数据集内样本数量

数据集	2010 年	2011 年	2012 年
训练数据集	120 万	120 万	120 万
验证数据集	5 万	5 万	5 万
测试数据集	15 万	10 万	10 万

ILSVRC 竞赛的单标签图像分类的错误率使用 Top-J 错误率指标作为算法性能的评估指标。之所以不使用 Top-1 错误率，是因为日常生活中往往一幅图像中会同时出现多个物体，而真实标签只能设置为一个，Top-J 错误率指标对于多物体图像的预测具有一定宽容度。

假设数据集中第 i 幅图像的真实标签是 $C_i\ (i=1,2,\cdots,I-1,I)$。神经网络针对第 i 幅图像给出若干分类的可能性预测，按照把握度从高到低排序，令把握度最高的 J 个预测标签为 c_{ij} $(j=1,2,\cdots,J-1,J)$，使用 d_{ij} 表示神经网络对第 i 幅图像的第 j 个预测与真实标签 C_i 的差异，这个差异是它们在 WordNet 层次结构中的距离，取值只能是 0 或者 1：

$$d_{ij}=\begin{cases}0,c_{ij}=C_i\\1,c_{ij}\neq C_i\end{cases}\tag{17-1}$$

根据 Top-J 错误率指标的定义，在把握度最高的 J 个预测标签中，只要有一个预测标签 c_{ij}

与真实标签 C_i 吻合，则判定为预测准确。J 越大宽容度越大，J 越小评估指标越严格。如果将神经网络对第 i 幅图像的预测的错误程度用 d_i 表示（取值只能是 0 或者 1），那么神经网络对于第 i 幅图像的预测性能为

$$d_i = \min_j d_{ij} \tag{17-2}$$

对于某算法在数据集上的整体错误率，所有图像错误率的平均值用 S_{error} 表示，取值范围为 0～1。S_{error} 的数值越小表示某算法的性能越好，如式（17-3）所示

$$S_{\text{error}} = \frac{1}{I}\sum_{i=1}^{I} d_i \tag{17-3}$$

在 ILSVRC 竞赛的单标签图像分类任务中，J 一般取值为 1 或者 5。换言之，对于 Top-1 错误率的评估指标，预测概率最高的图像分类必须等于真实分类才能让该样本的误差变为 0，否则误差要加 1。对于 Top-5 错误率的评估指标，真实分类只要出现在预测概率最高的 5 个分类中就可以让该样本的预测误差变为 0。

17.1.2 单标签分类和定位任务

ILSVRC 竞赛的单标签分类和定位任务中，算法以一幅图像为输入，输出对这个图像类别的判定及判定对象在图像中的矩形框位置。单标签分类和定位任务与单标签图像分类任务相比，只是增加了对象在图像中的矩形框位置信息。

以 2012 年 ILSVRC 竞赛的数据集为例，压缩包 ILSVRC2012_bbox_train_v2.tar.gz 内有 1000 个子文件夹，对应着 1000 个分类在每幅图像中的矩形框位置。以文件夹 n02088364 为例，分类编号 n02088364 对应着分类名称为 beagle（比格犬）的 54.4546 万幅图像的矩形框定位信息。打开其内部的标注文件 n02088364_17473.xml，可以看到矩形框的绝对坐标值。但此处的文件夹 n02088364 不存储图像，若要找到.xml 格式的标注文件内记载的图片文件名，则需要进入压缩包 ILSVRC2012_img_train.tar，打开比格犬分类编号 n02088364 对应的压缩包 n02088364.tar，查看文件名为 n02088364_17473.JPEG 的图像（与.xml 格式的文件同名，但文件后缀不同）。2012 年 ILSVRC 竞赛的单标签分类和定位任务的数据集结构如图 17-2 所示。

ILSVRC 竞赛的单标签分类和定位任务在 2011—2017 年均有举办，该任务使用修改后的 Top-J 错误率指标作为算法性能的评估指标。修改后的 Top-J 错误率指标 $d\left(c_{ij}, C_i\right)$ 表示神经网络对第 i 幅图像的第 j 个预测 C_{ij} 与真实标签 C_i 的差异，取值只能是 1 或者 0，如式（17-4）所示。

$$d\left(c_{ij},C_i\right)=\begin{cases}0,c_{ij}=C_i\\1,c_{ij}\neq C_i\end{cases} \tag{17-4}$$

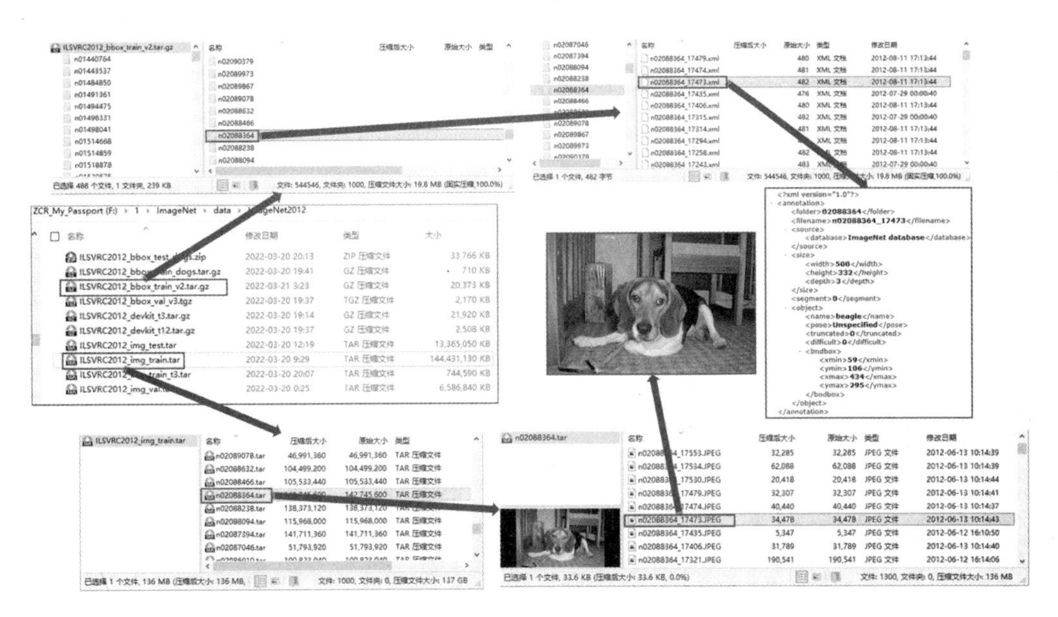

图 17-2　2012 年 ILSVRC 竞赛的单标签分类和定位任务的数据集结构

使用 $d\left(b_{ij},B_i\right)$ 表示神经网络对第 i 幅图像的第 j 个矩形框预测 b_{ij} 与真实矩形框定位 B_i 的交并比 IoU 是否小于 0.5，如式（17-5）所示。

$$d\left(b_{ij},B_i\right)=\begin{cases}0,\mathrm{IoU}\left(b_{ij},B_i\right)\geqslant 0.5_i\\1,\mathrm{IoU}\left(b_{ij},B_i\right)<0.5\end{cases} \tag{17-5}$$

神经网络对第 i 幅图像的预测错误程度用 d_i 表示，取值只能是 0 或者 1，只有分类预测正确且定位信息交并比小于或等于 0.5，才判定预测正确（错误值记为 0），否则错误值记为 1。J 表示神经网络可以给出 J 个预测，只要有一个预测正确即可，如式（17-6）所示。

$$d_i=\mathrm{MAX}\left(\min_j d\left(c_{ij},C_i\right),\min_j d\left(b_{ij},B_i\right)\right) \tag{17-6}$$

某算法在数据集上的整体错误率是所有图像的错误率平均值，用 S_{error} 表示，取值范围为 0～1，S_{error} 的数值越小表示某算法的性能越好，如式（17-7）所示。

$$S_{\text{error}}=\frac{1}{I}\sum_{i=1}^{I}d_i \tag{17-7}$$

ILSVRC 竞赛的单标签分类和定位任务中的 J 的取值一般为 5。

以 ImageNet 数据集中的分类编号是 n02088364（比格犬）、序号为 17473 的图像和标注数据为例，标注信息显示，矩形框的左上角坐标 (x_0, y_0) 和右下角坐标 (x_1, y_1) 合并为 [59,106,434,295]，数据集中标注的图像位置信息如表 17-2 所示。

表 17-2 数据集中标注的图像位置信息

类别	把握度	$[x_0,y_0,x_1,y_1]$坐标
beagle	100%	[59,106,434,295]

ImageNet 数据集内某图像的分类和定位信息如图 17-3 所示。

图 17-3 ImageNet 数据集内某图像的分类和定位信息

神经网络对图像包含对象的预测信息如表 17-3 所示。

表 17-3 神经网络对图像包含对象的预测信息

预测类别	把握度	$[x_0,y_0,x_1,y_1]$坐标	单判定	整体判定
beagle	0.95	[62,105,430,291]	正确	正确
chair	0.81	[252,1,471,181]	错误	
desk	0.77	[113,62,147,203]	错误	
quill	0.21	[32,236,181,332	错误	
flagpole	0.05	[0,0,125,304]	错误	

根据 Top-5 错误率指标，神经网络给出的五个预测中，第一个预测是正确的，且矩形框与真实矩形框的交并比 IoU 大于 0.5，所以预测正确，错误值为 0。

17.1.3　细颗粒度分类任务

细颗粒度分类（Fine-grained Classification）是 2012 年 ILSVRC 竞赛独有的图像分类任务，以矩形框的形式对图像进行标注，但只要求开发者能预测出图像的分类信息。2012 年的任务是关于狗的细颗粒度分类任务，狗这一大类下有 120 个子类。

以 2012 年的数据集为例，在压缩包 ILSVRC2012_bbox_train_dogs.tar.gz 下，有 120 个子文件夹，其中文件夹 n02088364 存储了全部比格犬的细颗粒度分类信息，文件夹 n02088364 下有 195 个 XML 文件。这些 XML 文件存储了比格犬的定位矩形框。例如，n02088364_17473.XML 展示了比格犬的分类信息 n02088364 和矩形框信息，该 XML 文件对应的具体图像需要返回到存储训练图像的压缩包，找到与 XML 文件同名的 JPEG 文件，查看对应的图像。2012 年细颗粒度分类数据集结构（以“狗”的分类为例）如图 17-4 所示。

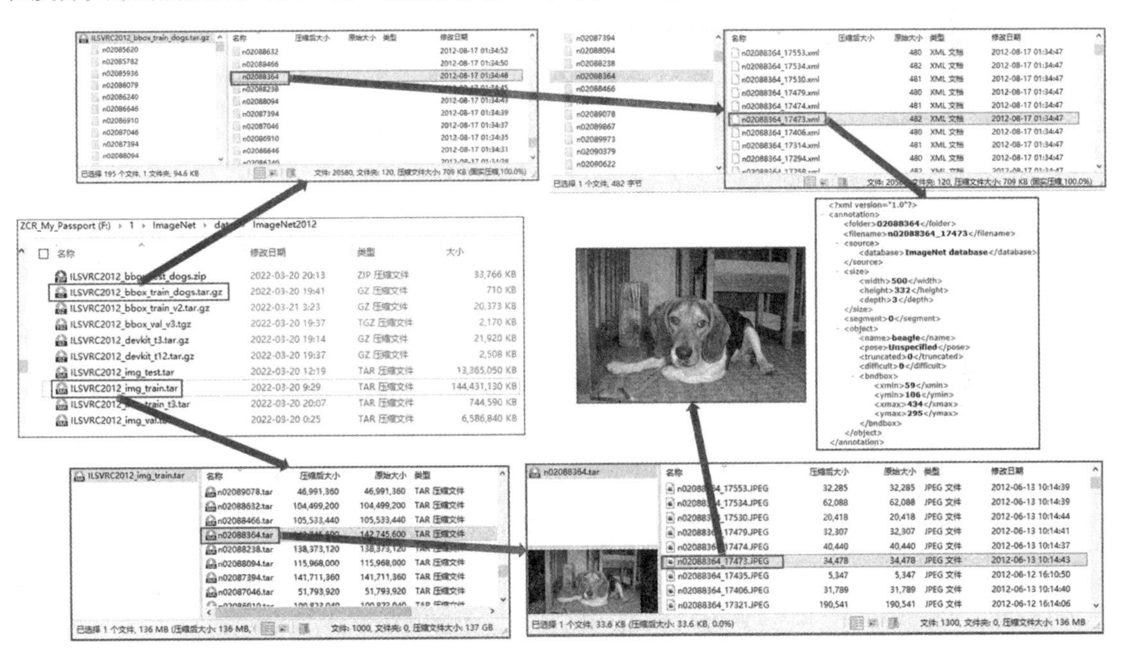

图 17-4　2012 年细颗粒度分类数据集结构（以“狗”的分类为例）

细颗粒度分类任务的评判标准改为了各分类平均准确率。要想得到平均准确率，需要针对每个分类绘制 PR 曲线（Precision Recall Curve），PR 曲线的横坐标为该分类的预测召回率，纵坐标为该分类的预测准确率，显然，有多少个分类就有多少条 PR 曲线。某分类的 PR 曲线下面积就是该分类的平均准确率。对于全部分类，首先计算各分类的平均准确率，然后计算这些平均准确率的平均值，就可以得到这个神经网络的平均准确率。

17.1.4 目标检测任务

目标检测任务是 2013 年 ILSVRC 竞赛首度引入的任务，与 PASCAL VOC Challenge 的 20 个分类的目标检测任务不同，ILSVRC 竞赛的目标检测任务包含 200 个分类的目标。

ILSVRC 竞赛的目标检测数据集容量从 2013 年的 39.5909 万增加到 2014 年的 45.6567 万，截至 2017 年 ILSVRC 竞赛，训练数据集的容量不再增加，验证数据集和测试数据集的容量则一直保持在 2.0121 万和 4.0152 万。

ILSVRC 竞赛的目标检测任务的评估指标采用各分类的平均准确率，具体算法与单标签分类和定位任务相同，漏检和重复检测都会让错误值加 1。

17.1.5 其他竞赛任务

视频目标检测（Object Detection from Video）任务为开发者提供了一段视频，开发者需要运用目标检测算法对每帧图像进行目标检测。目标检测的物体一共有 30 类，这 30 类是 ILSVRC 竞赛传统的目标检测任务的 200 分类集合的一个子集。数据由中国的数据堂提供，开发者需要对每帧图像进行目标检测，视频目标检测任务评估算法优劣的方法与目标检测一样，也是采用各分类的平均准确率。

截至 2022 年，场景分类（Scene Classification）任务于 2015 年和 2016 年举办两届，与单标签图像分类任务类似，只是从图像分类变成了场景识别。场景分类任务的算法评估方法与单标签图像分类任务一样，都是 Top-5 准确率。场景分类任务的数据集是由麻省理工学院的 MIT Places 兴趣组提供的 Places2 datase。Places2 dataset 数据集有超过 1000 多万幅图像，共计 401 类。需要特别注意的是，Places2 dataset 数据集在不同分类上的数据数量是不平均的。

截至 2022 年，场景解析分割任务仅举办了 2016 年一届。场景解析分割任务的数据集来自 ADE20K 数据集。该数据集有 2 万多幅图像，分为 150 类，包括人、汽车、床、天空、草地、公路。数据集被分割为 2 万幅图像组成的训练数据集和 2000 幅图像组成的验证数据集，测试数据集保密。场景解析分割任务采用独特的图像分割准确率来评估算法的准确率，即先在某分类上逐像素计算算法预测是否正确，再逐分类计算平均准确率。

历年 ILSVRC 竞赛的计算机视觉任务如表 17-4 所示。

表 17-4 历年 ILSVRC 竞赛的计算机视觉任务

竞赛任务（分类数）	2010 年	2011 年	2012 年	2013 年	2014 年	2015 年	2016 年	2017 年
单标签图像分类（1000 类）	●	●	●					
单标签加定位（1000 类）		●	●	●	●	●	●	●
细颗粒度分类（犬类下细分 120 类）			●					
多目标检测（200 类）				●	●	●	●	●

续表

竞赛任务（分类数）	2010 年	2011 年	2012 年	2013 年	2014 年	2015 年	2016 年	2017 年
视频目标检测（30 类）						●	●	●
场景分类（401 类）						●	●	
场景解析分割（150 类）							●	

目前的骨干网络预训练一般采用应用最为广泛的 2012 年 ImageNet 数据集，它由若干压缩包组成，可以预先解压后提取子文件夹，也可以使用函数直接打开压缩包来提取感兴趣的子集，这里不再赘述。感兴趣的读者可以使用本书介绍的骨干网络，结合简单的下游图像分类网络，使用图像数据集进行骨干网络的预训练。

17.2　CIFAR 数据集

CIFAR 数据集是由多伦多大学的 Alex Krizhevsky、Vinod Nair 和 Geoffrey Hinton 团队搜集的数据集。CIFAR 数据集有 2 个对外公开的数据集，名称是 CIFAR-10 数据集和 CIFAR-100 数据集，它们均来自一个 8000 万幅小图像的集合。CIFAR-10 数据集包含了 6 万幅 32 像素×32 像素的小图像，图像分为 10 类，每类有 6000 幅图像，以确保数据均衡。6 万幅图片又被分割为 5 万幅图像组成的训练数据集和 1 万幅图像组成的测试数据集。CIFAR-100 数据集的图像总数也是 6 万幅，只是物体种类扩充至 100 种，每种物体的图像数量下降至 600，以确保数据均衡。

CIFAR-10 数据集官网提供了 Python、MATLAB、C 可以读取的数据文件，其中 Python 版本使用的数据集是一个 163MB 的压缩包，解压后有 8 个文件。CIFAR-10 数据集解压后的文件如图 17-5 所示。

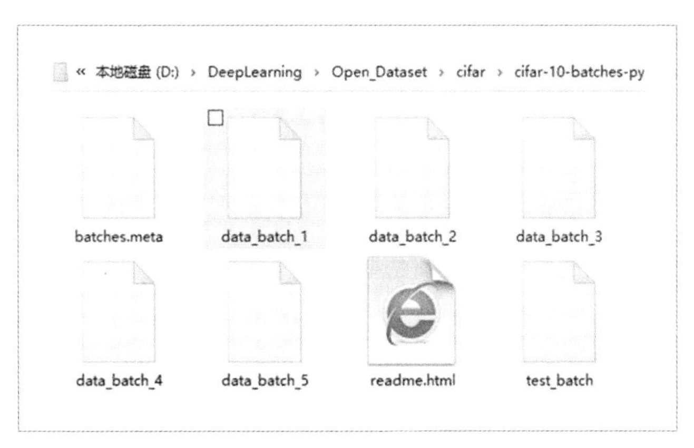

图 17-5　CIFAR-10 数据集解压后的文件

使用官网推荐的装载函数，分别加载 7 个文件（除了 readme.html），将在内存中获得字典变量，分别命名为 cifar_meta、cifar_batch1～cifar_batch5、cifar_testbatch。首先，关注 cifar_meta

字典内的列表 label_names，并按照顺序存储 10 个图像分类的名称；然后，cifar_batch1～cifar_batch5、cifar_testbatch 的字典结构完全一样，重点关注字典内的 2 个字段，即 data 字段和 labels 字段。data 字段的值是一个 10000 行、3072 列的 numpy 数据，label 字段的值是一个 10000 行的 numpy 数据，分别存储了 10000 幅图像矩阵和 10000 幅图像对应的分类编号。由于是 32 像素×32 像素的彩色图像，所以每幅图像的矩阵含有 32×32×3 = 3072 个元素。CIFAR-10 数据集加载后的图像矩阵和标签矩阵结构如图 17-6 所示。

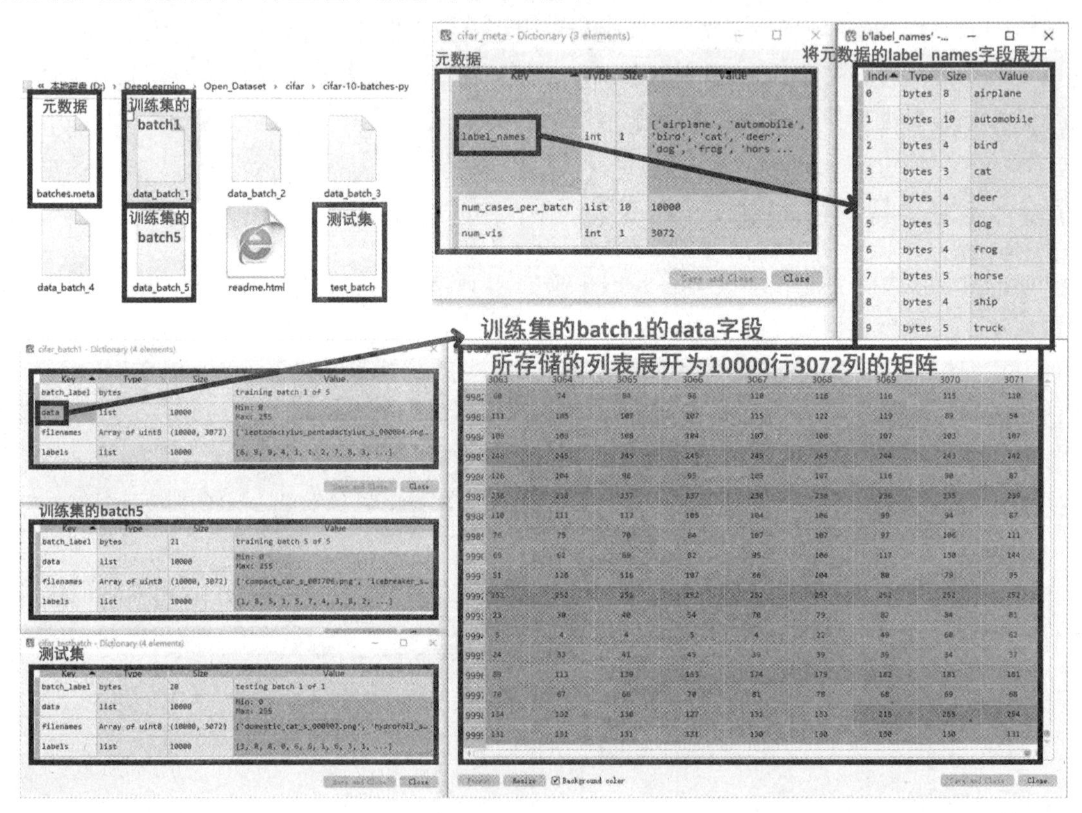

图 17-6　CIFAR-10 数据集加载后的图像矩阵和标签矩阵结构

加载的 CIFAR-10 数据集的每个样本都是 1 行、3072 列的数据，并不是标准的图像矩阵格式，而是将 size、size、channel 三个通道进行了合并，并且将通道作为第一个维度。因此，首先需要使用 reshape()函数将数据的形状从(1,num_element)调整为(1,channel,size,size)，其中 num_element 表示每幅图像内的像素总数量，它等于 channel*size*size；然后使用 transpose()函数将矩阵的形状调整为(1,size,size,channel)。Transpose()函数的作用是将原有矩阵的四个维度中的第一个维度 channel 调整为最后一个维度，因此输出矩阵的维度顺序为 0、2、3 和 1，transpose 函数的维度调整参数应当设置为 0231。可以制作标准化的数据集加载函数，函数名为 load_cifar10_data，代码如下。

```
def load_cifar10_data(filedir):
    cifar_meta=unpickle(filedir + 'batches.meta')
    cifar_batch1=unpickle(filedir + 'data_batch_1')
    cifar_batch2=unpickle(filedir + 'data_batch_2')
    cifar_batch3=unpickle(filedir + 'data_batch_3')
    cifar_batch4=unpickle(filedir + 'data_batch_4')
    cifar_batch5=unpickle(filedir + 'data_batch_5')
    cifar_testbatch=unpickle(filedir + 'test_batch')
    x_train = np.concatenate(
        (cifar_batch1[b'data'].reshape((-1,3,32,32)),
         cifar_batch2[b'data'].reshape((-1,3,32,32)),
         cifar_batch3[b'data'].reshape((-1,3,32,32)),
         cifar_batch4[b'data'].reshape((-1,3,32,32)),
         cifar_batch5[b'data'].reshape((-1,3,32,32))
         )
        )
    x_train = x_train.transpose(0,2, 3, 1)
    y_train = np.concatenate(
        (cifar_batch1[b'labels'],
         cifar_batch2[b'labels'],
         cifar_batch3[b'labels'],
         cifar_batch4[b'labels'],
         cifar_batch5[b'labels']
         ))
    y_train = np.array(y_train).reshape([50000,1])
    x_test = cifar_testbatch[b'data'].reshape(
        (-1,3,32,32)).transpose(0,2, 3, 1)
    y_test = cifar_testbatch[b'labels']
    y_test = np.array(y_test).reshape([10000,1])
    return (x_train, y_train), (x_test, y_test), \
           cifar_meta[b'label_names']
```

使用制作的 load_cifar10_data()函数加载数据集，返回 5 个变量，x_train、y_train 分别是训练数据集的图像和标签，x_test、y_test 分别是测试数据集的图像和标签，label_names 是标签名称的列表，数据集内图像的形状是(batch,size,size,3)，标签的形状是(batch,1)。提取训练数据集的前 15 幅图像，将标签名称显示在图像上方，代码如下。

```
(x_train, y_train), (x_test, y_test), label_names = load_cifar10_data(filedir)
assert x_train.shape ==(50000, 32, 32, 3)
assert y_train.shape ==(50000,1)
assert x_test.shape ==(10000, 32, 32, 3)
assert y_test.shape ==(10000,1)
row, col = 3, 5
fig, ax = plt.subplots(row,col)
```

```
for i in range(row):
    for j in range(col):
        img_index = 5*i+j
        axi = ax[i,j]
        axi.imshow(x_train[img_index])
        axi.set_title(label_names[y_train[img_index,0]])
```

CIFAR-10 数据集加载后的变量形状如图 17-7 所示。

x_test	Array of uint8	(10000, 32, 32, 3)	Min: 0 Max: 255
x_train	Array of uint8	(50000, 32, 32, 3)	Min: 0 Max: 255
y_test	Array of int32	(10000, 1)	Min: 0 Max: 9
y_train	Array of int32	(50000, 1)	Min: 0 Max: 9

图 17-7　CIFAR-10 数据集加载后的变量形状

对 CIFAR-10 训练数据集的前 15 幅图片和标签进行可视化展示，由于 CIFAR 数据集的图像分辨率只有 32 像素×32 像素，因此图像较为模糊。CIFAR-10 数据集前 15 幅图像和标签的可视化如图 17-8 所示。

图 17-8　CIFAR-10 数据集前 15 幅图像和标签的可视化

加载到内存中的数据集图像的动态范围是 0～255，为确保神经网络拥有良好的动态范围，所以将加载到内存中的数据集的图像的动态范围转化为-1～1，代码如下。

```
x_train = x_train.astype(np.float32)/255*2-1
y_train = y_train.astype(np.int32)
```

```
x_test = x_test.astype(np.float32)/255*2-1
y_test = y_test.astype(np.int32)
```

此时，内存中数据集图像的动态范围变为-1～1，修改 CIFAR-10 数据集图像的动态范围如图 17-9 所示。

x_test	Array of float32	(10000, 32, 32, 3)	Min: -1.0 Max: 1.0
x_train	Array of float32	(50000, 32, 32, 3)	Min: -1.0 Max: 1.0
y_test	Array of int32	(10000, 1)	Min: 0 Max: 9
y_train	Array of int32	(50000, 1)	Min: 0 Max: 9

图 17-9　修改 CIFAR-10 数据集图像的动态范围

最后，使用 tf.data.Dataset.from_tensor_slices()函数，将 numpy 数组转化为 TensorFlow 的数据集格式，每个打包内的样本数量 BATCH_SIZE 设置为 1024，代码如下。

```
ds_train = tf.data.Dataset.from_tensor_slices(
    (x_train,y_train))
ds_test  = tf.data.Dataset.from_tensor_slices(
    (x_test,y_test))
print("训练数据集格式",ds_train)
print("验证数据集格式",ds_test)
BATCH_SIZE =1024
ds_train= ds_train.batch(BATCH_SIZE)
ds_test = ds_test.batch(BATCH_SIZE)
print("打包后训练数据集格式",ds_train)
print("打包后验证数据集格式",ds_test)
```

查看打包前、后的数据集形状，输出如下。

```
训练数据集格式 <TensorSliceDataset shapes: ((32, 32, 3), (1,)), types: (tf.float32, tf.int32)>
验证数据集格式 <TensorSliceDataset shapes: ((32, 32, 3), (1,)), types: (tf.float32, tf.int32)>
打包后训练数据集格式 <BatchDataset shapes: ((None, 32, 32, 3), (None, 1)), types: (tf.float32, tf.int32)>
打包后验证数据集格式 <BatchDataset shapes: ((None, 32, 32, 3), (None, 1)), types: (tf.float32, tf.int32)>
```

使用 CIFAR 数据集训练骨干网络时，TensonFlow 的数据集可以提供方便且快速的数据管道。

17.3　加载骨干网络预训练权重进行迁移学习

本书最先介绍的 LeNet 和 AlexNet 能够帮助读者了解神经网络的设计原理，在实际工程中很少使用。而本书介绍的 MobileNet、VGG（16 层和 19 层）、ResNet（50 层、101 层、152 层）、

DarkNet（DarkNet53、DarkNet-tiny、CSP-DarkNet、和 CSP-DarkNet-tiny 合计 4 个版本）是实际工程中使用较多的骨干网络。

为了提高神经网络工程的应用效率，一般很少从零开始训练骨干网络，而是加载互联网公开的预训练权重。这些预训练权重一般是通过 ImageNet 数据集预先训练得到的。MobileNet、VGG、ResNet 的预训练权重可以通过 TensorFlow 高阶 API 在新建模型时自动加载。

加载过程需要连接互联网下载权重文件，可以登录笔者的 GitHub 主页下载相关预训练权重，并复制至本地的用户文件夹下的文件夹.keras/model 中（如 C:\Users\indeed\.keras\models）。

17.3.1 快速创建 LeNet 和 AlexNet 并进行开销分析

以 LeNet 和 AlexNet 为例介绍模型开销分析工具。前面章节制作的 LeNet 和 AlexNet 的源代码存储在文件 models_basic.py 内，加载其内部的两个模型类，并创建两个模型：lenet_model 和 alexnet_model，新创建的模型并未形成静态图。如果需要强行创建静态图，那么必须使用 tf.keras.layers.Input()函数创建一个带形状的数据占位（代码中对应变量 x），将 x 输入模型实例，或者直接使用模型的 build 方法，在 build 方法中输入模型的输入矩阵形状（代码中对应 input_shape）。让这两个模型分别在单通道、分辨率为 28 像素×28 像素的灰度图像或三通道、分辨率为 227 像素×227 像素的彩色图像下创建静态图，代码如下。

```
import tensorflow as tf
from models_basic import LeNet5,AlexNet
from utility import Model_Inspector
model_inspector = Model_Inspector()
lenet_model = LeNet5(input_shape=(None,28,28,1),
                     output_shape= (None,10),name='LeNet')
input_shape=(None,28, 28, 1)
lenet_model.build(input_shape)
x = tf.keras.layers.Input(shape=(28, 28, 1))
y=lenet_model(x)
alexnet_model = AlexNet(output_dim=10,name='AlexNet')
input_shape=(None,227, 227, 3)
alexnet_model.build(input_shape)
x = tf.keras.layers.Input(shape=(227, 227, 3))
y=alexnet_model(x)
```

使用前面制作的模型开销计算工具 model_inspector 检查这两个模型的内存开销和乘法开销，代码如下。

```
print('lenet_model 输入形状：',lenet_model.input_shape)
print('lenet_model 输出形状：',lenet_model.output_shape)
detail_lenet5_model=model_inspector.model_inspect(
    lenet_model)
detail_lenet5_summary = model_inspector.summary(model=lenet_model)
```

```
print('alexnet_model 输入形状：',alexnet_model.input_shape)
print('alexnet_model 输出形状：',alexnet_model.output_shape)
detail_alexnet_model = model_inspector.model_inspect(
    alexnet_model)
detail_alexnet_summary = model_inspector.summary(alexnet_model)
```

输出如下。

```
lenet_model 输入形状： (None, 28, 28, 1)
lenet_model 输出形状： (None, 10)
LeNet 总内存开销 0.061706 M variables
LeNet 总乘法开销 0.41652 MFLO
alexnet_model 输入形状： (None, 227, 227, 3)
alexnet_model 输出形状： (None, 10)
AlexNet 总内存开销 58.322314 M variables
AlexNet 总乘法开销 1131.201056 MFLO
```

感兴趣的读者还可以打开 spyder 的内存变量监视器，查看这两个模型的逐层分析信息。以 AlexNet 为例，重点分析的二维卷积层存储在键值 regonized_details 中，DropOut 层、MaxPooling 层等不涉及内存开销和乘法开销的存储在键值 trivial_details 中，其他无法识别的自定义层或新层存储在键值 unregonized_details 中（此处为空）。逐层分析 AlexNet 后的内存变量截图如图 17-10 所示。

图 17-10　逐层分析 AlexNet 后的内存变量截图

由于 AlexNet 和 LeNet 已经很少在实际中使用，此处不进行预训练权重的加载。

17.3.2 使用高阶 API 快速构建 VGG、ResNet、MobileNet

TensorFlow 作为全球使用最多的深度学习计算框架，不仅支持高集成度的模型构建方式，也支持高自由度的模型构建方式。开发者既可以使用 tf.keras.layers 下的各种层对象，逐层搭建神经网络，并修改任何组件，也可以使用 TensorFlow 提供的神经网络设计高阶 API，用一行代码快速构建各种经典神经网络。

TensorFlow 支持的经典骨干网络位于 TensorFlow 官网的 Keras 下的 Application 下面，目前支持 DenseNet、EfficientNet、Inception_ResNet、MobileNet、NasNet、ResNet（50 层、101 层、152 层）、VGG（16 层和 19 层）和 Xception 等多个神经网络的快速构建高阶 API。开发者如果没有对神经网络的内部结构进行修改的需求，那么完全可以使用这些 API 快速新建并加载权重参数。根据 Keras 官网提供的支持列表，TensorFlow 的神经网络快速构建 API 支持的神经网络和性能如表 17-5 所示，数据来源为 Keras 官网的 API 下的 Applications 页面，开发者可以据此选择合适的骨干网络。

表 17-5　TensorFlow 的神经网络快速构建 API 支持的神经网络和性能

模型名称	内存开销/MB	Top-1 准确率	Top-5 准确率	参数数量	深度/层	CPU 推理耗时/ms	GPU 推理耗时/ms
Xception	88	79.00%	94.50%	22900000	81	109.4	8.1
VGG16	528	71.30%	90.10%	138400000	16	69.5	4.2
VGG19	549	71.30%	90.00%	143700000	19	84.8	4.4
ResNet50	98	74.90%	92.10%	25600000	107	58.2	4.6
ResNet50V2	98	76.00%	93.00%	25600000	103	45.6	4.4
ResNet101	171	76.40%	92.80%	44700000	209	89.6	5.2
ResNet101V2	171	77.20%	93.80%	44700000	205	72.7	5.4
ResNet152	232	76.60%	93.10%	60400000	311	127.4	6.5
ResNet152V2	232	78.00%	94.20%	60400000	307	107.5	6.6
InceptionV3	92	77.90%	93.70%	23900000	189	42.2	6.9
InceptionResNetV2	215	80.30%	95.30%	55900000	449	130.2	10
MobileNet	16	70.40%	89.50%	4300000	55	22.6	3.4
MobileNetV2	14	71.30%	90.10%	3500000	105	25.9	3.8
DenseNet121	33	75.00%	92.30%	8100000	242	77.1	5.4
DenseNet169	57	76.20%	93.20%	14300000	338	96.4	6.3
DenseNet201	80	77.30%	93.60%	20200000	402	127.2	6.7
NASNetMobile	23	74.40%	91.90%	5300000	389	27	6.7
NASNetLarge	343	82.50%	96.00%	88900000	533	344.5	20

续表

模型名称	内存开销/MB	Top-1 准确率	Top-5 准确率	参数数量	深度/层	CPU 推理耗时/ms	GPU 推理耗时/ms
EfficientNetB0	29	77.10%	93.30%	5300000	132	46	4.9
EfficientNetB1	31	79.10%	94.40%	7900000	186	60.2	5.6
EfficientNetB2	36	80.10%	94.90%	9200000	186	80.8	6.5
EfficientNetB3	48	81.60%	95.70%	12300000	210	140	8.8
EfficientNetB4	75	82.90%	96.40%	19500000	258	308.3	15.1
EfficientNetB5	118	83.60%	96.70%	30600000	312	579.2	25.3
EfficientNetB6	166	84.00%	96.80%	43300000	360	958.1	40.4
EfficientNetB7	256	84.30%	97.00%	66700000	438	1578.9	61.6
EfficientNetV2B0	29	0.787	0.943	7200312	—	—	—
EfficientNetV2B1	34	0.798	0.95	8212124	—	—	—
EfficientNetV2B2	42	0.805	0.951	10178374	—	—	—
EfficientNetV2B3	59	0.82	0.958	14467622	—	—	—
EfficientNetV2S	88	0.839	0.967	21612360	—	—	—
EfficientNetV2M	220	0.853	0.974	54431388	—	—	—
EfficientNetV2L	479	0.857	0.975	119027848	—	—	—
EfficientNetV2B0	29	0.787	0.943	7200312	—	—	—
EfficientNetV2B1	34	0.798	0.95	8212124	—	—	—
EfficientNetV2B2	42	0.805	0.951	10178374	—	—	—
EfficientNetV2B3	59	0.82	0.958	14467622	—	—	—
EfficientNetV2S	88	0.839	0.967	21612360	—	—	—
EfficientNetV2M	220	0.853	0.974	54431388	—	—	—
EfficientNetV2L	479	0.857	0.975	119027848	—	—	—

注：（1）Top-1 和 Top-5 准确率是在 ImageNet 的验证数据集上测试后获得的，单次推理耗时是 10 轮推理的平均耗时，每轮推理都有 32 个样本组成一个批次，打包输入神经网络进行预测。
（2）官方的测试环境为 AMD 公司 92 核的 EPYC 处理器（带 IBPB），内存为 1.7TB，GPU 加速卡为 Tesla A100（6912 个 CUDA 单元，432 个 TensorCore，双精度 FP64 的理论运算量为 9.7TFLOPS，单精度 FP32 的理论运算量为 19.5TFLOPS）。

下面将以第 2 篇使用的 MobileNet、第 4 篇使用的 LeNet、第 5 篇学习的 AlexNet（在实践中已经基本不再使用）、VGG（16 层、19 层）、ResNetV2 版本（50 层、101 层、152 层）、YOLO 使用的骨干网络 DarkNet 为例，分别制作模型实例，汇总对比内存开销和乘法开销。

TensorFlow 生成 MobileNet 的高阶 API 位于 tf.keras.application 下，函数使用方法如以下代码所示。

```
tf.keras.applications.mobilenet.MobileNet(
    input_shape=None,
    alpha=1.0,
    depth_multiplier=1,
```

```
    dropout=0.001,
    include_top=True,
    weights='imagenet',
    input_tensor=None,
    pooling=None,
    classes=1000,
    classifier_activation='softmax',
    **kwargs
)
```

TensonFlow 的 MobileNet 高阶 API 接口定义如表 17-6 所示。

表 17-6　TensonFlow 的 MobileNet 高阶 API 接口定义

配置变量	配置含义
input_shape	输入图像的形状，如(192,192,3)。不包含 batch 维度的 None
include_top	布尔值，若为 True 则直接生成图像分类网络，若为 False 则生成骨干网络
weights	布尔值，表示是否加载 TensorFlow 提供的预训练权重，预训练权重是在 ImageNet 数据集上训练获得的
classes	如果 include_top 为 True，那么图像分类的类别数量由 classes 配置

生成一个 MobileNet 实例，输入图像为三通道、分辨率为 224 像素×224 像素的彩色图像，设置为骨干网络（不包含最后用于分类的全连接层，include_top 设置为 False），并且使用 TensorFlow 提供的预训练参数，代码如下。

```
mobilenet_model = tf.keras.applications.MobileNetV2(
    input_shape=(224,224,3),
    include_top=False,
    weights='imagenet')
```

查看该模型的输入形状、输出形状、资源开销，代码如下。

```
print('mobilenet_model 输入形状：',mobilenet_model.input_shape)
print('mobilenet_model 输出形状：',mobilenet_model.output_shape)
detail_mobilenet_model = model_inspector.model_inspect(mobilenet_model)
detail_mobilenet_summary = model_inspector.summary(mobilenet_model)
```

输出如下。

```
mobilenet_model 输入形状： (None, 224, 224, 3)
mobilenet_model 输出形状： (None, 7, 7, 1280)
mobilenetv2_1.00_224 总内存开销 42.804064 M variables
mobilenetv2_1.00_224 总乘法开销 5547.940824 MFLO
```

特别地，TensorFlow 提供的预训练模型是对输入图像的动态范围有要求的，根据官网对于 MobileNet 的动态范围要求，输入图像数据的像素范围必须为-1～1，所以此时输入的数据集需要将动态范围为 0～255 的像素值映射到-1～1 的范围上，数据集像素值映射的代码如下。

```
dataset = dataset.map(lambda x,y: (x/255*2-1,y) )
```

TensorFlow 生成 VGG 神经网络的高阶 API 位于 tf.keras.application 下，分为 16 层和 19 层两种，函数使用方法如下。

```
tf.keras.applications.vgg16.VGG16(
    include_top=True,
    weights='imagenet',
    input_tensor=None,
    input_shape=None,
    pooling=None,
    classes=1000,
    classifier_activation='softmax'
)
tf.keras.applications.vgg19.VGG19(
    include_top=True,
    weights='imagenet',
    input_tensor=None,
    input_shape=None,
    pooling=None,
    classes=1000,
    classifier_activation='softmax'
)
```

VGG 的高阶 API 接口定义如表 17-7 所示。

表 17-7　VGG 的高阶 API 接口定义

配置变量	配置含义
input_shape	输入图像的形状，如(224,224,3)。不包含 batch 维度的 None
input_tensor	tf.keras.layer.Input 定义的具有形状的输入占位符，如 tf.keras.layers.Input (shape = (224,224,3))
include_top	布尔值，若为 True 则直接生成图像分类网络，若为 False 则生成骨干网络
weights	布尔值，表示是否加载 TensorFlow 提供的预训练权重，预训练权重是在 ImageNet 数据集上训练获得的
classes	如果 include_top 为 True，那么图像分类的类别数量由 classes 配置

生成一个 VGG 实例，输入图像为三通道、分辨率为 224 像素的彩色图像，设置为骨干网络（不包含最后用于分类的全连接层，include_top 设置为 False），并且使用 TensorFlow 提供的预训练参数，代码如下。

```
vgg16_model = tf.keras.applications.vgg16.VGG16(
    include_top=False,
    weights='imagenet',
    input_shape=(224,224,3))
vgg19_model = tf.keras.applications.vgg19.VGG19(
    include_top=False,
```

```
    weights='imagenet',
    input_shape=(224,224,3))
```

查看该模型的输入形状、输出形状、资源开销，代码如下。

```
print('vgg16_model 输入形状：',vgg16_model.input_shape)
print('vgg16_model 输出形状：',vgg16_model.output_shape)
detail_vgg16_model = model_inspector.model_inspect(vgg16_model)
detail_vgg16_summary = model_inspector.summary(vgg16_model)
print('vgg19_model 输入形状：',vgg19_model.input_shape)
print('vgg19_model 输出形状：',vgg19_model.output_shape)
detail_vgg19_model = model_inspector.model_inspect(vgg19_model)
detail_vgg19_summary = model_inspector.summary(vgg19_model)
```

输出如下。

```
vgg16_model 输入形状： (None, 224, 224, 3)
vgg16_model 输出形状： (None, 7, 7, 512)
vgg16 总内存开销 14.714688 M variables
vgg16 总乘法开销 15346.630656 MFLO
vgg19_model 输入形状： (None, 224, 224, 3)
vgg19_model 输出形状： (None, 7, 7, 512)
vgg19 总内存开销 20.024384 M variables
vgg19 总乘法开销 19508.4288 MFLO
```

特别地，TensorFlow 提供的预训练模型是对输入图像的动态范围有要求的，根据官网对于 VGG 的动态范围要求，输入的图像数据的像素范围必须是-1～1，所以此时输入的数据集需要将动态范围为 0～255 的像素值映射到-1～1 的范围上，数据集像素值映射的代码如下。

```
dataset = dataset.map(lambda x,y: (x/255*2-1,y) )
```

TensorFlow 生成 ResNet 的高阶 API 位于 tf.keras.application 下，分为 16 层和 19 层两种，函数名称有以下 6 种。

```
tf.keras.applications.resnet50.ResNet50(配置参数)
tf.keras.applications.resnet.ResNet101(配置参数)
tf.keras.applications.resnet.ResNet101(配置参数)
tf.keras.applications.resnet_v2.ResNet50V2(配置参数)
tf.keras.applications.resnet_v2.ResNet101V2(配置参数)
tf.keras.applications.resnet_v2.ResNet152V2(配置参数)
```

配置参数基本一致，配置方法如下。

```
函数名称(
    include_top=True,
    weights='imagenet',
    input_tensor=None,
    input_shape=None,
```

```
    pooling=None,
    classes=1000,
    classifier_activation='softmax',# V2 特有
    **kwargs)
```

ResNet 的高阶 API 接口定义如表 17-8 所示。

表 17-8　ResNet 的高阶 API 接口定义

配置变量	配置含义
input_shape	输入图像的形状，如(224,224,3)。不包含 batch 维度的 None
input_tensor	由 tf.keras.layer.Input 定义的具有形状的输入占位符，如 tf.keras.layers.Input(shape =(224,224,3))
include_top	布尔值，若为 True 则直接生成图像分类网络，若为 False 则生成骨干网络
weights	布尔值，表示是否加载 TensorFlow 提供的预训练权重，预训练权重是在 ImageNet 数据集上训练获得的
classes	如果 include_top 为 True，那么图像分类的类别数量由 classes 配置

生成若干 ResNet 实例，输入图像为三通道、分辨率为 224 像素的彩色图像，设置为骨干网络（不包含最后用于分类的全连接层，include_top 设置为 False），并且使用 TensorFlow 提供的预训练参数，代码如下。

```
resnet50_backbone=tf.keras.applications.resnet50.ResNet50(
    include_top=False,
    weights='imagenet',
    input_shape=[224,224,3])
resnet101_backbone=tf.keras.applications.resnet.ResNet101(
    include_top=False,
    weights='imagenet',
    input_shape=[224,224,3])
resnet152_backbone=tf.keras.applications.resnet.ResNet152(
    include_top=False,
    weights='imagenet',
    input_shape=[224,224,3])
resnet50V2_backbone=tf.keras.applications.resnet_v2.ResNet50V2(
    include_top=False,
    weights='imagenet',
    input_shape=[224,224,3])
resnet101V2_bb=tf.keras.applications.resnet_v2.ResNet101V2(
    include_top=False,
    weights='imagenet',
    input_shape=[224,224,3])
resnet152V2_backbone=tf.keras.applications.resnet_v2.ResNet152V2(
    include_top=False,
    weights='imagenet',
    input_shape=[224,224,3])
```

查看这些模型的输入形状、输出形状、资源开销，代码如下。

```
print('resnet50_bb 输入形状：',resnet50_bb.input_shape)
print('resnet50_bb 输出形状：',resnet50_bb.output_shape)
detail_resnet50_bb = model_inspector.model_inspect(resnet50_bb)
detail_resnet50_bb = model_inspector.summary(resnet50_bb)
……
print('resnet152V2_bb 输入形状：',resnet152V2_bb.input_shape)
print('resnet152V2_bb 输出形状：',resnet152V2_bb.output_shape)
detail_resnet152V2_bb=model_inspector.model_inspect(resnet152V2_bb)
detail_resnet152V2_bb=model_inspector.summary(resnet152V2_bb)
```

输出如下。

```
resnet50_bb 输入形状： (None, 224, 224, 3)
resnet50_bb 输出形状： (None, 7, 7, 2048)
resnet50 总内存开销 23.587712 M variables
resnet50 总乘法开销 3855.983664 MFLO
resnet101_bb 输入形状： (None, 224, 224, 3)
resnet101_bb 输出形状： (None, 7, 7, 2048)
resnet101 总内存开销 42.658176 M variables
resnet101 总乘法开销 7568.214946 MFLO
resnet152_bb 输入形状： (None, 224, 224, 3)
resnet152_bb 输出形状： (None, 7, 7, 2048)
resnet152 总内存开销 58.370944 M variables
resnet152 总乘法开销 11280.453284 MFLO
resnet50V2_bb 输入形状： (None, 224, 224, 3)
resnet50V2_bb 输出形状： (None, 7, 7, 2048)
resnet50v2 总内存开销 23.5648 M variables
resnet50v2 总乘法开销 3480.246021 MFLO
resnet101V2_bb 输入形状： (None, 224, 224, 3)
resnet101V2_bb 输出形状： (None, 7, 7, 2048)
resnet101v2 总内存开销 42.62656 M variables
resnet101v2 总乘法开销 7192.477303 MFLO
resnet152V2_bb 输入形状： (None, 224, 224, 3)
resnet152V2_bb 输出形状： (None, 7, 7, 2048)
resnet152v2 总内存开销 58.331648 M variables
resnet152v2 总乘法开销 10904.715641 MFLO
```

特别地，TensorFlow 提供的预训练模型对输入图像的动态范围有要求的，根据官网对于 ResNet 的动态范围要求，输入的图像数据必须经过 RGB 到 BGR 颜色通道的顺序调整（将常规的 RGB 红绿蓝三通道更改为 BGR 蓝绿红三通道），并且将数据处理为以 0 为中心，才能输入 ResNet 神经网络进行处理。虽然处理很麻烦，但 TensorFlow 提供了封装好的函数供开发者调用，函数位于 tf.keras.applications.resnet50.preprocess_input 中。实际使用时需要在骨干网络

ResNet 前增加一个预处理层。

假设输入数据为 inp，它经过骨干网络 ResNet 的处理后，形成预处理的输出 x，这样就可以利用输入和输出的函数关系新建一个预处理层，层名称为 preprocess_model，代码如下。

```
inp = tf.keras.layers.Input(shape=(224, 224, 3))
x = tf.keras.applications.resnet50.preprocess_input(inp)
preprocess_model = tf.keras.Model(inputs=inp, outputs=x)
```

在实际编程中，将预处理层处理为一个嵌套层，即将多个层封装为一个模型（命名为模型 A），将模型 A 作为另一模型（命名为模型 B）的一个层嵌套入模型 B。将预处理层 preprocess_model 置于输入数据和带预训练权重的骨干网络 ResNet 之间。例如，假设需要建立一个图像分类网络，骨干网络用 resnet50_bb 表示，预处理层用 preprocess_model 表示，新建贯序模型的代码如下。

```
model = tf.keras.Sequential([
    preprocess_model,
    resnet50_bb,
    tf.keras.layers.GlobalAveragePooling2D(), #平均池化
    tf.keras.layers.Dense(
        len(class_id_from_name),
        activation='softmax') #分类
    ])
```

17.4　加载骨干网络 DarkNet 的预训练权重

DarkNet53 是 YOLO V3 目标检测神经网络的骨干网络，CSP-DarkNet 是 YOLO V4 目标检测神经网络的骨干网络。YOLO 官方并没有直接给出骨干网络部分的预训练权重，但可以从整个 YOLO 神经网络中截取属于 DarkNet 的权重，加载到骨干网络 DarkNet 中。

17.4.1　读取和解析 YOLO 的官方权重

YOLO 官方给出的是仅包含权重数值的文件，并且是 weights 格式的。这与 TensorFlow 的 checkpoint 格式不同，无法使用模型的 load_weights 方法直接载入。

下面介绍 weights 格式的权重文件。weights 格式的权重文件可以使用 numpy 的 fromfile() 函数读取。numpy 的 fromfile()函数读取数据的单位是“数字标量”，即指定读取的文件和数据类型后，需要为 count 标志位输入一个整数 N，让 fromfile()函数读取文件中的前 N 个数字。weights 格式的权重文件的前 5 个变量是权重文件的元数据，可以读取后丢弃。代码如下。

```
wf = open(weights_file, 'rb')
major, minor, revision, seen, _ = np.fromfile(
```

```
    wf, dtype=np.int32, count=5)
```

下面读取二维卷积层和 BN 层的权重数据。

由于 numpy 的 fromfile()函数读取的是数字标量而不是矩阵或向量，所以读取 BN 层时，首先计算 BN 层读取的数字个数为通道数的 4 倍，即 4*filters。4 倍的含义是每个通道需要 4 个参数，即 beta、gamma、mean、variance，才能确定 BN 层的参数。此外，weights 格式的 BN 层数据形状是(beta,gamma,mean,variance)，而 TensorFlow 的 BN 层要求数据形状为(gamma,beta,mean,variance)，所以读取数据之后必须进行矩阵形状重组（reshape 操作），代码如下。

```
# DarkNet 的权重格式: (beta, gamma, mean, variance)
bn_weights=np.fromfile(wf,dtype=np.float32,count=4*filters)
# TensonFlow 的权重格式: (gamma, beta, mean, variance)
bn_weights=bn_weights.reshape((4, filters))[[1, 0, 2, 3]]
```

使用 numpy 的 fromfile()函数读取二维卷积层的权重矩阵，二维卷积层权重矩阵的数字个数是 out_dim、in_dim、height、width 的乘积。另外，weights 格式的二维卷积权重矩阵的形状是(out_dim,in_dim,height,width)，但是 TensorFlow 设置权重的格式形状是(height,width,in_dim,out_dim)，所以首先需要使用 TensorFlow 的 reshape()函数设置为四维矩阵的形状，然后使用矩阵维度交换函数 transpose()，使得数字重新组合为 TensorFlow 要求的权重维度顺序。代码如下。

```
# DarkNet 的权重矩阵形状为(out_dim, in_dim, height, width)
conv_shape = (filters, in_dim, k_size, k_size)
conv_weights = np.fromfile(
   wf, dtype=np.float32, count=np.product(conv_shape))
# TensonFlow 的权重矩阵形状为(height, width, in_dim, out_dim)
conv_weights=conv_weights.reshape(conv_shape).transpose([2,3,1,0])
```

如果二维卷积层有偏置向量，那么同样用 np.fromfile()函数读取偏置向量。根据二维卷积层算法原理，偏置向量的元素数量等于滤波器数量，所以此处通过 np.fromfile()函数读取的 32 位浮点数字的数量等于滤波器数量。与读取二维卷积层权重矩阵不同的是，读取偏置向量不需要使用 reshape()函数和 transpose()函数进行形状和维度的调整。代码如下。

```
conv_bias = np.fromfile(wf, dtype=np.float32, count=filters)
```

另外，虽然模型的层间顺序是先二维卷积层后 BN 层，但 weights 格式的权重存储顺序是先 BN 层后二维卷积层，所以在模型中找二维卷积层和 BN 层参数时要注意先后顺序。代码如下。

```
wf = open(weights_file, 'rb')
major, minor, revision, seen, = np.fromfile(wf, dtype=np.int32, count=5)
......
wf.close()
```

代码中的循环条件、BN 层权重、二维卷积层的权重读取代码在前面已介绍，因此省略。

下面按照一定的顺序将二维卷积层和 BN 层的权重数据设置到设计的模型中，需要注意以下两点。

第一，仔细研读 DarkNet 和 CSP-DarkNet 的网络结构，可以发现每个 DarkNet 专用卷积块内部其实只有一个 TensorFlow 二维卷积层，并且每个二维卷积层的后面一定跟着一个 BN 层。而 DarkNet 和 CSP-DarkNet 的网络内只有二维卷积层和 BN 层需要加载参数，其他层都是不带参数的（如非线性激活层、上采样层、池化层、切片层等）。基于这个结论，可以先找到 DarkNet 和 CSP-DarkNet 的全部二维卷积层配置权重，再找到 BN 层，并使用相同方法配置权重。由于在网络设计上，我们有意让二维卷积层的偏置变量标志位与 BN 层标志位互斥，所以每个二维卷积层之后，我们需要读取偏置变量或 BN 层权重中的任意一个。

依次生成的标准版和简版 DarkNet 和 CSP-DarkNet，查看其内部二维卷积层的数量可知，DarkNet-tiny 的二维卷积层数量为 6，DarkNet 的二维卷积层数量为 51，CSP_DarkNet-tiny 的二维卷积层数量为 14，CSP_DarkNet 的二维卷积层数量为 77。只要提取这些数量的二维卷积层和批次归一化层权重，配置起止编号范围内的二维卷积层和批次归一化层即可，核心代码如下。

```
if is_tiny==True:
    if model_name == 'darknet':
        convNo_range = [0, 7] # 编号最大的二维卷积层名称是 conv2d_6 (Conv2D)
    elif model_name == 'CSP_darknet':
        convNo_range = [0, 15] # 编号最大的二维卷积层名称是 conv2d_14 (Conv2D)
elif is_tiny==False:
    if model_name == 'darknet':
        convNo_range = [0, 52] # 编号最大的二维卷积层名称是 conv2d_51 (Conv2D)
    elif model_name == 'CSP_darknet':
        convNo_range = [0, 78] # 编号最大的二维卷积层名称是 conv2d_77 (Conv2D)
```

第二，weights 格式的权重是按照神经网络从输入层向输出层的串行生长方向存储的 weights 格式的权重，但是 TensorFlow 模型的层属性提取出来的内部各层是按照并行方向依次展示的，所以不能通过 TensorFlow 模型的层属性展开 for 循环，只能使用 TensorFlow 模型的 get_layer 方法按照模型名称依次寻址模型内部的各层，并展开 for 循环。

以 CSP-DarkNet 为例，使用模型的 summary 方法，查看内部的每层，可以发现按照模型的串行生长方向，依次生成 conv2d、conv2d_1、…、conv2d_6、conv2d_77。但是从 summary 的展示顺序来看，conv2d_2 的展示顺序在 conv2d_6 和 conv2d_7 之间，依次展示为 conv2d、conv2d_1、…、conv2d_77。代码如下。

```
Model: "CSPdarknet53"
__________________________________________________________________________
Layer (type)                    Output Shape         Param
==========================================================================
input_1 (InputLayer)              [(None, 416, 416, 3) 0
__________________________________________________________________________
```

```
conv2d (Conv2D)                (None, 416, 416, 32) 864
__________________________________________________________________________
batch_normalization (BatchNorma (None, 416, 416, 32) 128
__________________________________________________________________________
lambda (Lambda)                (None, 416, 416, 32) 0
__________________________________________________________________________
zero_padding2d (ZeroPadding2D)  (None, 417, 417, 32) 0
__________________________________________________________________________
conv2d_1 (Conv2D)              (None, 208, 208, 64) 18432
__________________________________________________________________________
batch_normalization_1 (BatchNor (None, 208, 208, 64) 256
__________________________________________________________________________
lambda_1 (Lambda)              (None, 208, 208, 64) 0
__________________________________________________________________________
conv2d_3 (Conv2D)              (None, 208, 208, 64) 4096
__________________________________________________________________________
batch_normalization_3 (BatchNor (None, 208, 208, 64) 256
__________________________________________________________________________
lambda_3 (Lambda)              (None, 208, 208, 64) 0
__________________________________________________________________________
conv2d_4 (Conv2D)              (None, 208, 208, 32) 2048
__________________________________________________________________________
batch_normalization_4 (BatchNor (None, 208, 208, 32) 128
__________________________________________________________________________
lambda_4 (Lambda)              (None, 208, 208, 32) 0
__________________________________________________________________________
conv2d_5 (Conv2D)              (None, 208, 208, 64) 18432
__________________________________________________________________________
batch_normalization_5 (BatchNor (None, 208, 208, 64) 256
__________________________________________________________________________
lambda_5 (Lambda)              (None, 208, 208, 64) 0
__________________________________________________________________________
add (Add)                    (None, 208, 208, 64) 0
__________________________________________________________________________
conv2d_6 (Conv2D)              (None, 208, 208, 64) 4096
__________________________________________________________________________
conv2d_2 (Conv2D)              (None, 208, 208, 64) 4096
__________________________________________________________________________
……
conv2d_77 (Conv2D)             (None, 13, 13, 512)  524288
__________________________________________________________________________
batch_normalization_77 (BatchNor (None, 13, 13, 512)  2048
__________________________________________________________________________
lambda_77 (Lambda)             (None, 13, 13, 512)  0
```

```
================================================================
Total params: 38,727,520
Trainable params: 38,684,000
Non-trainable params: 43,520
```

为了按照模型内部各层的名称展开 for 循环，必须了解 DarkNet 和 CSP-DarkNet 内部模型名称的命名规律。TensorFlow 在第一次运行的时候，会依次给同一层类的不同实例分配按序号递增的名称。以二维卷积层为例，从 conv2d_0（TensorFlow 会简写为 conv2d）开始，依次命名为 conv2d_1、conv2d_2、…、conv2d_77。如果在 spyder 的集成开发工具内部第二次生成模型（即便是毫无相关的模型），那么其内部的二维卷积层也会从 conv2d_78 开始依次命名。因此，在模型内部以层名称展开 for 循环之前，需要先了解当前模型层命名的起止位置。为此笔者专门设计了一个提取模型内部二维卷积层命名起止编号的函数，命名为 find_conv_layer_num_range()。输入一个模型，可以返回两个数字 conv_no_min 和 conv_no_max，分别代表二维卷积层名称下划线后面数字的开始和结束。代码如下。

```
def find_conv_layer_num_range(model):
    import re
    layers=model.layers
    layer_names = [layer.name for layer in layers]
    conv_names =[ name for name in layer_names
        if name.startswith('conv2d') ]
    conv_no=[]
    for conv_name in conv_names:
        if conv_name=='conv2d':
            conv_no.append(0)
        else:
            match= re.findall(r'(?<=_)\d+\d*',conv_name)
            # re.findall(r'(?<=_)\d+\d*','conv2d_888')==['888']
            conv_no.append(int(match[0]))
    conv_no.sort(reverse = False)
    conv_no_min,conv_no_max=min(conv_no),max(conv_no)
    assert 1+conv_no_max-conv_no_min==len(conv_no)
    return (conv_no_min,conv_no_max)
```

拥有模型的层数量范围 convNo_range 及模型内部层名称的起止编号 conv_no_min 和 conv_no_max 后，可以按照层名称展开 for 循环。核心代码如下。

```
conv_no_min,conv_no_max =find_conv_layer_num_range(model)
convNo_range=[x+conv_no_min for x in convNo_range]
for i in range(convNo_range[0],convNo_range[1]):
    conv_layer_name = 'conv2d_%d' %i if i > 0 else 'conv2d'
    bn_layer_name = 'batch_normalization_%d' %j if j > 0 \
        else 'batch_normalization'
    ......
```

```
    bn_layer = model.get_layer(bn_layer_name)
    bn_layer.set_weights(bn_weights)
    conv_layer = model.get_layer(conv_layer_name)
    conv_layer.set_weights([conv_weights, conv_bias])
```

由于 YOLO V4 的权重分支较多，骨干网络的权重也有很多版本，但只要理解 DarkNet 的专用卷积块内部的 BN 层的开启、关闭标志位与二维卷积层偏置变量开启、关闭标志位之间的互斥关系，读者就可以自行设计代码读取 YOLO 官方的 weights 格式的权重文件。

17.4.2 设计 DarkNet 骨干网络并加载转换后的权重

由于 YOLO 的 GitHub 官方主页只提供了 TensorFlow 无法识别的以 weights 为后缀的权重，而且提供的权重包含骨干部分、中段部分的权重，通过读取和解析提取骨干部分的权重较为繁琐，因此笔者的 GitHub 主页上提供了 4 种格式的骨干网络 DarkNet 的 TensorFlow 格式的权重供读者下载。感兴趣的读者可以使用本书的方法新建模型后，使用模型的 load_weights 方法加载预训练权重。在笔者的计算机上，DarkNet、CSP-DarkNet、CSP-DarkNet-tiny 的 ckpt 格式的权重文件如图 17-11 所示。

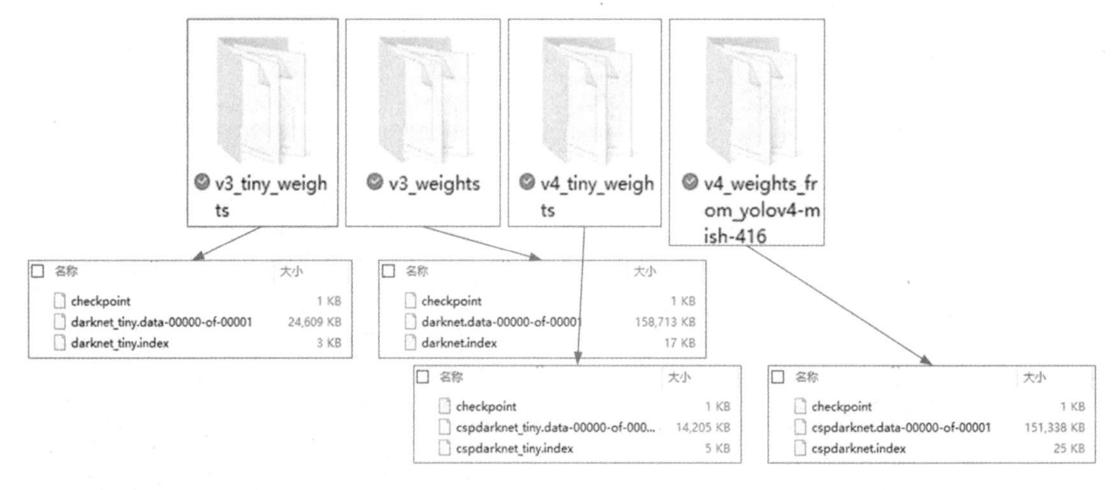

图 17-11　DarkNet、CSP-DarkNet、CSP-DarkNet-tiny 的 ckpt 格式的权重文件

由于 YOLO V4 的权重分支较多，笔者也会适时地增加可供下载的骨干网络权重，感兴趣的读者可自行下载。下面可以使用本书介绍的方法新建 4 个版本的 DarkNet 模型，并加载权重文件。新建名为 darknet53 的神经网络，代码如下。

```
import P06_yolo_core_backbone as backbone
if experiment == 'darknet53':
    input_shape=[224,224,3]
    x = tf.keras.layers.Input(shape=input_shape)
    hi,med,feature_maps = backbone.darknet53(x)
```

```
    darknet53_model=tf.keras.Model(
        x,feature_maps,name='darknet53')
    darknet53_model.load_weights(
        'yolo_weights/v3_weights/darknet')
    print('darknet53_model 输入形状:
        ',darknet53_model.input_shape)
    print('darknet53_model 输出形状:
        ',darknet53_model.output_shape)
    detail_darknet53_model = model_inspector.model_inspect(
        darknet53_model)
    detail_darknet53_model = model_inspector.summary(
        darknet53_model)
```

查看骨干网络 darknet53 的资源开销，输出如下。

```
darknet53_model 输入形状: (None, 224, 224, 3)
darknet53_model 输出形状: (None, 7, 7, 1024)
darknet53 总内存开销 40.62064 M variables
darknet53 总乘法开销 7108.253557 MFLO
```

依次使用类似方法，新建 darknet53_tiny 模型，代码如下。

```
if experiment == 'darknet53_tiny':
    input_shape=[224,224,3]
    x = tf.keras.layers.Input(shape=input_shape)
    med,feature_maps = backbone.darknet53_tiny(x)
    darknet53_tiny_model = tf.keras.Model(
        x, feature_maps, name='darknet53_tiny')
    darknet53_tiny_model.load_weights(
        'yolo_weights/v3_tiny_weights/darknet_tiny')
```

查看骨干网络 darknet53_tiny 的资源开销，输出如下。

```
darknet53_tiny_model 输入形状: (None, 224, 224, 3)
darknet53_tiny_model 输出形状: (None, 7, 7, 1024)
darknet53_tiny 总内存开销 6.29848 M variables
darknet53_tiny 总乘法开销 541.967748 MFLO
```

使用类似方法，新建名为 cspdarknet53 的模型，代码如下。

```
if experiment == 'cspdarknet53':
    input_shape=[224,224,3]
    x = tf.keras.layers.Input(shape=input_shape)
    hi,med,feature_maps = backbone.cspdarknet53(x)
    cspdarknet53_model = tf.keras.Model(
        x, feature_maps, name='cspdarknet53')
    cspdarknet53_model.load_weights(
        'yolo_weights/v4_weights_from_yolov4-mish-416/cspdarknet')
```

查看骨干网络 cspdarknet53 的资源开销，输出如下。

```
cspdarknet53_model 输入形状： (None, 224, 224, 3)
cspdarknet53_model 输出形状： (None, 7, 7, 512)
cspdarknet53 总内存开销 38.72752 M variables
cspdarknet53 总乘法开销 5592.604131 MFLO
```

使用类似方法，新建 cspdarknet53_tiny 模型，代码如下。

```
if experiment == 'cspdarknet53_tiny':
    input_shape=[224,224,3]
    x = tf.keras.layers.Input(shape=input_shape)
    med,feature_maps = backbone.cspdarknet53_tiny(x)
    cspdarknet53_tiny_model = tf.keras.Model(
        x, feature_maps, name='cspdarknet53_tiny')
    cspdarknet53_tiny_model.load_weights(
        'yolo_weights/v4_tiny_weights/cspdarknet_tiny')
```

查看骨干网络 cspdarknet53 的资源开销，输出如下。

```
cspdarknet53_tiny_model 输入形状： (None, 224, 224, 3)
cspdarknet53_tiny_model 输出形状： (None, 7, 7, 512)
cspdarknet53_tiny 总内存开销 3.633632 M variables
cspdarknet53_tiny 总乘法开销 743.038431 MFLO
```

17.5 使用图像分类任务测试骨干网络权重的性能

对于不同的神经网络，数据集的图像数据需要按照神经网络的要求进行预处理。

MobileNet、VGG16、VGG19、ResNet V2 需要将图像数据的动态范围控制在-1～1，4 个版本的 DarkNet 需要将数据的动态范围控制在 0～1，冻结加载了预训练权重的骨干网络，并用以下方法新建图像分类神经网络，代码如下。

```
if experiment == 'darknet53':
    darknet53_model.trainable=False
    model = tf.keras.Sequential([
        darknet53_model,
        tf.keras.layers.GlobalAveragePooling2D(), #平均池化
        tf.keras.layers.Dense(
            len(class_id_from_name),
            activation='softmax') #分类
        ])
    TB_callback = tf.keras.callbacks.TensorBoard(
        log_dir='./P05_backbone/darknet53')
```

对于需要使用专用函数对图像数据进行预处理的神经网络，如 ResNet 的 V1 版本，可以先新建一个预处理层 preprocess_model，再连接骨干网络 resnet101_bb，使用贯序方法新建图像分类神经网络。代码如下。

```
resnet101_bb.trainable=False
model = tf.keras.Sequential([
    preprocess_model,
    resnet101_bb,
    tf.keras.layers.GlobalAveragePooling2D(), #平均池化
    tf.keras.layers.Dense(
        len(class_id_from_name),
        activation='softmax') #分类
    ])
TB_callback = tf.keras.callbacks.TensorBoard(
    log_dir='./P05_backbone/resnet101_bb')
```

最后设置模型的编译参数就可以使用模型的 fit 方法进行训练。训练周期暂定为 50 轮，并使用 TensorBoard 记录训练过程和结果，代码如下。

```
callbacks = [ TB_callback ]
model.compile(optimizer="adam",
              loss='sparse_categorical_crossentropy',
              metrics=["accuracy"])
hist = model.fit(ds_train,
                epochs= 50,
                callbacks=callbacks,
                validation_data = ds_val)
```

所有骨干网络都各自生成一个图像分类的神经网络模型，这些模型的下游网络相同，只是骨干网络互不相同。一般情况下，此时的图像分类性能越好说明其骨干网络的特征提取能力越强，越适合作为目标检测的骨干网络。

所有加载了预训练参数的模型进行 50 个周期的训练，通过 TensorBoard 查看训练过程中验证数据集的准确率和损失数值，多种骨干网络的图像分类性能对比如图 17-12 所示。

由此可见，大部分的骨干网络准确率达到 70%以上，部分神经网络的分类准确率达到 90%以上。但此处的骨干网络测试会受其他因素的影响，如 ResNet 的预训练权重是在超大型数据集 ImageNet 上训练得到的，而 CSP-DarkNet 是在中型数据集 CoCo 上训练得到的，不具备可比性。另外，此时图像分类测试使用的数据集是花卉数据集，与需要目标检测的场景不一致。使用何种骨干网络需要根据目标检测的具体场景选择。

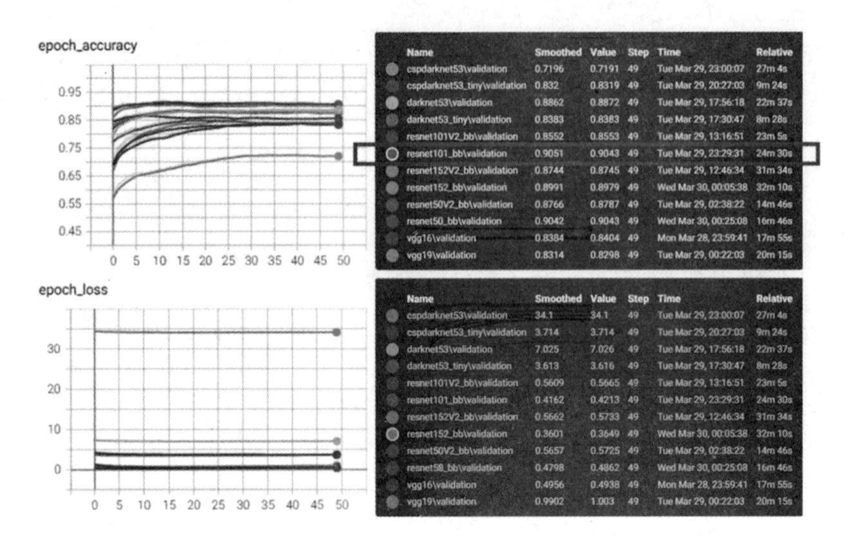

图 17-12　多种骨干网络的图像分类性能对比

随着视觉传感器和深度学习技术的发展，基于深度学习的计算机视觉也在不断进化。随着自然语言的发展，基于注意力机制的模型不断进化。注意力机制不仅可以用于自然语言中，也可以用于计算机视觉任务中。目前，基于注意力机制的计算机视觉骨干网络快速发展，如谷歌大脑团队在 2021 年 ICLR 大会上提出的 ViT（Vision Transformer）模型将 Transformer 的注意力机制用于计算机视觉，感兴趣的读者可以阅读注意力机制计算机视觉的入门论文“An Image is Worth 16x16 Words Transformers for Image Recognition at Scale”。

第 6 篇 三维计算机视觉入门和实战

近年来，随着神经网络的不断发展和激光雷达硬件工艺的不断进步，三维计算机视觉技术也逐渐成为研究热点。本篇将介绍三维计算机视觉数据的特点，以及如何使用神经网络计算框架进行三维重建、三维感知、图计算。

第 18 章
三维计算机视觉的数据表达和主要任务

不同于普通摄像机捕获的 RGB 三通道图像数据，三维计算机视觉数据本身的表达方式多种多样，属于不规则的表达方式，本章将结合三维计算机视觉数据集和三维计算机视觉模型对其进行简单介绍。

18.1 三维计算机视觉的数据表达

我们生活的世界是一个三维世界，所有的物体都具有三维形状，传统摄像机捕获的图像不过是三维物体在感光器件上的二维投影。三维物体在进行二维投影的时候，将会丢失大量信息（其中最重要的就是空间信息），这将直接伤害视觉任务的准确率。例如，图 18-1（a）所示的“眩晕地毯”就利用了人类视网膜只能捕捉到二维投影信息的特点，传达了能够带来视觉误差的二维图像给人脑营造“洞”的错觉。而对于能捕捉到三维信息的激光雷达，“眩晕地毯”就是一个“平面”，而不是一个“洞”。但仅仅依靠三维数据也不能应付所有情况，如图 18-1（b）的浴帘，具有厚度薄、形状起伏明显的特点。如果采用三维扫描设备对其进行扫描，然后通过三维数据进行物体识别，很难判断出它是一个浴帘，而二维视觉可以很轻松地通过图像分类或目标检测判断出图像中的浴帘。

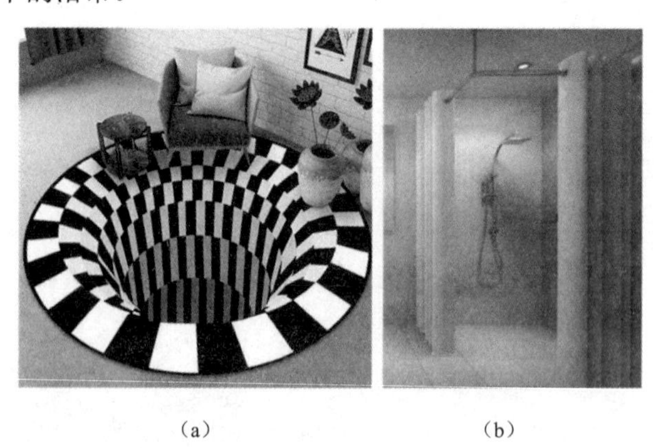

（a）　　　　　　　　　　　（b）

图 18-1　“眩晕地毯”的二维错觉和浴帘的三维识别障碍

计算机视觉一旦拓展到三维空间，就需要解决三维数据的表达问题，将视觉数据从二维拓展到三维，形成以下三维数据的表达方式。

深度图像表达方式指的是使用具有测距功能的红外或激光雷达摄像头捕获物体的颜色信息和深度信息，深度信息指的是物体与摄像头的距离。若将捕获的信息组合为一个元组，则可以表示为(R,G,B,Depth)，Depth 一般为存储着距离信息的无符号整数，单位 1 代表扫描硬件厂商提供的距离单位，一般为 mm。深度图像数据可以由类似于谷歌的 Project-Tango 或微软的 Kinect 设备捕获，由于物体之间的遮挡，无法捕获阴影处的物体信息，因此，有时深度图像也被称为 2.5 维图像。

体素（Voxel）表达方式指的是使用一个三维矩阵表示三维空间。假设将一个正方体的三维空间进行三维切割，每个维度都进行 32 等分，那么这个三维空间可以表示为形状为(32,32,32)的矩阵。矩阵中的每个元素对应三维空间中的某个区域，若该元素取值为 0，则表示该区域没有物体；若该元素取值为 1，则表示该区域为物体所占据。对于一个有限的空间，体素能够完美地表示空间内的每个局部，但体素表达方式的矩阵是非常稀疏的，因为即便是没有被物体占据的空闲空间，也必须使用数字 0 表示。32 体素的空间分辨率无法完全展示物体的细节，就要提高空间分辨率，但代价是矩阵中元素的数量会呈现立方倍增长，造成极大的内存占用。

点云（Point Cloud）表达方式指的是使用物体表面的点来表现物体。1 条点云数据一般包含 6 个数字，形状为(x,y,z,R,G,B)。x、y、z 指的是该点在三维世界的坐标，RGB 指的是该点的颜色。一个物体一般使用大量的点表示，因而称为点云。深度图像的坐标原点是相机，但点云数据的坐标原点是三维世界。点云数据可以由深度图像通过空间线性变换获得，但需要指定相机原点与三维世界原点的相对位置。点云表达方式一般将三维视觉数据存储为以.ply 为后缀的文件格式。

网格（Mesh）表达方式指的是使用若干网格（三角形）表示一个物体。使用网格表达方式时，需要记录三维物体的顶点坐标，用 V 作为关键字（V 为 Vertex 的首字母），数据格式为[X,Y,Z]，其中 X、Y、Z 分别为顶点在三维世界中的坐标；记录三维物体表面的三角形顶点序号，用 F 作为关键字（F 为 Face 的首字母），数据格式为[$v1$,$v2$,$v3$]，其中 $v1$、$v2$、$v3$ 表示该三角形三个顶点的序号。网格表达方式至少包含顶点坐标和三角形顶点序号这两项基本信息。此外，网格表达方式还支持记录三维物体的纹理坐标，用 VT 作为关键字（T 为 Texture 的首字母），数据格式为[ts,tt]，记录了顶点与纹理贴图二维坐标的对应关系，其中 ts 为纹理贴图的横坐标，tt 为纹理贴图的纵坐标，纹理贴图的坐标原点为纹理图片的左下角；记录三维物体的顶点法向量，用 VN 作为关键字（N 为 Normal 的首字母），数据格式为[nx,ny,nz]，分别表示法向量的指向。网格表达方式一般将三维视觉数据存储为以.obj 为后缀的文件格式。

网格表达方式不仅需要建立物体表面的点，还需要建立相邻点的连接关系（即边，Edge），这样可以使用若干三维平面拟合物体表面。有了物体表面的平面表达，就可以在适当的时候进行过采样，以便增加三维表达方式的细腻度，这是计算机显示引擎使用的三维数据表达方式。网格表达方式还支持图卷积（Graph Convolution）及更多人工智能神经网络的算法。

对比体素表达方式和点云表达方式，可以发现它们的区别和联系。体素表达方式使用三维矩阵表达三维物体，矩阵元素的取值表示是否属于物体，矩阵元素的排列表达三维物体的几何关系。多数情况下，体素表达方式的矩阵元素利用率是很低的。如果物体是实心的，那么只需要描述物体的表面体素就可以完成对三维物体的表达。因为物体表面的体素数量很少，表达效率可以大幅提高，只表达非空间物体的表面体素的 X、Y、Z 坐标就是点云表达方式。而网格表达方式在点云表达方式的基础上增加了点与点之间的关联。体素的表达方式与二维图像的表达方式最为接近，都是规则化的网格（Regular Grids）；而点云和网格表达方式都是不规则的表达方式，因为它们描述的是点与点之间的关系，具有置换不变性的特点，即置换点云、网格表达方式内部数据的先后顺序不会改变三维物体的表达。

此外，还有隐式曲面表达方式，指的是使用若干函数表达空间中的平面，平面上的点计算结果为 0.5，平面内和平面外的点计算结果为 0 和 1。隐式曲面表达方式认为，点云数据只是三维空间在隐式函数零水平集（Zero Level Set）的采样，可以根据采集的多个点云数据拟合光滑的隐式函数（Implicit Functions），并使用隐式函数构造物体表面。隐式函数可以通过重新采样的方法生成更密集的点云数据或更高分辨率的网格。

18.2　三维计算机视觉数据集

近年来，大量的三维计算机视觉数据集不断涌现，下面介绍知名的数据集。

三维物体数据方面比较知名的有 ShapeNet 数据集、Pix3D 数据集和 PartNet 数据集。ShapeNet 数据集发布于 2015 年，拥有 300 万个模型，其中 22 万个模型进行了三维物体分类，分类数量达到 3135，使用 WordNet（由普林斯顿大学认识科学实验室建立和维护的英语字典）组织分类名称，早期普林斯顿大学的 ModelNet 数据集已经被 ShapeNet 数据集吸收，其中的 ShapeNetCore 数据集拥有 51300 个模型，模型分为 55 类。ShapeNet 数据集历史悠久，样本规模足够大，平均每个模型有 25 个角度的渲染图形，但缺点是三维模型缺少二维图像的上下文信息且模型种类较少。

Pix3D 数据集发布于 2018 年，拥有 9 个分类，合计 219 个三维模型，这些模型与 1.7 万幅二维图像进行了对齐操作，即每个模型对应若干幅二维图像。Pix3D 数据集的特点是将三维模型与二维图像对齐，这样三维模型就有了二维图像的上下文信息，但缺点是数据集规模较小，每幅二维图像只包含一个三维物体。

PartNet 数据集发布于 2019 年，拥有 26671 个三维模型，这些模型被分割为 573585 个三维实体，三维实体分类数量 24。如果对具有上下文信息的三维模型感兴趣，那么可以下载宜家的三维物体数据集，该数据集利用了宜家官方发布的家具三维模型和宜家用户发布的评价图片，将二者对齐后制作为可供机器学习的数据集，数据集拥有 759 幅二维图像和 219 个三维模型，包括 Sketchup（skp）文件格式和 Wavefront（obj）文件格式。宜家三维物体数据集目前无法从官网下载，但提供了数据集搜集的思路。

三维场景数据方面，比较知名的有 NYU Depth Dataset V2 数据集[22]、SUN RGB-D 数据集[23]、ScanNet 数据集[24]、Matterport3D 数据集[25]。

NYU Depth Dataset V2 数据集[22]发布于 2012 年，由大量室内场景、视频序列组成，数据采集设备为 Microsoft Kinect 的摄像头，可以在 TensorFlow 官网下载。该数据集包含来自 464 个室内场景的 1449 幅深度图像，深度图像包含了与其对齐的二维彩色图像信息。室内场景被分为 26 个类型，深度图像进行了标注（分类编号和实例编号），标注种类超过 1000。此外，由于 NYU Depth Dataset V2 数据集的原始数据是带深度的视频，所以该数据集还包括 407024 个未标记的视频帧。

SUN RGB-D 数据集[23]发布于 2015 年，由普林斯顿大学视觉和机器人小组通过 4 款（因特尔 RealSence、华硕 Xtion、微软 KinectV1 和 V2）带深度探测传感器的摄像头采集，采集数据经过了后期精细化处理，提供了场景种类（Scene Category）、二维像素级分割、三维物体边框（3D Object Box）、三维房间布局（3D Room Layout）、三维物体方向（3D Object Orientation）等标注信息。SUN RGB-D 数据集的训练数据集拥有 10335 幅景深图像，一共包含 146617 个二维实体分割和 58657 个三维物体框，分类数量为 19，测试数据集拥有 2860 幅景深图像。

ScanNet 数据集[24]发布于 2017 年，是拥有彩色和深度数据的数据集。数据集通过 1500 次扫描，搜集了 250 万个视觉场景。ScanNet 设计了易于使用和可扩展的深度数据捕获系统，能够对场景的表面和语义进行注释。因此，数据集中的每个场景的摄像机姿态都有标注数据，每个像素和顶点都有语义标注，方便开发者建立三维场景神经网络。

Matterport3D 数据集发布于 2017 年，Matterport 公司是一家提供三维摄像机和三维导览服务的公司，其产品多用于房地产三维导览。待采集数据的室内将摆放用三脚架固定的 3 套特殊相机（包含彩色传感器和深度传感器），分别朝向室内的上、中、下方向，有 3 个彩色传感器和 3 个深度传感器。采集数据的时候，相机将沿着垂直轴做水平旋转，连续拍摄 6 次（合计 18 幅），最后通过图像合成技术形成高分辨率的室内三维环境数据。对于多场景的大型室内环境，需要间隔一段距离（2.5m）重复上述采集方法。Matterport3D 数据集提供了 90 个建筑物场景的 19.44 万幅 RGB-D 图像，最终合称为 1.08 万幅带景深的全景照片。通过这些景深全景照片，Matterport3D 数据集提供了三维物体的图义分割和分类标签，数据集的图像分辨率较高且提供网页预览功能。

18.3 三维计算机视觉的主要任务

三维计算机视觉的任务大致可以分为两类。第一类是通过常见的二维图像恢复物体的三维形状，输入的二维图像可以是单幅也可以是多幅，恢复的三维物体可以是体素表达方式、网格表达方式或其他表达方式。第二类是通过物体的三维数据感知物体和场景。输入的三维数据可以是多种表达方式，输出的识别数据可以是分类序号、矩形框、部件分割（Parts Segmentation）、实例分割（Instances Segmentation）。三维计算机视觉的任务类型如图 18-2 所示。

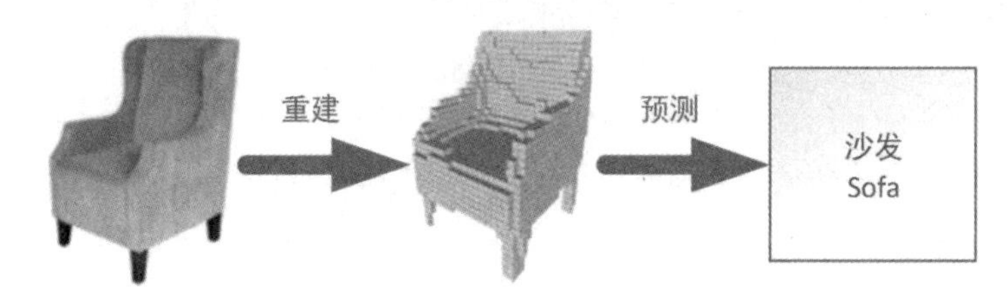

图 18-2　三维计算机视觉的任务类型

三维重建任务的目标是输入一幅二维图像，输出该二维图像对应的三维形状。根据三维形状的表达方式，有多种神经网络可以实现该类型的三维计算机视觉任务。

体素重建方面典型的神经网络有 3D-R2N2 神经网络[26]。它是 2016 年由斯坦福大学团队提出的三维重建神经网络，支持输入一个或多个物体的图像，并以三维体素的格式输出物体的三维形状。3D-R2N2 是三维循环重建神经网络（3D Recurrent Reconstruction Neural Network）的简称，该神经网络内部由一个编码器、一个三维卷积递归单元和一个解码器组成。其中的三维卷积递归单元能同时接收单个或多个物体图像，并且对输入的顺序免疫。3D-R2N2 神经网络的结构简图如图 18-3 所示。

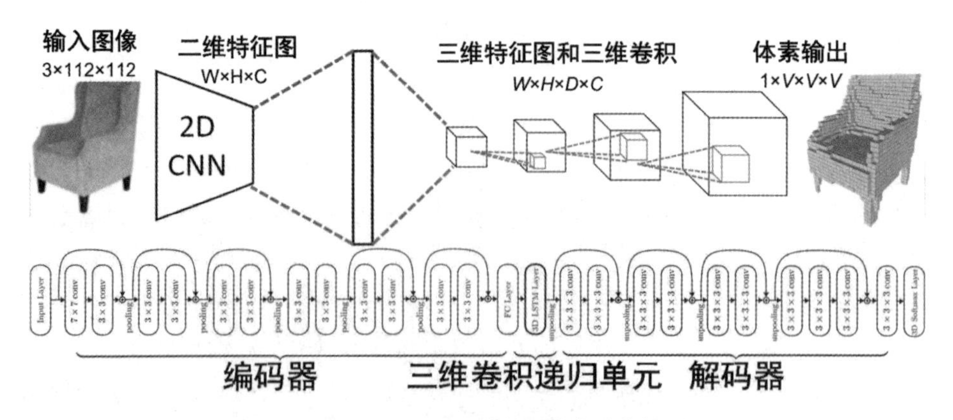

图 18-3　3D-R2N2 神经网络的结构简图

体素三维重建最大的问题是分辨率问题。体素矩阵的内存开销随着分辨率的提升呈现三次方倍增，有学者[27]提出了八分树和嵌套形状层[28]（Nested Shape Layers）的神经网络，感兴趣的读者可以阅读相关文献。

深度图像和法向量预测方面，纽约大学团队在 2014 年提出了 NYU 深度网络[29]（NYUDepthNet），并在 2016 年提出了多尺度卷积网络[30]（Multi-Scale Deep Network）。以多尺度卷积网络为例，首先将二维图像进行卷积和全连接处理，形成分辨率较低的粗网络，虽然此时分辨率降低了，但是通道数较高，然后通过上采样层将分辨率提高并与二维图像的高分辨率信息进行融合，融合后进行卷积操作，并再次通过上采样层进行分辨率提升，如此反复以形成与原二维图像分辨率一致的深度图像、法向量图像、图义分割图像。在损失函数方面，除计算深度损失外，还引入了梯度的损失，这样即便深度和法向量的预测值与真实值存在绝对值误差，也可以保证局部的三维形态类似。多尺度卷积网络结构如图 18-4 所示。

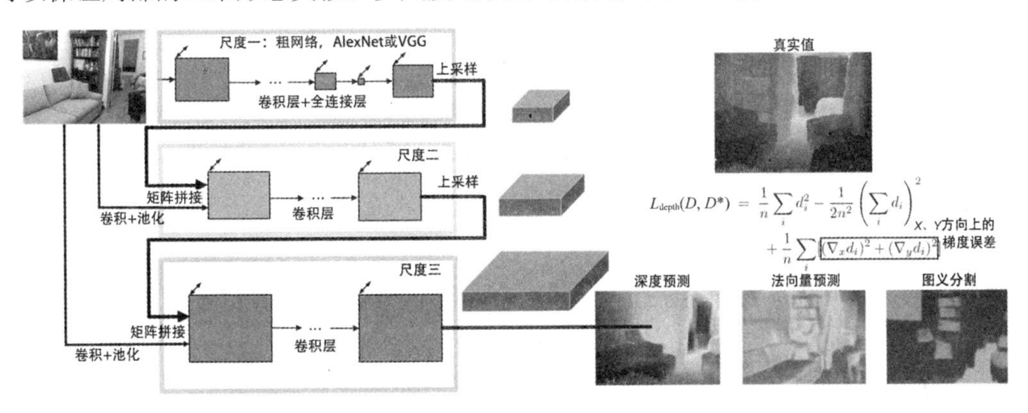

图 18-4　多尺度卷积网络结构

类似地，于 2016 年提出的基于全卷积残差的深度预测神经网络[31]采用了类似于 ResNet 的残差结构。此外，还有学者提出采用无监督学习技术进行深度估计或从视频几何运动约束中进行深度估计的神经网络，这里不再展开介绍。

三维物体的点云重建指的是输入一幅二维图像，神经网络通过计算推理三维物体的点云表达形式。点云重建的案例较多，最广为人知的是 2017 年提出的点集合生成网络[32]（Point Set Generation Network），以及 2019 年提出的 DensePCR 金字塔神经网络[33]、基于注意力机制的 Attention-DPCR[34]、GraphX 卷积网络[35]等。

点云重建的损失函数设计是需要读者特别关注的，因为点云数据往往是无序的坐标数据，并且预测数据和真实数据无法逐一对齐，即预测云中的第一个点未必与真实点云中的第一个点存在对应关系，预测点云和真实点云可以任意调换顺序。因此，点云重建神经网络需要使用倒角距离（Chamfer Distance，CD），量化神经网络预测的点云与真实点云的误差。距离度量函数大致上分为两类：欧氏距离和非欧氏距离，倒角距离属于非欧氏距离。可以将真实点云 S_1

和预测点云 S_2 看作两个集合，两个集合的倒角距离定义如下。

$$d_{\mathrm{CD}}\left(S_1,S_2\right)=\frac{1}{S_1}\sum_{x\in S_1}\min_{y\in S_2}\|x-y\|_2^2+\frac{1}{S_2}\sum_{y\in S_2}\min_{x\in S_1}\|y-x\|_2^2$$

式中，第一项代表真实点云 S_1 中任意一点 x 到预测点云 S_2 的最小距离的平方和（对真实点云 S_1 中所有点取平均），第二项则表示预测点云 S_2 中任意一点 y 到真实点云 S_1 的最小距离的平方和（对预测点云 S_2 中所有点取平均）。$d_{\mathrm{CD}}\left(S_1,S_2\right)$ 越大说明两组点云的差异越大，$d_{\mathrm{CD}}\left(S_1,S_2\right)$ 越小说明重建效果越好。由于倒角距离算法是连续、分段平滑、可微的，可以通过梯度下降算法优化神经网络模型，因此该距离算法可用作点云重建神经网络的损失函数。点云重建神经网络和倒角距离损失函数如图 18-5 所示。

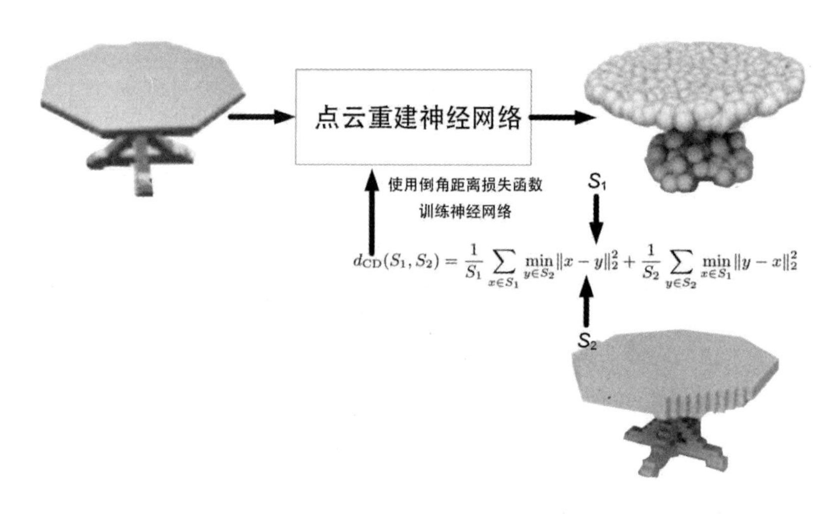

图 18-5　点云重建神经网络和倒角距离损失函数

网格重建方面较为经典的是 Pixel2Mesh 神经网络[36]和 Mesh-RCNN 神经网络[37]。

Pixel2Mesh 神经网络是 2018 年由复旦大学等提出的端到端的网格重建神经网络，可从单幅彩色图像直接生成三维网格。Pixel2Mesh 神经网络并不直接预测三维物体的网格数据，而是预测如何通过修正从一个初始网格形状中获得三维物体的网格数据。Pixel2Mesh 神经网络设置了用网格表示的、拥有 156 个顶点的椭球，它能够变形为与拥有 156 个顶点的椭球同胚（Homeomorphism）的其他拓扑结构。

从结构上说，Pixel 2Mesh 神经网络使用类似于 VGG16 的骨干网络提取二维图像特征，并提取骨干网络内部编号为 conv3_3、conv4_3、conv5_3 的卷积层输出，分别输入 3 个网格变形模块。网格变形模块的作用是接收上一级网格顶点数据、上一级网格特征数据、二维图像的高维特征，对网格顶点位置进行修改调整，产生本级的输出，输出网格顶点和网格特征。为了实现此目标，网格变形模块内部还设计了特征感知池化（Perceptual Feature Pooling）结构和图卷积残差网络（Graph-ResNet）。Pixel2Mesh 神经网络内部设置了 3 个级联的网格变形模块，模块的输出分辨率逐级提升，从最开始的 156 个顶点到最后的 2466 个顶点。分辨率提升需要依靠内部的图上采样模块，图上采样模块采用了基于“边”的上采样策略，即在边（用实线表示）的中点处增加 1 个顶点（黑色实心点），若 3 个顶点都在网格的内部，则连接这 3 个顶点（用虚线表示）。这样可以让顶点和边各增加 3 个，网格数变成原来的 4 倍。Pixel2Mesh 神经网络的结构和核心算法如图 18-6 所示。

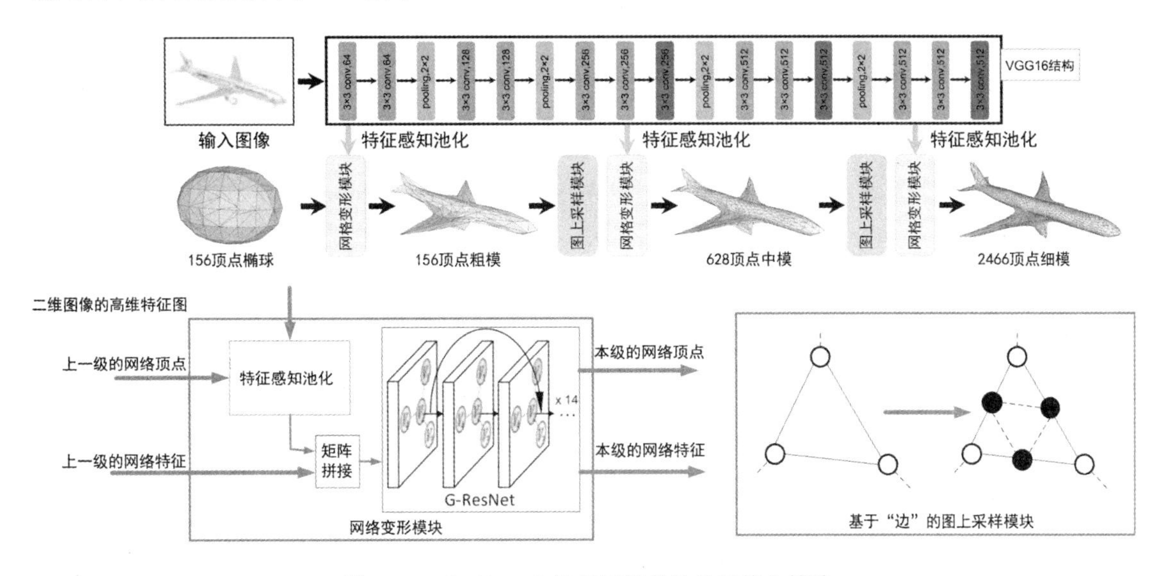

图 18-6　Pixel2Mesh 神经网络的结构和核心算法

Mesh R-CNN 神经网络是 2019 年由 Facebook 提出的三维重建神经网络。Mesh R-CNN 神经网络接收 RGB 图像输入，可以同时完成目标检测、实例分割和物体三维网格预测等任务。这种方法预测的网格不但可以描述不同的三维结构，而且适用于不同的几何复杂度。Mesh R-CNN 神经网络是在实例分割框架 Mask R-CNN 的基础上改进而来的，增加网格预测分支来输出目标的三维网格。Mesh R-CNN 摒弃使用固定网格模板预测形态的方法，而是利用多种三维表达方式的数据完成预测的。

Mesh R-CNN 神经网络的工作流程大致可以描述为先预测粗糙的目标体素，再将体素数据转换为网格，不断微调以细化对网格数据的预测。从网络结构上看，网络可以分为三个部分。第一部分是负责预测类别和图义分割蒙版的检测分支；第二部分是负责预测三维物体体素数据的分支；第三部分是负责对网格数据进行优化的分支。受到 Mask R-CNN 的兴趣区域对齐模块（RoIAlign）的启发，网格预测中还加入了体素对齐（VertAlign）算法，将特征与输入图像对应。最后，将目标检测、语义分割和网格预测损失结合，实现了网络端到端的训练和优化。Mesh R-CNN 的网络结构如图 18-7 所示。

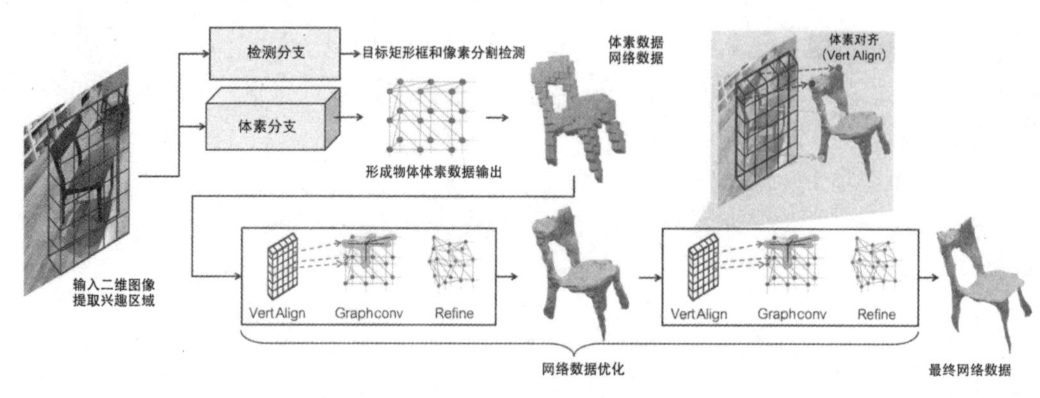

图 18-7 Mesh R-CNN 的网络结构

Mesh-RCNN 神经网络与 Pixel2Mesh 神经网络的最大区别是 Pixel2mesh 神经网络只能预测与初始椭球结构同胚的拓扑，而 Mesh-RCNN 神经网络的初始网格是根据其预测的形状为 24×24×24 的体素数据变换而来的，所以对于 Pixel2Mesh 无法重建的“有孔洞”的三维模型，Mesh-RCNN 神经网络可以先生成有孔洞的体素模型，再将其转化为有孔洞的网格模型，最后不断优化以获得精细的网格模型。

除了标准化的体素重建、深度重建、点云重建、网格重建，还有一些自定义的三维重建方案，可以从二维图像中恢复开发者感兴趣的三维数据。例如，2018 年提出的 PlaneNet 神经网络[38]就是专门针对环境空间的三维重建神经网络，可以从二维图像中恢复三维环境的平面信息。三维空间的建模不同于三维物体的建模，三维空间的大部分体素都是 0，三维空间模型的大部分点云数据和网格数据都分布在三维环境空间的边界，而这些边界上的网格和点云一般可以用一个平面概括，因此，使用三维空间的平面估计代替三维空间的点云重建或网格重建是高效且明智的方法。

PlaneNet 采用类似于 ResNet 的深度残差网络的骨干网络设计，从而得到高维特征图，PlaneNet 预测了 3 个与三维空间相关的数据：平面参数数据、深度数据、图义分割数据。其中，平面参数数据固定为 K 个，每个平面参数包含了平面的法向量和位置偏置，深度数据是来源于卷积模块输出的单通道数据，图义分割数据则来源于条件随机场模块输出，3 个预测数据分别使用特有的损失函数计算与真实数据的差异。PlaneNet 三维空间平面重建网络结构如图 18-8 所示。

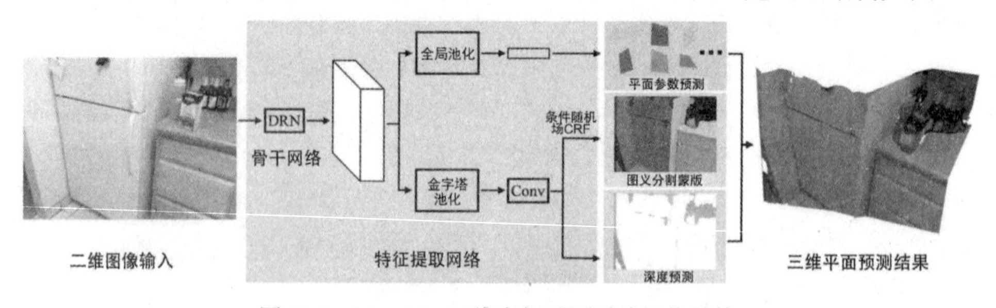

图 18-8 PlaneNet 三维空间平面重建网络结构

18.4　三维感知任务实战

三维计算机视觉的数据输入是非规则化的，无法将多个样本进行打包并行处理；若三维计算机视觉的算子处理不当，则是不可微分的，这意味着无法通过梯度下降算法进行迭代优化。为避免三维计算机视觉算法陷入“重复造轮子”的尴尬处境，TensorFlow 和 PyTorch 先后推出三维计算机视觉计算框架，以 TensorFlow 为例，其三维计算机视觉计算框架名为 TensorFlow-Graph，作为 TensorFlow 的插件存在，开发者需要额外安装。该三维计算机视觉计算框架具有丰富的数据接口，能接受深度、点云、网格等各种形式的三维数据输入，具有打包异构数据的能力，能够将多幅三维图像进行打包处理，提供大量的现成算子，可通过函数直接调用倒角距离等损失函数，最重要的是，其内部打包的算子具有光滑可微的性质，支持神经网络梯度下降优化算法。TensorFlow-Graph 提供了不少三维视觉层和神经网络的高阶 API，本节从基本原理出发，使用 TensorFlow 介绍三维感知中通过三维点云数据预测物体类型的分类网络——PointNet 神经网络[39]。

处理点云的深度学习方法一定要解决点云数据的置换不变性（Permutation Invariance）、旋转不变性（Transform Invariance）。PointNet 神经网络开创性地使用点云数据变换网络、仿射变换、对称函数（最大值池化）解决了这两个问题，是三维计算机视觉入门必备的基础神经网络，也是三维计算机视觉中的一个通用基础架构 PointNet_Layer。

PointNet 神经网络使用的是 ModelNet10 数据集，数据集内包含 10 类物品的三维模型，每个物品数据都分为训练数据集和测试数据集，三维格式为 off 格式。ModelNet10 数据集结构如图 18-9 所示。

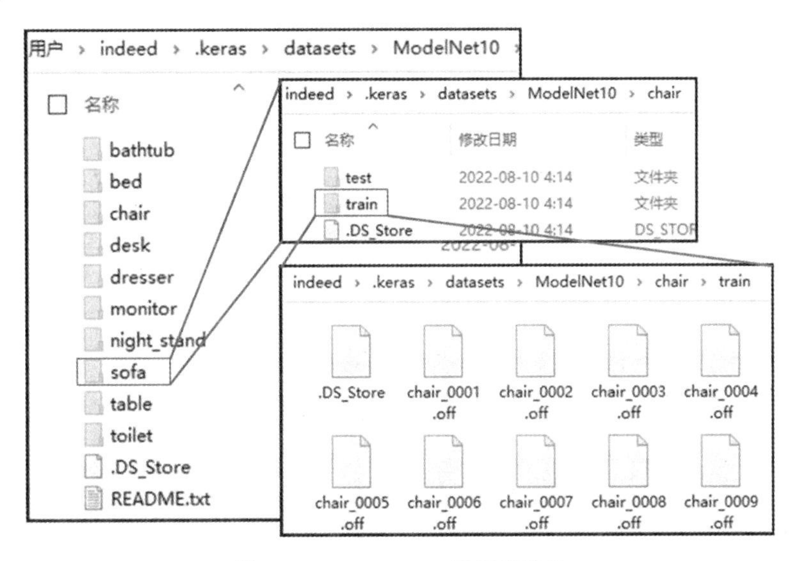

图 18-9　ModelNet10 数据集结构

将数据集解压路径存储在文件夹 DATA_DIR 中，使用 trimesh 的装载函数打开磁盘上的某个 off 格式文件。由于模型是网格形式，若转化为点云格式，则需要使用网格模型对象的 sample 方法将每个模型转化为若干点。调用 sample 方法的时候指定一个正整数（如 2048）就可以将模型采样为一个由 2048 个点组成的点云。假设采样形成的 2048 个点组成的点云存储在变量 points 中，那么变量 points 就是一个形状为[2048,3]的矩阵。最后使用 Matplotlib 的三维散点图可视化点云数据，也可以使用 mesh 的 show 方法直接查看三维网格模型，代码如下。在运行代码前，需要使用 PiP install 命令安装 trimesh 软件包，本书使用的软件版本号为 3.13.0。

```
DATA_DIR = 'C:/Users/indeed/.keras/datasets/ModelNet10'
mesh = trimesh.load(
    os.path.join(DATA_DIR, "chair/train/chair_0001.off"))
mesh.show()
points = mesh.sample(2048)
fig = plt.figure(figsize=(5, 5))
ax = fig.add_subplot(111, projection="3d")
ax.scatter(points[:, 0], points[:, 1], points[:, 2])
ax.set_axis_off()
plt.show()
```

ModelNet10 数据可视化如图 18-10 所示。

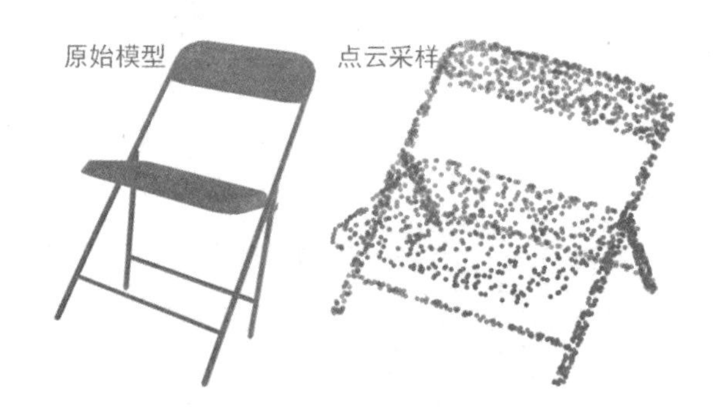

图 18-10　ModelNet10 数据可视化

使用该方法遍历数据集中的所有三维模型文件，形成 4 个核心矩阵。train_points 矩阵存储了 3126 个三维模型，每个模型都由 2048 个点组成，每个点都有 x、y、z 三维坐标，形状为[3126,2048,3]，train_labels 存储了 3126 个三维模型的分类标签，数据形状为[3126,]。测试数据集有 636 个三维模型，测试数据集的三维点云矩阵 test_points 的形状为[636,2048,3]，测试数据集的标签矩阵 test_labels 的形状为[636,]。代码如下。

```
def parse_dataset(num_points=2048):
    train_points = []
    train_labels = []
    test_points = []
```

```
    test_labels = []
    class_map = {}
    folders = glob.glob(os.path.join(DATA_DIR, "[!README]*"))
……
    return (
        np.array(train_points),
        np.array(test_points),
        np.array(train_labels),
        np.array(test_labels),
        class_map,
)
NUM_POINTS = 2048
NUM_CLASSES = 10
BATCH_SIZE = 32
train_points, test_points, train_labels, test_labels, CLASS_MAP = parse_dataset(
    NUM_POINTS)
for ds_item in [train_points, test_points, train_labels, test_labels]:
    print(ds_item.shape,ds_item.dtype)
```

打印数据形状和数据格式，输出如下。

```
(3126, 2048, 3) float64
processing class: dresser
processing class: bathtub
processing class: toilet
processing class: bed
processing class: monitor
processing class: desk
processing class: sofa
processing class: chair
processing class: night_stand
processing class: table
(636, 2048, 3) float64
(3126,) int32
(636,) int32
```

进行必要的数据加扰，并将数据整理为 TensorFlow 数据管道的格式，以加快后期训练。代码如下。

```
def augment(points, label):
    # 点云数据随机加扰
    points += tf.random.uniform(points.shape, -0.005, 0.005, dtype=tf.float64)
    # 数据集打乱
    points = tf.random.shuffle(points)
    return points, label
train_dataset = tf.data.Dataset.from_tensor_slices(
```

```
    (train_points, train_labels))
test_dataset = tf.data.Dataset.from_tensor_slices(
    (test_points, test_labels))
train_dataset = train_dataset.shuffle(
    len(train_points)).map(augment).batch(BATCH_SIZE)
test_dataset = test_dataset.shuffle(
    len(test_points)).batch(BATCH_SIZE)
```

PointNet 内部的卷积层和全连接层都遵循“卷积+批次归一化+ReLU 激活”和“全连接+批次归一化+ReLU 激活”的微观结构，制作用函数表示的两个自定义层 conv_bn 和 dense_bn，代码如下。

```
def conv_bn(x, filters):
    x = layers.Conv1D(
        filters, kernel_size=1, padding="valid")(x)
    x = layers.BatchNormalization(momentum=0.0)(x)
    return layers.Activation("relu")(x)
def dense_bn(x, filters):
    x = layers.Dense(filters)(x)
    x = layers.BatchNormalization(momentum=0.0)(x)
    return layers.Activation("relu")(x)
```

PointNet 由两个核心组件组成，即多层感知机网络 MLP-Net 和仿射变换网络 T-Net。

T-Net 旨在对输入的点云数据进行三维坐标转换，通过内部的迷你网络学习转换参数，学习的结果是仿射变换矩阵，仿射变换的形状为(3,3)或(64,64)。PointNet 中使用了两次 T-Net：第一次将形状为(2048,3)的点云矩阵转换为规范表示，第二次用于特征空间(2048,3)中对齐的仿射变换。根据 PointNet 的相关论文，学习到的仿射变换矩阵理论上应该是一个正交矩阵，即乘以该矩阵的转置应当等于单位矩阵，因此还需要加上正则化约束。通过 T-Net 网络将点云坐标从 U 坐标系转换到 V 坐标系，PointNet 中的 T-Net 网络结构如图 18-11 所示。

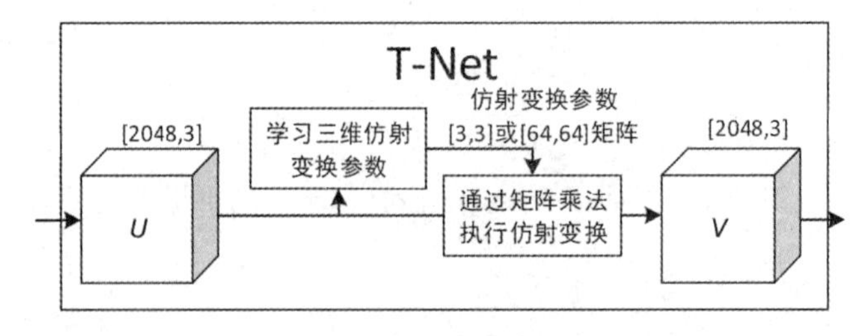

图 18-11　PointNet 中的 T-Net 网络结构

学习到的仿射变换参数在代码中用 feat_T 表示，T-Net 的实现代码如下。

```
class OrthogonalRegularizer(keras.regularizers.Regularizer):
#正则化约束使用均方误差量化仿射变换矩阵与理论值的差异
```

```
    def __init__(self, num_features, l2reg=0.001):
        self.num_features = num_features
        self.l2reg = l2reg
        self.eye = tf.eye(num_features)
    def __call__(self, x):
        x = tf.reshape(
            x, (-1, self.num_features, self.num_features))
        xxt = tf.tensordot(x, x, axes=(2, 2))
        xxt = tf.reshape(
            xxt, (-1, self.num_features, self.num_features))
        return tf.reduce_sum(
            self.l2reg * tf.square(xxt - self.eye))
def tnet(inputs, num_features):
    # 偏置初始化为单位矩阵
    bias = keras.initializers.Constant(
        np.eye(num_features).flatten())
    reg = OrthogonalRegularizer(num_features)#加入正则化约束
    x = conv_bn(inputs, 32)
    x = conv_bn(x, 64)
    x = conv_bn(x, 512)
    x = layers.GlobalMaxPooling1D()(x)
    x = dense_bn(x, 256)
    x = dense_bn(x, 128)
    x = layers.Dense(
        num_features * num_features,
        kernel_initializer="zeros",
        bias_initializer=bias,
        activity_regularizer=reg,
    )(x)
    feat_T = layers.Reshape((num_features, num_features))(x)
    # 输出前，执行反射变换
    return layers.Dot(axes=(2, 1))([inputs, feat_T])
```

由于本案例中，模型都采用形状为(2048, 3)的点云数据进行描述，所以输入数据的形状为(batch,2048,3)。根据论文，模型首先通过第一个 T-Net 进行旋转变换，并通过 2 个卷积层 conv_bn 组成的多层感知机子网络，然后通过第二个 T-Net 进行旋转变换，并经过 3 个卷积层 conv_bn 组成的多层感知机子网络，形成特征提取。特征经过 1 个全局最大值池化操作和 2 个类型为 dense_bn 的全连接层处理，完成特征组合。最后通过 1 个标准全连接层完成模型分类，激活函数为 softmax。代码如下。

```
inputs = keras.Input(shape=(NUM_POINTS, 3))
x = tnet(inputs, 3)
x = conv_bn(x, 32)
```

```
    x = conv_bn(x, 32)
    x = tnet(x, 32)
    x = conv_bn(x, 32)
    x = conv_bn(x, 64)
    x = conv_bn(x, 512)
    x = layers.GlobalMaxPooling1D()(x)
    x = dense_bn(x, 256)
    x = layers.Dropout(0.3)(x)
    x = dense_bn(x, 128)
    x = layers.Dropout(0.3)(x)
    outputs = layers.Dense(NUM_CLASSES, activation="softmax")(x)
    model = keras.Model(
        inputs=inputs, outputs=outputs, name="pointnet")
    model.summary()
```

实际上，PointNet 论文中提出，多级堆叠的多层感知机子网络可以拟合任何连续集合函数，它是一个“通用的集合函数逼近器”（Universal Set Function Approximator）。

PointNet 由于提取了三维点云数据的高维特征，所以不仅可以完成三维点云数据的分类任务，还可以完成点云数据的三维分割。对于三维分类任务，在 ModelNet10 数据集下，输出矩阵是一个形状为[10,]的向量，负责预测分类概率；对于三维分割任务，在斯坦福三维分割数据集（Stanford Semantic Parsing Dataset）下，输出矩阵是一个形状为[2048,50]的向量，负责预测点云中每个点的分类概率。PointlNet 的网络结构如图 18-12 所示。

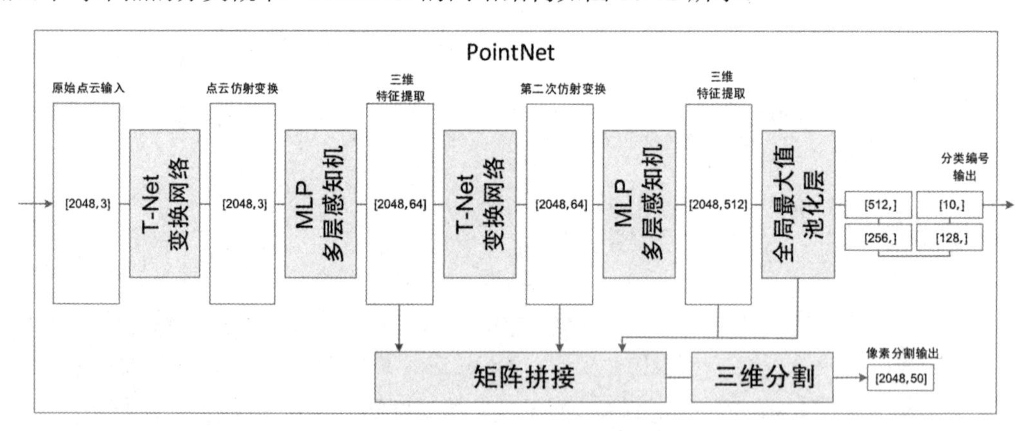

图 18-12　PointNet 的网络结构

神经网络结构的代码如下。

```
Model: "pointnet"
_________________________________________________________________
 Shape            Param
=================================================================
```

```
input_1 (InputLayer)          [(None, 2048, 3)]    0
_______________________________________________________________
conv1d (Conv1D)              (None, 2048, 32)    128        input_1[0][0]
_______________________________________________________________
batch_normalization (BatchNorma (None, 2048, 32)    128        conv1d[0][0]
......
dense_8 (Dense)              (None, 10)          1290       dropout_1[0][0]
===============================================================
Total params: 748,979
Trainable params: 742,899
Non-trainable params: 6,080
```

使用数据集训练 PointNet，使用交叉熵损失函数和 Adam 优化器，训练 20 个周期，代码如下。

```
model.compile(
    loss="sparse_categorical_crossentropy",
    optimizer=keras.optimizers.Adam(learning_rate=0.001),
    metrics=["sparse_categorical_accuracy"],
)
model.fit(
    train_dataset, epochs=20, validation_data=test_dataset)
```

使用 GPU 加速训练的情况下，一个周期的训练耗时为 50s 左右，训练后的准确率可以达到 84%左右（在第 14 个周期），训练输出如下。

```
Epoch 1/20
125/125 [==============================] - 46s 210ms/step - loss: 3.5088 - sparse_categorical_accuracy: 0.3019 - val_loss: 293168709632.0000 - val_sparse_categorical_accuracy: 0.3447
......
Epoch 14/20
125/125 [==============================] - 25s 201ms/step - loss: 1.6826 - sparse_categorical_accuracy: 0.8096 - val_loss: 403161448448.0000 - val_sparse_categorical_accuracy: 0.8392
......
Epoch 20/20
125/125 [==============================] - 28s 223ms/step - loss: 1.6288 - sparse_categorical_accuracy: 0.8246 - val_loss: 1381318885696662929408.0000 - val_sparse_categorical_accuracy: 0.6057
```

从测试数据集随机提取 8 个模型进行测试，通过 Matplotlib 进行散点的可视化查看，代码如下。

```
data = test_dataset.take(1)
points, labels = list(data)[0]
```

```
points = points[:8, ...]
labels = labels[:8, ...]
# 执行预测
preds = model.predict(points)
preds = tf.math.argmax(preds, -1)
points = points.numpy()
#可视化
fig = plt.figure(figsize=(15, 10))
for i in range(8):
    ax = fig.add_subplot(2, 4, i + 1, projection="3d")
    ax.scatter(points[i, :, 0], points[i, :, 1], points[i, :, 2])
    ax.set_title(
        "pred: {:}, label: {:}".format(
            CLASS_MAP[preds[i].numpy()],
            CLASS_MAP[labels.numpy()[i]]))
    ax.set_axis_off()
plt.show()
```

可视化输出如下，6 个预测正确，2 个预测错误，PointNet 的预测结果可视化如图 18-13 所示。

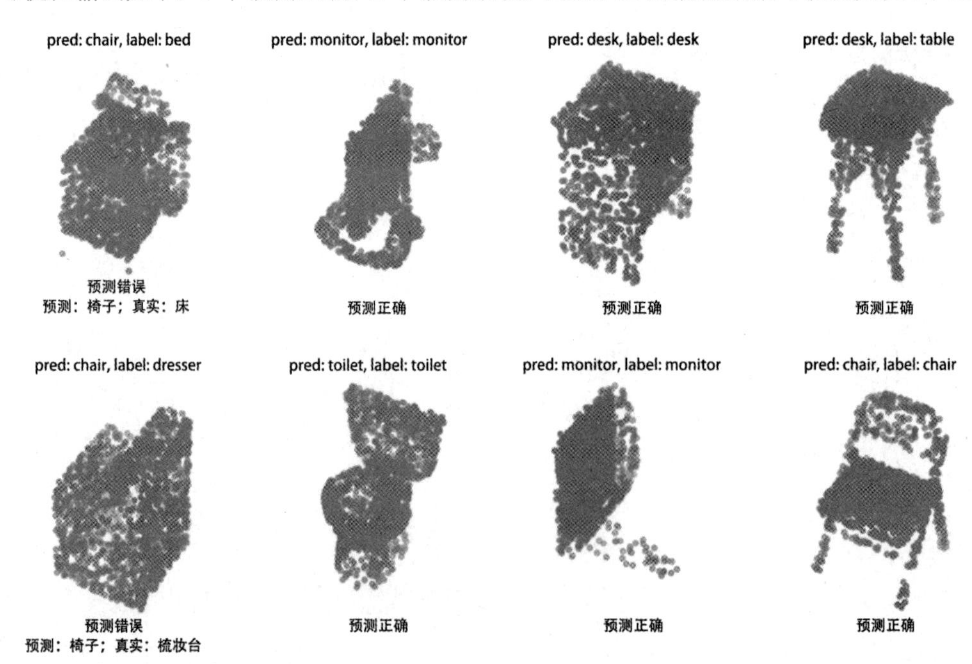

图 18-13　PointNet 的预测结果可视化

实际上，PointNet 的全局最大值池化层舍弃了大量其他点云数据提供的高维特征，这造成了信息的丢失。后期的改进版本 PointNet++神经网络通过改造全局最大值池化层，将其他点云提供的信息也纳入下一级神经网络的计算中，提高了预测准确率。

第 19 章 图卷积神经网络入门和实战

点云数据是一种没有规律结构的数据，因为它仅仅是描述三维物体的表面顶点的坐标。网格数据仅增加了顶点和顶点之间的边，它们都具备置换不变性和旋转不变性，这种数据特点恰好吻合图计算的数据特征。近些年，关于图计算和图神经网络的研究表明，图计算能够胜任众多的三维计算机视觉任务。实际上，将二维图像的卷积运算推广到图计算领域研发的卷积运算称为图卷积运算，由图卷积运算构成的神经网络称为图神经网络（Graph Neural Network，GNN）或者图卷积神经网络（Graph Convolutional Neural Network，GCNN）。虽然图计算并不是三维计算机视觉的唯一选择，但的确是处理三维世界中非规则数据的必不可少的工具。图卷积的基本概念和图卷积神经网络可以参考文献[41]。

19.1 图计算的基本概念

图（Graph）是表示物体与物体之间存在某种关系的结构，数学抽象后的“物体”称作节点或顶点，节点间的相关关系称作边（Edge），边可以是有方向的，也可以是无方向的。通过节点属性向量、边属性向量、图属性向量、邻接矩阵这四个参数可以描述一个图。点云数据和网格数据的本质是一个图，可以对点云数据或网格数据实施图计算。

整个图可以有自己的属性，图上的每个节点和边也具有自己的属性，属性可以使用向量表示。例如，社交网络和推荐系统的结构本质上也是一个图，如果使用节点代表一个微博用户，使用边代表两个用户之间的相互关注情况，那么可以建立一个图，只是此时的边是有方向的（因为关注是单向的）。用圆点标记节点，用线标记边，将节点的属性向量（6 个元素）、边的属性向量（8 个元素）、图的属性向量（5 个元素）按照每个元素的具体数值展开为柱状图的属性示意图如图 19-1 所示。可以用属性的某个维度表示边的方向。

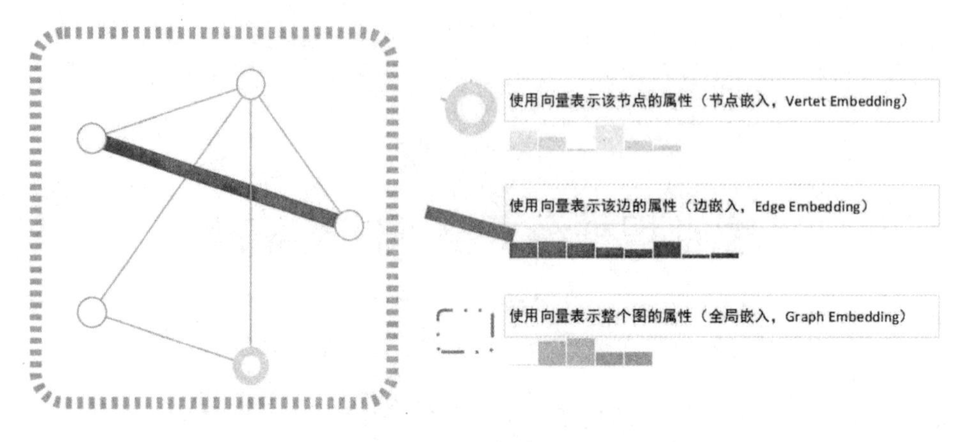

图 19-1　柱状图的属性示意图

邻接矩阵是表达节点与节点之间相互连接情况的矩阵。如果 1 个图有 N 个顶点图，那么邻接矩阵就是 N 行、N 列的矩阵，矩阵元素的取值为 0 或 1，1 表示节点与节点相互连接，0 表示节点与节点之间互不相连。用邻接矩阵表示咖啡因分子内部的微观连接结构（见图 19-2），图中有颜色的块代表取值为 1，白色的块代表取值为 0。

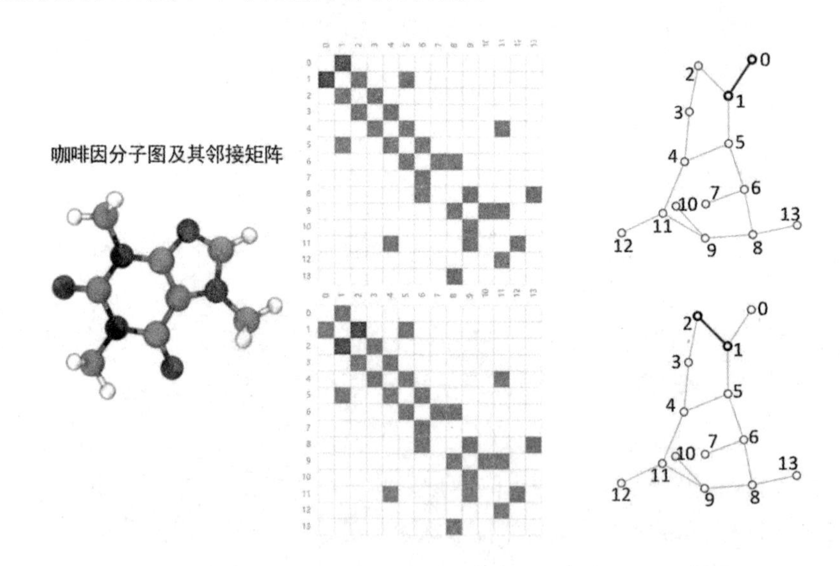

图 19-2　咖啡因分子内部的微观连接结构

图计算应用广泛，图计算的任务分为以下几类。

- 节点分类（Node Classification）任务指的是对节点属性进行分类。
- 图分类（Graph Classification）任务指的是根据图的属性进行分类。
- 节点聚类（Node Clustering）指的是根据节点属性和边的属性找到类似的节点。

- 连接预测（Link Prediction）指的是对节点之间可能缺失的边进行预测。
- 影响力查找指的是找到对某节点影响力最大的其他节点（可能是非邻居节点）。

具体来说，分子毒性预测是图属性分类任务的典型应用，是指通过分析分子结构图，获得分子是否具有毒性的判断。类似地，将城市道路的路口视为节点，将马路视为边，通过图计算预测某条通勤线路的当前通过时间，也属于图计算的应用。将城市路网抽象为一个图如图 19-3 所示。

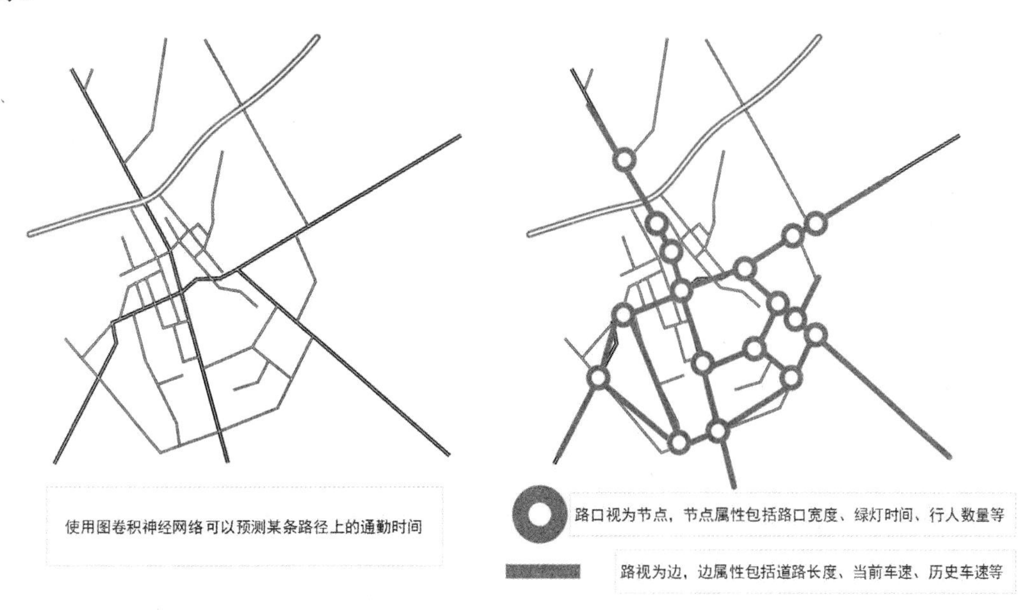

图 19-3　将城市路网抽象为一个图

将点云数据和网格数据视为图，可以通过图计算预测三维图形的分类、智能贴图，或者从点云数据或网格数据中分割目标物体或提取其他有效信息。

19.2　图卷积神经网络

下面介绍图卷积神经网络[42]的若干基本定义。用 G 来表示一个图，用 $E(G)$ 表示图中所有边组成的集合，用 $V(G)$ 表示图中所有顶点组成的集合。假设该图的顶点数量为 N，那么可以用 $v_0,v_1,v_2,\cdots,v_N$ 表示 $V(G)$ 的元素，$E(G)$ 的每个元素都可以用 (v_i,v_j) 表示。用 $\boldsymbol{A}$ 表示邻接矩阵，邻接矩阵的第 i 行、第 j 列的元素为 A_{ij}，可以表示为

$$A_{ij}=A_{ji}=\begin{cases}1,(v_i,v_j)\in E(G)\\0,(v_i,v_j)\notin E(G)\end{cases} \tag{19-1}$$

显然，邻接矩阵是一个实对称矩阵，元素取值只能是 0 或 1，可以用度矩阵（Degree Matrix）表示，度矩阵是一个对角矩阵，其第 i 行、第 i 列的元素 D_i 可以表示为

$$D_i = \sum_{j=0}^{N-1} A_{ij} \tag{19-2}$$

可见，图 G 中第 v_i 个节点的连通情况，即第 v_i 个节点与节点存在连通的个数为 D_i。拉普拉斯矩阵（Laplacian Matrix）定义为

$$\boldsymbol{L} = \boldsymbol{D} - \boldsymbol{A} \tag{19-3}$$

式中，$\boldsymbol{D}$ 表示度矩阵，$\boldsymbol{A}$ 表示邻接矩阵。

显然拉普拉斯矩阵的每行（每列）元素之和一定等于零。之所以命名为拉普拉斯矩阵，是因为其行（列）向量恰好与求解一维离散数据的二阶导数时使用的权重向量模板完全一致。

下面以简单的例子说明图卷积运算。假设 1 个图有 5 个点、6 条边，图的邻接矩阵、度矩阵、拉普拉斯矩阵如图 19-4 所示。

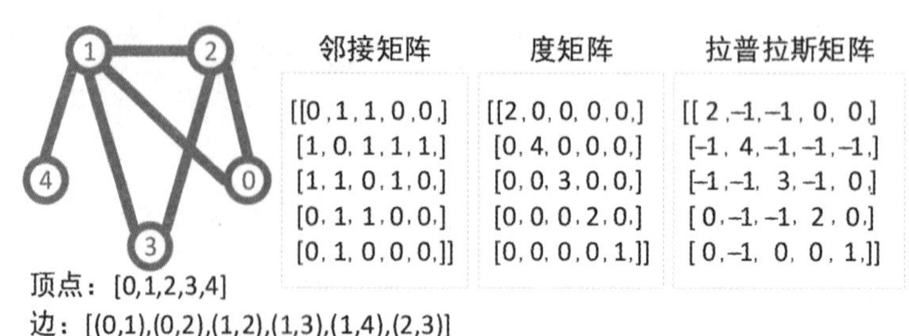

图 19-4　图的邻接矩阵、度矩阵、拉普拉斯矩阵

使用 adj_m 表示邻接矩阵、deg_m 表示度矩阵、lap_m 表示拉普拉斯矩阵，代码如下。

```
adj_m=np.array(
   [[0,1,1,0,0,],
    [1,0,1,1,1],
    [1,1,0,1,0],
    [0,1,1,0,0],
    [0,1,0,0,0]],dtype=np.float32)
assert np.sum((adj_m.T-adj_m))==0
deg_m=np.diag(np.sum(adj_m,axis=-1))
lap_m=deg_m-adj_m
```

本节介绍当前广泛应用的图卷积神经网络算法[43]，感兴趣的读者可以参考阿姆斯特丹大学的 Thomas N. Kipf 和 Max Welling 的相关论文。

图卷积运算的思路和二维图像的二维卷积运算一致，都是将前一层图的信息（包括了节点

信息、边信息、图信息）经过一个非线性变换传递给下一层。假设一个简化版的图卷积运算，只考虑 1 度邻居节点信息的汇聚，不考虑边信息和图信息的传递，也不考虑距离超过 1 度的邻居节点的信息传递。其中，1 度邻居节点表示与目标节点通过小于或等于一条边即可达到的节点集合，以此类推，N 度邻居节点表示与目标节点通过小于或等于 N 条边即可达到的节点集合，$\boldsymbol{H}^l$ 表示卷积神经网络第 l 层需要传递的信息，$\boldsymbol{H}^{l+1}$ 表示图卷积神经网络第 $l+1$ 层接收的信息，f 表示它们之间的非线性变换。$\boldsymbol{H}^{l+1}$ 中的某个元素由与它连通的邻居节点（距离为 1 度）的属性共同决定，由于某节点与全部节点的连通关系由邻接矩阵 $\boldsymbol{A}$ 存储，所以有

$$\boldsymbol{H}^{l+1} = f(\boldsymbol{H}^l, \boldsymbol{A}) \tag{19-4}$$

只考虑节点信息传递的信息更新机制如图 19-5 所示，第一个节点的属性 $\boldsymbol{h}_1^{l+1}$ 是整幅图信息 $\boldsymbol{H}^{l+1}$ 中的某个向量元素。经过第 l 层的计算，第 $l+1$ 层的第一个节点接收到的信息 $\boldsymbol{h}_1^{l+1}$ 是由 $\boldsymbol{h}_0^l$、$\boldsymbol{h}_1^l$、$\boldsymbol{h}_2^l$、$\boldsymbol{h}_4^l$ 共同决定的。

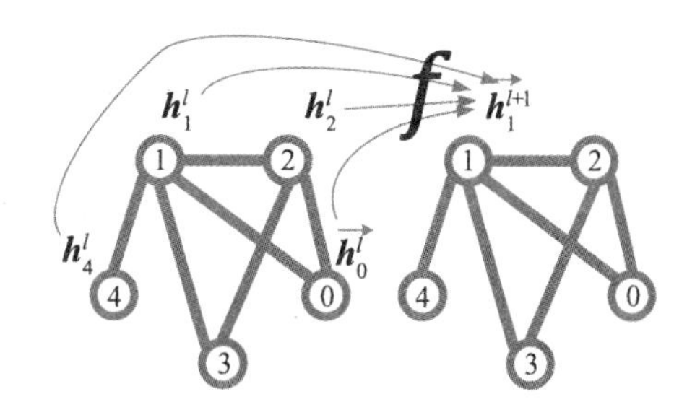

图 19-5　只考虑节点信息传递的信息更新机制

神经网络前向传播的非线性函数 f 可以表示为

$$\boldsymbol{H}^{l+1} = \sigma(\boldsymbol{A}\boldsymbol{H}^l\boldsymbol{W}) \tag{19-5}$$

式中，$\boldsymbol{A}$ 为邻接矩阵；$\boldsymbol{H}^l$ 表示需要传递的信息；$\boldsymbol{W}$ 为权重矩阵，$\sigma(\bullet)$ 表示非线性激活函数（如 ReLU)。将需要传递的信息 $\boldsymbol{H}^l$ 右乘权重矩阵 $\boldsymbol{W}$ 表示对提取的邻居节点的信息进行加权（可以按需加上一个偏置），左乘邻接矩阵 $\boldsymbol{A}$ 表示仅提取每个节点周围与之相连的节点信息。此操作与二维图像的二维卷积层的算法行为（仅对感受野中心周边一定范围内的相邻节点进行内积运算）类似，权重矩阵是神经网络需要学习的变量。

此操作没有考虑到节点本身对于下一级信息的影响，因此设计完善版本的神经网络前向传播函数，将 $\boldsymbol{H}^{l+1}$ 重新定义为

$$\boldsymbol{H}^{l+1} = \sigma\left(\left(\boldsymbol{A}+\boldsymbol{I}\right)\boldsymbol{H}^l\boldsymbol{W}\right) = \sigma\left(\tilde{A}\frac{1}{2}^l\boldsymbol{W}\right) \tag{19-6}$$

式中，$\boldsymbol{I}$ 为单位矩阵；$\tilde{\boldsymbol{A}}$ 考虑了邻接矩阵与单位矩阵的和，因此 $\tilde{\boldsymbol{A}}$ 依旧是一个实对称矩阵，但是前向传播函数邻居节点及自身的信息。

对于 $\boldsymbol{H}^{l+1}$ 中的某元素 $\boldsymbol{h}_i^{l+1}$，有

$$\boldsymbol{h}_i^{l+1} = \sigma\left(\sum\nolimits_{j\in\mathcal{N}_i} \overrightarrow{\boldsymbol{h}_j^{\,l}}\, w_{ij}\right) \tag{19-7}$$

式中，$\mathcal{N}_i$ 表示 v_i 节点与其所有邻居节点（包含 v_i 节点自身）组成的集合，$j\in N_i$。图卷积的前向传播机制如图 19-6 所示。

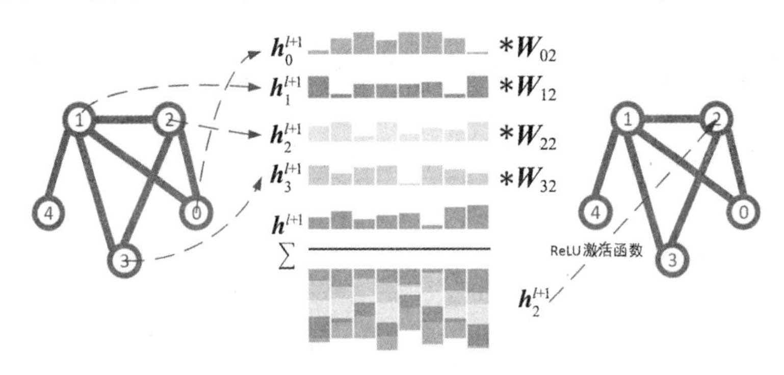

图 19-6　图卷积的前向传播机制

此时前向传播函数虽然考虑了节点及其邻居节点的信息，但是在实际训练图神经网络时，会发生尺度爆炸。因为此时 $\tilde{\boldsymbol{A}}$ 矩阵不是标准化的（行元素或列元素的和大于 1），在反复堆叠图卷积神经元的时候相乘后的矩阵元素会超过计算机的数据精度表达上限。可以将 $\tilde{\boldsymbol{A}}$ 乘以其度矩阵的逆矩阵。令 $\tilde{\boldsymbol{D}}$ 表示与 $\tilde{\boldsymbol{A}}$ 矩阵相对应的度矩阵，$\tilde{\boldsymbol{D}}^{-1}$ 表示 $\tilde{\boldsymbol{D}}$ 矩阵的逆矩阵，$\tilde{\boldsymbol{D}}$ 和 $\tilde{\boldsymbol{D}}^{-1}$ 矩阵都是对角矩阵，$\tilde{\boldsymbol{D}}$ 的第 i 行、第 i 列的元素用 $\tilde{\boldsymbol{D}}_i$ 表示，定义为

$$\tilde{\boldsymbol{D}}_i = \sum_{j=0}^{N-1} \tilde{A}_{ij} \tag{19-8}$$

这样前向传播函数就可以重新定义为

$$\boldsymbol{H}^{l+1} = \sigma\left(\tilde{\boldsymbol{D}}^{-1}\tilde{\boldsymbol{A}}\boldsymbol{H}^{l}\boldsymbol{W}\right) \tag{19-9}$$

$\boldsymbol{H}^{l+1}$ 中的某元素 $\boldsymbol{h}_i^{l+1}$ 为

$$\boldsymbol{h}_i^{l+1} = \sigma\left(\sum_{j\in\mathcal{N}_i} \frac{\overrightarrow{h_j^{\,l}}\, w_{ij}}{\left|\mathcal{N}_i\right|}\right) \tag{19-10}$$

更一般地，可以将 $\tilde{\boldsymbol{D}}^{-1}$ 矩阵拆解为对称的 2 个平方根矩阵，称为对称标准化（Symmetric

Normalization）。这样，前向传播函数就可以重新定义为

$$\boldsymbol{H}^{l+1}=\sigma\left(\tilde{\boldsymbol{D}}^{-1/2}\tilde{\boldsymbol{A}}\tilde{\boldsymbol{D}}^{-1/2}\boldsymbol{H}^{l}\boldsymbol{W}\right) \tag{19-11}$$

$\boldsymbol{H}^{l+1}$ 中的某元素 $\boldsymbol{h}_i^{l+1}$ 也重新定义为

$$\overrightarrow{\boldsymbol{h}_i^{l+1}}=\sigma\left(\sum_{j\in\mathcal{N}_i}\frac{\overrightarrow{\boldsymbol{h}_j^{l}}\,w_{ij}}{\sqrt{|\mathcal{N}_i||\mathcal{N}_j|}}\right) \tag{19-12}$$

19.3　图卷积神经网络实战

Cora 数据集是一个科学出版物引用数据集，包含 2708 篇科学论文，所有论文都进行了分类，共有 7 类，分别基于案例、遗传算法、神经网络、概率方法、强化学习、规则学习理论。每篇论文都由 1433 个维度的词向量表示，词向量的每个元素都对应一个词。词向量中的元素取值为 0 或 1，取 0 表示该元素对应的词不在论文中，取 1 表示该元素对应的词在论文中。每篇论文都至少引用一篇其他论文，或者被其他论文引用。整个数据集构成了一个连通的图（不存在孤立点），每篇论文都是一个节点，节点与节点之间的边表示引用关系。

可以使用 spektral 数据集工具的 load_data 方法快速获得以图形式存储的数据集，代码如下。

```
!pip install spektral==0.6.2
adj,features,labels,train_mask,val_mask,test_mask = spektral.datasets.citation.
load_data(dataset_name='cora')
```

代码中，变量 adj 存储了合计 2708 篇论文的相互引用关系，对应着 2708 行、2708 列的邻接矩阵；features 是一个 2708 行、1433 列的矩阵，存储了 2708 篇论文的特征，每篇论文都是一个 1433 维的向量；labels 是一个 2708 行、7 列的矩阵，存储了每篇论文的分类标签，分类标签采用独热编码的形式，即每篇论文由一个 7 元素组成的一维向量表示，向量的 7 个元素只有一个是 1，其他都是 0，元素 1 所在的位置代表了分类编号。train_mask、val_mask、test_mask 是数据蒙版，其作用是通过布尔变量（True 或 False 表示“是”或“否”）来提取相应的数据样本。这些数据蒙版都是 2708 维的向量，提取其中的 140 篇、500 篇、1000 篇分别作为训练数据集、验证数据集和测试数据集。

```
features=features.todense()
features=features.astype('float32')
adj=adj.todense()
adj=adj.astype('float32')
print(features.shape,features.dtype)
print(adj.shape,adj.dtype)
print(labels.shape,labels.dtype)
```

```
print('训练样本数量',np.sum(train_mask))
print('验证样本数量',np.sum(val_mask))
print('测试样本数量',np.sum(test_mask))
```

输出如下。

```
(2708, 1433) float32
(2708, 2708) float32
(2708, 7) int32
训练样本数量 140
验证样本数量 500
测试样本数量 1000
```

根据图卷积神经网络的算法要求，需要将邻接矩阵加上一个单位矩阵，此时的矩阵保持实对称矩阵，代码如下。

```
adj_plus_eye=adj+np.eye(adj.shape[0])
assert np.sum((adj_plus_eye.T- adj_plus_eye))==0
adj_plus_eye = adj_plus_eye.astype('float32')
```

首先预先定义损失函数，由于这是分类任务且分类标签是独热编码的格式，所以使用交叉熵损失函数 softmax_cross_entropy_with_logits()，且仅计算训练数据集的损失值，在计算损失函数的时候需要除以训练数据样本量，最后返回平均的损失值，代码如下。

```
def masked_softmax_cross_entropy(logits,labels,mask):
    loss=tf.nn.softmax_cross_entropy_with_logits(
        logits=logits,labels=labels)
    mask = tf.cast(mask,dtype=tf.float32)
    mask /=tf.reduce_mean(mask)
    loss *=mask
    return tf.reduce_mean(loss)
```

预先定义准确率评估指标，同样需要计算训练数据集内的平均准确率，代码如下。

```
def masked_accuracy(logits,labels,mask):
    correct_prediction = tf.equal(
        tf.argmax(logits,1),tf.argmax(labels,1))
    accuracy_all = tf.cast(correct_prediction,tf.float32)
    mask=tf.cast(mask,tf.float32)
    mask /=tf.reduce_mean(mask)
    accuracy_all *=mask
    return tf.reduce_mean(accuracy_all)
```

将图卷积神经网络的图卷积层函数命名为 gnn_layer()。图卷积层是一个函数，定义了输入变量和输出变量之间的函数关系，它接收四个输入。

第一个输入的变量名为 features，代表图上的节点信息，即 2708 篇论文的各自的 1433 维的向量组合而成的矩阵。

第二个输入的变量名为 adj，代表邻接矩阵，可以是原始的邻接矩阵，也可以是增加了单位矩阵的邻接矩阵，也可以是经过归一化的邻接矩阵。

第三个输入的变量名为 transform，代表图卷积神经网络的前向传播函数，此处传播函数是一个乘以权重矩阵 $\boldsymbol{W}$ 的线性变换。

第四个输入的变量名为 activation，代表前向传播中使用的非线性激活函数。

根据前面介绍的图卷积神经网络的前向传播算法，首先将 features 存储的节点信息矩阵代入线性变换，即乘以线性变换中的权重矩阵 $\boldsymbol{W}$，然后左乘邻接矩阵 adj，最后代入非线性激活函数 activation，形成输出，代码如下。

```
def gnn_layer(features,adj,transform,activation):
    seq_fts=transform(features)
    ret_fts=tf.matmul(adj,seq_fts)
    return activation(ret_fts)
```

利用前面制作的前向传播函数，设计只包含 2 个图卷积层的图卷积神经网络，函数命名为 gnn_model()。制作的图神经网络接收双输入，分别是节点属性矩阵 feature，形状是[2708,1433]；邻接矩阵 adj，形状是[2708,2708]。神经网络内部的 2 个图卷积层的输出分别命名为 hidden 和 logits。第一层将原先 1433 维的节点属性通过前向传播映射为 32 维的向量；第二层将 32 维的节点属性映射为 7 维的向量。映射操作不改变图的结构，只是完成了节点属性的映射，最终的 7 维向量表示节点（文献）的分类情况。由于第二个图卷积层的输出并没有经过 softmax 变换，所以其理论取值可以是正、负无穷。图卷积神经网络模型使用 TensorFlow 的函数方法定义，输入为双变量，输出为单变量，模型命名为 GNN_Model。代码如下。

```
def gnn_model():
    features=tf.keras.layers.Input(shape=(2708,1433))
    adj=tf.keras.layers.Input(shape=(2708,2708))
    dense_1=tf.keras.layers.Dense(32)
    dense_2=tf.keras.layers.Dense(7)
    hidden=gnn_layer(features,adj,dense_1,tf.nn.relu)
    logits=gnn_layer(hidden,adj,dense_2,tf.identity)
    model = tf.keras.Model(
        inputs=[features,adj],outputs=[logits],
        name='GNN_Model')
  return model
```

立即生成一个图卷积神经网络，网络实例命名为 model，查看此时的网络结构，代码如下。

```
model=gnn_model()
model.summary(
```

输出如下。

```
Model: "GNN_Model"
```

```
_________________________________________________________________________
Layer (type)                    Output Shape         Param
=========================================================================
input_15 (InputLayer)           [(None, 2708, 1433)] 0
_________________________________________________________________________
input_16 (InputLayer)           [(None, 2708, 2708)] 0
_________________________________________________________________________
dense_22 (Dense)               (None, 2708, 32)     45888      input_15[0][0]
_________________________________________________________________________
tf_op_layer_BatchMatMulV2_14 (T [(None, 2708, 32)]  0          input_16[0][0]
                                                    dense_22[0][0]
_________________________________________________________________________
tf_op_layer_Relu_7 (TensorFlowO [(None, 2708, 32)]  0          tf_op_layer_
BatchMatMulV2_14[0][0
_________________________________________________________________________
dense_23  (Dense)                          (None,  2708,  7)           231
tf_op_layer_Relu_7[0][0]
_________________________________________________________________________
tf_op_layer_BatchMatMulV2_15 (T [(None, 2708, 7)]   0          input_16[0][0]
                                                    dense_23[0][0]
_________________________________________________________________________
tf_op_layer_Identity_7 (TensorF [(None, 2708, 7)]   0          tf_op_layer_
BatchMatMulV2_15[0][0
=========================================================================
Total params: 46,119
Trainable params: 46,119
Non-trainable params: 0
```

设计该网络的训练函数 train_customer()，接收 4 个输入：第一、二个输入为图的属性矩阵，第三个输入为训练的周期，第四个输入为初始学习率（一般为 0.01）。首先准备神经网络的输入数据，节点属性矩阵和邻接矩阵都需要在第一个维度增加批次维度，优化器设置为常用的算法优化器 adam，然后可以开始多周期的循环迭代。

每个迭代周期内，首先根据神经网络的前向传播结果和真实值计算损失值，并计算损失值对可训练变量的梯度，然后执行梯度下降算法。每个周期的神经网络输出存储在变量 logits 中，每个周期的损失值存储在变量 loss 中，使用 tf.GradientTap 方法监控这两个变量的求解过程。监控的变量存储在列表 variables 中，监控的梯度存储在列表 grads 中，使用优化器将梯度下降算法运用于可训练变量，完成一个周期的迭代。最后计算每个周期的平均准确率并适时存储、打印最高的准确率。代码如下。

```
def train_customer(features,adj,epochs,lr):
  features=tf.expand_dims(features,axis=0)
  adj=tf.expand_dims(adj,axis=0)
```

```
model=gnn_model()
optimizer=tf.keras.optimizers.Adam(learning_rate=lr)
best_acc=0.0
for ep in range(epochs+1):
  with tf.GradientTape() as t:
    logits=model([features,adj])
    loss=masked_softmax_cross_entropy(
      logits,labels,train_mask)
  variables=model.trainable_variables #本案例使用 Keras 模型
  # variables=t.watched_variables() #若非 Keras 模型需要通过上下文监控可训练变量
  grads=t.gradient(loss,variables)
  optimizer.apply_gradients(zip(grads,variables))

  val_acc=masked_accuracy(logits[0],labels,val_mask)
  test_acc=masked_accuracy(logits[0],labels,test_mask)

  if val_acc > best_acc:
    best_acc=val_acc
    print('Epoch',ep,
          '|training loss',loss.numpy().round(3),
          '|val acc',val_acc.numpy().round(3),
          '|test acc',test_acc.numpy().round(3))
```

下面使用训练函数尝试三种邻接矩阵的训练。

第一种，直接使用邻接矩阵（代码中为 adj）进行计算，此时将无法前向传播节点本身的信息，相关代码和输出如下。

```
train_step(features,adj,200,0.01)
Epoch 0 |training loss 1.974 |val acc 0.118 |test acc 0.12
Epoch 1 |training loss 1.875 |val acc 0.202 |test acc 0.207
Epoch 2 |training loss 1.617 |val acc 0.464 |test acc 0.497
Epoch 3 |training loss 1.463 |val acc 0.64 |test acc 0.679
Epoch 5 |training loss 1.269 |val acc 0.66 |test acc 0.704
Epoch 6 |training loss 1.184 |val acc 0.686 |test acc 0.701
Epoch 13 |training loss 0.742 |val acc 0.688 |test acc 0.697
Epoch 20 |training loss 0.501 |val acc 0.696 |test acc 0.717
Epoch 21 |training loss 0.475 |val acc 0.702 |test acc 0.717
Epoch 23 |training loss 0.429 |val acc 0.706 |test acc 0.723
Epoch 24 |training loss 0.409 |val acc 0.712 |test acc 0.734
Epoch 25 |training loss 0.389 |val acc 0.714 |test acc 0.736
Epoch 30 |training loss 0.307 |val acc 0.716 |test acc 0.732
Epoch 31 |training loss 0.293 |val acc 0.72 |test acc 0.731
Epoch 33 |training loss 0.268 |val acc 0.722 |test acc 0.727
Epoch 34 |training loss 0.256 |val acc 0.726 |test acc 0.728
```

```
Epoch 36 |training loss 0.234 |val acc 0.728 |test acc 0.73
Epoch 41 |training loss 0.19 |val acc 0.728 |test acc 0.724
Epoch 42 |training loss 0.182 |val acc 0.734 |test acc 0.725
Epoch 43 |training loss 0.175 |val acc 0.738 |test acc 0.727
Epoch 45 |training loss 0.162 |val acc 0.74 |test acc 0.725
Epoch 48 |training loss 0.145 |val acc 0.742 |test acc 0.729
Epoch 49 |training loss 0.14 |val acc 0.746 |test acc 0.729
```

可见，此时神经网络能够达到的最高准确率只有 73%。

第二种，将邻接矩阵与单位矩阵相加，相加的结果存储在变量 adj_plus_eye 中，那么此时节点本身的信息将参与前向传播，相关代码和输出如下。

```
train_customer(features,adj_plus_eye,200,0.01)
Epoch 0 |training loss 1.986 |val acc 0.316 |test acc 0.28
Epoch 2 |training loss 1.63 |val acc 0.356 |test acc 0.345
Epoch 3 |training loss 1.342 |val acc 0.628 |test acc 0.63
Epoch 4 |training loss 1.157 |val acc 0.682 |test acc 0.7
Epoch 5 |training loss 1.026 |val acc 0.702 |test acc 0.719
Epoch 8 |training loss 0.759 |val acc 0.744 |test acc 0.747
Epoch 9 |training loss 0.683 |val acc 0.756 |test acc 0.767
Epoch 11 |training loss 0.577 |val acc 0.764 |test acc 0.775
```

此时神经网络能够达到的最高准确率提高至 77.5%。

第三种，将邻接矩阵与单位矩阵相加的结果进行归一化，首先计算度矩阵的逆矩阵的平方根，计算结果是对角矩阵，代码中对应 norm_deg，然后将矩阵 norm_deg 与矩阵 adj_plus_eye（邻接矩阵与单位矩阵的和）进行左乘和右乘的矩阵运算，完成对称标准化操作，计算结果存储为 norm_adj；最后使用 norm_adj 进行训练，可以避免神经网络的尺度爆炸。相关代码和输出如下。可以看到，此时神经网络能够达到的最高准确率进一步提升至 80%。

```
deg=tf.reduce_sum(adj_plus_eye,axis=-1)
norm_deg=tf.linalg.diag(1.0/tf.sqrt(deg))
norm_adj=tf.matmul(norm_deg,tf.matmul(adj_plus_eye,norm_deg))
train_customer(features, norm_adj,200,0.01)
Epoch 0 |training loss 1.945 |val acc 0.074 |test acc 0.1
Epoch 1 |training loss 1.934 |val acc 0.154 |test acc 0.171
Epoch 2 |training loss 1.92 |val acc 0.268 |test acc 0.277
Epoch 3 |training loss 1.903 |val acc 0.294 |test acc 0.315
Epoch 4 |training loss 1.885 |val acc 0.308 |test acc 0.326
Epoch 5 |training loss 1.866 |val acc 0.322 |test acc 0.346
Epoch 6 |training loss 1.845 |val acc 0.348 |test acc 0.373
……
Epoch 36 |training loss 0.628 |val acc 0.772 |test acc 0.792
Epoch 37 |training loss 0.59 |val acc 0.774 |test acc 0.796
Epoch 38 |training loss 0.554 |val acc 0.776 |test acc 0.801
```

```
Epoch 39 |training loss 0.519 |val acc 0.78 |test acc 0.802
Epoch 46 |training loss 0.327 |val acc 0.784 |test acc 0.809
Epoch 58 |training loss 0.152 |val acc 0.784 |test acc 0.805
Epoch 59 |training loss 0.144 |val acc 0.788 |test acc 0.804
Epoch 61 |training loss 0.128 |val acc 0.79 |test acc 0.804
```

观察这个最简单的图卷积神经网络，会发现一些局限性，如仅支持节点信息的传递，无法支持边信息的传递。解决的方法是建立一个信息传递神经网络（Message Passing Neural Network，MPNN）[44]，它能够合并边的信息和图的信息，加入信息传递的函数。假设从节点 i 向节点 j 传递的信息为 $\boldsymbol{m}_{ij}$，节点 i 的信息用 $\boldsymbol{h}_i$ 表示，节点 j 的信息用 $\boldsymbol{h}_j$ 表示，节点 i 与节点 j 的边信息用 $\boldsymbol{e}_{ij}$ 表示，那么信息传递的函数 f_e 可以表示为

$$\boldsymbol{m}_{ij} = f_e\left(\boldsymbol{h}_i, \boldsymbol{h}_j, \boldsymbol{e}_{ij}\right) \tag{19-13}$$

节点 j 将汇总的信息“读出”（ReadOut），合并、更新到自身，“读出”函数用 f_v 表示，定义为

$$\boldsymbol{h}_i^{l+1} = f_v\left(\boldsymbol{h}_{ii}, \sum_{j \in \mathcal{N}_i} \boldsymbol{m}_{ij}\right) \tag{19-14}$$

本书使用的案例只考虑了某节点周围 1 级邻居节点的信息。实际上，在图卷积机制中，如果希望通过设置二维卷积运算中的卷积核尺寸来控制卷积感受野尺寸，可以使用拉普拉斯多项式[45]。用 L 来表示图的拉普拉斯多项式，用 $p_w\left(L\right)$ 表示一个最高次幂为 d 的拉普拉斯多项式。其中，拉普拉斯矩阵的 d 次幂表示为 $\boldsymbol{L}^d$，权重常数为 w_d，拉普拉斯多项式 $p_w\left(L\right)$ 可以表示为

$$p_w\left(\boldsymbol{L}\right) = w_0 I_n + w_1 \boldsymbol{L} + w_2 \boldsymbol{L}^2 + \cdots + w_d \boldsymbol{L}^d = \sum_{i=0}^{d} w_i \boldsymbol{L}^i \tag{19-15}$$

如果把全部节点的属性矩阵用 $\boldsymbol{x}$ 表示，它的第 v 行是第 v 个节点的属性向量，用 $\boldsymbol{x}_v$ 表示。同时把拉普拉斯矩阵的 d 次幂的第 v 行、第 u 列的元素表示为 $\boldsymbol{L}_{vu}^d$，那么可以通过线性代数的知识证明，x_v 等于第 v 个节点的周边 d 度范围内的节点属性的加权平均。如果把加权平均后的结果看作第 v 个节点的信息更新，那么 $x_v^{'}$ 的表达式为

$$\boldsymbol{x}_v^{'} = \left(p_w\left(L\right)x\right)_v = \sum_{i=0}^{d} w_i \sum_{\substack{u \in G \\ \text{dist}G\left(v,u\right) \leqslant i}} L_{vu}^i x_u \tag{19-16}$$

假设某个图拥有 7 个节点、7 条边，可以通过邻接矩阵、度矩阵计算拉普拉斯矩阵。若将节点属性矩阵乘以拉普拉斯矩阵，则每个节点都会汇聚周围 1 度范围内的邻居节点信息进行汇

聚，若将节点属性矩阵乘以拉普拉斯矩阵的两次方，则每个节点都会获得周围 2 度范围内的邻居节点信息，拉普拉斯矩阵在图卷积中的应用如图 19-7 所示。

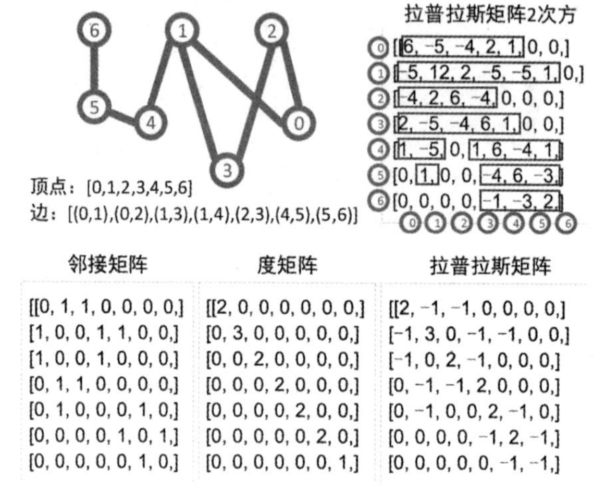

图 19-7　拉普拉斯矩阵在图卷积中的应用

代码如下。

```
import numpy as np
adj_m=np.array(
    [[0,1,1,0,0,0,0],
     [1,0,0,1,1,0,0],
     [1,0,0,1,0,0,0],
     [0,1,1,0,0,0,0],
     [0,1,0,0,0,1,0],
     [0,0,0,0,1,0,1],
     [0,0,0,0,0,1,0]],dtype=np.float32)
assert np.sum((adj_m.T-adj_m))==0
deg_m=np.diag(np.sum(adj_m,axis=-1))
lap_m=deg_m-adj_m
print(adj_m)
print(deg_m)
print(lap_m)
lap_2_m=np.matmul(lap_m,lap_m)
print(lap_2_m)
```

此外，本书描述的案例中并没有考虑海量节点造成的内存消耗。实际上，在知识图谱的应用中，邻接矩阵的尺寸可能超过百万。例如，维基百科的页面数量超过 120 万，针对这 120 万个节点建立邻接矩阵并进行运算，其内存开销和运算开销是海量的。可以使用切比雪夫递推式降低矩阵运算的运算量，也可以通过 GraphSAGE 技术对节点周围邻居节点进行随机下采样来降低运算量，实验显示经过多轮迭代后，神经网络的性能并没有明显下降。

附录A
官方代码引用说明

本书使用的部分代码来自谷歌 TensorFlow 官方网站，并为配合教学进行适当修改，本书的标准版和简版 YOLO V3 及 V4 的代码参考了 GitHub 的账号为 huanglc007 的软件仓库，软件仓库的名称为 tensorflow-yolov4-tflite。此外，YOLO V3 的描述参考了 GitHub 账号名为 zzh8829 的 yolov3-tf2 软件仓库。在这些软件仓库的基础上，笔者有针对性地进行了修改，主要包括以下四个方面。

第一，解决了 IDE 编程环境下 TensorFlow 各层命名规则与权重参数装载函数的不兼容问题。原始的权重装载函数 load_weights()是根据二维卷积层的编号进行权重装载的，编号一定要从 0 开始，但实际上 IDE 开发环境下，Tensorflow 的二维卷积层的编号是递增的。IDE 集成开发环境下，只有在 Python 运行环境第一次新建二维卷积层时，编号才从 0 开始。为此，笔者设计了函数来自适应当前二维卷积层和 BN 层的编号起点。另外，官方代码中的权重装载函数不支持 DarkNet53 和 CSP-DarkNet 这两个骨干网络的权重装载，笔者增加了这两个骨干网络的权重装载支持。

第二，解决了代码中层行为的描述不规范问题。YOLO V4 和 V3 的官方源代码中，对于神经网络内的 concat 算子、reshape 算子、四则运算（加减乘除）算子、矩阵切割算子等，均使用算子函数来描述层算法，这会造成鲁棒性问题，即对于超出定义域的意外数据（如零数据等）激励可能产生 INF 或 NaN 的处理结果。因此，本书遵循 TensorFlow 的层定义编程规范，统一使用 tf.keras.layers 下的 Concatenate、Reshape、Lamda、Add、Multiply、Lambda 等高阶 API 层替代原算子。使用了高阶 API 层后，还可以获得继承自 keras 基础层类的可调试 API。例如，可以通过层名称提取这些层的权重变量和偏置变量，探索这些层的输入形状、输出形状等。

第三，解决了源代码中没有为层搭配自定义层名的问题，所有的层名称均由 TensorFlow 自动命名，影响后期调试定位。笔者则在源代码中命名了网络中关键部位的层，方便读者一看便知其义。也希望读者认真研读 model.summary 打印的网络结构，将打印的网络层名称和源代码中的各层命名相互对照，进而理解网络结构。

第四，本书引用了认可度较高、引用次数最多的 YOLO 源代码，但即便 Linux 的源代码也难免存在错误，如 CSP-DarkNet-tiny 的若干 darknetconv 层配置。尽管笔者进行了若干修改，但不影响 YOLO 源代码的质量。

附录B
运行环境搭建说明

本书基于 Anaconda 的 Python3.7 版本的运行环境，基于 TensorFlow 的 2.X 版本（经验证，2.3~2.8 版本均可）。下面介绍关键代码和注意事项。

Tensorflow 的 2.3 版本可直接安装，若安装 TensorFlow 的 2.8 版本，则需要修改 protobuf 使其降为 3.20 版本，这是因为 protobuf 3.20 以上的版本进行了一些修改，无法与 TensorFlow 的 2.8 版本兼容。若安装速度较慢，可以使用"-i"标志位指定豆瓣源作为临时源。

```
pip install tensorflow==2.3 -i 豆瓣源
pip install tensorflow==2.8  -i 豆瓣源
pip install protobuf==3.20
```

使用 conda 安装其他软件，包括图像处理工具 OpenCV、画图工具 Matplotlib、表格工具 Pandas、字典工具 EasyDict 等。这些软件包可使用 conda 安装，也可使用 pip 安装，代码如下。

```
conda install matplotlib pandas opencv
conda install -c conda-forge easydict
pip install matplotlib pandas easydict
pip install opencv-python==3.4.2.17 -i 豆瓣源
```

若希望使用 TensorFlow 官方数据集，则需要安装 TensorFlow 数据集软件包，打印安装命令和版本信息如下。

```
pip install TensorFlow-datasets -i 豆瓣源
import TensorFlow_datasets as tfds
print(tfds.__version__) #版本号为 4.5.2
```

若希望使用 Python 将神经网络打印为图片，则需要安装 pydot，代码如下。

```
conda install pydot
```

若希望对数学公式进行符号计算，则需要安装 sympy，代码如下。

```
conda install sympy
```

若希望使用 albumentations 进行数据增强，则需要安装 albumentations，代码如下。

```
conda  install  albumentations
```

```
pip install -U albumentations
```

若希望加载coco数据集工具，则可以安装cocoapi的Python工具，具体安装代码可以登录用户名为philferriere的GitHub主页，进入其cocoapi软件仓库查询和使用。代码如下。

```
pip install git+https://cocoapi软件仓库地址/cocoapi.git#subdirectory=PythonAPI
```

若希望尝试三维计算机视觉部分代码，则可以安装三维工具trimesh和图计算数据集工具spektral。

```
pip install trimesh==3.13
pip install spektral==0.6.2
```

附录C
TensorFlow 的基本矩阵操作

本书省略了 TensorFlow 的基本矩阵操作，初学者可以登录 TensorFlow 2.0 官网，查看其基础教程。这里仅列出 TensorFlow 矩阵操作的重要命令清单（见表 C-1）。

表 C-1　TensorFlow 矩阵操作的重要命令清单

维度内矩阵拼接	tf.concat	不增加维度拼接
维度外矩阵拼接	tf.stack	增加维度拼接
矩阵增维度	tf.expand_dims	增加维度
矩阵降维度	tf.squeeze	去除冗余维度
矩阵交换维度	tf.transpose	交换矩阵维度
矩阵复制	tf.tile	矩阵维度上复制
矩阵补零	tf.pad	二维矩阵上、下、左、右补零
矩阵的元素提取	matrix[…,0]	提取切片的同时减少一个维度
矩阵的元素修改	tf.TensorArray	提供元素位置和更新值
矩阵局部提取	tf.slice	提取矩阵的某个连续局部
单维度矩阵切片	tf.gather	在某一维度按索引提取矩阵切片
多维度矩阵切片	tf.gather_nd	在多个维度按索引提取矩阵切片
双矩阵元素融合	tf.maximum tf.maximum	若两个矩阵形状一致，则提取较大（小）元素组合成新矩阵
双矩阵元素融合	tf.where	若三个矩阵形状一致，则根据第一个布尔矩阵值，分别提取第二个矩阵元素和第三个矩阵元素组合成新矩阵
对矩阵元素进行修改	tf.tensor_scatter_nd_update tf.tensor_scatter_nd_add tf.tensor_scatter_nd_sub tf.tensor_scatter_nd_min tf.tensor_scatter_nd_max	通过指示被修改矩阵、坐标、更新值，实现对矩阵元素执行数值更新（update）、加法（add）、减法（sub）、取大（max）、取小（min）
可变数组	tf.TensorArray	设置 dynamic_size 标志位为 True 可新建尺寸可变化的张量，可实现单元素的写入和读出等

参考文献

[1] Sandler M, Howard A, Zhu M, et al. Mobilenetv2: Inverted residuals and linear bottlenecks[C]. Proceedings of the IEEE Conference on Computer Vision and Pattern Recognition, 2018,4510-4520.

[2] Kingma D P, Ba J. Adam: A Method for Stochastic Optimization[J]. arXiv preprint arXiv:1412.6980, 2014.

[3] He K, Zhang X, Ren S, et al. Delving Deep into Rectifiers: Surpassing Human-Level Performance on ImageNet Classification[C]. 2015 IEEE International Conference on Computer Vision (ICCV), 2015,1026-1034.

[4] Misra D. Mish: A Self Regularized Non-monotonic Neural Activation Function[J]. arXiv preprint arXiv:1908.08681, 2019, 4(2): 10.48550.

[5] Hinton G E, Srivastava N, Krizhevsky A, et al. Improving Neural Networks by Preventing Co-adaptation of Feature Detectors[J]. arXiv preprint arXiv:1207.0580, 2012.

[6] Ioffe S, Szegedy C. Batch Normalization: Accelerating Deep Network Training by Reducing Internal Covariate Shift[C]. International Conference on Machine Learning. PMLR, 2015: 448-456.

[7] LeCun Y, Bottou L, Bengio Y, et al. Gradient-based Learning Applied to Document Recognition[J]. Proceedings of the IEEE, 1998, 86(11): 2278-2324.

[8] Krizhevsky A, Sutskever I, Hinton G E. Imagenet Classification with Deep Convolutional Neural Networks[J]. Advances in Neural Information Processing Systems, 2012, 25.

[9] Simonyan K, Zisserman A. Very Deep Convolutional Networks for Large-scale Image Recognition[J]. arXiv preprint arXiv:1409,1556, 2014.

[10] He K, Zhang X, Ren S, et al. Deep Residual Learning for Image Recognition[C]. Proceedings of the IEEE Conference on Computer Vision and Pattern Recognition, 2016: 770-778.

[11] He K, Zhang X, Ren S, et al. Identity Mappings in Deep Residual Networks[C]. Proceedings of the European Conference on Computer Vision, 2016.

[12] Redmon J, Farhadi A. Yolov3: An Incremental Improvement[J]. arXiv preprint arXiv:1804.02767, 2018.

[13] Bochkovskiy A, Wang C , Liao H. Yolov4: Optimal Speed and Accuracy of Object Detection[J]. arXiv preprint arXiv:2004.10934, 2020.

[14] Wang C, Liao H, Wu Y, et al. CSPNet: A New Backbone that can Enhance Learning Capability of CNN[C]. Proceedings of the IEEE/CVF Conference on Computer Vision and Pattern Recognition Workshops, 2020, 390-391.

[15] Xie S, Girshick R, Dollár P, et al. Aggregated Residual Transformations for Deep Neural Networks[C]. Proceedings of the IEEE Conference on Computer Vision and Pattern Recognition, 2017, 1492-1500.

[16] He K, Zhang X, Ren S, et al. Spatial Pyramid Pooling in Deep Convolutional Networks for Visual Recognition[J]. IEEE Transactions on Pattern Analysis and Machine Intelligence, 2015, 37(9): 1904-1916.

[17] Russakovsky O, Deng J, Su H, et al. Imagenet Large Scale Visual Recognition Challenge[J]. International Journal of Computer Vision, 2015, 115(3): 211-252.

[18] Dosovitskiy A, Beyer L, Kolesnikov A, et al. An Image is Worth 16x16 words: Transformers for Image Recognition at Scale[J]. arXiv preprint arXiv:2010.11929, 2020.

[19] Chang A X, Funkhouser T, Guibas L, et al. Shapenet: An Information-rich 3D Model Repository[J]. arXiv preprint arXiv:1512.03012, 2015.

[20] Sun X, Wu J, Zhang X, et al. Pix3D: Dataset and Methods for Single-image 3D Shape Modeling[C]. Proceedings of the IEEE Conference on Computer Vision and Pattern Recognition, 2018, 2974-2983.

[21] Mo K, Zhu S, Chang A, et al. Partnet: A large-scale Benchmark for Fine-grained and Hierarchical Part-level 3D Object Understanding[C]. Proceedings of the IEEE/CVF Conference on Computer Vision and Pattern Recognition, 2019, 909-918.

[22] Silberman N, Hoiem D, Kohli P, et al. Indoor Segmentation and Support Inference from RGBD Images[C]. European Conference on Computer Vision. Springer, Berlin, Heidelberg, 2012, 746-760.

[23] Song S, Lichtenberg S P, Xiao J. Sun RGB-D: A RGB-D Scene Understanding Benchmark Suite[C]. Proceedings of the IEEE Conference on Computer Vision and Pattern Recognition, 2015, 567-576.

[24] Dai A, Chang A X, Savva M, et al. Scannet: Richly-annotated 3D Reconstructions of Indoor

Scenes[C]. Proceedings of the IEEE Conference on Computer Vision and Pattern Recognition, 2017, 5828-5839.

[25] Chang A, Dai A, Funkhouser T, et al. Matterport3D: Learning from RGB-D Data in Indoor Environments[J]. arXiv preprint arXiv:1709.06158, 2017.

[26] Choy C B, Xu D, Gwak J Y, et al. 3D-r2n2: A Unified Approach for Single and Multi-view 3D Object Reconstruction[C]. European Conference on Computer Vision. Springer, Cham, 2016, 628-644.

[27] Tatarchenko M, Dosovitskiy A, Brox T. Octree Generating Networks: Efficient Convolutional Architectures for High-Resolution 3D Outputs[C]. Proceedings of the IEEE International Conference on Computer Vision, 2017, 2088-2096.

[28] Richter S R, Roth S. Matryoshka networks: Predicting 3D Geometry via Nested Shape Layers[C]. Proceedings of the IEEE Conference on Computer Vision and Pattern Recognition, 2018, 1936-1944.

[29] Eigen D, Puhrsch C, Fergus R. Depth Map Prediction from a Single Image Using a Multi-scale Deep Network[J]. Advances in Neural Information Processing Systems, 2014, 27.

[30] Eigen D, Fergus R. Predicting Depth, Surface Normals and Semantic Labels with a Common Multi-scale Convolutional Architecture[C]. Proceedings of the IEEE International Conference on Computer Vision, 2015, 2650-2658.

[31] Laina I, Rupprecht C, Belagiannis V, et al. Deeper Depth Prediction with Fully Convolutional Residual Networks[C]. 2016 Fourth International Conference on 3D Vision (3DV), 2016, 239-248.

[32] Fan H, Su H, Guibas L J. A Point Set Generation Network for 3D Object Reconstruction from a Single Image[C]. Proceedings of the IEEE Conference on Computer Vision and Pattern Recognition, 2017, 605-613.

[33] Mandikal P, Radhakrishnan V B. Dense 3D Point Cloud Reconstruction Using a Deep Pyramid Network[C]. 2019 IEEE Winter Conference on Applications of Computer Vision (WACV), 2019, 1052-1060.

[34] Lu Q, Xiao M, Lu Y, et al. Attention-based Dense Point Cloud Reconstruction from a Single Image[J]. IEEE Access, 2019, 7: 137420-137431.

[35] Nguyen A D, Choi S, Kim W, et al. GraphX-convolution for Point Cloud Deformation in 2D-to-3D Conversion[C]. Proceedings of the IEEE/CVF International Conference on Computer Vision,

2019, 8628-8637.

[36] Wang N, Zhang Y, Li Z, et al. Pixel2mesh: Generating 3D mesh models from single rgb images[C]. Proceedings of the European Conference on Computer Vision (ECCV), 2018, 52-67.

[37] Gkioxari G, Malik J, Johnson J. Mesh R-CNN[C]. Proceedings of the IEEE/CVF International Conference on Computer Vision, 2019, 9785-9795.

[38] Liu C, Yang J, Ceylan D, et al. Planenet: Piece-wise Planar Reconstruction from a Single RGB Rmage[C]. Proceedings of the IEEE Conference on Computer Vision and Pattern Recognition, 2018, 2579-2588.

[39] Qi C R, Su H, Mo K, et al. Pointnet: Deep Learning on Point Sets for 3D Classification and segmentation[C]. Proceedings of the IEEE Conference on Computer Vision and Pattern Recognition, 2017, 652-660.

[40] Qi C R, Yi L, Su H, et al. Pointnet++: Deep Hierarchical Feature Learning on Point Sets in a Metric Space[J]. Advances in Neural Information Processing Systems, 2017, 30.

[41] Wu Z, Pan S, Chen F, et al. A Comprehensive survey on Graph Neural Networks[J]. IEEE Transactions on Neural Networks and Learning Systems, 2020, 32(1): 4-24.

[42] Sanchez-Lengeling B, Reif E, Pearce A, et al. A Gentle Introduction to Graph Neural Networks[J]. Distill, 2021, 6(9): e33.

[43] Kipf T N, Welling M. Semi-supervised Classification with Graph Convolutional Networks[J]. arXiv preprint arXiv:1609.02907, 2016.

[44] Gilmer J, Schoenholz S S, Riley P F, et al. Neural Message Passing for Quantum Chemistry[C]. International Conference on Machine Learning. PMLR, 2017, 1263-1272.

[45] Daigavane A, Ravindran B, Aggarwal G. Understanding Convolutions on Graphs[J]. Distill, 2021, 6(9): e32.